T0206386

Sachlernen & kindliche Bildung – Bedingungen, Strukturen, Kontexte

Reihe herausgegeben von

Detlef Pech, Institut Erziehungswissensch, Humboldt Universität, Berlin, Deutschland

Sachlernen ist in Deutschland institutionalisiert im Fach Sachunterricht der Grundschule und universitär in der didaktischen Disziplin, in der das Verhältnis von Kind, Sache und Welt analysiert wird. Damit sind die schulischen Grundlegungen von Natur- und Gesellschaftswissenschaften ebenso Gegenstand des Faches wie (digitale) Medien oder Mobilität.

Florian Schrumpf

Kinder thematisieren Differenzerfahrungen

Eine rekonstruktive Studie unter besonderer Berücksichtigung der Sachunterrichtsdidaktik und des Sozialen Lernens

Florian Schrumpf
Berlin, Deutschland

Die vorliegende Arbeit wurde von der Kultur-, Sozial- und Bildungswissenschaftlichen Fakultät der Humboldt-Universität zu Berlin als Dissertation zur Erlangung des akademischen Grades doctor philosopiae (Dr. phil.) angenommen.

Gutachter*innen: Prof. Dr. Detlef Pech, Jun.-Prof. Dr. Nina Kallweit

Tag der Disputation: 27. Juni 2022

Die Arbeit wurde mit freundlicher Unterstützung der Hans-Böckler-Stiftung veröffentlicht.

**Hans Böckler
Stiftung** ▬▬

Mitbestimmung·Forschung·Stipendien

ISSN 2946-0344   ISSN 2946-0352 (electronic)
Sachlernen & kindliche Bildung – Bedingungen, Strukturen, Kontexte
ISBN 978-3-658-39650-3   ISBN 978-3-658-39651-0 (eBook)
https://doi.org/10.1007/978-3-658-39651-0

Die Deutsche Nationalbibliothek verzeichnet diese Publikation in der Deutschen Nationalbibliografie; detaillierte bibliografische Daten sind im Internet über http://dnb.d-nb.de abrufbar.

Planung/Lektorat: Marija Kojic
Springer Spektrum ist ein Imprint der eingetragenen Gesellschaft Springer Fachmedien Wiesbaden GmbH und ist ein Teil von Springer Nature.
Die Anschrift der Gesellschaft ist: Abraham-Lincoln-Str. 46, 65189 Wiesbaden, Germany

Geleitwort

Seit den 1990er Jahren ist der Umgang mit Heterogenität ins Zentrum der Diskussion in der Grundschulpädagogik gerückt. Hierbei liegt der Fokus eben gerade auf den pädagogischen Konsequenzen. Die Frage von Heterogenität wurde daneben im gesamten Spektrum erziehungswissenschaftlicher Forschung thematisiert; so eben auch in ihrer bildungstheoretischen oder kindheitswissenschaftlichen Relevanz. In den Fachdidaktiken hingegen findet sich kaum eine eigenständige Thematisierung, sondern in der Regel nur Bezüge in die benannten Felder. Die Frage inwieweit Heterogenität – oder eben auch Differenz – selber Gegenstand einer schulischen Thematisierung sein kann, blieb dabei unbeachtet. Florian Schrumpf bereitet nicht nur den Heterogenitätsdiskurs umfassend auf, sondern arbeitet dabei heraus, dass weder in der schulischen oder bildungstheoretischen noch kindheitswissenschaftlichen Forschung bislang eine Auseinandersetzung mit Vorstellungen zu Heterogenitätsdimension auf Seiten der Schüler*innen erfolgt ist.

Die mögliche Thematisierung von Differenz sieht Florian Schrumpf verortet im sozialen Lernen. Hinsichtlich der Relevanz sozialen Lernens in der Grundschule gibt es nicht nur im Fachdiskurs, sondern ebenso in der pädagogischen Alltagspraxis einen umfassenden Konsens. Dabei wird soziales Lernen als eine übergreifende Aufgabe der Grundschule gesehen, die sich auf alle Bereiche der Institution bezieht. Auch bezogen auf die fachliche Verortung des sozialen Lernens im Sachunterricht existiert ein breiter Konsens.

Ein Blick in die Publikationen zum sozialen Lernen in der Grundschule überrascht dann indes. Umfassendere Studien und konzeptionelle Entwürfe fehlen seit etlichen Jahren; wenn überhaupt sind es partikulare Arbeiten, z. B. im Bereich der Gewaltprävention. Fachdidaktische Klärungen fehlen gänzlich. Daran ändert auch nichts, dass in den vergangenen 25 Jahren der Diskurs zum politischen Lernen im Sachunterricht zunehmend intensiver und differenzierter geführt wurde, wobei immer wieder darauf verwiesen wurde, dass eine Parallelisierung von sozialem und politischem Lernen nicht erfolgen dürfe, sondern beides voneinander abzugrenzen sei, ohne dass indes irgendwo geklärt wurde, was denn im Gegensatz zum politischen das soziale Lernen ausmachen würde.

In seiner empirischen Annäherung an die Vorstellungen von Grundschüler*innen zu Differenz wählt Florian Schrumpf Impulse, die als Grundlage für Gruppendiskussionen dienen. Diese werden mit der Dokumentarischen Methode ausgewertet und münden in die Entwicklung von einer Basistypik und drei Sinngenetischen Typen.

Die Arbeit von Florian Schrumpf schließt empirisch fundiert eine wesentliche Forschungslücke und liefert sowohl in einem allgemeinen Verständnis sozialen Lernens als auch hinsichtlich der fachdidaktischen Dimension einen strukturierten, konzeptionell und theoretisch ausdifferenzierten Entwurf und stellt diesen zur Diskussion.

Aus dieser Analyse entwickelt Florian Schrumpf drei leitende Fragen für seine empirische Untersuchung:
Wie konstruieren Kinder Differenz untereinander?
Inwieweit sind Heterogenitätsdimensionen für Kinder handlungsleitend?
Wie vollzieht sich das „Sprechen" über Differenz in Situationen Sozialen Lernens?

Die zentralen Erkenntnisse der Studie von Florian Schrumpf können auf drei Ebenen beschrieben werden:

Erstens erschließt er den Begriff der Heterogenität in bislang nicht vorliegender Weise systematisch und dabei explizit kindheitswissenschaftlich und bildungstheoretisch.

Zweitens gelingt es ihm, Ansätze zum Sozialen Lernen in der Grundschule nicht nur zu systematisieren, sondern darüber hinaus empirisch zu fundieren und damit eine kaum verständliche theoretische, konzeptionelle und empirische Lücke im Sachunterricht und seiner Didaktik zu schließen.

Drittens liefert er hoch relevante methodische Hinweise in der Reflexion, insbesondere was die Frage der Soziogenetischen Typenbildung in der Dokumentarischen Methode im Rahmen fachdidaktisch ausgerichteter Forschung betrifft.

September 2022   Detlef Pech

Danksagung

Zum Gelingen dieser Arbeit haben zahlreiche Personen direkt und indirekt beigetragen. Bei ihnen möchte ich mich gern bedanken.

Zuerst danke ich meinen beiden Betreuer*innen und Gutachter*innen, Prof. Dr. Detlef Pech und Prof. Dr. Nina Kallweit, dass sie sich bereit erklärt haben, mich auf dem Weg der Promotion zu begleiten. Der gemeinsame Austausch über das Thema meiner Promotion brachte mich meinem Ziel immer ein Stück näher.

Ich danke dem Graduiertenkolleg Inklusion – Bildung – Schule unter der Leitung von Prof. Dr. Gudrun Wansing, Prof. Dr. Vera Moser, Prof. Dr. Anna Moldenhauer, Prof. Dr. Detlef Pech und Dr. Christian Brüggemann. Sowohl die kritischen Kommentierungen zu meinen Texten in den Veranstaltungen des Kollegs als auch die vielfältige organisatorische Unterstützung, die den Promovierenden zur Verfügung stand, waren stets eine große Bereicherung und Erleichterung für mein wissenschaftliches Wirken.

Zudem danke ich den Arbeitsbereichen des Sachunterrichts an der Martin-Luther-Universität Halle-Wittenberg und der Humboldt-Universität zu Berlin. Beide Arbeitsbereiche haben mich im Laufe meiner Zeit als Promotionsstudent sehr herzlich als wissenschaftlicher Mitarbeiter willkommen geheißen.

Ich danke der Hans-Böckler-Stiftung für die Gewährung eines Promotionsstipendiums am Beginn meiner Promotion sowie für die finanzielle Unterstützung während des Veröffentlichungsprozesses.

Auch Dr. Thea Jenner, Beatrice Kollinger, Prof. Dr. Anne Piezunka, Dr. Martin Siebach und Dr. Toni Simon möchte ich gern erwähnen. Mit euren Kommentaren und Anmerkungen zu einzelnen Kapiteln konnte ich meine Texte sowohl inhaltlich als auch sprachlich schärfen. Vielen Dank.

Laureen Hoppe, Mira Friedsam und Franziska Reif gilt mein Dank für das sorgfältige Lektorat meiner Arbeit.

Einen Dank möchte ich auch meiner Familie und meinen Partner Maximilien aussprechen, ohne deren mentale Unterstützung die Dissertation ein gutes Stück beschwerlicher geworden wäre.

Mein abschließender Dank gebührt den Kindern der Studie, die mit ihrer Teilnahme und ihrer Offenheit wesentlich zum Gelingen der Studie beigetragen haben.

Bildquellenverzeichnis

Abb. 5.3: Fischschwärme (S. 124). Entnommen aus dem Internet. Bildquelle: https://www.eurekalert.org/multimedia/761738. 13.02.2016

Inhaltsverzeichnis

Abbildungsverzeichnis

Tabellenverzeichnis

Einleitung

1

> *Let's come back to you a minute, Raul. Are there any prejudices in the Philippines be-tween groups of people?*
>
> *Yes, there are existing prejudices between groups of people. As a matter of fact, most of us still, well, are prejudiced against groups of hybrids. Those who have more Spanish blood than Filipino blood in them, and we termed them as Mestizos. Well, these incidents will usually occur in the schools. As you know I'm in a school run by Spanish monks. And well, we have a lot of those of that group studying in our school … And usually they are favored. But we think that we are right in saying that they are sort of aristocratic, conceited and high-headed and sore-headed and all sorts of adjectives. And they have the foolish idea that they have the royal blood, or royalty in them. (…) I don't get along with them pretty well. As a matter of fact, well, we usually fight with one another.*
>
> (ArchiveMC 2021 (1956) 5:50–7:00 min)

Die oben zitierten Ausführungen stammen vom 15-jährigen philippinischen Schüler Raul, der für ein Austauschjahr eine amerikanische High-School besuchte. 1956 nahm er für das amerikanische Fernsehen an einer Debatte zum Thema Vorurteile und Diskriminierung teil. Er berichtet darin von seinem Schulalltag an einer Schule, die von spanischen Mönchen geleitet wird und von seiner Wahrnehmung, dass es an dieser Schule zwischen Schüler*innen mit spanischen Vorfahren

F. Schrumpf, *Kinder thematisieren Differenzerfahrungen*, Sachlernen & kindliche Bildung – Bedingungen, Strukturen, Kontexte, https://doi.org/10.1007/978-3-658-39651-0_1

und denen ohne nicht immer gerecht zugeht. Vor allem spanischstämmige Schüler*innen, die an der Schule Mestize[1] genannt werden, würden von den Mönchen
bevorzugt behandelt. Ihre Sonderstellung verleihe ihnen eine Aura der Hochnä-
sigkeit, die Raul an den Habitus royaler Familien erinnert. Seiner Ansicht nach ist
die Haltung „idiotisch", Menschen aufgrund ihrer Abstammung unterschiedlich
zu behandeln. Zwischen beiden Gruppen käme es deshalb an der Schule häufig
zu Konflikten.

In dieser Beschreibung der Alltagswirklichkeit des 15-jährigen Raul zeigen
sich bereits bemerkenswerte Einsichten in zentrale Aspekte der Wahrnehmung
von Differenz und Diskriminierung. Rauls hohes Reflexionsvermögen ist in
gewisser Weise erstaunlich, denn obwohl er die Gruppe der „Hybrids" stark kritisiert, spricht er von Vorurteilen auf beiden Seiten. Die distanzierte Perspektive,
sozialwissenschaftlichen Betrachtungen nicht unähnlich, löst die Alltagserfahrungen aus ihrem situativen Kontext und zeigt problematische Momente der
‚Anwendung' von Differenzkategorien auf. Seine Schilderungen machen deutlich, dass sich differenzbezogenes Denken auf historisch gewachsene Diskurse
(in diesem Fall den spanischen Kolonialismus und seine Nachwirkungen) berufen kann. Den Träger*innen bestimmter Identitäten werden entweder Privilegien
zuteil oder sie werden in eine marginalisierte Position gedrängt. Das Wissen um
Differenz dauert in sozialen Praktiken an und wird in ihnen wirkmächtig. Es
wird von beteiligten Akteur*innen fortgeschrieben oder ihm wird mit Widerstand
begegnet.

Damit tragen Schilderungen von Differenzerfahrungen hohe Erkenntnispo-
tenziale hinsichtlich der Frage, wie Akteur*innen im Alltag Differenz erleben,
in sich[2]. Ähnlich wie das einleitende Zitat widmet sich auch das vorliegende
Forschungsvorhaben der expliziten Thematisierung von Differenz bzw. Heterogenität[3]. Sein Ziel ist es, durch theoretische Überlegungen und ein empirisches
Vorhaben bildungstheoretische Implikationen aufzuzeigen, die sich aus der Thematisierung bzw. Problematisierung (vgl. Tänzer 2007) von Heterogenität und
ihrer Wahrnehmung sowie möglichen Vorurteilen bzw. Diskriminierungserfahrungen gemeinsam mit Kindern ergeben. Diese Problematisierung knüpft an das

[1] Dies ist vor allem in Ländern, die ehemals unter spanischer Fremdherrschaft standen, ein
abwertender Ausdruck für Menschen spanischer Abstammung (vgl. Gabbert 2017).
[2] Wenn im Folgenden ab und an von Erleben die Rede ist, dann ist damit nicht ein Erle-
bensbegriff gemeint, wie ihn beispielsweise die Phänomenografie entfaltet (vgl. Kallweit
2019, S. 140). Seine Verwendung ist hier eher alltagstheoretisch geleitet. Zur Frage, wie
Differenzkategorien soziale Praxis konstituieren, vgl. Kapitel 5.
[3] Die Begriffe Heterogenität und Differenz werden in dieser Arbeit weitgehend synonym
verwendet. Für weitere Erläuterungen vgl. die Einleitung in Kapitel 2.

„Erschließen von Zusammenhängen in und mit der Umwelt" als „bildungsrele-vantes Moment" (Pech 2009, S. 6) der Sachunterrichtsdidaktik an. Mittels des Begriffs des Sozialen Lernens werden die damit verbundenen Herausforderun-gen an Pädagogik und Didaktik präzisiert. Neben den theoretisch-didaktischen Überlegungen zur Zielsetzung dieser Arbeit wird in einem rekonstruktiven quali-tativen empirischen Teil danach gefragt, welche Kategorien von Differenz Kinder wahrnehmen und, spezifischer, welche für sie handlungsleitend sind. Zudem wid-met sich die Arbeit der Frage, wie sich das Sprechen über Differenz in einem Gespräch gestaltet, welches in wesentlichen Zügen dem theoretisch ausgear-beiteten Verständnis Sozialen Lernens entspricht. In den dafür durchgeführten Gruppendiskussionen werden Kinder somit gebeten, über eigene Wahrnehmungen und Positionierungen zu Differenzkategorien zu sprechen und ebenso mit Zielstel-lungen Sozialen Lernens wie Solidarität, Wertschätzung und Vielfalt konfrontiert. Am Ende werden mithilfe der empirischen Ergebnisse didaktische Konsequenzen gezogen.

Handlungsleitend für die theoretische und empirische Argumentation ist ein Verständnis kindheitswissenschaftlicher Forschung, wie es als Soziologie der Kindheit entfaltet wurde (vgl. Bühler-Niederberger 2020; Fölling-Albers 2010; Hengst 2014). Diese grenzt sich ab von sozialisations- und moderni-sierungstheoretischer kindheitswissenschaftlicher Forschung. Sie kritisiert deren deterministisches Kindheitsbild, in dem die Eigenlogik kindlicher Handlungen negiert wird und veränderte Bedingungen des Aufwachsens von Kindern als potenziell bedrohlich für die kindliche Entwicklung interpretiert werden. Diese stark erwachsenenzentrierten Perspektiven auf Kindheit gehen einher mit einer latenten Defizitorientierung sowie einer Abwertung kindlicher Handlungen als primitive Versionen der Handlungen von Erwachsenen (vgl. Breidenstein und Kelle 1998, S. 17). Es wird davon ausgegangen, dass sich beobachtbare Hand-lungen von Kindern in der Schule, in Freundschaftsgruppen und in anderen Kontexten einer entwicklungspsychologischen oder sozialisationstheoretischen Klassifizierung entziehen (vgl. Heinzel 2012b). Die Soziologie der Kindheit versteht die Praxis von Kindern daher als zentralen Teil einer generationsspe-zifischen „Kinderkultur" (Friebertshäuser et al. 2002, S. 4), in der das Wissen um Differenzkategorien flexibel zur Anwendung gebracht wird und generationale Machtverhältnisse in der Forschung mit Kindern nicht unreflektiert reproduziert werden. Die Durchführung einer rekonstruktiven Studie zum Differenzerleben von Kindern erscheint aus dieser Sicht als lohnendes Vorhaben, um sich die-sen Kinderkulturen zu nähern und daraus didaktische Konsequenzen zu ziehen. Die zu beobachtenden Pluralisierungsprozesse, die sowohl die Schulforschung

allgemein (vgl. Prengel 2005) als auch die Kindheitswissenschaften als Hand-
lungsaufforderung begreifen (vgl. Kränzl-Nagel und Mierendorff 2008), erfordern
damit einen Heterogenitätsbegriff, mit dem die differierenden, mitunter wider-
sprüchlichen Positionierungen im sozialen Feld empirisch gefasst werden können
(vgl. Budde 2014). Eine Herleitung, welche Kategorien konkret von Interesse
sind, erfolgt angesichts der Vielfalt von Biografien und Lebenslagen daher kon-
sequenterweise nicht. Vielmehr geht die Arbeit davon aus, dass Kategorien, die
Gesellschaft strukturieren, für Kinder genauso bedeutsam sind wie schulspezifi-
sche Kategorien (beispielsweise Leistung oder Motivation) und jene, die aus der
Dynamik des sozialen Feldes heraus entstehen können. Differenz bzw. Heterogenität wird dabei durch Akteur*innen in sozialen Interaktionen hergestellt (vgl.
Hirschauer 2017). Das Wissen über intelligible Identitäten wird genutzt, um sich
als eben solche den Normen entsprechende Individuen auszuweisen. Mit dessen Aktualisierung wird es gleichzeitig nicht unverändert hervorgebracht, sondern
vielmehr modifiziert und verfremdet (vgl. Wrana 2014).

Sachunterricht als wissenschaftliche Disziplin (vgl. Pech 2009), misst der
Erhebung von Schüler*innenvorstellungen zu Themen des Sachunterrichts eine
hohe Relevanz bei (vgl. Schomaker und Gläser 2014, S. 78). Dort erscheint die
Frage nach der Forschungshaltung, die auf Kinder und Kindheit eingenommen
wird, als sehr zentral – und damit auch für das vorliegende Forschungsvorhaben. Zugleich stehen am Ende dieser Arbeit nicht nur die Ergebnisse des
rekonstruktiven Forschungsvorhabens. Durch die Bezüge dieser Arbeit zum
Sachunterricht verbindet sich eine rekonstruktive Haltung zu Differenzpositio-
nierungen von Kindern mit didaktischen Erläuterungen und Diskussionen. Denn
nicht nur im Sachunterricht als wissenschaftlicher Disziplin sind Innenansich-
ten von Kindern Gegenstand des Interesses. Für die Praxis spielen sie als Teil
einer pädagogisch-didaktischen Diagnostik (vgl. Nießeler 2015) eine ebenso
große Rolle. Sachunterricht als Fach allgemeiner Bildung (Klafki 2005) regt
eine konstruktive Auseinandersetzung mit „den sozio-kulturellen Merkmalen von
Kindheit" an (Kahlert 2016, S. 75), die bei der Ausbildung von Haltungen, der
Anbahnung von Einstellungen [dient], (…) die für die historisch-gesellschaftliche
Situation des Kindes bedeutsam sind (Rabenstein 1985, S. 23). Klafkis epochaltypische Schlüsselprobleme (vgl. 1996, S. 56) konkretisieren bedeutende Aspekte
dieser historisch-gesellschaftlichen Situation. Sie thematisieren gesamtgesellschaftlich relevante Fragestellungen wie den Klimawandel oder gesellschaftlich
produzierte Ungleichheit. Damit setzen sie an verschiedenen Stellen implizit und
explizit die Beschäftigung mit dem individuellen und gesellschaftlichen Umgang
mit Differenz voraus. Sachunterricht als Fach der Grundschule erscheint so

anschlussfähig an eine Arbeit, die eine rekonstruktive Analyse zum Differenzerleben von Kindern durchführt und aus den Ergebnissen didaktische Konsequenzen zieht.

Das Soziale Lernen ist dabei ein weiterer theoretischer Zugang neben den bildungstheoretischen Überlegungen, denn er präzisiert die kindheitswissenschaftlichen Ausführungen und macht sie für didaktisch-pädagogische Überlegungen zugänglich. Er präzisiert den in der Arbeit geforderten ergebnisoffenen Blick auf Kindheiten und soziale Interaktionen mittels einer soziologischen Herangehensweise (vgl. Krüger und Grunert 2008) und verbindet diese mit didaktischen Ansätzen, die eine gesellschaftskritische Haltung auf Gruppenbildungsprozesse und Gesellschaft einnehmen (vgl. Schmitt 1976). Durch die Bezüge zu entwicklungspsychologischer Theorienbildung (vgl. Brohm 2009), pädagogischen Präventionsansätzen (vgl. Petermann 2007), aber eben auch zur Peerculture-Forschung (vgl. Glassner 1976) sowie zu bildungstheoretischen Curricula (vgl. Müller-Wolf 1980) lässt sich die Kritik von Sachunterrichtsdidaktiker*innen an der inhaltsleeren Verkürzung komplexer sozialwissenschaftlicher Inhalte (vgl. z. B. Massing 2007; Pech 2013) durch pädagogisch-didaktische Ansätze Sozialen Lernens nicht mehr uneingeschränkt halten. Sie erscheint angesichts einer fehlenden Systematisierung der vielfältigen Deutungen und Interpretationen des Begriffs (vgl. Krappmann 2002) jedoch auch nicht verwunderlich.

Kahlert rückt in seinem Lehrwerk zum Sachunterricht auch die Praktiken der Individuen in den Mittelpunkt: „Das Umfeld eines einzelnen Menschen mag noch so gründlich (…) erforscht und interpretiert sein, entscheidend (…) sind jedoch die Interpretationen des einzelnen Handelnden von seinem Umfeld" (Kahlert 2016, S. 130). Kindheitswissenschaftliche Publikationen, in denen Kinder diese Interpretationen versprachlichen können, sind jedoch ein Desiderat. Dies betrifft insbesondere Alltagstheorien über Differenz. Zwar gibt es einige Studien, die ethnografisch vorgehen und zeigen, wie geschlechtliche (vgl. Breidenstein und Kelle 1998), ethnische (vgl. Machold 2014) oder herkunftsbezogene Wissensbestände (vgl. Kalthoff 2006) in Interaktionen zwischen Kindern und Jugendlichen performativ hervorgebracht werden. Sie können jedoch keinen Einblick in die Dauerhaftigkeit und Generalisierungsfähigkeit des beobachteten Modus Operandi geben (vgl. Bohnsack 2017). Es gibt einige wenige Studien, die beispielsweise mittels Gruppendiskussionen und erzählgenerierenden Impulsen Aussagen zu spezifischen Differenzkategorien generieren (vgl. zur Differenzkategorie Geschlecht z. B. Breitenbach 2000; Michalek 2006). Sie tragen jedoch häufig ein problematisches reifizierendes Potenzial hinsichtlich der von ihnen untersuchten Differenzkategorien in sich, sodass die Perspektiven der

Forschenden auf den Untersuchungsgegenstand jene der Beforschten zu überde-
cken drohen. Zudem fehlen Studien, die sich performative Praktiken vor dem
Hintergrund sachunterrichtsdidaktischer Arrangements anschauen (vgl. Flügel
2017).

Für den empirischen Teil der Arbeit wurden Gruppendiskussionen mit Kindern einer dritten Klasse an zwei Schulen durchgeführt. In Gruppendiskussionen
werden kommunikative Wissensbestände durch Erzählungen und Beschreibungen
einer teilnehmenden Gruppe der Rekonstruktion zugänglich gemacht (vgl. Przyborski und Wohlrab-Sahr 2008, S. 439). Obwohl sie im Kontext der Kindheitsforschung bis dato selten angewendet wurden (vgl. Krüger 2006, S. 59), haben
Gruppendiskussionen ein großes Potenzial. Sie generieren Daten, die unter anderem über Freundschaftsbeziehungen, kinderkulturelle Praktiken, sinnliche und
imaginäre Erlebnisebenen Aufschluss geben und eignen sich daher als Erhebungs-
form für das Forschungsprojekt, welches kindliche Praktiken im Hinblick auf
differenzbezogene Wissensbestände analysieren will (vgl. Bühler-Niederberger
und Sünker 2006). Die zwei für die Erhebung entworfenen Einstiegsimpulse
bestanden einmal aus Bildern von Fischschwärmen und außerdem aus einem Bilderbuch, in dem eine ‚Außenseitergeschichte' thematisiert wurde. Beide Impulse
wurden separat zu zwei unterschiedlichen Terminen in die Gruppen hineinge-
geben. Jede Kindergruppe fand sich zweimal zu den Gruppendiskussionen ein;
diese wurden mit einer Kamera aufgenommen.

Ausgewertet wurden die Gruppendiskussionen mit der Dokumentarischen
Methode, die eine Abstrahierung impliziten Wissens, dem Modus Operandi,
von kommunikativen Äußerungen bzw. Handlungen erlaubt. Sie deckt konjunktive Wissensbestände auf und verlagert damit den Analysefokus vom *Was* der
getätigten Sprechakte zum *Wie* der Herstellung sozialer Realität (vgl. Bohnsack et al. 2013a). Sie ist damit ein geeignetes Analyseinstrument, um implizite
Vorstellungen zu Differenzkategorien, die kindlichen Praktiken zugrunde liegen,
herauszuarbeiten.

Die Arbeit gliedert sich inklusive Einleitung in acht Kapitel. Kapitel zwei
widmet sich dem Heterogenitäts- und Differenzbegriff. Angelehnt an eine Klassifizierung nach Walgenbach (vgl. Walgenbach 2017) wird die Verwendung
des Heterogenitätsbegriffs in vier analytisch abgegrenzten Bedeutungsdimensionen diskutiert: in der deskriptiven, der ungleichheitskritischen, der evaluativen
sowie der didaktischen Bedeutungsdimension. Sie beschreiben gesellschaftliche
Pluralisierungsprozesse sowie Bewertungen hinsichtlich ihres potenziellen Mehr-
werts für Unterricht, Effekte sozialer Ungleichheit und konkrete didaktische
Überlegungen. Parallel zur Argumentation wird eine Tabelle, die wesentliche

Erkenntnisse der Arbeit zusammenfassend festhält, kontinuierlich weiterentwickelt. Sie greift die Bedeutungsdimensionen zu Heterogenität auf, konkretisiert sie mithilfe bildungstheoretischer Implikationen am Ende von Kapitel vier und wird im Diskussionskapitel durch die empirischen Erkenntnisse zugespitzt. Die weiteren theoretischen Schritte, die gegangen werden sollen, bestehen daher darin, den Bedeutungsdimensionen kindheitswissenschaftliche Fragestellungen zuzuordnen und sie im Hinblick auf die bildungstheoretische Verortung der Arbeit zu präzisieren (Tabelle 1.1).

Tabelle 1.1 Systematisierung zentraler Erkenntnisse der Arbeit. (Eigene Abbildung, Spalteneinteilung angelehnt an Walgenbach 2017)

	Deskriptiv	Ungleichheitskritisch	Evaluativ/Didaktisch
Inhaltliche Schwerpunkte der Bedeutungsdimensionen	Siehe Abschnitt 2.4		
Bildungstheoretische Konkretisierungen	Siehe Abschnitt 4.3.3		
Empirische Zuspitzungen	Siehe Abschnitt 7.2		

Kapitel drei beginnt mit der Darstellung des Forschungsstandes, also den kindheitswissenschaftlichen Forschungsschwerpunkten und ihrer Verortung in den Bedeutungsdimensionen. Dabei beschäftigen sich Studien, die der deskriptiven Dimension zugeordnet sind, mit der Wirkmächtigkeit von Differenzkategorien im sozialen Raum und den Machtverhältnissen, die sich dort rekonstruieren lassen. In der ungleichheitskritischen Dimension werden Studien aufgenommen, die das Erleben sozialer Ungleichheit durch Kinder in den Blick nehmen. Der evaluativen und didaktischen Bedeutungsdimension sind Studien zugeordnet, die sich mit der Herstellung von Differenz unter Schüler*innen während unterrichtlicher Situationen beschäftigen. Zudem erfolgt ein kurzer Einblick in Erhebungen von Schüler*innenvorstellungen zu sachunterrichtsdidaktischen Themen. Die zentralen theoretisch-didaktischen und methodischen Herausforderungen hinsichtlich der Positionierungspraktiken der Kinder, ihres Erlebens sozialer Ungleichheit und der Differenzherstellungen in schulischen Settings werden in die Kapitel vier und fünf mitgenommen.

In Kapitel vier erfolgen Ausführungen zum Sozialen Lernen. Soziales Lernen kann entweder eine wichtige Kompetenz für schulisches Lernen darstellen oder sich als pädagogisches/didaktisches Angebot an Schüler*innen richten. Beide Themenschwerpunkte werden in diesem Kapitel aufgenommen und einer

Systematisierung unterzogen. Publikationen, die sich dem ersten Themenschwerpunkt zuordnen lassen, haben einen eher beobachtenden bzw. diagnostischen Fokus auf kindliche Handlungen. Daher gilt es herauszustellen, welche der Konzepte zum Sozialen Lernen einen soziologischen Blick auf Kindheitskulturen und die vielschichtigen Anwendungen von Differenzkategorien in sozialen Interaktionen zulassen. Bei den pädagogisch-didaktischen Angeboten erscheinen wiederum solche Publikationen anschlussfähig an die Forschungsarbeit, die stark mit dem Bildungsanspruch des Sachunterrichts korrelieren. Daher ist es das Ziel, diese Anknüpfungspunkte im komplexen Diskursfeld zum Sozialen Lernen herauszuarbeiten. Dies mündet in einer eigenen Arbeitsdefinition zum Sozialen Lernen, die die Grundlage für das methodische Vorgehen darstellt und die Bedeutungsdimensionen in Kapitel zwei aus bildungstheoretischer Sicht präzisiert.

Kapitel fünf bildet die inhaltliche Brücke zwischen den theoretischen und empirischen Teilen der Arbeit. Dazu wird der Begriff Heterogenität aus praxeologischer Perspektive genauer beleuchtet. Es geht darum, auszuloten, wie sich Kinderkulturen beobachtend genähert werden kann. Dafür wird eingangs der Paradigmenwechsel in der Kindheitsforschung beschrieben. Zudem wendet sich das Kapitel der zentralen Herausforderung zu, die sich für ein Forschungsvorhaben stellt, das sich Reproduktionen von Differenz in sozialen Interaktionen widmet. Weiterhin stellt das Kapitel den Ablauf der Studie, das Gruppendiskussionsverfahren, den Ablauf der Studie und die konkrete Gestaltung der Eingangsimpulse vor. Zum Schluss des Kapitels werden Methodologie und Arbeitsschritte der Dokumentarischen Methode sowie deren konkrete Anwendung im vorliegenden Forschungsvorhaben dargelegt.

In Kapitel sechs erfolgt die Ergebnisdarstellung. Es werden Passagen aus den Gruppendiskussionen rekonstruiert, in denen Kinder gesellschaftliche Differenzkategorien reproduzieren. In den Gruppendiskussionen zeigt sich, welches ,Wissen' über Differenz im Aufbau und in der Pflege von Freundschaftsbeziehungen zur Anwendung kommt und wie sie generationale Ordnungen wahrnehmen. Dabei wird übergreifend im Rahmen der Basistypik herausgearbeitet, wie sich diese Differenzkonstruktionen aus den Textschemata des Erzählens und Argumentierens zusammensetzen. Durch die sinngenetische Typenbildung werden Diskursbewegungen auf Vorder- und Hinterbühne sowie die Umgangsweisen der Kinder mit Inhalten des Sozialen Lernens rekonstruiert. An geeigneten Stellen folgen zusammenfassende Bemerkungen und theoretische Einordnungen.

Die Ergebnisse werden in Kapitel sieben zum Anlass genommen, die bildungstheoretischen Überlegungen zur expliziten Thematisierung von Heterogenität in den einzelnen Bedeutungsdimensionen noch einmal zu präzisieren. Es gilt, hinsichtlich der deskriptiven Bedeutungsdimension Anforderungen an einen diagnostischen Blick auf Differenzkonstruktionen von Kindern zu formulieren. Diese beschäftigen sich unter anderem mit Prozessen der Dramatisierung und Entdramatisierung und mit den Sprecher*innenhierarchien zwischen den einzelnen Teilnehmer*innen. In der ungleichheitskritischen Dimension wird ausgelotet, wie sich der kindbezogenen Wahrnehmung sozialer Ungleichheit mittels der textschematischen Unterscheidung zwischen abstrahierenden und biografischen Sprechakten genähert werden kann. Die didaktischen Konsequenzen innerhalb der evaluativen und didaktischen Bedeutungsdimension fokussieren auf den Umgang mit Normalitätsvorstellungen sowie auf das Aufgreifen von Zwischenräumen und Alternativen in den Differenzkonstruktionen der Kinder. Ferner wird der Einsatz des Bilderbuches „Irgendwie Anders" (vgl. Cave et al. 2016) kritisch diskutiert. Reflexionen zum Prinzip der Selbstläufigkeit in Gruppendiskussionen, zur soziogenetischen Typenbildung der Dokumentarischen Methode sowie zum Potenzial der Sprechschemata Argumentieren und Erzählen für fachdidaktische Forschung schließen das Diskussionskapitel ab. Es folgen ein Fazit und ein Ausblick, welche die zentralen Erkenntnisse zusammenfassen und Anregungen für weiterführende Forschungsarbeiten geben.

Heterogenität in Schule und Unterricht – Begriffsklärungen und Standortbestimmung

2

Heterogenität ist nach Boller (vgl. 2007, S. 12) ein Begriff, der auf Verschiedenheit, Ungleichartigkeit oder Andersartigkeit von Individuen, Gruppen oder pädagogischen Organisationen rekurriert. Im Kontext von schulbezogenen Themen und Forschung wird er häufig genutzt (vgl. Emmerich und Hormel 2013, S. 152). Strasser (vgl. 2016, S. 28) sieht unter diesem Stichwort insbesondere Betrachtungen zu askriptiven und deskriptiven Heterogenitätsdimensionen versammelt. Zu den deskriptiven Kategorien zählt er solche, denen beispielsweise schulische Diagnostik eine besondere Aufmerksamkeit widmet, unter anderem kognitive und motivationale Dispositionen von Schüler*innen[1]. Askriptive Kategorien werden von außen an Schule herangetragen und entfalten in ihr eine besondere Wirkmächtigkeit. Hierbei handelt es sich nach Strasser beispielsweise um soziale, ethnische oder geschlechtliche Zugehörigkeiten[2], welche die Gesellschaft grundlegend strukturieren. Weiterhin gilt festzuhalten, dass Differenzkategorien immer kontext- und beobachter*innenabhängig wirken. Sie beschreiben also keine angeborenen Merkmale, sondern relative Zuschreibungen, die als Selbst- oder Fremdzuschreibung im sozialen Raum ihre Wirkung entfalten (vgl. Wenning 2007, S. 23).

---

[1] Dazu zählen auch inhaltliche Interessen von Schüler*innen sowie das Vorwissen bzw. Präkonzepte zu natur- und gesellschaftswissenschaftlichen Phänomenen. Ihnen kommt daher im Kontext von Sachlernprozessen eine besondere Bedeutung für didaktische Diagnostik im Sachunterricht zu (vgl. Kahlert 2016, S. 217).

[2] Vock und Gronostaj (vgl. 2017) betrachten in ihrem Band zum Umgang mit Heterogenität in Schule und Unterricht den familiären Hintergrund, Bildungssprache, Fluchterfahrungen, Geschlechteridentitäten sowie Intelligenz und Vorwissen. Auf ihren Erläuterungen aufbauend diskutieren sie Konsequenzen für Diagnostik und Förderung in didaktischen Lehr-Lern-Arrangements.

© Der/die Autor(en), exklusiv lizenziert an Springer Fachmedien Wiesbaden GmbH, ein Teil von Springer Nature 2022
F. Schrumpf, *Kinder thematisieren Differenzerfahrungen*, Sachlernen & kindliche Bildung – Bedingungen, Strukturen, Kontexte,
https://doi.org/10.1007/978-3-658-39651-0_2

Zu Beginn der 90er Jahre findet der Begriff Heterogenität erstmals eine breitere Verwendung. Dies lässt sich eher nicht an der Quantität einschlägiger Publikationen festmachen, sondern ist vielmehr mit einigen singulären Autor*innen verknüpft, denen es gelingt, den Begriff der Heterogenität erstmals nachhaltig im Schuldiskurs zu platzieren (vgl. Strasser 2016, S. 9). Es handelt sich hierbei um Prengels Überlegungen zu einer *Pädagogik der Vielfalt* (vgl. 2019) sowie die Publikation von Hinz (vgl. 1993)[3], der Heterogenität als Begriff dem Homogenisierungsbestreben des deutschen Bildungssystems entgegensetzt. Zu mehr Prominenz verhelfen weiterhin große Schulleistungsstudien wie TIMSS oder PISA, die öffentlichkeitswirksam herausstellen, wie sich Leistungsdisparitäten entlang askriptiver Differenzkategorien (insb. des Migrationsstatus und nicht-deutscher Erstsprachensozialisation) nachweisen lassen (vgl. Diehm 2020, S. 13).

Der Begriff Heterogenität scheint in der Debatte jedoch nicht unumstritten zu sein. Budde spricht von „nicht-hierarchischen" Differenzansätzen (Budde 2013a, S. 34), die strukturell verankerte Ungleichheitsmechanismen und die „Genese von Ungleichheit in und durch Pädagogik" (Diehm 2020, S. 17) ausblenden. Darin sind auch Ungleichheitslagen eingeschlossen, die bereits in ungleichen Startvoraussetzungen zu Beginn der Bildungskarriere von Kindern resultieren und eine Verstetigung innerhalb der Institution Schule erfahren (vgl. ebd.). Die Vielfalt an Publikationen zum Begriff Heterogenität lasse zudem eine theoretische Rückbindung an sozial- und/oder kulturwissenschaftliche Ansätze vermissen. Koller (2014a, S. 16) vermisst eine systematische Aufarbeitung der Frage

> „in Bezug auf welche theoretischen Kontexte der Begriff gefasst und mit welchen philosophischen Konzepten vom Menschen bzw. von Sozialität, Subjektivität und Intersubjektivität das Verständnis von Heterogenität jeweils verknüpft wird. Die Unschärfe des Begriffs zeigt sich dabei nicht zuletzt daran, dass weitgehend unklar bleibt, in welchem Verhältnis das Konzept der Heterogenität zu anderen, verwandten Begriffen steht – wie etwa zu Verschiedenheit und Differenz, zu Diversität, Vielfalt und Pluralität oder zu Andersheit und Alterität. "

Bevor im Folgenden also der Begriff Heterogenität in der kindheitswissenschaftlichen und bildungstheoretischen Argumentation Anwendung findet, soll seine Verwendung im schulpädagogischen Diskurs umrissen werden. Walgenbach (vgl.

---

[3] Boban und Hinz haben auch eine deutsche Übersetzung des Index für Inklusion (vgl. Booth und Ainscow 2019) vorgelegt, welcher programmatische Forderungen an eine Schule der Vielfalt erhebt und gleichzeitig ein Manual für einen Schulentwicklungsprozess darstellt, der schulische Strukturen, Kulturen und Praktiken für Heterogenität sensibler (respektive „inklusiver") gestalten will.

2021, S. 48) schlägt angesichts der fehlenden gemeinsamen theoretischen Bezugs-
größe vor, den Heterogenitätsdiskurs anhand seiner Bedeutungsdimensionen zu
systematisieren. Darin sind Beiträge mit beschreibenden, normativen und didaktischen Bezügen versammelt. Sie decken damit eine große inhaltliche Spannbreite
ab und relativieren die oben wiedergegebene Kritik in einigen Punkten ein Stück
weit. So scheint der Begriff Heterogenität durchaus auch im Rahmen ungleichheitskritischer Analysen verwendet zu werden. Für den weiteren Verlauf dieser
Arbeit wurde sich daher dafür entschieden, für schulische und gesellschaftliche
Kategorien den Begriff Heterogenität weiter zu nutzen bzw. als gleichgestellte
Alternative auch den Begriff Differenz[4]. Die Arbeit schließt sich auch der Systematisierung Strassers an. Die Begriffe askriptiv und deskriptiv werden jedoch
etwas an die thematische Ausrichtung der Arbeit angepasst. Askriptive Differenzkategorien, wie sie Strasser (vgl. 2016) skizziert, werden im Folgenden als
gesellschaftliche Differenzkategorien bzw. Heterogenitätsdimension benannt, da
der Begriff des Gesellschaftlichen bereits auf das bildungstheoretische Fundament des Sachunterrichts verweist (vgl. Klafki 1996, 2005). Die deskriptiven
Kategorien wiederum werden als schulische Differenzkategorien bzw. Heterog-
nitätsdimensionen benannt, um es zu verdeutlichen, wenn die Reproduktion von
Differenz im sozialen Feld auf schulische Wissensbestände zu Leistung, Motivation oder Verhalten (im Sinne deskriptiver Kategorien nach Strasser (vgl. 2016))
zurückgreift. Die folgenden Vertiefungen des Heterogenitätsbegriffs folgen nun
im Wesentlichen der Systematik Walgenbachs[5].

2.1 Heterogenität und gesellschaftliche Pluralisierung: Deskriptive Bedeutungsdimension

Wenn Heterogenität deskriptiv begegnet wird, so ist damit in der Klassifi-
kation Walgenbachs gemeint, dass Unterschiede, welche durch Schule (re-)

---

[4] Diehm (vgl. 2020, S. 18) votiert gar für eine klare Differenzierung der Begriffe Heterogenität und Differenz. Während Heterogenität als Begriff für sie die unbewertete „nicht-
hierarchische" (Budde 2013a, S. 34) Betrachtungsweise auf Verschiedenheit darstellt, reser-
viert sie den Begriff Differenz für eine „bewertete, eindeutig im Kontext von Ungleichheit
auszumachende Differenz". Mit Blick auf die ungleichheitskritische Dimension in Walgenbachs Analyseraster (vgl. 2017) lässt sich diese Differenzierung nur noch bedingt halten.

[5] Die Darstellung erfolgt an dieser Stelle in sehr komprimierter Form. Es werden ganz knapp
zentrale Themen und Handlungsfelder der Bedeutungsdimensionen umrissen. Eine ausführ-
liche Diskussion kann an dieser Stelle nicht geleistet werden. Die weiteren Kapitel arbeiten
wie bereits erwähnt mit den Bedeutungsdimensionen weiter und ordnen zentrale theoretische
und empirische Erkenntnisse der Arbeit in diese ein.

produziert werden, zunächst wertfrei in den Blick genommen werden, ohne
aus ihnen bildungspolitische, erziehungswissenschaftliche oder didaktische Konsequenzen zu ziehen. Es handelt sich somit um eine Art Bestandsaufnahme
der Herausforderungen, die an Schule infolge zunehmender gesellschaftlicher
Individualisierungsprozesse postmoderner Gesellschaften gestellt werden (vgl.
Walgenbach 2017, S. 36). Zentrales Merkmal jener Individualisierungsprozesse
ist das Erodieren „traditionale[r] Lebensperspektive[n]" (Prengel 2005, S. 24) und
die damit verbundene stärkere Notwendigkeit einer reflexiven Selbstverortung:

> *„Baumeisterin oder Baumeister des eigenen Lebensgehäuses zu werden, ist allerdings
> nicht nur Kür, sondern in einer grundlegend veränderten Gesellschaft zunehmend
> Pflicht. Es hat sich ein tiefgreifender Wandel von geschlossenen und verbindlichen zu
> offenen und zu gestaltenden sozialen Systemen vollzogen. Nur noch in Restbeständen
> existieren Lebenswelten mit geschlossener weltanschaulich-religiöser Sinngebung,
> klaren Autoritätsverhältnissen und Pflichtkatalogen. Die Möglichkeitsräume haben
> sich in pluralistischen Gesellschaften explosiv erweitert. In diesem Prozess stecken
> enorme Chancen und Freiheiten, aber auch zunehmende Gefühle des Kontrollverlustes
> und wachsende Risiken des Misslingens."* (Keupp 2020, S. 50)

Dieser gesellschaftliche Wandel umfasst sozioökonomische, wirtschaftliche,
soziale und politische, biografische sowie kulturelle Veränderungen und Verschiebungen (vgl. Beck 1983). Er weitet die Grenze dessen, was an kulturellen,
geschlechtlichen, alters- und interessenbezogenen Identitätsentwürfen mach- und
denkbar ist. Schule ist hierbei nicht losgelöst von gesellschaftlichen Wandlungs-
prozessen zu denken und allein schon durch die „Interdependenz zwischen Schule
und Gesellschaft" (Lemberg et al. 1971, S. 4) mit diesen Prozessen verwoben.
Inckemanns (1997, S. 267) Analyse der Rolle der Schule im sozialen Wandel in
Bezug auf den Strukturfunktionalismus und den symbolischen Interaktionismus
resümiert mit der Erkenntnis, dass Schule eine „passive und aktive Beteiligung" am sozialen Wandel zukommt und Schüler*innen bei der Selbstverortung
pädagogisch unterstützen soll, nicht aber ohne Alternativen zu Prozessen des
sozialen Wandels aufzuzeigen. Boller et al. (2007, S. 13) stellen fest, dass die
„Pluralisierung von möglichen Lebensformen und Lebensentwürfen" als „Rah-
menbedingung (…) direkten oder indirekten Einfluss auf die Möglichkeiten der
Bildungsbeteiligung und auf das Lernverhalten von Schüler*innen und Schülern"
ausübt. Die Autor*innen merken an, dass, obwohl die Relevanz dieses sozialen Wandels für die Institution Schule niemand ernsthaft bestreite, Schule selbst
eher durch Homogenisierungstendenzen auffalle und in Form von beispielsweise
Standardisierung von Kompetenzniveaus durchaus widersprüchlich reagiere (vgl.
ebd.).

Deutlich wird, dass in den verschiedenen Publikationen eine deskriptive Haltung auf Heterogenität und sozialen Wandel hilfreich ist, um Schüler*innen bei ihrer Identitätsarbeit zu unterstützen und/oder negativen Effekten von Pluralisierung so vorzubeugen, dass sie der Leistungsentwicklung einzelner Schüler*innen oder Gruppen nicht zum Nachteil gereicht[6]. Beispielhaft für die erste Perspektive auf die Herausforderungen sozialen Wandels sei ein Blick auf die Religionspädagogik geworfen. Zwar spiele Religion weiterhin eine durchaus zentrale Rolle bei Kindern und Jugendlichen, die Grenzen zwischen Glaube, Religion und Religiosität verschwimmen jedoch und ließen sich mittels „traditionell konfessioneller Bezüge" (Burrichter 2005, S. 180) nicht mehr einfangen. Es gelte das Aufgabengebiet der Religionspädagogik neu abzustecken, die nicht nur über ‚richtige‘ religiöse Lebensweisen und Deutungen religiöser Schriften aufklären müsse. Diese müsse die „höchst individuellen Deutungsmuster von Menschen als Interpretation ihrer eigenen Denkbestände, als Fortschreibung ihrer Tradition in der Gegenwart (…) verstehen" (ebd., S. 192).

Häufig werden – wie bereits angedeutet – veränderte Bedingungen des Aufwachsens auch als potenzielle Risikolagen beschrieben, in denen Schüler*innen bestimmter Zugehörigkeiten Nachteile für ihre Bildungsbiografie erfahren. Miller und Toppe (vgl. 2009) widmen sich der Frage, ob die Pluralisierung von Familienformen neue Risikolagen erzeugen könne. Sie stellen nach einer Durchsicht der Forschungslage fest, dass den Individualisierungstendenzen in vielen Studien zur Situation von Kindern mit und ohne Migrationshintergrund im Bildungssystem nicht genug Rechnung getragen werde. Ihnen zufolge stellt die Kategorie mit und ohne Migrationshintergrund ein zu grobmaschiges Unterscheidungskriterium bei der Analyse der Bedingungen des Aufwachsens in verschiedenen Familienformen dar. Vielmehr gelte es, in die Deskription die „Pluralisierung von Migrationskulturen und [die] Entkoppelung von ethnischer Herkunft und Migrantenmilieu" (Schründer-Lenzen 2009, S. 74) mit einzubeziehen. Sie referieren auf den empirischen Befund, wonach Kinder mit türkischen und italienischem Migrationshintergrund häufiger mit Schwierigkeiten in der Schule konfrontiert werden als griechische Kinder, die eher erfolgreiche Bildungsbiografien vorweisen können.

---

[6] Letzteres verweist bereits auf die ungleichheitskritische Dimension von Heterogenität, die es zu thematisieren gilt.

2.2 Heterogenität als Chance begreifen: Evaluative Bedeutungsdimension

Gesellschaftliche Differenzkategorien sind ein „sozialer Tatbestand" (Fuchs 2007, S. 17) und ein grundlegendes Strukturmerkmal moderner Gesellschaften. Sie sind damit keine naturalistischen Kategorien, sondern vielmehr soziale Konstruktionen (vgl. ebd., S. 19). Die Herausforderung, die sich daraus für öffentliche und private Institutionen ergibt, ist die Suche nach Möglichkeiten, mit der Diversität von Menschen in einer Art und Weise umzugehen, die diese nicht diskriminiert, sondern ihre Produktivität für Lern- und Arbeitsprozesse als Ressource (neu) entdeckt.

Heterogenität als Chance zu begreifen, bedeutet daher, Diskriminierungspotenziale in Institutionen aufzudecken und ihnen vorzubeugen (vgl. ebd.)[7]. Anleihen finden Konzeptualisierungen, in denen Heterogenität als Ressource begriffen wird, mitunter im Rahmen des Organisationsmanagements großer Konzerne (vgl. Stroot 2007). Die zentrale Idee ist, dass einem Unternehmen nicht nur aus idealistischen Gründen daran gelegen sei, Diskriminierung innerhalb der Belegschaft abzubauen. Es würde durch eine aktiv betriebene Antidiskriminierung gar finanziell davon profitierten, da die dadurch freiwerdenden Potenziale „einen Schlüssel zum unternehmerischen Erfolg" darstellen, indem sie die Produktivität der Beschäftigten signifikant erhöhen (ebd., S. 30). Für den schulischen

---

[7] Im deutschen Bildungssystem lassen sich historisch gesehen Benachteiligungen beispielsweise in der Geschlechter- und kulturbezogenen Schulforschung und Pädagogik herausarbeiten. Sowohl Kinder nicht deutscher Herkunft als auch Mädchen wurden mit einer defizitären Sichtweise auf vermeintliche kultur- und geschlechtsspezifische Fähigkeiten betrachtet. So entsteht mit dem Zustrom ausländischer Gastarbeiter*innen Anfang der 60er Jahre große Unsicherheit darüber, wie ihren Kindern in der Schule zu begegnen sei (vgl. Nohl 2014, S. 11; Stoklas et al. 2004). Die zentralen Ziele der assimilatorischen sog. Ausländerpädagogik – Leistungsunterschiede zwischen Kindern mit und ohne Migrationshintergrund sowie die Förderung der Rückkehrfähigkeit – werden durch die später neu entstehende interkulturelle Pädagogik neu definiert. Im Sinne einer Begegnungs- und Konfliktpädagogik werden nun der Abbau von Vorurteilen und die Schaffung von Momenten der Näherrückens verschiedener Kulturen zum zentralen Topos (vgl. Mecheril 2004, S. 65). Auch die geschlechterbezogene Schulforschung sah Mädchen als Opfer ihrer Sozialisationsgeschichte an, denen es im Vergleich zu den Jungen an Stärke und Durchsetzungskraft fehle (vgl. Faulstich-Wieland 2008) und die im Unterricht vielfältige Benachteiligungen erführen (vgl. Krüger 2011). Erst später beginnt in der Geschlechterschulforschung eine eifrige Suche nach einem Unterrichtsformat, das Mädchen mit Blick auf ihre geschlechtsspezifischen Bedürfnisse und Fähigkeiten dasselbe Maß an Wertschätzung entgegenbringt wie Jungen (vgl. ebd., S. 9). Damit wird eine etwas ressourcenorientierte Sichtweise auf geschlechtliche Heterogenität eingenommen.

Bereich werden zumindest vereinzelt mögliche Synergien diskutiert. Stroots organisationstheoretische Überlegungen (vgl. ebd., S. 33) verbinden Ressourcen- und Leistungsorientierung miteinander und regen eine Restrukturierung der Organisation Schule unter Aspekten der Lehrenden- und Lernenden-Akquise und der Aufhebung starrer hierarchischer Strukturen an.

Diesen Ansätzen ist jedoch häufig (entweder implizit oder gar explizit) eine Unterscheidung zwischen legitimer und illegitimer Differenz eingeschrieben, das heißt, nicht alle Personengruppen profitieren gleichermaßen von Ressourcen freisetzenden Maßnahmen und Reformen. Möglich wird diese Unterscheidung durch die Verknüpfung einer positiven Betrachtungsweise auf Heterogenität und des Strebens nach einer gesteigerten Effizienz. Ursächlich hierfür sei der Leistungsbegriff als „externe Größe" (Dobusch 2014a, S. 265), unter deren Perspektive die Nützlichkeit diverser Differenzkategorien für institutionelle Prozesse bewertet wird. Gleichsam erführe der Leistungsbegriff jedoch „selbst keine diskursive Auseinandersetzung" (ebd.). Vielfalt wird daher zwar als Ressource für eine Erhöhung wirtschaftlichen oder lernbezogenen Outputs begriffen, kann jedoch durch den Einbezug von Menschen mit mangelnder Leistungsbereitschaft und vor allem -fähigkeit auch das Gegenteil bewirken. Boban und Hinz (vgl. 2017)[8] sehen ebenfalls bestimmte Narrative, die Heterogenität ressourcenorientiert fokussieren, als anfällig für neoliberale Denkfiguren, die Pädagogik und Lernen ähnlichen Wettbewerbsbedingungen unterwerfen, wie sie auch auf dem freien Markt vorherrschen. Starke kognitive oder körperliche (angeborene) Merkmale oder sozial auffälliges Verhalten, die selbst gesteckten Output-Zielen im Wege stehen, gelten im Gegensatz zu identitätsbezogenen Merkmalen (beispielsweise eine als different gelesene sexuelle oder geschlechtliche Identität) als nicht integrierbar (vgl. Dobusch 2014b). Dobusch (2014a, S. 280) schreibt:

---

[8] Im Zuge der Inklusionsdebatte erscheinen zunehmend Studien, die die Wahrnehmung der Heterogenität verschiedener Akteur*innen im Bildungssystem (und die Bewertung ihres Potenzials für unterrichtliche Prozesse) analysieren. Ein Schwerpunkt liegt hier auf Lehrkräften sowohl in der Ausbildung (vgl. Schmitz et al. 2020) als auch auf Lehrkräften, die bereits im Schulsystem tätig sind (vgl. Bengel 2021; Siepmann 2019; Wirtz 2020). Bengel (vgl. 2021) beispielsweise beschreibt die Spannbreite der Bewertungen von Heterogenität von Lehrer*innen während eines Schulentwicklungsprozesses. In ihren Ergebnissen dokumentieren sich einerseits optimistische Haltungen, andererseits aber auch reservierte und skeptische Perspektiven gegenüber einer Schule für alle, die Heterogenität im Unterricht sichtbar(-er) machen möchte. Entscheidend seien hierbei auch Entscheidungen auf der Meso-Ebene der Institution Schule und ob diese für das eigene pädagogisch-didaktische Wirken als hilfreich oder hemmend wahrgenommen werden (vgl. ebd., S. 182).

*„Das Aufgreifen eines medizinisch-individualistischen Behinderungsmodells (...)
muss nicht als ursächlicher und zwangsläufiger Effekt des Diversity (Management)-
Diskurses [sic!] eingeschätzt werden. Vielmehr ist davon auszugehen, dass dieser
bereits vorhandene, dominante Vorstellungen zum Thema Behinderung aufgreift und
fortschreibt."*

Damit zeigt die Autorin, dass vor allem Behinderung (insb. kognitive Einschränkungen) als Heterogenitätsdimension bei Bemühungen um ein diversitätssensibles
Umfeld häufig ausgeklammert wird.

2.3 Heterogenität und Ungleichheit: Ungleichheitskritische Bedeutungsdimension

Im Gegensatz zur evaluativen Bedeutungsdimension von Heterogenität rücken in
der ungleichheitskritischen Dimension Fragen systematischer Benachteiligungen
von Kindern mit bestimmten Ausgangslagen im deutschen Bildungssystem in
den Vordergrund (vgl. Walgenbach 2017, S. 35). Geschlecht, Migrationshintergrund oder der sozioökonomische Status können einen Einfluss auf Schulwahl,
Noten oder Abschlusszeugnisse haben. Wenning spricht dann von einer „illegi-
timen Bedeutung" (2010, S. 27) von Differenz, das heißt, ihr Einfluss auf die
Bildungsbiografie wird als kritisch betrachtet.

Empirische Erkenntnisse untermauern hierbei auch die Dringlichkeit dieses
Anliegens. Viele von ihnen konterkarieren die Idee eines meritokratischen Bildungssystems, in dem alle Kinder optimale Bedingungen für die Entfaltung ihrer
Fähigkeiten und Talente vorfinden (vgl. Breidenstein 2020). Sicherlich recht prominent diskutiert wird der Umgang mit Menschen mit einer diagnostizierten
Behinderung – insb. seit der Ratifizierung der UN-Behindertenrechtskonvention
2009, in der Deutschland sich zur Schaffung inklusiver Strukturen in Schule und
Gesellschaft verpflichtet hat (vgl. Textor 2015, S. 49). Zehn Jahre später jedoch
ist zu konstatieren, dass lediglich 40 Prozent der Schüler*innen eine allgemein-
bildende Schule besuchen. 60 Prozent gehen auf spezielle Einrichtungen, deren
Besuch häufig mit negativen Konsequenzen für die Berufsbiografie verbunden
ist (vgl. Autorengruppe Bildungsberichterstattung 2018, S. 105). Ebenso scheint
auch die Staatsangehörigkeit Anlass zu struktureller Diskriminierung zu sein.
Während deutsche Staatsangehörige zwischen 20 und 34 Jahren zu großen Teilen
einen Berufsabschluss vorweisen können – bei nur 10 Prozent fehlt ein solcher
Abschluss – sind es bei Menschen in derselben Altersgruppe mit einer anderen

Staatsangehörigkeit 34 Prozent ohne Abschluss (vgl. Bundesinstitut für Berufsbildung 2018, S. 51). Auch hinsichtlich des sozioökonomischen Hintergrunds der
Schüler*innen lassen sich Ungleichheiten feststellen. Schüler*innen, deren Eltern
einen „hohen sozioökonomischen Status" aufweisen, haben eine Gymnasial-
Besuchsquote von 69 Prozent gegenüber einer dreiprozentigen Besuchsquote auf
Hauptschulen. Für Schüler*innen mit niedrigem sozioökonomischen Status lässt
sich ein Verhältnis von 36 Prozent Hauptschule zu 10 Prozent Gymnasium beobachten (vgl. Autorengruppe Bildungsberichterstattung 2016, S. 258). Mehringer
(2013, S. 245) geht zusammenfassend von einem „multifaktoriellen Bedingungsgefüge" aus, in dem kulturelle Disparitäten unter anderem in prekären sozialen
Lagen eine Zuspitzung erfahren und in einem Gefühl der Ausgrenzung aus der
deutschen Mehrheitsgesellschaft münden.

Daraus ergibt sich die Notwendigkeit einer Beschäftigung mit Heterogenität aus ungleichheitskritischer Perspektive. Die Homogenisierung unterrichtlicher
Prozesse, die bis „in die Mikrostrukturen unterrichtlicher Interaktion hineinreicht"
(Dietrich 2019, S. 203), sowie das Leistungsprinzip und das damit verbundene meritokratische Verständnis von Bildung verdecken nämlich, so Gomolla
(vgl. 2009, S. 15), dass individuelle Leistungsunterschiede oder -bereitschaft
nicht nur im Individuum zu verorten, sondern massiv auf ungleiche Startbedingungen zurückzuführen seien. Dabei handelt es sich jedoch nicht um eine
Abwertung unterschiedlicher soziokultureller Backgrounds als solche. Vielmehr
sind Zuschreibungen und Vorannahmen stets verbunden mit Vorstellungen von
Normalität bzw. mit antizipierten Normabweichungen (vgl. Gomolla und Radtke
2009, S. 275).

Sowohl soziale Situationen (vgl. Mecheril und Plößer 2018, S. 282) als auch
institutionelle Rahmenbedingungen (als institutionelle Diskriminierung vgl. Fürstenau und Gomolla 2012, S. 42) sind also durch diskriminierende Strukturen
geprägt. Der daran anknüpfende Vielfaltsgedanke (vgl. Wagner 2013), der vor
allem die Schaffung eines diskriminierungssensiblen pädagogischen Umfeldes
verfolgt, wird trotz seines begrüßenswerten Anliegens hinsichtlich der Ausblendung struktureller Ungleichheit kritisiert (vgl. Emmerich und Hormel 2013,
S. 207). Als Beispielpublikation sei an dieser Stelle der Sammelband von Wagner
(vgl. 2013) genannt, der Anerkennung und Antidiskriminierung im Lichte inklusionspädagogischer Reformbemühungen reflektiert. Das Leitmotiv der unbedingten
Anerkennung jeglicher sozialer Unterschiede blende Macht- und Ungleichverhältnisse möglicherweise aus. Reimer (2011, S. 341) umschreibt dies als „Sog
des Positiven" und an anderer Stelle als „sprachliche Entsorgung von Kritik". Gomolla (vgl. 2012) sieht insbesondere den affirmativen Charakter von
Antidiskriminierungsansätzen kritisch. Sie kritisiert, dass konventionelle Ansätze

einer Umverteilung materieller und immaterieller Güter sowie Chancen auf Bildung sich tiefgreifenden gesellschaftlichen Problemen eher mit symptomatischen Lösungen, nicht jedoch den sozialen Strukturen selbst nähern, in denen diese Problem wurzeln[9].

Davon abgrenzend haben Forschungsarbeiten, die sich als intersektionale Analysen ausweisen, häufig den Anspruch, „historisch gewordene Macht- und Herrschaftsverhältnisse, Subjektivierungsprozesse sowie soziale Ungleichheiten wie Geschlecht, Sexualität/Heteronormativität, Race/Ethnizität/Nation oder soziales Milieu nicht isoliert voneinander" (Walgenbach 2017, S. 55) zu betrachten, sondern in ihren Verwobenheiten und Überkreuzungen. Menschen sind daher nie nur Angehörige einer sozialen Gruppe, sondern stets von mehreren, die in ihren Überkreuzungen und Wechselwirkungen jeweils spezifische privilegierte oder marginalisierte Positionen hervorbringen (vgl. ebd.) (Abbildung 2.1).

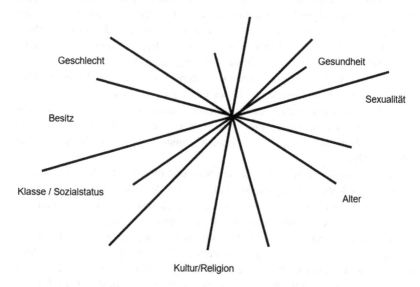

Abbildung 2.1   Intersektionalität. (entnommen aus Nohl 2014, S. 140)

---

[9] Der Bildungsbericht 2014 (vgl. 2014, S. 48) weist zum Beispiel nach, dass im Elementarbereich kostenlose Betreuungsangebote häufiger von Eltern mit hohem Bildungsabschluss bzw. ohne Migrationshintergrund in Anspruch genommen werden als solche, auf die die genannten Merkmale nicht zutreffen. Ursächlich hierfür sind keine materiellen Barrieren, sondern die Angst vor diskriminierenden Begegnungen aufgrund des sozioökonomischen Status oder eines antizipierten Migrationshintergrundes.

Zentrale theoretische Annahmen sind mit Bezug auf Knapp und Klinger (vgl. 2007, S. 19–20) weiterhin, dass Ungleichheiten Gesellschaften grundlegend durchziehen und keine singuläre Erscheinungen sind und dass besonders die Kategorien Geschlecht, Klasse sowie Herkunft[10] an ihren Überkreuzungen wirkmächtig werden und Ungleichheiten erzeugen.

Fragen wirft indes das unklare Verhältnis zwischen Reifizierung und Dekonstruktion auf. Der Benennung der sozialen Kategorien wird grundsätzlich mit einer misstrauischen Haltung begegnet, gleichsam sind sie aber konstitutiv für intersektionale Fragestellungen (vgl. Budde 2013a)[11]. Ferner ist häufig nicht eindeutig zu bestimmen, welche Ebenen des Sozialen intersektionelle Forschungsarbeiten in den Blick nehmen. Zwar liegt mit der Mehrebenenanalyse von Winker und Degele (vgl. 2010) ein Forschungsprogramm vor, das Makro-, Meso- und Mikroebene miteinander verbindet. Während Geschlecht, Klasse und ethnische Herkunft vor allem auf der Makroebene ihr Wirkungspotenzial entfalten, gehen die Autor*innen auf der Identitätsebene von einer Vielzahl potenziell handlungsleitender Identitätskategorien aus. Budde (vgl. 2013b) lobt das Anliegen einer intersektionalen Analyse, die verschiedene Ebenen des Sozialen miteinander zu verbinden vermag. Er weist jedoch auf eine seiner Ansicht nach problematische Verkürzung hin, wenn die „machttheoretischen Vorstellungen der Bezugswissenschaften der Gender-Studies oder der Postcolonial-Studies"

---

[10] Das im Englischen genutzte Wort *race* lässt sich an dieser Stelle nur schwer mit dem historisch vorbelasteten deutschen Wort Rasse übersetzen. Zwar nutzen Klinger und Knapp (vgl. 2007) diese Bezeichnung, für diese Arbeit wurde sich jedoch entschieden, je nach Kontext auf nationalstaatliche Zugehörigkeit, verschiedene Ethnizitäten oder Migrationserfahrungen oder ähnliche Aspekte zu referieren. Alternative Vorschläge wie natio-ethno-kulturelle Zugehörigkeit (vgl. Mecheril 2004) verweisen häufig schon auf spezifische Konzeptualisierungen des Kulturbegriffs und müssten ggf. vor ihrer Verwendung theoretisch reflektiert werden.

[11] Es hat eine Reihe von Vorschlägen gegeben, wie dem Problem der grundlegenden Kritik an sozialen Kategorien bei gleichzeitiger Reproduktion durch ihre Benennung zu begegnen ist. Walgenbach (vgl. 2007) schlägt die Verwendung des Interdependenzbegriffs vor, der die Konstruktion aller drei Kategorien als simultane Prozesse begreift und den Untersuchungsschwerpunkt auf soziale Interaktionen legt, in denen jene Differenzen überhaupt erst (re-)produziert werden. Die Autorin geht davon aus, dass sowohl handelnde als auch beobachtende Personen Handlungen stets hinsichtlich ihrer gesellschaftlichen Angemessenheit bewerten. Historisch gewachsene soziale Strukturen sieht die Autorin hierbei als grundlegend für die Genese dieser Interaktionen. Tuider (2013, S. 84) hält diejenigen Elemente queer-dekonstruktivistischer Theorien für eine Weiterentwicklung der Intersektionalitätsdebatte für geeignet, die das Potenzial haben, „nicht nur die verschiedenen polar angeordneten Differenzen [sic!] sondern auch die polar angeordneten, machtasymmetrischen Binaritäten (Mann-Frau, Heterosexualität-Homosexualität, Westen-Rest), d. h. die ausgeschlossenen, unsichtbar und unmöglich gemachten Räume, die Zwischenräume" zu thematisieren.

auf zwischenmenschliche Interaktionen auf der Mikro-Ebene übertragen werden (ebd., S. 251).

2.4 Heterogenität im Unterricht einbeziehen: Didaktische Bedeutungsdimension

Abschließend sei noch ein Blick auf die didaktische Bedeutungsdimension geworfen. Heterogenität in Klassen gelte es aufzugreifen und als Ausgangspunkt pädagogisch-didaktischer Diagnostik zu nutzen, auch entgegen bildungspolitischer Bemühungen hin zu mehr Homogenisierung durch Maßnahmen der externen Differenzierung (z. B.: mittels altershomogener Jahrgänge sowie eines mehrgliedrigen Schulsystems) (vgl. Hormann 2012; Rebel 2011). Dies erfordere neue Arten der Unterrichtsplanung, mit der Potenziale und Interessen von Schüler*innen besser abgerufen werden können und so das Passungsverhältnis zwischen Lernangebot und Schüler*in weiterhin verbessert werden kann (vgl. Hormann 2012, S. 278).

Kiper et al. (2008b, S. 91) betrachten Heterogenität oder vielmehr eine offene Haltung ihr gegenüber als wichtige Ressource für „politisches, soziales, interkulturelles und moralisches Lernen". Darüber hinaus sind im Band jedoch Beiträge versammelt, die stärker an didaktische und unterrichtsorganisatorische Fragestellungen anknüpfen (vgl. Kiper et al. 2008a), da es nicht ausreiche, sich ausschließlich auf eine positive Einstellung gegenüber Heterogenität zurückzuziehen, ohne zu klären, wie „Unterricht für Schülerinnen und Schüler mit unterschiedlichen Begabungen, Leistungen, Sprachkompetenzen und Unterstützungsbedürfnissen angemessen gestaltet werden kann" (Kiper et al. 2008b, S. 7).

Vor allem ab den 2000er Jahren wurde im Lichte empirischer Schulleistungsstudien (z. B. die PISA-Studie, die im internationalen Vergleich den Schüler*innen im deutschen Bildungssystem ein unterdurchschnittliches Abschneiden bescheinigte) die Notwendigkeit von Reformprozessen auch für Didaktik und Pädagogik noch einmal neu bewertet. Zusätzlich wird nun auch auf Pluralisierungsprozesse der Gesellschaft verwiesen. Diese brächten es mit sich, dass sich auch die Vorerfahrungen und Voraussetzungen, mit denen Kinder in die Schule kommen, weiter ausdifferenzieren und einen individualisierten Unterricht umso nötiger machen. Zudem sei individualisierter Unterricht auch mit der Hoffnung verbunden, dass Kinder auf das spätere Leben in eben dieser pluralisierten Gesellschaft besser vorbereitet werden (vgl. Trautmann und Wischer 2009, S. 165).

Für den Sachunterricht im Speziellen liegen unter anderem zwei didaktische Modelle vor, die sich dem Einbezug heterogener Lernvoraussetzungen aus unterschiedlichen Perspektiven nähern[12]. Das inklusionsdidaktische Netz von Heimlich und Kahlert (vgl. 2014) erweitert hierbei fachliche Potenziale eines Themas sowie lebensweltliche Erfahrungen von Kindern um spezifische Förderbereiche. Die Autor*innen loten aus, wie die Thematisierung sachunterrichtlicher Inhalte und die Förderung sensomotorischer, kognitiver, sozialer und anderer Aspekte zusammengedacht werden können. Von dieser sonderpädagogischen Perspektive grenzt sich das inklusionsdidaktische Handlungs- und Planungsmodell von Gebauer und Simon (vgl. 2012) ein Stück weit ab. In einem komplexen nonformalen Planungsprozess nimmt es neben sonderpädagogischen Förderbedarfen ebenso auch andere Dimensionen von Heterogenität in den Fokus. Es ergibt sich ein komplexes Bild aus deskriptiven und askriptiven Differenzkategorien, welche sowohl Interessen und Vorkenntnisse von Kindern einschließen als auch sozioökonomische, kulturelle und geschlechtliche Aspekte. Um die unterschiedlichen Bedürfnisse und Fähigkeiten der beteiligten Kinder in den Unterricht einfließen zu lassen, präferieren sie verschiedene Zugänge zu einem Unterrichtsthema, die sowohl kognitiv-abstrakte als auch handlungsorientiertere Zugangsweisen ermöglichen[13].

2.5 Zusammenfassende Bemerkungen

Die Bedeutungsdimensionen beleuchten zentrale Themen und Handlungsfelder, die auch für die vorliegende Arbeit relevant sind. Die *deskriptive Bedeutungsdimension* unterstreicht den Stellenwert gesellschaftsbezogener Pluralisierungsprozesse für Schule und Unterricht – nicht nur für die Planung didaktischer Arrangements, sondern auch hinsichtlich der sich daraus ergebenden Anforderungen an eigene Selbstverortungen von Schüler*innen. Zugleich zeigt sie die Problematik auf, wenn im Lichte dieser Pluralisierungsprozesse noch mit einer vorgeschriebenen Anzahl an Kategorien gearbeitet werden soll (wie dies beispielsweise Wenning (vgl. 2007, S. 25) mit seiner Aufzählung von insgesamt

---

[12] Im Sachunterricht werden insbesondere mit Anschluss an die Inklusionsdebatte Möglichkeiten des Einbezugs heterogener kindlicher Lernvoraussetzungen diskutiert (vgl. Adamina et al. 2018). Sachunterricht sei für die inklusive Perspektive besonders geeignet, da er „Bildung für alle an allem" (Hinz 2011, S. 35) ermögliche und sich somit schon aus seiner Anlage heraus erhebliche Potenziale für einen binnendifferenzierten Unterricht ergeben.

[13] Für eine kritische Diskussion beider Modelle vgl. Schrumpf 2017.

sieben gesellschaftlichen Differenzkategorien vornimmt), da diese als tendenziell unabgeschlossen gelten müssen und ihre antizipierte Wirkmächtigkeit im
sozialen Feld zunehmend verlieren (vgl. Schründer-Lenzen 2009). Trotz dieser gesellschaftlichen Dynamisierungsprozesse lässt sich die Heterogenität von
Schüler*innen als Ressource für schulisches Handeln definieren. In der *evaluativen Bedeutungsdimension* wurde herausgearbeitet, dass skeptische Haltungen
gegenüber Heterogenität gewissermaßen die in ihr angelegten Potenziale für ein
anregendes Lernumfeld verdecken (vgl. Stroot 2007). Sozialer Ungleichheit sollte
in der vorliegenden Arbeit aber mit einer fragenden Haltung begegnet werden,
die sich entlang gesellschaftlicher Differenzkategorien konstituiert und in Schule
reproduziert wird. In der *ungleichheitskritischen Dimension* wurde aufgezeigt,
dass sich hierbei nicht eine Differenzkategorie als Motor für soziale Ungleichheiten herauskristallisiert, sondern die Aufschichtungen von Erfahrungsräumen
jeweils spezifische privilegierte bzw. marginalisierte Positionen hervorbringen
(vgl. Klinger und Knapp 2007). In der *didaktischen Bedeutungsdimension* wurde
gezeigt, dass es neben einer bestimmten Haltung zu Heterogenität auch der
Anpassung unterrichtlicher Strukturen bedarf (vgl. Kiper et al. 2008a; Kiper
2008), um Interessen und Vorerfahrungen von Kindern angesichts zunehmender
Pluralisierungsprozesse einzubinden (vgl. Gebauer und Simon 2012).

Zentrale Erkenntnisse werden folgend in einer Tabelle überblicksartig zusam-
mengefasst (Tabelle 2.1). Dabei werden die evaluative und die didaktische
Dimension aufgrund ihrer wechselseitigen Beziehungen (vgl. Walgenbach 2017,
S. 43) zusammengedacht.

Die Themenstellung dieser Arbeit erfordert es jedoch, Heterogenität aus
kindheitswissenschaftlicher und bildungstheoretischer Perspektive weiterzuden-
ken. An die deskriptive Bedeutungsdimension ist aus kindheitswissenschaftlicher
Sicht die Frage zu stellen, welche theoretischen Zugänge den gesellschaftlichen
Pluralisierungsprozessen gerecht werden können, mit denen Kinder sich konfrontiert sehen, und welche Studien zu Positionierungen hinsichtlich schulischer
und gesellschaftlicher Differenzkategorien bereits existieren. Auch die evaluative Dimension zeigt die Wichtigkeit einer ressourcenorientierten Sichtweise auf
Heterogenität auf, sie lässt aber offen, welche Zielstellung genau eigentlich mit
einer expliziten Thematisierung von Heterogenität verbunden sein kann. Denn der
ihr innewohnende Leistungsgedanken wurde von vielen Autor*innen als potenziell exkludierend für jene Menschen eingeschätzt, die trotz erfolgter Adaptionen
unterrichtlicher Arrangements den Leistungsanforderungen nicht genügen können (vgl. Boban und Hinz 2017). Hier gilt es, aus bildungstheoretischer Sicht
zu fragen, welche Zielstellung eine ressourcenorientierte Haltung verfolgen soll.
Auch mit sozialen Ungleichheiten, die aus gesellschaftlichen Differenzkategorien

Tabelle 2.1 Bedeutungsdimensionen von Heterogenität. (Eigene Abbildung, angelehnt an Walgenbach 2017)

	Deskriptiv	Ungleichheitskritisch	Evaluativ/Didaktisch
Inhaltliche Schwerpunkte der Bedeutungsdimensionen	Wahrnehmung von Heterogenität als relevantes Thema für Schule und Unterricht vor dem Hintergrund gesellschaftlicher Pluralisierungsprozesse (teilweise bereits erste Aufgabenformulierungen an Schule und Unterricht)	Heterogene Lebenslagen und soziale Ungleichheiten werden thematisiert, Diskriminierungslagen und soziale Ungleichheit werden von außen an Schule herangetragen und durch soziale Praktiken innerhalb der der Schule reproduziert	Fokussierung von Heterogenität unter den Aspekten der Unterrichtsorganisation sowie Lernprozessgestaltung, dabei prinzipiell chancen- und ressourcenorientiert
Bildungstheoretische Konkretisierungen	Siehe Abschnitt 4.3.3		
Empirische Konkretisierungen	Siehe Abschnitt 7.2		

heraus resultieren, gilt es abwägend umzugehen. Eine einseitige Pädagogik der Anerkennung, die sich Vorurteilen und Diskriminierungen lediglich in Mikrosituationen zuwendet (vgl. Wagner 2013), blendet strukturelle Ungleichheiten aus (vgl. Reimer 2011). Dennoch wurde mit Blick auf intersektionale Analysen auch kritisch hervorgehoben, dass die antizipierte Kausalität dieser Ungleichheiten und ihre Reproduktion im sozialen Feld nicht explizit hinterfragt wird (vgl. Hummerlich und Budde 2015). Es ist zu erörtern, wie dieses Spannungsfeld bildungstheoretisch aufgefangen werden kann und welche Studien zum Erleben sozialer Ungleichheit bei Kindern und Jugendlichen vorliegen. In der didaktischen Bedeutungsdimension wiederum wurde aufgezeigt, dass es möglich ist, Heterogenität unter dem Fokus von Unterrichtsorganisation mit einzubeziehen (vgl. z. B. Gebauer und Simon 2012). Aus bildungstheoretischer Sicht stellt sich die Frage nach einem geeigneten Setting, das während der Thematisierung auch den Einbezug kindlicher Selbst- und Fremdverortungen gewährleistet.

Zum Forschungsstand in den Kindheitswissenschaften

3

Nachdem Kapitel 2 thematische Schwerpunkte heterogenitätsbezogener Forschung im Bildungssystem dargestellt hat, stellt das folgende Kapitel kindheitswissenschaftliche Studien vor, die den Bedeutungsdimensionen zugeordnet werden können; sprich, die sich dahingehend kategorisieren lassen, wie sie sich mit einer deskriptiven, ungleichheitskritischen und evaluativen/didaktischen Perspektive Kind bzw. Kindheiten nähern. Hierbei werden Studien zur deskriptiven Bedeutungsdimension und zur ungleichheitskritischen Bedeutungsdimension in je einem separaten Absatz vorgestellt. Studien zur evaluativen und didaktischen Bedeutungsdimension werden aufgrund ihrer konzeptionellen und empirischen Überschneidungen zusammengedacht. Am Ende jedes Abschnittes werden Potenziale der Studien für die weitere Argumentation herausgestellt und Leerstellen aufgezeigt.

3.1 Studien zur deskriptiven Bedeutungsdimension von Heterogenität

Studien, die die Konstruktion von Differenz unter Kindern, insbesondere unter Gleichaltrigen, aus einer deskriptiven Perspektive betrachten, unterscheiden sich hinsichtlich des theoretischen Unterbaus (vgl. Eckermann 2017, S. 89) und der gewählten Erhebungsmethode[1]. Die Systematisierung dieses Abschnittes orientiert sich hier vor allem am gewählten forschungsmethodologischen Zugang. Zuerst werden Studien vorgestellt, die vorrangig einen ethnografischen Zugang zur sozialen Praxis von Kindern und Jugendlichen wählen[2]. Diesen folgen Studien, die in Interviews und/oder Gruppendiskussionen Kinder und Jugendliche anleiten, ihre Alltagstheorien zu explizieren.

Breidenstein und Kelle (vgl. 1998) widmen sich in ihrem durch Interviews ergänzten ethnografischen Zugang den Geschlechterkonstruktionen von Grundschüler*innen. Sie gehen davon aus, dass eine rein theoretisch-konzeptionelle Beschreibung des bipolaren Geschlechtersystems[3] nicht ohne eine empirische Haltung auskommt, die sich individuellen Ausprägungen von Geschlechterimperativen im sozialen Feld widmet. Um ihre Beschreibung nicht mit eigenen Vorannahmen über Gleichaltrigenkulturen zu überschreiben, wählen sie den interaktionstheoretischen Begriff des Doing Gender. Geschlecht ist demnach nichts,

---

[1] Eckermann identifiziert verschiedene Strömungen der peerbezogenen Kindheitsforschung. Forschungsarbeiten mit entwicklungspsychologischer Ausrichtung diskutieren Effekte von Interaktionen unter Gleichaltrigen auf die Entwicklung sozialer, emotionaler, kognitiver und anderer Ressourcen (vgl. 2017, S. 91). Er grenzt diese von sozialisationstheoretischer und ungleichheitsbezogener sowie ethnografisch-kulturanalytischer Gleichaltrigenforschung ab und identifiziert mit Blick auf seine eigene Forschungsfrage die Interaktion von Peers in kooperativen Lernformen als vierte für ihn relevante Ausprägung. Die folgenden Abschnitte geben vor allem einen Einblick in kulturanalytisch-ethnografische (Abschnitt 3.1) sowie ungleichheitsbezogene Arbeiten (Abschnitt 3.2), an verschiedenen Stellen ergänzt durch weitere Arbeiten, die neben der ethnografischen Ebene mindestens noch Interviews und/oder Gruppendiskussionen miteinbeziehen. Des Weiteren werden Arbeiten vorgestellt, die generationale (Macht-)Verhältnisse stärker in den Blick nehmen als die von Eckermann identifizierten Arbeiten. Arbeiten zu Umgangsweisen von Kindern mit didaktischen Settings (Abschnitt 3.3) haben einen stärkeren fachdidaktischen Zuschnitt (bezogen auf den Sachunterricht) als die, die Eckermann thematisiert (vgl. ebd., S. 121).

[2] Obwohl die vorliegende Studie keinen ethnografischen Zugang zu Kinderwelten wählt, sondern ein künstliches Forschungssetting schafft, in denen Kinder ihre Alltagserfahrungen versprachlichen sollen, berücksichtigen die folgenden Abschnitte auch ethnografische Studien. Dies hat mehrere Gründe: Zum einen ließen sich zum gegenwärtigen Zeitpunkt nur wenig Studien finden, die im Kontext von Kindheits- und Jugendforschung mit dem Gruppendiskussionsverfahren arbeiten. Zum anderen würden durch einen zu engen Fokus auf die Erhebungsmethode auch relevante Studien zum Differenzerleben von Kindern vernachlässigt werden.

[3] Hirschauer (vgl. 1994) beispielsweise versucht die Wirkmächtigkeit der Kategorie Geschlecht im sozialen Feld mittels axiomatischer Basisannahmen theoretisch zu bestimmen. Demnach wird der konstruierte Charakter der Kategorie Geschlecht als binäres Konstrukt vor allem durch den Verweis auf dessen vermeintlich anatomisches, unumstößliches Fundament gewissermaßen verdeckt.

was man habe, es werde vielmehr in konkreten Situationen reproduziert (vgl. ebd., S. 16). Um dieser Reproduktion auf die Spur zu kommen, lautet die forschungsleitende Prämisse der Autor*innen, dass nicht einzelne Personen und ihre Handlungen im Fokus stehen, sondern vielmehr die Praktiken des sozialen Feldes, die in ihrem Zusammenspiel Sinnebenen des Geschlechtlichen konstituieren (vgl. ebd., S. 18). In den ethnografischen Passagen wird herausgearbeitet, wie Geschlecht als zentrales Ordnungskriterium Spiel- und Lernsituationen in der Schule strukturiert und mit Prozessen der Individualisierung verschränkt wird. In allen beobachteten Szenen zeigt sich, dass wahrgenommene Unterschiede zwischen den Geschlechtern als solche nicht per se relevant für Kinder sind; vielmehr erlauben diese ihnen die Unterscheidung zwischen dem eigenen und dem fremden Geschlecht und damit zusammenhängend auch, ob eine Person als vertraut, zugewandt und alltäglich wahrgenommen wird oder vielmehr als fremd und besonders (vgl. ebd., S. 58).

Die Einzelinterviews der Studie fangen vor allem eine relativierende und abwägende Perspektive der teilnehmenden Kinder ein. Es ergibt sich, dass, Kinder, wenn sie von zuvor erlebten Situationen berichten, in denen Geschlechterzugehörigkeiten und -stereotype ausgespielt werden, diese im Nachhinein häufig als einengend bzw. unnötig erleben (vgl. ebd., S. 227). Die Autor*innen stellen zusammenfassend fest, dass die geäußerten Verschiebungen, die diffusen Beschreibungen von Geschlechtergrenzen, die in der Beobachtung noch als recht klar konturiert rekonstruiert wurden, vor allem aus der Unsicherheit im Sprechen über das andere Geschlecht heraus resultieren. Durch ein genau(-er-)es Hinschauen auf soziale Situationen offenbart sich nicht nur für professionelle Forscher*innen, dass die Reproduktion von Geschlechterentwürfen von pluralisierten Lebensentwürfen durchdrungen ist, sondern auch für die Kinder selbst, die im Nachgang über ihre eigenen Erlebnisse reflektieren sollen (vgl. ebd., S. 263).

Tervoorens (vgl. 2006) Interesse gilt in ihrer Studie ebenfalls Geschlechterkonstruktionen von Kindern im Schulalltag. Dabei schließt sie mit Rekurs auf Bordieu und Butler stärker an Fragen der Performativität und an Subjektivierungstheorien an. Dadurch lässt sich das Wie von Geschlechterinszenierungen stärker einfangen (vgl. ebd., S. 21). Mit den Analysen ihrer Ergebnisse zeigt sie, dass die ‚Ausweisung' als intelligibles Subjekt – also als ein den geschlechtlichen Normen entsprechendes Subjekt – nicht allein durch anatomische Merkmale gelingt, sondern durch die Inszenierung des Körpers, beispielsweise durch Bewegungen und bestimmte Körpertechniken (vgl. ebd., S. 70).

Daneben entstanden viele weitere Studien, die vor allem unter dem Begriff Jungenforschung[4] die Wirkmächtigkeit von Geschlechterstereotypen auf Jungen untersuchen. Faulstich-Wieland (vgl. 2009) untersucht in einem Forschungsprojekt, wie die situative Herstellung von Geschlecht respektive Männlichkeit im Zusammenspiel von Lehrkräften und Schüler*innen Störungen des Unterrichts begünstigt. Großkurth und Reißig (vgl. 2009) holen Perspektiven von männlichen Jugendlichen mit dem Ziel ein, Lebenslagen von Jugendlichen unterschiedlicher Schulformen am Übergang von Schule und Beruf zu beschreiben sowie marginalisierte und privilegierte Lebenslagen zu identifizieren. Psychosozialen Erfahrungen von Jungen im Klassenverband widmet sich Krebs (vgl. 2009), der sich in einer Analyse von Einzelinterviews vorwiegend auf als belastend beschriebene Situationen von Jungen fokussiert (vgl. auch zusammenfassend Budde und Mammes 2009, auch mit einem Blick auf die internationale Jungenforschung).

Studien, die die situative Reproduktion differenzbezogener Wissensbestände rekonstruieren, beschränken sich jedoch nicht nur auf die Differenzkategorie Geschlecht. Kalthoff (vgl. 2006) beschäftigt sich mit der „Reproduktion von Klassenbeziehungen" (ebd., S. 94) und der Frage, wie Klassenzugehörigkeit in exklusiven Internatsschulen das soziale Feld durchdringt[5]. Die Arbeit befindet sich an der Schnittstelle zwischen reproduktionstheoretischer und kultursoziologischer Bildungssoziologie. Die Zugehörigkeit zu einer gesellschaftlichen Schicht wird daher nicht allein durch institutionell verankerte Zugangsbeschränkungen von Bildungsinstitutionen hergestellt. Sprachliche, körperbezogene und soziale Codes ‚gehobener Schichten' und ihre Anwendung sowie Reproduktion in relativ homogenen, vorstrukturierten Schulsettings spielen eine mindestens genauso große Rolle. Im empirischen Teil selbst wird dann versucht, Beziehungen zwischen Schulprogramm und Schulkultur auf der einen Seite und den beobachteten Doing[6]-/Undoing-Class-Momenten herauszuarbeiten. Der Fokus lag in dieser Arbeit auf der Zeitkultur von Internatsschulen und auf dem ihnen innewohnenden Leistungsverständnis. Deutlich wird, dass für die am Schulgeschehen partizipierenden Kinder und Jugendlichen eine Art ‚Mithalten' in Bezug auf schulische

---

[4] Zu einer kritischen Diskussion von Zielstellungen und geschlechterdramatisierendem Potenzial vgl. z. B. Rohrmann 2007.

[5] Dabei verweist er darauf, die Potenziale von Doing-Konzepten auch bei bildungssoziologischen Fragestellungen anzuwenden. Er argumentiert, dass eine kultursoziologische Bildungstheorie von der Geschlechterforschung lernen kann, die das Verhältnis von Aktualisierung und Neutralisierung von Geschlecht im Kontext der Praktiken der Geschlechterunterscheidung diskutiert (vgl. Kalthoff 2006, S. 95).

[6] Zu den Limitierungen des Habitus-Konzepts hinsichtlich seiner Anwendung auf Analysen der sozialen Praxis vgl. Abschnitt 5.3.2.

Regeln und Anforderungen wichtig ist, um sich als der Schule würdige*r Schüler*in auszuweisen. Nicht allein die familiäre Herkunft dient den Schüler*innen als Bezugspunkt sozialer Distinktion. Ein Hervorbringen von Klassenunterschieden erfolgt vielmehr immer im Zusammenspiel mit schulischen Strukturen. So sind sogenannte ‚interne' Schüler*innen, die im Internat der Schule untergebracht sind, tendenziell angesehener als ‚externe' Schüler*innen, die aus dem Einzugsgebiet der Schule stammen und weiterhin im Elternhaus leben. Häufig entscheidet die ökonomische Ausstattung der Familien, ob ein Kind zur ersten oder zur zweiten Gruppe gehört. Doing Class bedeutet daher, das Wissen um soziale Unterscheidung in spezifischen sozialen Feldern anzuwenden und hinsichtlich der dort vorfindbaren institutionellen Spezifika anzupassen (vgl. ebd., S. 118).

Die Studie von Machold (vgl. 2015) ist im elementarpädagogischen Kontext angesiedelt. Die Fragestellung nach der Konstruktion, Rekonstruktion (und auch Dekonstruktion) von Differenz durch Kinder im elementarpädagogischen Alltag ähnelt den bereits vorgestellten Studien. Die Autorin hat sich jedoch für eine andere theoretische Grundlage entschieden. Sie rekurriert in ihrer Studie stärker auf poststrukturalistische und subjektivierungstheoretische Theorienbildung nach Butler, Derrida, Foucault, mit der sie – und hierin sieht sie einen zentralen Unterschied zu ethnomethodologischer Forschung zu Differenz – explizit auch Diskurse und Machtverhältnisse sowie Kontexte beobachteter sozialer Situationen einbezieht[7] (vgl. ebd., S. 17). In den beobachtbaren Situationen, in denen vorwiegend Kinder miteinander interagieren, rekonstruiert sie ein Zusammenspiel aus Deutungen situativer und übersituativer Differenz, aus Selbst- und Fremdpositionierungen sowie einem Kampf um Deutungshoheiten, in dem Sprache, aber auch körperbasierte Aufführungen eine große Rolle spielen. In Interaktionen, in denen Kinder situative Differenzen konstruieren, wird vor allem eine bestimmte alters- und generationenrelevante Positionierungspraktik und ein dahinterstehender entwicklungsorientierter Diskurs wirkmächtig. In einer Szene dokumentiert sich ein Austausch von zwei Kindern über ein im Kindergarten entstandenes

---

[7] Der poststrukturalistische Zugang erscheint angesichts seines Erkenntnisinteresses nicht als optimaler theoretischer Zugang. Dieser vermag vor allem, Reproduktionen und Verschiebungen geschlechterspezifischer Semantiken im sozialen Feld offenzulegen. In seinem dekonstruktivistischen Vorgehen ist allerdings kein Blick auf gesamtgesellschaftliche Machtverhältnisse angelegt. Er ist aber einer „Kulturanalyse zuzuordnen, die die gesellschaftstheoretischen Fragen der sozialwissenschaftlichen Ungleichheitsforschung vernachlässigt und auf das profitorientierte Akkumulationsregime mit seinen spezifischen Auswirkungen auf die Lebensweise der Geschlechter kaum zu antworten weiß". Er sei „reduktionistisch, weil er blind für die herrschenden Produktionsverhältnisse ist und der geforderten Flexibilisierung eines neoliberalen Wirtschaftssystems entgegenkommt" (Borst 2018, S. 590).

Bild. So erfolgt eine Entwertung eines Bildes, welches Feuer abbilden soll, durch ein anwesendes Kind mit der Bezeichnung „Krickelkrack". In diesem Be-Deuten einer sozialen Situation unter Rückgriff auf entwicklungsbezogene Wissensbestände rekonstruiert sich nach Machold ein „Wahr-Sprechen" des Bildes als ungenügende Repräsentation des physikalischen Phänomens Feuer. Das Bild gebe aus Perspektive der handelnden Akteur*innen aufgrund seiner mangelnden grafischen Qualitäten eher Auskunft über die noch nicht weit fortgeschrittene kognitive Entwicklung des malenden Kindes (vgl. ebd., S. 120). Die „Ordnung der sozialen Verhältnisse" (ebd., S. 136) werde also mithilfe der semantischen Differenz zwischen Feuer und „Krickelkrack" durchgesetzt. In einer weiteren Szene antwortet ein Kind auf die Frage einer Erzieherin, was das von ihm gemalte Bild repräsentiere, dass es sich um türkische Schriftzeichen handle. Aus Perspektive der eben skizzierten hegemonialen entwicklungstheoretischen Diskurse heraus leitet die Autorin ab, dass sie zwar ihre „Schreibpraktik aus einer kulturell nicht-intelligiblen Subjektposition heraus" vollzieht (ebd., S. 131), sich aber dennoch als schreibkompetent inszeniert. Gleichzeitig positioniert sich das Mädchen aber auch entlang ethnischer Differenzlinien. Indem sie das Geschriebene als türkische Schriftzeichen ausweist, behält sie die Deutungshoheit, da die Beobachterin selbst, die als Angehörige der weißen Mehrheitsgesellschaft gelesen wird, des Türkischen nicht mächtig ist (vgl. ebd.). Es bleibt jedoch nicht beim Be-Deuten bildnerischer Erzeugnisse. Auch Kinder selbst labeln entsprechend andere Kinder, beispielsweise als ‚Baby', womit nach Machold erneut institutionell wirksame entwicklungspsychologische Diskurse genutzt werden, um Statuspositionen im sozialem Raum auszuhandeln (vgl. ebd., S. 140).

Wie bereits erwähnt, arbeiten die vorliegenden Studien hauptsächlich ethnografisch und halten sich daher mit der Erhebung sprachlichen Materials, mit dem sich Alltagstheorien von Kindern über ihre Praxis herausarbeiten lassen, weitgehend zurück. Einen anderen Weg schlagen Studien ein, die in Gruppendiskussionen und Interviews mit Kindern zusammen über Konzepte verschiedener Aspekte von Heterogenität ins Gespräch kommen. Eine Reihe dieser Studien liegt vor allem zur Kategorie Geschlecht vor. Die Studie von Michalek (vgl. 2006, 2009) aus dem Jahr 2006 erhebt in Gruppendiskussionen mit Jungen „Geschlechtervorstellungen" (ebd., S. 15). Sie zieht gegenüber sozialisationstheoretischen Ansätzen einen interaktionstheoretischen Ansatz vor, der die Suche nach „Entstehungsprozessen für die Ausbildung von Geschlechtsidentität, die Aktualisierung von Geschlechterstereotypen in Interaktionen [und] die Dramatisierung und Entdramatisierung der Kategorie Geschlecht" (ebd., S. 48) in den Mittelpunkt rückt, während sie sozialisationstheoretischen Ansätzen vorwirft, sie träfen vor allem Aussagen über Jungen und Mädchen (vgl. ebd., S. 46).

Ihre Gruppendiskussionen wurden durch eine Sammlung von Diskussionsimpulsen eingeleitet, die gegebenenfalls durch eine Nachfragerunde ergänzt wurden. Michalek arbeitet heraus, dass in den einzelnen Gruppen sehr unterschiedliche Konzepte von Männlichkeit vorherrschen. Ihre Konzepte von Geschlechtlichkeit entfalten die Gruppenteilnehmer*innen auf Grundlage eines „dichotomen Geschlechterkonzeptes" (ebd., S. 150). Die Konzepte sind jedoch immer wieder durchsetzt von Variationen und Modifikationen und damit mitnichten als bloße Reproduktion gesellschaftlicher Rollenbilder zu begreifen. Manchmal müssten Jungs durchsetzungsstark und dominant auftreten, ein anderes Mal – zum Beispiel bei Sanktionierungen durch den Vater – könnten Jungen durchaus Gefühle zeigen (vgl. ebd., S. 156). Auch die Abgrenzung zum anderen Geschlecht nehmen nicht alle Kindergruppen pauschalisierend vor. Stattdessen treffen sie individuelle Unterscheidungen in gemeinsamer Bezugnahme auf ganz spezifische Kinder, die einem anderen Geschlecht zugeordnet werden. Zudem räumen die Kinder eine Veränderung von Geschlechterrollenbildern über verschiedene Lebensphasen hinweg ein, beispielsweise was Beziehungen zum anderen Geschlecht angeht. Ihre empirischen Ergebnisse fasst Michalek mit den Gegensatzpaaren „Typisierungen – Differenzierungen; Abgrenzung – Gemeinsamkeit; Differenz – Kontinuität sowie Hegemonie – Heterogenität" (ebd., S. 230) zusammen, um die hohe Spannbreite geschlechtlicher Konstruktionsprozesse in den Gruppendiskussionen zu veranschaulichen.

Hinsichtlich geschlechterbezogener Praktiken von Kindern und Jugendlichen sind die Alltagstheorien und -praxen, wie sie innerhalb geschlechterhomogener Cliquen zur Anwendung gebracht werden, ein weiterer Schwerpunkt. Breitenbach (vgl. 2000) analysiert kollektive Konstruktionen und Inszenierungen in geschlechterhomogenen Mädchengruppen im Alter von 11 bis 18 Jahren, die sie über ein Jahr begleitet und an mehreren Stellen zu Gruppendiskussionen eingeladen hat (vgl. ebd., S. 35). Während hier die geschlechtliche Zusammensetzung wegen des Erkenntnisinteresses in der Studie als gesetzt galt, fanden sich in der Studie von Pfaff et al. (vgl. 2008) die Kinder aus eigenem Antrieb heraus in geschlechterhomogenen Gruppen zusammen. In ihrer Studie rücken sie wieder näher an das Erfahrungsfeld Schule heran. Sie fragen, ob und wie das Verhältnis junger Jugendlicher zu Beginn der Sekundarschulzeit Geschlechtsspezifika unterliegt (vgl. ebd., S. 222). Beide Studien zeigen auf, dass der Kategorie Geschlecht eine gewisse Bedeutung bei der Knüpfung von Freundschaftsbeziehungen zukommt. So sind Mädchenfreundschaften in der Studie von Breitenbach ein Ort, der den beteiligten Mädchen als Plattform zum Einüben verschiedener Umgangsweisen mit dem anderen Geschlecht dient und in dem Rat zu den

Themen Liebesbeziehung und gemischtgeschlechtliche Freundschaften angeboten bzw. eingeholt wird (vgl. Breitenbach 2000, 303 ff.). Auch bei Pfaff (vgl. 2008, S. 223) ist die Kategorie Geschlecht durchaus bedeutsam für die Wahl der Freundschaften. Beide Studien verweisen dabei explizit auf den Bereich der Freizeit. Bei Breitenbach (vgl. 2000) werden schulische Erfahrungen durch die teilnehmenden Mädchen nicht weiter thematisiert. Pfaff (vgl. 2008, S. 230) stellt fest, dass in schulischen Kontexten Doing Gender häufig zugunsten anderer Aufführungen von Identität weichen muss, wie z. B. die Inszenierung als Schüler*in, der*die für das Bestehen von schulischen Anforderungen erfolgversprechender erscheint.

Dass Geschlechterstereotypen nicht in allen Kontexten die gleiche Relevanz für soziale Praktiken zukommt, zeigt auch eine weitere Studie von Strobele-Eisele und Noack (vgl. 2006), in der Jungen in Gruppendiskussionen Ereignisse thematisieren, bei denen sie ihr eigenes Verhalten als normabweichend beschreiben. Die Autor*innen zeigen, dass es den Kindern bei Raufereien oder Streichen weniger darum geht, anderen etwas zu beweisen oder ihre Tätigkeiten mit einem bestimmten Sinn zu verbinden. Der Spaß und die Lust an der Bewegung stehen ebenso wie das Austesten der Geduld erwachsener Bezugspersonen im Mittelpunkt.

Andere Studien wählen durch Gruppendiskussionen einen sprachlichen Zugang zu kindlichen Erfahrungsräumen, in denen sich generationale Machtverhältnisse manifestieren. Im weiteren Sinne ist damit die Differenzkategorie Kind – Erwachsene*r angesprochen. Für Alexi (vgl. 2014) ist in ihrer Studie der Generationenbegriff ein grundlegendes Strukturmerkmal von Kindheit in theoretischer und empirischer Hinsicht. Zum einen seien erwachsene Akteur*innen in Bildungsinstitutionen von ihren eigenen Erfahrungen als Kinder geprägt und antizipieren Bedürfnisse sowie Wünsche von Kindern auf Grundlage der eigenen Sozialisationsgeschichte[8]. Um sich der Frage zu nähern, ob Generation als mögliche Ordnungskategorie in der Auseinandersetzung mit der eigenen Kindheit eine Rolle spielt, konzipiert Alexi aufgrund der wechselseitigen Bezogenheit der Generationen ein Design, in dem die Probanden in altershomogenen und -heterogenen Gruppendiskussionssettings aufeinandertreffen. Es handelt sich um drei verschiedene Generationen: die Kindergeneration, eine mittlere und eine ältere Generation (vgl. ebd., S. 66)[9]. Ausgewertet wurden die Gruppendiskussionen mit der Dokumentarischen Methode (vgl. ebd., S. 72). Aus den

---

[8] Vgl. Kapitel 5 dieser Arbeit.

[9] Leider wurden in dieser Studie aus forschungspragmatischen Gründen die Kindergruppen nicht in die Auswertung mit einbezogen, sodass vorwiegend die Perspektive der Erwachsenen auf Kindheit rekonstruiert wurde (vgl. Alexi 2014, S. 82). Zwar werden auch Standpunkte und Wortbeiträge der Kinder in den altersheterogenen Gruppen aufgegriffen, jedoch

altershomogenen Gruppendiskussionen abstrahiert Alexi (vgl. ebd., S. 165 ff.)
vier Bilder von Kindheit, die sie den Schlagworten lebenszyklische und gesellschaftshistorische Perspektiven zuordnet. Der lebenszyklischen Perspektive weist
sie solche Passagen zu, in denen Kindheit als Schutz- und Schonraum durch
die teilnehmenden Erwachsenen der mittleren und älteren Generation konstruiert
wird (vgl. ebd., S. 168). Kindheit wird vor allem als Lebensphase unvoll-
endeter Entwicklung und in familiären Kontexten stark hierarchisch gedacht.
Erwachsene zeichnen sich durch ein Mehr an Erfahrungen, Fähigkeiten und
Wissen aus, woraus sich für die Teilnehmenden eine übergeordnete Position
der Erwachsenen gegenüber den Kindern legitimiert (vgl. ebd., S. 169). In den
Gruppendiskussionen, die Alexi dem Typ gesellschaftshistorische Perspektive auf
Kindheit zuordnet, werden Kindheiten und ihre Veränderungen unter Aspekten
gesellschaftlichen Wandels verhandelt. Hierbei unterscheidet Alexi noch einmal
zwischen pessimistischen und neutralen Perspektiven auf den Wandel. Veränderungen in den Bedingungen des Aufwachsens werden also entweder als negativ
für die Entwicklung der Kinder wahrgenommen[10] oder aber neutral (vgl. ebd.,
S. 172). Indem die Studie die Vielfalt an Perspektiven erwachsener Personen auf
Kindheit empirisch rekonstruiert, zeigt sie gleichzeitig auch die Notwendigkeit
der Reflexion des Generationenverhältnisses in einer Arbeit wie dieser, die sich
den sozialen Praktiken aus einer rekonstruktiven Analysehaltung von Kindern
widmet.

In der Studie von Bock (vgl. 2010) wird die kindbezogene Perspektive
auf generationale Verhältnisse prägnanter herausgearbeitet. Hierfür trägt sie im
Vorfeld ihrer eigenen Erhebung verschiedene empirische Ergebnisse zur Lebenssituation von Kindern zusammen, welche Auskunft über ihre Lebensverhältnisse

---

häufig mit dem Ziel, von ihnen ausgehend die Erfahrungsräume der Erwachsenen zu abstrahieren. Sie wird dennoch in die Aufarbeitung des Forschungsstandes mit einbezogen, da
es sich um eine der wenigen Studien handelt, in denen Kinder an Gruppendiskussionen
zumindest partiell beteiligt sind.

[10] Eine ähnliche Beobachtung hat auch Göppel (vgl. 2007) gemacht, der mehrere Generationen von Studierenden über Jahre hinweg aufforderte, ihre eigene Kindheit zur Kindheit
ihrer Eltern und zur Kindheit heutiger Kinder in Bezug zu setzen und die Gedankengänge
schriftlich festzuhalten. Er stellt fest, dass eine eindeutige Tendenz zur Verklärung der eigenen Kindheit besteht, und zwar sowohl im Vergleich zur Kindheit älterer Generationen als
auch der jüngerer Generationen. Seine Vermutung ist: „Entscheidend für diese ungewöhn-
liche Polarisierung dürfte aber vermutlich der Umstand sein, dass die Aussagen über die
eigene Kindheit auf konkreten Erinnerungen basieren, dass aber die Aussagen über die Lage
der heutigen Kinder gar nicht wirklich auf der Basis eigener unmittelbarer Beobachtungen an Kindern getroffen wurden, sondern dass hier überwiegend medientypische Klischees
reproduziert wurden." (ebd., S. 159).

hinsichtlich ökonomischer, demografischer und familiärer Aspekte (vgl. ebd., S. 48) geben. Mit dem Lebensweltbegriff, den sie mit Bezug auf Schütz und Mannheim theoretisch bestimmt, legt sie den Grundstein für eine Studie, die mittels Gruppendiskussionen Zusammenhänge aufdecken will zwischen der Wahrnehmung von Kindern auf die Welt und gesamtgesellschaftlichen Veränderungsprozessen (vgl. ebd., S. 99). Die Daten der Gruppendiskussionen, die mit einem sehr allgemein gehaltenen Stimulus eingeleitet wurden, verdichtet Bock zu zwei Typen von Kinderwelten, nämlich zum Typus der belasteten und zum Typus der unbelasteten Kinderwelt (vgl. ebd., S. 151). Diese zwei festgestellten Typen setzt sie mit gesamtgesellschaftlichen Entwicklungen in Verbindung (vgl. ebd., S. 309). Sie verweisen auf soziale Ungleichheiten, in denen sich einige Kinder in unsicheren Verhältnissen wiederfinden, andere wiederum aus unbelasteten Kindheiten stammen. In den Schilderungen der Kinder, die sie den belasteten Kindheiten zuordnet, findet sie Tendenzen der Pluralisierung von Lebensentwürfen und den Wegfall alter Sicherheiten auch in der Lebenswelt der Kinder. Diese betreffen beispielsweise die Angst um den Arbeitsplatz elterlicher Bezugspersonen und detaillierte Kenntnisse von spezifischen Begriffen staatlicher Sozialsysteme (vgl. Bock 2010, S. 340). Kinder aus unbelasteten Kindheiten wiederum berichten von einer unbeschwerten Kindheit, ihre phantasievollen Szenarien sind getragen von Hoffnung und Optimismus. Ihre Schilderungen aus dem Alltag verweisen auf „klare Strukturen von ‚Wohlstand' und unbeschwertem Kindsein. In keinem einzigen Muster deuten sich die ‚Erosionstendenzen' gesellschaftlicher Unzulänglichkeiten oder prekärer Lebenslagen an, wie sich dies in den Mustern des ersten Typs abzeichnet." (ebd.)

Die Studien, die in diesem Abschnitt zusammengetragen wurden, zeigen die Vielschichtigkeit differentiellen Erlebens von Kindern und Jugendlichen. Annahmen über die soziale Praxis dominierende Differenzkategorien und über Top-down-Effekte von gesellschaftlich abstrakten Identitätsentwürfen auf das konkrete soziale Handeln der Individuen müssen im Lichte einer vielschichtigen Praxis verworfen bzw. differenziert werden. Hinsichtlich der Überlegungen in Abschnitt 2.1 zu gesellschaftlichen Pluralisierungsprozessen (vgl. Deppe 2020) und ihren Auswirkungen auf Schule (vgl. Boller et al. 2007) muss daher festgestellt werden, dass sich nicht nur die Vielzahl an möglichen, im sozialen Feld bedeutsamen Kategorien als überaus komplex erweist, sondern auch ihre Reproduktion sowie die damit verbundenen Machtpositionen. Besonders deutlich wurde dies in den vielfältigen Studien zur Kategorie Geschlecht (vgl. Breidenstein und Kelle 1998; Breitenbach 2000; Pfaff et al. 2008 u. a.). Differenzkategorien werden durch Kinder flexibel angewendet, in ihrer Bedeutung umgekehrt (vgl. Machold 2014) und sind in institutionelle Kontexte eingewoben (vgl. Kalthoff

2006). Sie zeigen mit ihren Ergebnissen auf, dass sich die zunehmende Pluralisierung von Lebensentwürfen[11] nicht nur abstrakt beschreiben lässt, sondern
vielmehr in die soziale Praxis von Kindern und Jugendlichen Einzug hält und
Handlungsspielräume erweitert oder einschränkt (vgl. Bock 2010).

Es gilt damit für die weitere Argumentation vor allem in Kapitel 5, den
Heterogenitätsbegriff methodologisch so zu unterfüttern, dass er eine solche
Offenheit gewährleistet und Prozesse des Otherings analysiert (vgl. Baar 2019).
Denn die methodischen Anlagen der Studien beinhalten Leerstellen, die mit
Blick auf das eigene Forschungsinteresse benannt werden müssen. Die leitenden
Forschungsfragen sowie die Perspektive des Sachunterrichts und des Sozialen
Lernens zielen auch auf die Persistenz von Differenzkategorien ab. Das heißt:
Ob schulische oder gesellschaftliche Heterogenitätsdimensionen über situative
Momente hinaus Relevanz für Kinder besitzen, lässt sich durch eine ethnografische Beobachtung nicht identifizieren (vgl. Bohnsack 2014a, S. 37). Studien,
die mit dem Gruppendiskussionsverfahren in der Kindheitsforschung arbeiten,
sind jedoch noch rar. Die wenigen, die sich finden ließen, fokussieren häufig auf
einzelne Differenzkategorien (vgl. Alexi 2014; Pfaff et al. 2008; Strobel-Eisele
und Noack 2006) und tragen teilweise ein problematisches Reifizierungspoten-
zial einzelner Differenzkategorien mit sich (vgl. Breitenbach 2000; Michalek
2006), welches Alltagstheorien der Erforschten zu überblenden droht (vgl. Budde
2014)[12]. Zudem erinnert die Verdichtung in der Studie von Bock (vgl. 2010)
zu zwei Arten der Kindheit (vor allem hinsichtlich des belasteten Kindheits-
musters) sehr stark an modernisierungstheoretische Perspektiven auf Kindheit,
die veränderte Bedingungen des Aufwachsens als tendenziell bedrohlich für das
Kindeswohl einschätzen. Hier muss insbesondere in Passagen, die Interaktionen mit Erwachsenen beschreiben, das darin eingebettete Erleben generationaler
Machtverhältnisse pointierter herausgearbeitet werden.

3.2 Studien zur ungleichheitskritischen Bedeutungsdimension von Heterogenität

In verschiedenen kindheitswissenschaftlichen Studien, die vorwiegend quantitativ arbeiten, wird deutlich, dass auch Kinder und Jugendliche explizit oder
implizit wahrnehmen, dass Bildungschancen in Deutschland ungleich verteilt
sind. In der World-Vision-Studie von 2018 (vgl. Andresen und Neumann 2018)

---

[11] Vgl. dazu Abschnitt 2.4.1.
[12] Vgl. dazu auch vertiefend Abschnitt 5.4 dieser Arbeit.

wurden Kinder und Jugendliche aufgefordert, ihren bisherigen Bildungsweg
zu reflektieren und dessen weiteren Verlauf zu antizipieren. Den theoretischen
Unterbau dieser Studie stellt der Capability Approach dar, welcher auf „Ver-
wirklichungschancen und Handlungsmöglichkeiten von Menschen in ihren höchst
unterschiedlichen sozialen Kontexten" (ebd., S. 43) rekurriert. Auf Basis dieser
Annahme wurden Fragen zu den Bereichen Schule, Freizeit, elterlicher Umgang
und Lebenszufriedenheit allgemein entworfen, stets unter dem Fokus des Selbst-
wirksamkeitserlebens der befragten Kinder (vgl. ebd., S. 44). Für den Bereich
Schule stellen die Autor*innen Disparitäten fest hinsichtlich der Art und Weise,
wie Kinder selbst ihren Bildungsweg beurteilen und wie sie dessen weiteren
Verlauf antizipieren. Es zeigt sich, dass bei der Frage nach dem angestrebten
Schulabschluss (Hauptschulabschluss, Realabschluss, Abitur oder Weiß nicht) vor
allem Kinder aus höheren Einkommensschichten das Abitur anstreben. Während
in dieser Gruppe 72 Prozent der befragten Kinder dieses Ziel haben, sind es in den
unteren Einkommensschichten lediglich 12 Prozent (vgl. ebd., S. 84). Zudem können aus dieser Gruppe 35 Prozent der befragten Kinder gar keine Angaben zum
angestrebten Schulabschluss machen. Weiterhin halten sich über die angestrebten
Schulabschlüsse hinweg vor allem Kinder aus den mittleren und oberen Schichten signifikant häufiger für gute Schüler*innen als dies in den unteren der Fall ist.
Interessant ist, dass viele Kinder aus der unteren Schicht, die von sich behaupten,
gute Schüler*innen zu sein, gleichzeitig auch eine hohe Verunsicherung hinsichtlich des abgestrebten Schulabschlusses aufweisen und daher überdurchschnittlich
häufig Weiß nicht/egal/keine Angabe wählen. Die Autor*innen mutmaßen, dass
dieses Antwortverhalten angesichts möglicher Befürchtungen über fehlende elterliche Unterstützungsleistungen Ausdruck einer Tendenz zu Unsicherheit und
Pessimums ist (vgl. ebd.).

Fünf Jahre zuvor wurden in einem methodisch ähnlich gelagerten Setting
insb. Daten über das Gerechtigkeitserleben von Kindern erhoben. An Stelle
des Selbstwirksamkeitserleben treten Fragen zu ihrem Bedürfnis nach Gleich-
behandlung und Gleichheit (vgl. Andresen und Hurrelmann 2013, S. 14). Die
teilnehmenden Kinder wurden aufgefordert, für Schule und Gesellschaft zu beurteilen, ob diese alle Menschen gerecht behandelt oder ob sie bestimmte Gruppen
benachteiligt. Auch wenn ein größerer Teil der Kinder (57 Prozent) angibt, dass
es in Schule und Gesellschaft tendenziell gerecht zugehe, so lassen sich hier
Unterschiede in Bezug auf den sozioökonomischen Status feststellen. Die Beurteilung gesellschaftlicher Gerechtigkeit fällt umso positiver aus, je ‚höher' der
sozioökonomische Status eines Kindes ist. Kinder der „Unterschicht[13]" erleben

---

[13] Die Terminologie ist der Studie entnommen.

gesellschaftliche Gerechtigkeit zu 64 Prozent als negativ, in der „oberen Mittelschicht" bzw. „Oberschicht" sind es hingegen 39 und 42 Prozent (vgl. ebd., S. 74). Benachteiligte Kinder fühlen sich insbesondere aufgrund ihres Alters oft (zu 4 Prozent) oder ab und zu (29 Prozent) in ihrem Handeln eingeschränkt, daneben werden auch geschlechts- und herkunftsbezogene Diskriminierungserlebnisse angegeben („weil ich ein Mädchen bzw. Junge bin" sowie „weil meine Eltern nicht aus Deutschland kommen"). Überdurchschnittlich häufig sehen sich auch Kinder aus Haushalten mit mehr als drei Geschwistern oder geringen finanziellen Spielräumen benachteiligt (vgl. ebd., S. 76 f.)[14].

In der Studie von Oswald und Krappmann (vgl. 2004) wurden Kinder zweier Berliner Stadtteilschulen schriftlich befragt. Unter anderem wurden Schulnoten in Deutsch, Mathe und Sachunterricht erhoben, Angaben zu häuslichen Bedingungen (Bücher im Haushalt, Eltern-Kind-Entscheidungen) abgefragt und die Kinder aufgefordert, ein Soziogramm mit beliebten und weniger beliebten Kindern der Klasse zu erstellen. Ihre Ergebnisse deuten darauf hin, dass Schulerfolg in Form guter Noten maßgeblich vom kulturellen Kapital des Elternhauses abhängt und davon, inwieweit Kinder in Entscheidungen das familiäre Zusammenleben betreffend eingebunden sind. Der Schulerfolg selbst wiederum weist in ihrer Studie Korrelationen mit den Ergebnissen der Soziogramme auf. Erfolgreiche Kinder werden durch ihre Mitschüler*innen demnach häufiger als einflussreiche und beliebte Kinder dargestellt als Kinder, deren Noten eher unterdurchschnittlich sind (vgl. ebd., S. 490).

Die Ergebnisse der aufgegriffenen Studien eröffnen zusammenfassend ein empirisches Fenster auf die Lebenssituation von Kindern und Jugendlichen, dass von vielfältigen Abhängigkeiten und Verflechtungen geprägt ist. Der familiäre Hintergrund eines Menschen, seine Eingebundenheit in soziale Kontexte, das Erleben von Gerechtigkeit und Selbstwirksamkeit sowie schulische Erfolge bzw. Misserfolge müssen zusammenhängend gedacht werden. Der ‚blinde Fleck' dieser Studien besteht jedoch in der Qualität und Ausprägung dieser Beziehungen (beispielsweise Fragen nach die Bildungsbiografie dominierenden, sozialen Kontexten), die durch das meist quantitative Design nicht aufgedeckt werden können. Zudem werden ungleiche Schulleistungen häufig als Ergebnis eines bereits vollzogenen Sozialisationsprozesses gedacht (vgl. Eckermann 2017, S. 104). Qualitative Studien aus der Kindheits- und Jugendforschung mit einem Schwerpunkt

---

[14] Daneben existieren noch weitere Studien, wie die Shell-Jugendstudie, die „politische und gesellschaftliche Weltbilder ebenso wie die Auswirkungen sozialer Strukturen auf das Selbstbild und die Zukunftsaussichten junger Menschen" (Hurrelmann et al. 2019, S. 14) analysiert. Sie werden an dieser Stelle aufgrund des Alters der Befragten nur am Rande erwähnt.

auf sozialer Ungleichheit widmen sich daher genau diesen Fragen. Sie analysieren aus einer mikrosoziologischen Perspektive Interdependenzen zwischen familiären Lebenslagen, spezifischen Peerkulturen und Bildungsbiografien. Deppe (vgl. 2013, S. 538) führte in ihrer Studie Leitfadeninterviews mit 13-jährigen Proband*innen an der Schwelle von der Kindheit zur Jugendphase durch, ergänzt durch die Aufforderung, bestehende soziale Bindungen und Freund-schaften in einer Netzwerkkarte grafisch darzustellen. Handlungsleitend bei der Erstellung der Erhebung sowie bei der Auswertung mittels der Dokumentari-schen Methode war die Frage nach Haltungen bzw. Einstellungen zu Bildung und Bildungsbiografien und wie diese durch andere Sozialisationskontexte flankiert werden. Ihre relationale Typenbildung ergibt ein Kontinuum schulbildungsaffiner und -ferner Fallkonstellationen. In diesem erfahren die Herkunftsmilieus manch-mal eine Transformation, manchmal eine Reproduktion, indem die interviewten Kinder die ohnehin schon bildungsnahe Herkunft betonen oder aber indem Bil-dung als Mittel zur Absetzung bzw. Abgrenzung von einem eher bildungsfernen Haushalt begriffen wird. Zudem kommt Peergroups häufig eine Entlastungsfunk-tion bei spannungsreichen Situationen zwischen Kindern und Familie infolge unterschiedlicher Vorstellungen von schulischen Bemühungen zu. Es kann aber auch in den Peergroups selbst zu Konflikten kommen, wenn aufstiegsorientierte Jugendliche mit „sportiven, informellen sowie devianten Freizeitpraktiken" (ebd., S. 544) der Peergroup nichts anzufangen wissen. Mitunter können Peergroups aber auch eine emotionale oder instrumentelle Unterstützerfunktion im Kontext der Bildungsbiografie einnehmen.

Auch die Studie von Krüger et al. (vgl. 2008) beschäftigt sich mit Interdepen-denzen zwischen Peerkontexten, Bildungsbiografie und familiären Hintergründen. Kennzeichnend für diese Studie ist im Vergleich zur Studie von Deppe (vgl. 2013), dass sie zusätzlich zur sozialen Lage der Befragten ebenso die Differenz-kategorien Geschlecht und Migration in ihre Analyse miteinzubinden vermag und neben der Akteurs- auch eine Strukturperspektive in die rekonstruktive Analyse aufnimmt. Dazu erhebt sie in ethnografischen Untersuchungen und Gruppendis-kussionen nicht nur individuelle, sondern auch kollektive Orientierungen von Peergroups (vgl. ebd., S. 14). Mit dem Längsschnittdesign verbindet sich für die Autor*innen der Anspruch eines die Kindheits- und Jugendforschung ver-bindenden empirischen Beitrags. Ihre Ergebnisse zeigen auf, welchen Einfluss die schulischen und außerschulischen Peer-Einbindungen für erfolgreiche bzw. weniger erfolgreiche Bildungsbiografien in der Sekundarstufe 1 haben und ob die Thematisierung von Erlebnissen in Schule und das eigene Lernen Bestandteil peerspezifischer Gruppendynamiken sind (vgl. ebd., S. 16). Als zentrales Ergeb-nis formulieren die Autor*innen (wenig überraschend), dass das Herkunfts- und

Bildungsmilieu große Auswirkungen auf den schulischen Werdegang der untersuchten Kinder und Jugendlichen hat. Es beeinflusst sowohl die Schulwahl als auch die Peergroups, welche sich in ihrer Zusammensetzung als recht homogen herausstellen. Gruppen mit Kindern aus unterschiedlichen Herkunftsmilieus ließen sich nur in einer untersuchten integrierten Gesamtschule, in Sportvereinen und in der Sekundarstufe finden (vgl. ebd., S. 217). Dabei kommt der Kategorie Migrationshintergrund durchaus eine ambivalente Rolle zu. Die eigene Herkunft wird von den Kindern in den Gruppendiskussionen zwar nicht thematisiert und durch den Verweis auf bereits abgeschlossene Integrations- und Assimilationsprozesse gar entdramatisiert. Dennoch wird Migrationshintergrund im Zusammenspiel mit einem bildungsfernen Haushalt als motivationaler Anker für eine aufgeschlossene, aufstiegsorientierte Haltung gegenüber Bildung begriffen. Ferner wird er insbesondere dann thematisiert, wenn er als Hindernis auf dem Weg zum gewünschten Schulabschluss angesehen wird, da häusliche Unterstützungsleistungen beim Lernen in der Wahrnehmung der befragten Kinder und Jugendlichen ausbleiben. In manchen Fällen wird hier die Peergroup als Ressource und unterstützendes soziales Umfeld begriffen, nicht immer können sie jedoch den ausbleibenden Rückhalt in der Familie kompensieren (vgl. ebd., S. 254).

Die vorgestellten praxistheoretischen Studien betrachten zusammenfassend Ungleichheit in ihren konkreten mikrosoziologischen Ausformungen in individuellen und kollektiven Orientierungen. Die soziale Lage, die Herkunft, das Geschlecht und andere werden mitunter als bedeutende Determinanten für die Gestaltung des schulischen und außerschulischen Lebens angesehen (vgl. auch Krüger et al. 2011).

Abschließend sei noch ein Blick auf Studien geworfen, die davon ausgehen, dass es bei der Analyse der Wirkmächtigkeit gesellschaftlicher Differenzkategorien auf die Bildungsverläufe und Lebenssituationen junger Menschen nicht ausreiche, von ihnen als „kleine Erwachsene" auszugehen und das machtvolle generationale Verhältnis zwischen Erwachsenen und den ihnen unterstellten Kindern strukturell nicht mitzudenken. Vielmehr müsse dieses allen Überlegungen konzeptionell und methodologisch vorgeschaltet sein, wie Neumann (2013, S. 142) beschreibt:

> *„Sozial ungleich sind Kinder nicht allein aufgrund unterschiedlicher Familienkindheiten oder qua herkunftsbedingter Merkmale, vielmehr sind sie dies bereits als Kinder selbst, und zwar insofern, als sie dies nur sein können, da sie von Erwachsenen immer schon unterschieden worden sind."*

Dies sei relevant, da Kinder als Teil der Gesellschaft in starken ökonomischen, sozialen, rechtlichen und kulturellen Abhängigkeiten zu Erwachsenen stehen und nur sehr wenig Mitsprachrecht über die sie betreffenden Belange haben (Beltz 2010)[15]. Bühler-Niederberger (vgl. 2020) stellt in ihrem Überblick zu Studien über das generationale Verhältnis zwischen Kindern und Erwachsenen Studien vor, die entweder durch den gewählten methodischen Zugang Perspektiven von Forschenden soweit wie möglich zurückstellen oder aber in ihrer Fragestellung generationale Abhängigkeiten in den Blick nehmen. Verschiedene Studien, die auf methodischem Wege versuchen, den Geltungscharakter von Erwachsenen einzuklammern, wurden bereits vorgestellt. Dazu zählt Bühler-Niederberger (vgl. 2020), außerdem Studien, die ethnografisch arbeiten oder Interviews und Gruppendiskussionen mit Kindern bzw. Jugendlichen durchführen.

Zwei Themen seien folgend exemplarisch herausgegriffen. Zeiher (vgl. 2005) thematisiert das Familienleben unter dem Aspekt elterlicher Arbeitszeiten. Sie argumentiert, dass das Zusammenleben zwischen Kindern und Erwachsenen vorwiegend unter den Aspekten von Macht und Räumen bzw. Beschränkungen kindlicher Selbstbestimmung gedacht wird. Sie betrachtet „gesellschaftliche Zeitregimes" (ebd., S. 221) als sehr viel wirkmächtiger. Diese würden eine Flexibilisierung und De-Strukturierung elterlicher Arbeitszeiten bewirken (aber auch bei den Kindern stellt Zeiher zunehmende Individualisierungstendenzen in Schule und Freizeit fest), Familien vor Probleme beim Zeitmanagement stellen und konfliktreiche Spannungsfelder zwischen Arbeits- und Familienzeit erzeugen. Dies habe Folgen für die Bedingungen des Aufwachsens von Kindern. Die Gefahr bestehe, dass Kinder als „betriebswirtschaftlicher Störfaktor" (ebd.) vor dem Eindruck drohender Arbeitslosigkeit der Eltern in ihren Handlungsspielräumen beschränkt werden.

Eine Studie von Ridge (vgl. 2010) beschäftigt sich mit Kinderarmut. Mit 40 Kindern und Jugendlichen im Alter zwischen 10 und 17 Jahren wurden Tiefeninterviews zu ihrem Erleben von Armut durchgeführt. Die Autorin fand heraus, dass sich das Phänomen der Armut für Kinder in sehr viel vielgestaltiger Form darstellt, als professionelle erwachsene Konzepte von Armut dies abbilden. Neben den finanziellen Entbehrungen bringe für junge Menschen das Aufwachsen in Armut auch gesellschaftliche und soziale Exklusionsprozesse in Schule und Peergroup mit sich. Damit sind es gerade nicht die fehlenden finanziellen Mittel, die Kinder belasten, sondern vielmehr soziale und freizeitbezogene Folgen, wenn

---

[15] Beltz (vgl. 2010) thematisiert, dass auch in früheren World-Vision-Studien der Themenfokus sowie die Formulierung einzelner Items „erwachsene" Konzepte von Gesundheit und Wohlbefinden transportierten und damit zumindest partiell an den tatsächlichen Bedürfnissen von Kindern vorbei gingen.

beispielsweise freie Nachmittage an Wochenenden nicht mit Aktivitäten gefüllt werden. Gleichzeitig benennen die Kinder die Möglichkeit eines eigenen Zuverdienstes als für sie probates Mittel für etwas mehr Unabhängigkeit und Freiheit von der Einkommenssituation der Eltern (vgl. ebd., S. 20). Dies steht im Widerspruch zur öffentlichen Wahrnehmung auf Kinderarbeit, die insbesondere negative Folgen für die Gesundheit und Psyche der betroffenen Kinder betont[16]. Gerade diese empirischen Einsichten vermögen es nach Bühler-Niederberger (vgl. 2020, S. 209) gängige Sichtweisen durch das Erfragen der Perspektive der Kinder zu verändern.

Es lässt sich abschließend sagen, dass die ungleichheitskritische Perspektive auf Heterogenität die evaluative und deskriptive Bedeutungsdimension auch mit Blick auf Befunde der Kindheitswissenschaften bereichert. Es eröffnet sich ein Horizont auf Heterogenität, welcher der Komplexität gesellschaftlicher Differenz nicht nur mit Wertschätzung begegnet, sondern Privilegierungen, Situationen der Deprivation sowie ganz allgemein Ungleichbehandlungen in einem Bildungssystem hervorhebt, welches eigentlich allen Kindern die gleichen Chancen bieten soll. Eine Antidiskriminierungsperspektive, die Diskriminierungen vor allem vorurteilsbelasteter Beziehungen lokalisiert (vgl. Wagner 2013), übersieht gleichzeitig strukturelle Ungleichheiten (vgl. Gomolla und Radtke 2009) und ihre Wahrnehmung durch Kinder. Um ihre Auswirkungen auf Bildungsbiografien und das Ansehen unter Peers adäquat zu beschreiben, arbeiten auch viele der hier dargelegten Studien in ihren Erhebungen mehrere Differenzkategorien sowie ihre Verschränkungen und spezifischen Problemlagen heraus (vgl. z. B. Krüger et al. 2011). Es gilt im Weiteren methodisch zu diskutieren, inwieweit die Wahrnehmung struktureller Ungleichheit in Gruppendiskussionen versprachlicht werden kann, ohne dass die Suche nach dieser Wahrnehmung zu schematisch von Kausalitäten zwischen Makro- und Mikrostrukturen ausgeht.

Zudem können sich aus den vorwiegend soziologischen Analysen noch keine didaktischen Schlussfolgerungen ziehen lassen. Sie lassen offen, wie eine pädagogische oder didaktische Intervention bzw. Thematisierung aussehen kann, wenn sich Unterschiede zu Ungleichheiten verdichten. Vor allem generationale Ordnungen scheinen mit Blick auf die hier relevante spezifische Altersgruppe in didaktischen Arrangements (aber auch sozialwissenschaftlicher Forschung) virulent zu sein (vgl. Ridge 2010; Zeiher 2005) und erfordern eine Reflexion des

---

[16] Dies bezieht sich jedoch nur auf kleine Arbeiten mit geringen Zuverdiensten. Als Plädoyer für eine generelle Perspektivverschiebung bezüglich Kinderarbeit soll diese Studie jedoch nicht verstanden werden.

Verhältnisses der Forscher*innen zu den Beforschten. Diesen Aspekten widmen sich Kapitel 4 und Kapitel 5.

3.3 Studien zur evaluativen und didaktischen Bedeutungsdimension von Heterogenität

Kindheitswissenschaftliche Studien mit einem Bezug zu didaktischen Fragestellungen werden in diesem Abschnitt unterteilt in solche Arbeiten, die Praktiken von Schüler*innen während bestimmten Phasen des Schul- und Unterrichtsalltages erforschen, und solche mit einem sachunterrichtsdidaktischen Bezug.

Hinsichtlich des ersten Schwerpunktes, welcher im Folgenden nur knapp umrissen werden soll, lässt sich feststellen, dass neben Studien zu Geschlechterunterscheidungen (vgl. Breidenstein und Kelle 1998), Praktiken während des Übergangs zwischen Pause und Unterricht (vgl. Wagner-Willi 2005), rituellen Lernpraktiken (vgl. Falkenberg 2013; Wulf 2007), Praktiken der Leistungsbewertung (vgl. Breidenstein et al. 2011) und Praktiken an Ganztagsschulen (vgl. Reh et al. 2015)[17] das Interesse vor allem auf den Schüler*innen-Interaktionen im Rahmen kooperativer Lernsettings zu bestehen scheint (vgl. die Beiträge im Band von Rabenstein und Reh 2007b). Es werden Lösungswege untersucht, die Schüler*innen während kooperativer Lernphasen beschreiten, außerdem kognitive und kommunikative Voraussetzungen für Gruppenprozesse beleuchtet sowie Output-Effekte nach freien Arbeitsphasen im Vergleich zu frontaleren Situationen (vgl. Rabenstein und Reh 2007a).

Problematisch insbesondere für fachdidaktische Forschung scheint indes die Ausklammerung fachspezifischer Aufgaben und Curricula zu sein, die dem Gruppengeschehen maßgebliche Impulse in die eine oder andere Richtung voransetzen (vgl. Cohen 1993, S. 52). Einige Studien versuchen daher, ihre Ausführungen näher an fachdidaktische Arrangements heranzuführen. Die Studie von Kaiser und Lüschen (vgl. 2014) widmet sich der Frage, inwieweit altersgemischte Lerngruppen, in denen ältere Kinder als Tutor*innen jüngeren Kindern beiseite stehen, politisch-soziale Lernprozesse[18] stimulieren können.

---

[17] Für eine Zusammenfassung vgl. Eckermann 2017.

[18] Unter politisch-sozialem Lernen verstehen die Autor*innen, dass die Beschäftigung mit einem konkreten Gegenstand der Politischen Bildung in kooperativen Lernformen gleichsam soziale Kompetenzen fördern kann. Einschränkend muss dazu gesagt werden, dass dies nicht dem Verständnis Sozialen Lernens entspricht, dass dieser Arbeit zugrunde liegt (vgl. Kapitel 4).

In diesem Zusammenhang lässt sich feststellen, dass Studien zu kooperativen Lernsettings häufig (vermutlich um Einwände gegen offenere/kooperative Unterrichtsformen aus dem Weg zu räumen und ihre Praktikabilität im Unterricht empirisch zu untermauern) eine einseitige ergebnisorientierte Perspektive einnehmen (vgl. Eckermann 2017, S. 122) und damit die komplexe Interaktionsdynamik in Gruppen ausblenden (vgl. Sader 1979, S. 48). In der gerade erwähnten Studie werden zum Beispiel Interaktionen lediglich grob in Sachgespräche und Privatgespräche kategorisiert und hinsichtlich ihrer Häufigkeit bestimmt (vgl. Kaiser und Lüschen 2014, S. 72).

Einen Kontrapunkt setzen auch hier Studien, die aus einer praxeologischen Perspektive versuchen, Umgangsweisen von Kindern mit offeneren didaktischen Lehr-Lern-Arrangements einzufangen. Für den Sachunterricht liegt eine Studie vor, die Prozesse der Herstellung von Differenz in sachunterrichtsdidaktischen Settings (konkret: „in der Unterrichtsbearbeitung, in der Inszenierung des Unterrichtsstoffes und des zu bearbeitenden Wissens" (Flügel 2017, S. 3)) rekonstruiert. Anhand einer Szene in der Anfangsphase einer Sachunterrichtsstunde zur Heimatstadt der Kinder wird herausgearbeitet, wie in die didaktische Strukturierung einer Situation die Herstellung von Differenz und Anerkennungsprozesse (in Anlehnung an Butler) eingeschrieben sind. Flügel (vgl. ebd.) analysiert Positionierungen von Lehrer*innen wie von Schüler*innen während einer Arbeitsphase, in der die Kinder Assoziationen zu ihrer Heimatstadt selbstständig in Gruppen sammeln sollen. Durch die besonderen Anforderungen, die diese Aufgabe an die Schüler*innen stellt, werden vielfältige Schüler*innenrollen relevant. Denn es handelt sich eben nicht um ein bloßes Themensammeln; der Arbeitsauftrag der Lehrperson an die Schüler*innen wird genau orchestriert und delegiert: Einige Kinder dürfen schreiben, andere wiederum nennen mögliche Antworten, wiederum andere könnten sich als ‚Abgucker' betätigen, vor denen die gesammelten Antworten geschützt werden müssen. Schlussendlich werden auch Hierarchisierungen der Antworten in richtige und falsche Beiträge vorgenommen; teilweise durch die Lehrperson initiiert, manchmal aber auch durch die Kinder selbst.

Ein weiterer forschungsbezogener Schwerpunkt in der Sachunterrichtsdidaktik besteht in der Erfassung kindlicher Perspektiven und Vorstellungen hinsichtlich exemplarischer Themen des Sachunterrichts. So finden sich Arbeiten zu Vorstellungen von zeitgeschichtlichen (vgl. Becher 2009; Koch 2017) und politischen Themen (vgl. Gläser 2002; Kallweit 2019), von naturwissenschaftlichen/technischen Zusammenhängen (vgl. Murmann 2004; Schütte 2017) sowie Studien zum Umweltbewusstsein von Kindern (vgl. Lüschen 2015).

In diesen Forschungsarbeiten werden immer wieder implizit und explizit Bezüge zu Differenz und Heterogenität hergestellt. Gläser (vgl. 2002) erhebt beispielsweise Schüler*innenvorstellungen in Form von Alltagstheorien zum gesellschaftlichen Phänomen der Arbeitslosigkeit. Mit einem konstruktivistischen Unterbau nähert sie sich mit Kindern gemeinsam in Einzelinterviews der Frage, was sie unter Arbeit verstehen, welche Vorstellungen sie vom Arbeitsleben der Eltern haben und welche Ursachen und Wirkungen auf die Biografie von Menschen das Phänomen Arbeitslosigkeit haben kann. Die Autorin kann enge Zusammenhänge zwischen den Alltagstheorien und der „eigenen Lebenswirklichkeit" (ebd., S. 243) der Kinder herausarbeiten. Sie deckt auf, dass Arbeitslosigkeit in den Vorstellungen der Kinder eng mit einer bestimmten Familienform verknüpft ist. So benennen die Kinder Familien, in denen ein*e Erwachsene*r allein für die Erziehung der Kinder verantwortlich ist, als überdurchschnittlich häufig von Arbeitslosigkeit betroffene Familienform – vor allem dann, wenn sie selbst als Kind in einer solchen Familie aufwachsen (vgl. ebd., S. 245). Umgekehrt berichten Kinder aus Familien mit zwei Elternteilen wesentlich seltener von erwachsenen Betroffenen in der Familie. Der Raum, den Arbeitslosigkeit und, damit verbunden, Armutsgefährdung in der Lebenswirklichkeit einnimmt, hängt daher von der Biografie der Kinder und vom sozioökonomischen Status der Eltern ab. Zudem hierarchisieren die Kinder verschiedene Arten von Arbeit. In ihren Begrifflichkeiten „Chef", „Putzfrau" oder „Penner" (ebd.) finden sich stereotype Bilder von Berufen und Lebenssituationen wieder. Aufschluss darüber, welche Berufe ‚besser' und welche ‚schlechter' sind gibt den Kindern hauptsächlich der Indikator des Gehalts (vgl. ebd., S. 246). Daneben sind die Alltagstheorien und insbesondere eigene berufsbezogene Zukunftsentwürfe auch geschlechtlich gefärbt (vgl. ebd., S. 242).

Vorstellungen von einzelnen Differenzkategorien wurden im Kontext der Sachunterrichtsdidaktik bisher nur wenig erhoben. Eine Studie mit explorativem Charakter zur Dimension Geschlecht liegt von mir aus dem Jahr 2014 vor (vgl. Schrumpf 2014). Mittels Gruppendiskussionen wurde versucht, aus Alltagsschilderungen von Kindern heraus geschlechtliche Positionierungen zu rekonstruieren. Die Ergebnisse zeigen, ähnlich wie die Studien von Breidenstein und Kelle (vgl. 1998) sowie Faulstich-Wieland (vgl. 2009), das enorme handlungsstrukturierende Potenzial der Kategorie Geschlecht auf, welches bisweilen aber durchlässig ist für Veränderungen und Verschiebungen. Diese werden jedoch „von einem kritischen, distanzierten Blickwinkel heraus betrachtet (…), sodass in einem gewissen Sinne die Konstitution intelligibler geschlechtlicher Identitäten gewahrt bleiben kann" (Schrumpf 2014, S. 13). Für den Sachunterricht ergibt sich daraus die Aufgabe, mit Kindern gemeinsam den konstruierten Charakter von gängigen Geschlechternormen aufzuzeigen und so Räume für alternative Deutungsmuster zu schaffen, die bestimmte geschlechtliche Identitäten nicht diskriminieren und von Ausschluss bedrohen (ebd., S. 15).

Baar (vgl. 2019) verweist in seiner Studie, in der er sich in Gruppendiskussionen kindlichen Vorstellungen von Familie nähert, auf Praktiken des Otherings, die Kinder anwenden, um Normalitätsvorstellungen bzgl. Funktion und Zusammensetzung ‚idealer' Familien durchzusetzen. Die Kinder bekamen verschiedene Bildkarten vorgelegt, auf denen Personen zu sehen sind, die kulturell, geschlechtlich und altersbezogen als divers gelesen werden sollen. So werden Erweiterungen für Kernfamilien (beispielsweise in Form eines als japanisch gelesenen Kindes) vor dem Hintergrund der Funktionen von Familie bewertet. Familien mit gleichgeschlechtlichen Partnerschaftsverhältnissen wird eher ablehnend begegnet. Hierbei wird mit biologischen Voraussetzungen argumentiert, die es zu erfüllen gelte, um eine Familie bilden zu können. Baar arbeitet heraus, dass diese unterschiedlichen diskursiven Bezüge auch in einem Spannungsverhältnis zueinanderstehen können.

Es lässt sich abschließend festhalten, dass Kindheitsvorstellungen ein wichtiger Bezugspunkt didaktischer Diagnostik im Sachunterricht sind. Demzufolge ist die Notwendigkeit ihrer Beforschung auch innerhalb des Sachunterrichts als wissenschaftliche Disziplin weitgehend anerkannt, wie die inhaltliche und methodische Vielfalt der vorhandenen Studien zeigt. Es wird aber auch deutlich, dass kaum Studien existieren, die explizit Vorstellungen zu schulischen oder gesellschaftlichen Heterogenitätsdimensionen erheben. Bezüge lassen sich nur implizit herausarbeiten, nämlich dann, wenn gruppenbezogene Unterschiede in der Wahrnehmung oder Deutung gesellschaftlicher Phänomene untersucht werden oder aber das Phänomen selbst die Reproduktion kategorialer Vorstellungen bei den Kindern forciert. Weiterhin – und hinsichtlich der praxeologischen Ausrichtung dieser Arbeit ist dies ebenfalls als Forschungsdesiderat zu konstatieren – steht im Gegensatz zu Studien, die der deskriptiven und ungleichheitskritischen Perspektive zugeordnet sind, „die Beforschung der Differenz reproduzierenden Dimension von Sachunterricht (…) noch aus" (vgl. Flügel 2017, S. 2). Dies betrifft vor allem solche Aushandlungen, die in Sachunterrichtsstunden zu konkreten Differenzkategorien zu beobachten sind. Daher wird nun vor allem in Kapitel 4 der theoretische Unterbau für ein Erhebungssetting vorangetrieben, welches das Sprechen über Differenz in einem didaktisch gerahmten Arrangement ermöglicht.

Soziales Lernen und Sachunterricht 4

Dieses Kapitel widmet sich dem Begriff des Sozialen Lernens. Hierzu erfolgt erst eine historische Betrachtung des Sachunterrichts, bevor anschließend kurz aktuelle konzeptionelle Grundlagen des Faches beschrieben werden. Sie dienen als Kompass, um anschließend die verschiedenen Diskurslinien des Sozialen Lernens zu systematisieren und sie angesichts ihres didaktischen Potenzials für das Fach Sachunterricht und nicht zuletzt auch für das weitere methodische Vorgehen dieser Arbeit kritisch zu diskutieren. Nach dieser Systematisierung wird der Diskurs um die Sachunterrichtsdidaktik wiederaufgenommen. Zentrale Fragen sind nun, wie sich diese zum Begriff des Sozialen Lernens positioniert und welche Anknüpfungspunkte aus Sicht des Autors weiterhin bestehen. Diese Diskussion verdichtet sich in Abschnitt 4.3.2 zu einer Arbeitsdefinition des Sozialen Lernens, die das weitere Vorgehen leiten wird.

4.1 Sachunterricht als Fach allgemeiner Bildung – eine Standortbestimmung

4.1.1 Das Gesinnungsfach ‚Heimatkunde'

Das Fach Sachunterricht ist kein junges Fach. Auch wenn die Bezeichnung Sachunterricht erst Ende der 60er Jahre eine breitere Anwendung fand, so lassen sich diverse ‚Vorläuferkonzeptionen' bis in das 17. und 18. Jh. verfolgen. Die heutige Bezeichnung des Faches Sachunterricht knüpft an den Realienunterricht des 17. Jh. an, dessen erklärtes Ziel es war, Kindern – wann immer möglich – die Begegnung mit dem Originären zu ermöglichen (vgl. Köhnlein 2015, S. 36). Seine Ideen werden erstmals mit der von Johann Amos Comenius verfassten Lesefibel „Orbis sensualim pictus" einer breiteren Unterrichtspraxis zugänglich

© Der/die Autor(en), exklusiv lizenziert an Springer Fachmedien Wiesbaden GmbH, ein Teil von Springer Nature 2022
F. Schrumpf, *Kinder thematisieren Differenzerfahrungen*, Sachlernen & kindliche Bildung – Bedingungen, Strukturen, Kontexte,
https://doi.org/10.1007/978-3-658-39651-0_4

(vgl. Mitzlaff 2004b).[1] In den darauffolgenden Jahrhunderten lässt sich eine Vielzahl an unterschiedlichen Ideen und (reform-)pädagogischen Interpretationen des Faches nachweisen. Die ihnen innewohnenden didaktischen Prämissen sowie Vorstellungen vom ‚Wesen' der Kinder werden ganz unterschiedlich theoretisch begründet. Montessori verfolgt mit dem von ihr formulierten Ziel, der natürlichen Neugier des Kindes Rechnung zu tragen, eine anthropologische Perspektive (vgl. Eckert 2004). Dewey und – von ihm beeinflusst – Hentig, betrachten Schule und Gesellschaft als untrennbar miteinander verbunden und konstatieren, unterrichtliches Wirken müsse dieser Tatsache entsprechend einen aufklärerischen Anspruch verfolgen (Himmelmann 2004). Rochows Idee des Faches wiederum nimmt eine handlungs- und erfahrungsorientierte Perspektive ein und sieht vor allem solches Lernen als besonders fruchtbar an, dass sich in konkret praktischen Situationen ereignet (vgl. Tosch 2004).

Mit Beginn der Weimarer Republik rückt die Idee eines ganzheitlichen Faches, das einer Zersplitterung von Wissensbeständen der Natur- und Geisteswissenschaften vorbeugen soll, weiter in den Vordergrund. Die Zusammenführung verschiedener Inhalte und Themen unter einem bestimmten Topos, der alle Kinder potenziell miteinander verbindet, sahen Vertreter*innen der Heimatkunde durch den Heimatgedanken eingelöst (vgl. Götz und Jung 2001). Die breite Etablierung der sogenannten Heimatkunde fällt zeitlich mit der Gründung der Grundschule für alle Kinder zusammen. Dennoch lassen sich insbesondere in deren Anfangszeit Unterschiede in den Konzeptionen des Faches feststellen. Heimat als grundlegender Begriff für das Fach Heimatkunde konnte ganz unterschiedlichen Zwecken dienen. Als Sachlernfach war es vor allem in den landeseigenen Schulrichtlinien zu finden. Als Gesinnungsfach erfuhr es im pädagogischen Diskurs eine Weiterentwicklung. Festzustellen ist, dass sich die Heimatkunde als Gesinnungsfach in der Folge gegenüber einem wissenschaftsbetonen Sachlernfach durchsetzte (vgl. Götz und Jung 2001, S. 217).

Am eindrücklichsten schildert Spranger (1996, S. 98), welches Bild von Heimat die Heimatkunde vermitteln sollte. Terminologisch angelehnt an die Sprache der Botanik und Biologie spricht er von einem „geistigen Wurzelgefühl" sowie von der „Totalverbundenheit mit dem Boden", derer sich die Kinder gewahr werden sollten. Die Heimat als zentrales Fundament der Identitätsentwicklung erfolgte aus der Erkenntnis heraus, dass kulturelle, gesellschaftliche, soziale und

---

[1] Das erklärte Ziel der Begegnung mit dem Originären muss jedoch mit weiteren konzeptionellen Leitlinien zusammengedacht werden. Die Beschäftigung mit den Realien erfolgte nicht unter zweckrationalen wissenschaftsorientierten Gesichtspunkten, sondern im Zusammenhang mit pansophisch-theologischen Zielen, insbesondere einer ehrfürchtigen Haltung gegenüber der schöpferischen Kraft Gottes (vgl. Mitzlaff 2004a; Mitzlaff 2004b).

technische Entwicklungen unmittelbar der Natur entstammen. Der emotionale Bezug und das positive Erleben von Heimat durch die Kinder sei demzufolge in ihnen schon angelegt und bedürfe nur noch einer pädagogisch angeleiteten Entfaltung[2]. Das ausschließlich nahräumliche Bild der Heimatkunde ist provinziell und agrarisch geprägt. Optimale Entwicklungsbedingungen bieten ein Aufwachsen in dörflichen Strukturen, das Leben in Kernfamilien mit unmittelbarem Zugang zur Natur und die Landwirtschaft als einzige sinnstiftende Betätigung[3] (vgl. ebd.).

Obwohl die Heimatkunde für sich in Anspruch nimmt, vom Kinde auszugehen, konstatiert Giel (2000, S. 95), Heimatkunde sei wenig mehr als ein Versuch, eine „spätromantische Vorstellung von Kindsein, den Glauben an ganzheitlich-heile Lebenswelt und pädagogische Zivilisationsphobie" zu konservieren, in der die Betrachtung komplexer gesellschaftlicher Wandlungsprozesse keinen Platz findet und in weithin mittelalterlichen Strukturen verharrt (vgl. Beck und Rauterberg 2005, S. 25). Mit der Perspektive dieser Arbeit präzisiert, bedeutet dies, dass heterogene Bedingungen des Aufwachsens von Kindern sowie deren individuelle Wahrnehmung und Aneignung durch die Kinder selbst zugunsten der Beharrung auf veralteten sozialen Strukturen ausgeblendet werden[4]. Schubert und Heiland (vgl. 1987) stellen in einem Vergleich konzeptioneller Grundlagen der Heimatkunde mit gesamtgesellschaftlichen Strukturen des damaligen Deutschen Reiches fest, dass das in ihr enthaltene Bild von Kultur und Gesellschaft schon in den 20er Jahren nicht mehr der Realität entsprach. Im Deutschen Reich der Weimarer Republik lebten nur noch 36,5 Prozent der ca. 62 Mio. Einwohner in Gemeinden mit weniger als 2000 Einwohnern:

---

[2] Die überbordende Emotionalität heimatkundlicher Betrachtungen wird in einer Lehrer*innenhandreichung von 1924 deutlich beschrieben: „Unermesslich ist der Schatz der Vorstellungen, die die Heimat im Geistesleben der Kinder schafft. Im Hause, auf der Straße, überall stürmen die Eindrücke auf das Kind ein. Da grüßt jeder Baum und Strauch, da winkt jedes Blümchen ihm freundlich zu. Kein Unterricht wäre imstande, so viele Eindrücke zu vermitteln, [sic!] wie die Heimat selbst" (Schulze 1924, S. 100).

[3] Ferner sei darauf verwiesen, dass „Kunde" hier weniger im Sinne einer selbstständigen Erkundung von Phänomenen der Lebenswelt verstanden wird („Selbsterkundung", wie es zum Beispiel bei Hinrichs (2011, S. 42) heißt), sondern als ein Verkünden universeller Wahrheiten, die ein kritisches Nachdenken und Fragenstellen nicht vorsehen (vgl. Müller 1971).

[4] Von Beiträgen zum kindlichen Erleben in dieser Zeit, die versuchen, Bedingungen des Aufwachsens aus Perspektive der Kinder zu beschreiben, scheint die traditionelle Heimatkunde indes keine Notiz zu nehmen. Als Beispiel sei hier eine Studie zum Aufwachsen von Kindern in städtischen Räumen genannt (vgl. in einer Neuausgabe der erstmals 1935 erschienen Studie von Muchow et al. 2012).

„Man muss also davon ausgehen, dass zum einen die Erlebniswelt der meisten Grund-schüler eher von (groß-)städtischen industriellen Strukturen denn von ländlichen geprägt war und dass zum anderen auch die Lebenssituation von Grundschülern auf dem Lande nicht der bäuerlich-bürgerlichen Idylle glich, wie sie in den Handbüchern erscheint." (Schubert und Heiland 1987, S. 143)

Auch das starre, konservative Familienbild der Heimatkunde (Kleinfamilie mit Vater als Alleinverdiener und Mutter als Verantwortliche für häusliche Belange) hält einem Vergleich mit damaligen Lebensverhältnissen nicht stand, denn häufig waren die Lohneinkommen der im Haushalt lebenden männlichen Personen nicht hoch genug, um die Familie versorgen zu können. Familienkonstellationen, in denen alle Erwachsenen zum Einkommen beitrugen, waren dementsprechend eher die Regel als die Ausnahme (vgl. ebd., S. 154).

Durch die Nivellierung kindlicher Heterogenität innerhalb der traditionellen Heimatkunde erscheint sie für eine Thematisierung schulischer bzw. gesell-schaftlicher Heterogenität demnach ungeeignet. Nach dem Ende des Zweiten Weltkrieges wurden wesentliche konzeptionelle Grundlagen der traditionellen Heimatkunde weitgehend unverändert übernommen. Die Zerstörung grundlegen-der Infrastruktur ließ notwendige Reformen im Bildungsbereich hintenanstehen (vgl. Meiers 2011). So standen außer den als vorbelastet geltenden Werken der Nationalsozialisten lediglich Auflagen älterer Lehrwerke aus der Weimarer Repu-blik zur Verfügung. Weiterhin gingen die Turbulenzen des Zweiten Weltkrieges und die Befreiung von der Gewaltherrschaft der Nationalsozialisten einher mit Vertreibung, Orientierungsverlust und Fremdbestimmung. Der Gedanke an eine heile unpolitische Heimat ermöglichte eine Rückbesinnung auf bessere Zeiten (vgl. Götz und Jung 2001).

Mit der Etablierung des Faches Sachunterricht, insbesondere ausgelöst durch bildungspolitische Entscheidungen, die versuchten, gesellschaftlichen und glo-balen Entwicklungen Rechnung zu tragen, entstanden erste wissenschaftsori-entierte Ansätze, welche von US-amerikanischen Curricula inspiriert waren. Diese wurden vor allem durch Spreckelsen (vgl. 2001) vorangetrieben, dessen Interpretationen des Faches grundlegende Verfahrensweisen sowie physikalische Strukturen und Vorgänge in lehrgangsartigen Lektionen zu vermitteln versuchte. Die für diese Arbeit wesentliche Subjektorientierung lässt sich jedoch auch in diesen Konzeptionen nicht beobachten. Zudem blieben gesellschafts- und sozi-alwissenschaftliche Inhalte zugunsten einer einseitigen Wissenschaftsorientierung unberücksichtigt (vgl. Klewitz 2011). Kritik an diesen recht starren Konzeptionen wurde recht bald laut und so lässt sich in den Folgejahren eine Suchbewegung

dieses Faches beobachten, das wie ein ‚Fähnchen im Wind‘ gesellschaftspolitischen Entwicklungen sowie didaktischen Trends folgte und Konzeptionen
hervorbrachte, die die kindheitsorientierte Perspektive mal mehr, mal weniger
berücksichtigten und thematisch entweder den Natur- oder den Sozialwissenschaften zugeneigt waren[5]. Mit der Gründung der Fachgesellschaft für Didaktik
des Sachunterrichts erhielt das Fach schlussendlich einen institutionellen Bezugspunkt, welcher der Vernetzung unterschiedlicher Akteur*innen in Forschung und
Lehre zuträglich ist (vgl. Köhnlein 2014).

4.1.2 Der Bildungsauftrag des Sachunterrichts

Obwohl die Diskussion um die Anlage des Faches nach der Infragestellung der
traditionellen Heimatkunde als unübersichtlich bezeichnet werden kann, zeigt
sich auch, dass dieser Diskurs vielfältiger und differenzierter geworden ist und
über die inhaltliche Ausrichtung einzelner Konzeptionen hinausgeht. Pech konstatiert in diesem Zusammenhang, dass Sachunterricht ein „sperriges Gebilde"
(2009, S. 1) sei. Sein ‚Streifzug‘ durch den Sachunterrichtsdiskurs berührt Diskussionen um Bildungsstandards, wissenschafts- und kindorientierte Ansätze, die
Sichtbarkeit an Hochschulen sowie terminologische Unterschiede in Wissenschaft
und Bildungsadministration. Auffallend ist dabei die Suche nach einem geeigneten Ankerpunkt für das Fach – aus dem Ziele und Anlage abgeleitet werden
können (vgl. ebd.). Dies geht mit dem Versuch einher, alte Fehler, wie eine
fehlende Kindorientierung, die aus der Perspektive der vorliegenden Arbeit vor
allem hinsichtlich einer Thematisierung gesellschaftlicher und schulischer Heterogenität nicht zuträglich wäre, oder eine einseitige Wissenschaftsorientierung
zu vermeiden. Die „Förderung der geistigen Entwicklung, eine Erweiterung von
Freiheitsspielräumen und ein Beitrag zum Welt- und Selbstverständnis des Menschen" (Köhnlein 2006, S. 18) zu den Hauptaufgaben des Sachunterrichts zu
machen, kann nicht oder nur unzureichend gelingen, wenn Sachunterricht von
bestimmten Bezugsdisziplinen, wie der Geografie, Biologie, Physik, Chemie etc.,
heraus gedacht wird (Rauterberg 2004, S. 30). Eine solche Aufteilung, die lediglich die den Disziplinen inhärenten Möglichkeiten der Welterschließung kennt,
sei künstlich und bilde die Welt nur unzureichend ab. Entsprechend werden Versuche unternommen, ein „eigenes Gegenstandsverständnis des Sachunterrichts"
zu konturieren (Pech und Rauterberg 2008, S. 19). Hierbei wird vielfach auf

---

[5] Für eine Übersicht zu den Ansätzen und einer kritischen Diskussion vgl. Thomas 2018.

den Bildungsbegriff rekurriert (vgl. Plöger und Renner 1996). Einsiedler fordert, Bildungsprozesse nicht nur auf kognitiver Ebene anzubahnen, sondern eine „allseitige Förderung der unterschiedlichen Entwicklungsbereiche der Kinder" zu ermöglichen (Einsiedler 2014, S. 224–225). Bildung solle ebenso erste Erfahrungen in unterschiedlichen Möglichkeiten der Welterschließung anbahnen und mit gesellschaftstheoretischen Problemstellungen auch fächerübergreifende Aspekte zum Thema des Unterrichts machen (vgl. ebd.)

Nach einer langen Suchbewegung des Sachunterrichts, der in „auseinanderstrebenden Entwicklungen" (Thomas 2018, S. 12) teils wissenschaftsorientierte, teils kindorientierte Konzeptionen hervorbrachte (vgl. Kaiser und Pech 2004), werden besonders Klafkis bildungstheoretische Einlassungen als sinnvoller Referenzrahmen für die Diskussion um die Sachen des Sachunterrichts betrachtet (vgl. exemplarisch Albers 2017; Zierer 2008). Dessen Bildungsbegriff ist eingebettet in die didaktische Trias(Abbildung 4.1):

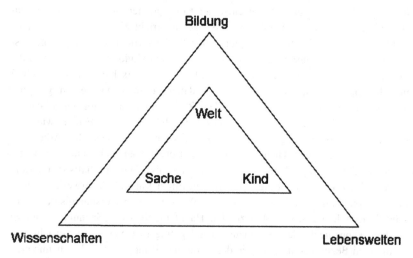

Abbildung 4.1   Die didaktische Trias. (entnommen aus Pech 2009, S. 4)

Sachunterricht bildungswirksam werden zu lassen, bedeutet für Klafki (vgl. 2005, S. 3), vor jeglicher didaktischer Überlegung in Rechnung zu stellen, dass Kinder niemals in innerer und äußerer Harmonie mit der sie umgebenden Umwelt leben und dass ihnen zwischenmenschliche und gesellschaftliche Konflikte durchaus präsent sind. Damit einhergehend ist die Idee von Schule als Schutz- und

Schonraum, der Kinder von der Gesellschaft abschirmt, aus didaktischer Sicht weder sinnvoll noch einlösbar.

In dieser kindheitsorientierten Perspektive erfolgt Erschließung von Welt stets in einer sozialen und einer personalen Dimension. Als zentral für die personale Dimension erachtet Klafki (vgl. Klafki 2005) die Fähigkeit(-en), eigene Interessen zu entwickeln (Selbstbestimmungsfähigkeit), diese gegenüber Mitmenschen zu äußern (Mitbestimmungsfähigkeit) sowie die Möglichkeit der Interessensbekundung auch anderen (marginalisierten) Gruppen zu ermöglichen (Solidaritätsfähigkeit). Sachunterricht gelingt also dann, wenn Bildung in normativ positiv besetzte, sozialverträgliche Einstellungen gegenüber der Welt mündet (vgl. Albers 2017). Die Auseinandersetzung mit Themen gesamtgesellschaftlicher Tragweite stellt die soziale Dimension seines Bildungsbegriffs dar: Er bezeichnet diese Themen als „epochaltypische Schlüsselprobleme" (Klafki 2005, S. 4) der Gegenwart und der vermuteten Zukunft. Sie greifen ökologische Themen auf, thematisieren Ursachen von Krieg, diskutieren aber auch Möglichkeiten eines friedlichen Zusammenlebens und fokussieren Heterogenität unter dem Aspekt gesellschaftlich produzierter Ungleichheit (vgl. ebd.).

Zwei weitere didaktische Bezugsfiguren werden innerhalb der Sachunterrichtsdidaktik rege diskutiert. Es handelt sich um die Begriffe Wissenschaft und Lebenswelt, die den Bildungsbegriff ergänzen. Damit wird die Auswahl der Themen des Sachunterrichts nicht nur von ihrem potenziellen Bildungsgehalt her bewertet, sondern ebenso vor dem Hintergrund kindlicher Vorstellungen und naturwissenschaftlicher Arbeitsweisen. Vom Kinde auszugehen bedeutet eine „Hinwendung zum Leben der Schülerinnen und Schüler" (Nießeler 2015, S. 28) und eine interessengeleitete Planung von Unterricht. Damit geht dieses Verständnis über die sehr nahräumlich akzentuierte Vorstellung von Lebenswelt in der traditionellen Heimatkunde hinaus und fokussiert auch Aspekte von Pluralität sowie Mobilität und Interkulturalität. Um sich den Phänomenen der Umwelt zu nähern und dahinterliegende abstrakte Zusammenhänge beschreiben zu können, werden wissenschaftliche Handlungsweisen und Erkenntnismethoden als grundlegend für eine anschlussfähige Bildung bezeichnet (vgl. Köhnlein 2015). Diese sind eingebettet in ein didaktisches Arrangement für den Sachunterricht mit geschichtlichen, geografischen, physikalischen und anderen Bezügen (vgl. Köhnlein 1998, S. 35). Damit wäre die dritte Dimension der didaktischen Trias – Wissenschaften respektive die ‚Sachen' – in aller Kürze umrissen.

Die dargestellten konzeptionellen Grundlagen erscheinen als sinnvoller Ausgangspunkt, um Publikationen und Theorien zum Sozialen Lernen zu analysieren und zu systematisieren. Die im vorherigen Kapitel diskutierte bildungsbezogene Thematisierung von Heterogenität lässt sich mit den bildungstheoretischen Ausführungen Klafkis (vgl. 2005) zusammendenken. Das Bildungspotenzial von Heterogenität als Unterrichtsthema aufzudecken, bedeutet, beispielhaft aufzuzeigen, inwieweit Gesellschaft durch gesellschaftliche Differenzkategorien grundlegend strukturiert wird und Ungleichheiten den Zugang zu materiellen und immateriellen Ressourcen reglementieren. Dies wird verbunden mit der Zielstellung, Wege zu einem solidarischen und selbstbestimmten Miteinander aufzuzeigen und mit Kindern gemeinsam zu diskutieren. Die Reduktion des Heterogenitätsbegriffs auf Themen, die die Gesellschaft als Ganzes betreffen, wird jedoch seiner Komplexität nicht gerecht (vgl. Hengst 2009). Daher ist eine Orientierung am Kind und dessen Interessen ein weiterer wichtiger Aspekt für die Analyse.

Die in den folgenden Abschnitten handlungsleitende Frage für die Systematisierung ist demnach: Inwieweit wird in Konzeptionen und Theorien zum Sozialen Lernen gesellschaftliche und schulische Heterogenität (z. B. diejenige, die für Peergroups handlungsleitend ist) in einer Art und Weise thematisiert, die eine „Problematisierung" im Sinne eines „problemhaltigen und fragwürdigen Sachverhaltes" (Tänzer 2007, S. 392) evoziert? Die Wahrnehmung eines einfachen Sachverhaltes (beispielsweise gesellschaftlich produzierte soziale Ungleichheit (vgl. Klafki 2005, S. 4)) als Problem in seiner sozialen und personalen Dimension gelingt nach Tänzer (2007, S. 102) durch die Reflektion der Frage, „welches konkrete lebensweltliche Phänomen mit den (…) allgemeinen Wissens- und/oder Verstehensanforderungen geklärt, welche konkrete Lebenssituation mit den aus der Auseinandersetzung mit dem Thema neu erworbenen Informationen, Erkenntnissen, Fertigkeiten und/oder Einstellungen etc. besser bewältigt werden" kann[6]. Anschließend solle ein expliziter Zuschnitt eines möglicherweise zu umfassenden Themas auf einen konkreten Ausschnitt bzw. eine klar umrissene Frage gemeinsam mit den Kindern erfolgen – bei Tänzer (ebd., S. 105) als „individuelle Problemkennzeichnung" benannt.

---

[6] Aus dieser Perspektive könne dann auch der Heimatbegriff neu aufgearbeitet werden, indem Heimat und Aspekte der Globalisierung sowie Mobilität unter konstruktivistischen Perspektiven (neu) gedacht werden (vgl. Hasse 2007).

Die folgende Systematisierung von Publikationen zum Begriff des Sozialen Lernens nutzt die obigen Ausführungen nun, um der Frage nachzugehen, inwieweit die gewählten Perspektiven und Ansätze sich in die eben skizzierte didaktische Anlage des Faches Sachunterricht sinnvoll integrieren lassen und eine Problematisierung bzw. Thematisierung von Heterogenität erlauben[7].

4.2 Soziales Lernen in der Diskussion

Eine Literaturrecherche zum Sozialen Lernen zeigt schnell, dass der Begriff keiner einheitlichen Rezeption unterliegt, sondern hinsichtlich Definition, Zielstellung und der Art der Förderung sozialer Lernprozesse sehr vielfältig verwendet wird. Unter Sozialem Lernen lassen sich pädagogisch-didaktische Interventions- bzw. Präventionsmaßnahmen verstehen, die jeweils unterschiedliche didaktische und pädagogische Ziele verfolgen. Davon abzugrenzen oder ihnen konzeptionell vorgeschaltet sind Publikationen, die davon ausgehen, dass generell jeder Situation des Lernens ein soziales Moment innewohnt, das es aus soziologischer und/oder entwicklungspsychologischer Perspektive zu beschreiben gilt (vgl. Krappmann 2002, S. 90; Petillon 2010, S. 8). Beide Lesarten Sozialen Lernens wurden jedoch bisher für den Sachunterricht noch nicht überblickshaft aufgearbeitet. Dieses Kapitel unternimmt daher den Versuch einer eigenen Systematisierung, bevor Bezüge zur Sachunterrichtsdidaktik hergestellt werden.

Dabei werden hauptsächlich schulbezogene Publikationen der letzten 40 Jahre herangezogen. Ihre Verortung innerhalb von Disziplinen variiert. Erziehungswissenschaftliche, sozialpädagogische und Publikationen aus der Sozialen Arbeit finden gleichermaßen Eingang in die Diskussion. Ihr gemeinsamer Bezugspunkt ist das Handlungsfeld Schule. Das heißt, sie entfalten Überlegungen zur Entwicklung von Sozialverhalten etc. mit Blick auf die Spezifika von Schule bzw. verorten ihre Interventions- und Präventionsmaßnahmen im schulischen Rahmen.

Die folgende Übersicht visualisiert das Ergebnis der Recherche und zeigt die zentralen Themen, auf die nachfolgend eingegangen wird (Abbildung 4.2):

---

[7] Es sei an dieser Stelle erwähnt, dass Perspektiven auf Soziales Lernen, denen im Folgenden kritisch begegnet wird, ein pädagogischer Nutzen nicht generell abgesprochen wird. Die folgende Diskussion vollzieht sich stets aus der Perspektive der Sachunterrichtsdidaktik.

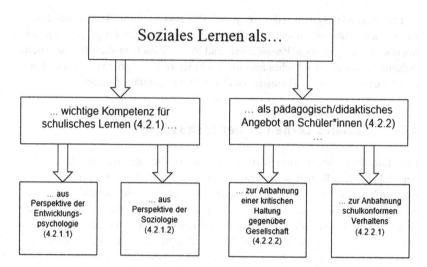

Abbildung 4.2 Systematisierung Sozialen Lernens. (Eigene Abbildung)

Die Bemühungen münden in einem weiteren Abschnitt, der Argumentationslinien zum Sozialen Lernen und zentrale sachunterrichtsdidaktische Momente
zusammenbringt und sich in Form einer eigenen Arbeitsdefinition zum Sozialen
Lernen positioniert. Diese Arbeitsdefinition ist dann die Grundlage für weitere
theoretische und empirische Überlegungen der Arbeit.

4.2.1 Soziales Lernen als zentrale Kompetenz für schulisches Lernen

Soziales Lernen als zentrale Kompetenz für schulisches Lernen bezeichnet die
Annahme, dass Kinder in verschiedene soziale Kontexte eingebunden sind. Auch
Lernsituationen stellen einen solchen sozialen Kontext dar. Insbesondere die
Entwicklungspsychologie und die Soziologie diskutieren in diesem Zusammenhang, ausgehend von der These, dass „Bildung und Wissen immer schon in
soziale Praktiken eingebettet sind" (Grundmann et al. 2003, S. 40), Konsequenzen für schulische Lehr-Lern-Prozesse. Wenn Lernen also immer auch ein sozialer
Prozess ist, dann ergibt es Sinn, einen beschreibenden Zugang zu diesen sozialen Prozessen zu wählen, aus dem ggf. Förder- und Unterstützungsmaßnahmen

abgeleitet werden können. Dieser Gemengelage aus „soziologischen, psychologischen und pädagogischen Theoriestücken" (Petillon 2010, S. 7) widmet sich der folgende Abschnitt.

4.2.1.1 Entwicklungspsychologische Perspektive auf Soziales Lernen

Forschungsarbeiten mit einem Schwerpunkt auf entwicklungs- und sozialpsychologischer Theorienbildung interessieren sich insbesondere für „Verhaltensdispositionen, Perspektivübernahmefähigkeiten, Schulleistungen, materielle[n] Ressourcen, Geschlecht und (…) Alter" (Gürtler 2005, S. 30–31). Die unterschiedlichen Theorieströmungen bestimmen hierbei das Verhältnis zwischen Anlage und Umwelt jeweils unterschiedlich. In der Auflistung von Becker (vgl. 2008, S. 103) finden sich auf der einen Seite des Spektrums biologisch orientierte Theorien, die vor allem genetische Faktoren als bestimmend für die Entwicklung und Ausprägung des Sozialverhaltens eines Individuums betrachten. Ein Großteil der von ihm aufgelisteten Theorieströmungen (psychoanalytische, marxistisch-dialektische, feministische und postmoderne Theorien) verschränkt jedoch individuelle Prädispositionen mit umweltbezogenen Faktoren[8].

Brohm erschließt in seiner Schrift zur sozialbezogenen schulischen Intervention grundlegende Ausprägungen des Begriffs der Sozialen Kompetenz als multidimensionales Unterkonstrukt von Kompetenz. Die Analyse betrachtet dabei verhaltensbezogene, motivationale und kognitive Aspekte gleichermaßen (vgl. Brohm 2009, S. 85–89). Die Autorin versucht, die gefundenen Teilbereiche in

---

[8] Interessant ist, dass in vielen Publikationen auf Theorien, die die Entwicklung eines moralischen Bewusstseins an die kognitive Entwicklung koppeln, kritisch Bezug genommen wird. Einige Autor*innen äußern sich dahingehend auch explizit. Youniss' (1982, S. 98) Ergebnisse seiner eigenen empirischen Studie zur Entwicklung der Moral im Kindesalter, aufbauend auf der Entwicklungstheorie Piagets, legen in seinen Augen den Schluss nahe, dass „eine solide Psychologie nicht auf dem Individuum allein aufbauen kann". Er begründet mit der Komplexität von Beziehungen, die Kinder mit Gleichaltrigen und Erwachsenen stiften, in denen moralische Prinzipien durch die Kinder spezifisch angewendet oder nicht angewendet werden. Gut 10 Jahre später schreibt auch Petillon (1993, S. 93): „An vielen Stellen finden sich meist implizite, manchmal explizite Annahmen, die einen monoton anstrengenden Zusammenhang zwischen sozial-kognitiven Entwicklungsfortschritten und der Entwicklung partnerbezogenen Handels (z. B. dem Anderen helfen) postulieren (…) Demgegenüber ist im Vergleich zu solchen dezidierten Annahmen die Befundlage eher mäßig. (…) Es erscheint sinnvoll, den sozial-kognitiven Entwicklungsstand als wesentlichen, aber nicht hinreichenden Baustein zur Erklärung sozialen Handelns zu sehen und andere Teilparameter, die in komplexer Weise miteinander verknüpft sind, in ein entsprechendes Handlungsmodell einzubeziehen."

ein Instrument zur Diagnostik zu überführen, welches es erlaubt, soziale Orientierungen, Offensivität, Selbststeuerung und Reflexibilität in schwachen und
starken Ausprägungen zu identifizieren. Dabei werden als wertneutral bezeichnete
empirische Analysen zur Sozialkompetenz in ein wertebasiertes Raster überführt,
welches den Erfordernissen des schulischen Erziehungsauftrages Rechnung trage
(vgl. ebd., S. 89). Indem soziale Kompetenz als Schlüsselkompetenz für erfolgreiches Lernen in der Schule ausgewiesen wird, hat dieser Diskussionsstrang große
Parallelen zur dominierenden Kompetenzdiskussion (vgl. Klieme et al. 2002,
S. 215).

Damit ist jedoch auch ein sehr individuenzentriertes Verständnis Sozialen Lernens impliziert, welches soziale und Umweltfaktoren nur an der Peripherie als
„Rahmenbedingungen von Handlungssituationen" (vgl. ebd., S. 58) mitdenkt.
Dies erscheint durchaus ambivalent: Aus nationalen und internationalen Vereinbarungen und Gesetzestexten wie der Menschenrechtskonvention, der Charta
der Grundrechte der Vereinten Nationen, dem Grundgesetz der Bundesrepublik
Deutschland sowie föderal verankerten Schulgesetzen und Rahmenlehrplänen leitet Brohm Werte, Fähigkeiten und Wissen ab, die Bildung in der Schule anbahnen
solle. Ein demokratisches Bewusstsein, pazifistische Grundhaltungen und eine
positive Grundeinstellung zum Lernen sind für sie angesichts einer sich trans-
formierenden Welt mit ihren politischen, wirtschaftlichen, sozialen, kulturellen
und institutionellen Umwälzungen unabdingbare Voraussetzungen für ein hand-
lungsfähiges Bewegen in Gesellschaft (vgl. ebd., S. 204). Diese Einsicht scheint
jedoch losgelöst von der Diagnostik und Förderung sozialer Kompetenzen, denn
obwohl die beschriebenen Ausführungen zu Rahmenbindungen und Transforma-
tionen von Gesellschaft(-en) viel Raum einnehmen, sind sie kein Gegenstand
sozialer Lernstandsdiagnostik im engeren Sinne. Für normativ erstrebenswerte
Werthaltungen und Einstellungen sind soziale Kompetenzen vielmehr Basiskom-
petenzen, auf die weiterführende pädagogische Angebote aufbauen sollen und
können (vgl. ebd., S. 206).

An der Schnittstelle zwischen entwicklungspsychologischem und sozio-
logischem Zugriff befinden sich Modelle, die von einem multifaktoriellen
Bedingungsgefüge ausgehen. So greift Petermann bei der Beschreibung sozial
adäquaten bzw. inadäquaten Verhaltens auf biopsychosoziale Modelle zurück.
Er unterscheidet zwischen kindbezogenen Faktoren sowie dem familiären und
sozialen Umfeld. Zu den kindbezogenen Faktoren zählt Petermann psychische
und physische Prädispositionen. Im familiären Umfeld lokalisiert er z. B. beein-
trächtigte Eltern-Kind-Beziehungen als Risikofaktoren, die Verhaltensprobleme
begünstigen. Unter dem sozialen Umfeld subsumiert Petermann beispielsweise
Auswirkungen fehlender freundschaftlicher Beziehungen eines Kindes zu dessen

Mitschüler*innen (vgl. Petermann 2007, S. 9). Das auf den knappen entwick-lungspsychologischen Ausführungen aufbauende Trainingsprogramm versteht sich als Präventionsmaßnahme, die allen Kindern einer Klasse zugutekommen soll. In der Folge verzichtet Petermann daher auf eine gesonderte Diagnostik und benennt lediglich ‚Warnzeichen‘, die auf eine nicht alters-/normgerechte soziale Kompetenz hindeuten können[9] (vgl. Petermann et al. 2006, S. 14 ff.).

Als zweites Beispiel sei an dieser Stelle Schwarz (vgl. 1990, S. 15) genannt, der sich im Umfeld eines interaktionistischen Paradigmas bewegt. Mit soziali-sationstheoretischen, kognitiven und lerntheoretischen Bezügen diskutiert er Konsequenzen für das eigene Denken und dessen Entwicklung. Unter sozia-ler Kompetenz versteht er die Fähigkeit, Konflikte mit friedlichen Mitteln zu lösen, eigene und fremde Standpunkte zu reflektieren und auf sozialverträgliche Art und Weise auszutarieren, eine Sensibilität für Erwartungen, Bedürfnisse und Schwächen anderer zu entwickeln etc. Schwarz betont jedoch, dass bei der Unter-scheidung zwischen sozialverträglichem und nicht sozialverträglichem Verhalten nicht nur Bedürfnisse unmittelbar Beteiligter antizipiert werden müssen, sondern ebenso Folgen für das „soziale Zusammenleben insgesamt zu reflektieren wären" (ebd., S. 29).

Soziales Lernen findet an der Schnittstelle zwischen Sozialisation und schuli-scher Erziehung statt. Auch Schwarz (vgl. 1990) entwickelt ein Testinstrument, welches „Wirkungen von Prozessen des Sozialen Lernens von Schülern erfasst und einer vergleichenden Beurteilung zugänglich macht" (Schwarz 1990, S. 2). In seinem Erhebungsinstrument werden verschiedene Szenarien mit Konfliktpo-tenzial skizziert. Ergänzt werden sie durch verschiedene Lösungsmöglichkeiten der konflikthaften Situation, denen Kinder auf einer Likert-Skala zustimmen oder die sie ablehnen sollen. Damit zielt sein Forschungsprogramm darauf ab, etwas über die „Situationsspezifität des sozialen Verhaltens" herauszufinden[10].

Damit wurden exemplarisch zwei Ansätze diskutiert, deren theoretische Aus-gangslage sich nur bedingt für das Anliegen dieser Forschungsarbeit eignet.

---

[9] Es fällt auf, dass im Trainingsmanual für Schulanfänger*innen Präventionsmaßnahmen zur „moralischen Entwicklung", die im Trainingsmanual für ältere Kinder eine exponierte Stel-lung einnehmen (vgl. Petermann 2007), ausgespart werden (vgl. Petermann et al. 2006). Begründet wird dies nicht. Es lässt sich lediglich feststellen, dass die theoretische Bezug-nahme eine Förderung moralischen Bewusstseins bei jüngeren Kindern unsinnig erschei-nen lässt, da die erste Stufe der Moralentwicklung nach Kohlberg (zit. n. Petermann 2007, S. 26) alle Kinder bis zum neunten Lebensjahr (sowie jugendliche und erwachsene Straftä-ter*innen) umfasst.

[10] Oder um es mit Edelstein und Keller (1982, S. 22) zu sagen: „performanzbestimmende Aspekte oder Bedingungen des Sozialen Verstehens".

Indem sie den Fokus auf das Denken einzelner Individuen richten, sind sie für eine empirische Arbeit, die nach Konstruktionsprozessen von Heterogenität innerhalb von Gruppen fragt, nur bedingt sinnvoll. Soziales Lernen als einen Prozess zu beschreiben, für den innerpsychische kognitive Strukturen formbestimmend sind, vernachlässigt, dass Soziales Lernen als „genuin relationales Geschehen" (Aghamiri 2018b, S. 457) ohne soziale Kontexte, in denen es sich vollzieht, gar nicht denkbar wäre. Aghamiri (ebd., S. 459) formuliert die Kritik und gleichzeitig einen möglichen Ausweg folgendermaßen:

> „Versteht man Aneignung (...) als soziales, kooperatives Handeln, das von Beziehungen zwischen den Subjekten und der Welt in wechselseitigen Konstellationen abhängig ist, neutralisiert diese Perspektive eine dichotome lerntheoretische Sicht auf ‚Innen' und ‚Außen' im Lernprozess. Das Subjekt begegnet der Welt letztlich nicht als Individuum, das gezielt etwas ‚Soziales' lernt, sondern als sozial und kulturell eingebundenes Wissen, das seinen Sinn [sic!] sein Handeln, seine emotionale Beteiligung und damit die jeweils situierten Bedingungen von Aneignungen aus der Interaktion mit anderen Menschen bezieht."

Es bleibt festzuhalten, dass diese situierten Bedingungen sowie soziale und kulturelle Kontexte durch entwicklungspsychologische Ansätze mitunter ausgespart werden.

Ferner liegt die Intention dieser Arbeiten häufig darin, die Genese sozialwidrigen Verhaltens zu erklären. Da dieses sozialwidrige Verhalten meist mit einer Störung geordneter schulischer Abläufe verbunden wird (vgl. Petermann 2007, S. 9; Schwarz 1990; Gastiger und Lachat 2012) ergeben sich auch hieraus Konfliktpunkte. Die Thematisierung von Umgangsweisen mit gesellschaftlicher Heterogenität als bildungswirksamer Inhalt hat nicht das Ziel, lediglich einen reibungslosen Ablauf des Unterrichts zu gewährleisten.

4.2.1.2 Soziologische Perspektive auf Soziales Lernen

Soziologisch gewendet, werden soziale Lernsituationen in qualitativen und quantitativen Forschungsvorhaben analysiert. Auch hier können Auswirkungen auf das schulische Vorankommen betrachtet werden. Der Unterschied ist jedoch, dass keine entwicklungspsychologische Rückkoppelung an das Individuum erfolgt. Wenn es um sozial produzierte Ungleichheit im Bildungssystem geht, werden ganz verschiedene soziale Kontexte relevant – von Interaktionen in Familien und Peergroups bis hin zu (außer-)schulischen Bildungsangeboten. Dieser Ansatz wird besonders häufig dann gewählt, wenn davon ausgegangen wird, dass ein positives Eingebundensein in soziale Kontexte eine Ressource für schulisches Lernen darstellt (vgl. Kutscher 2008).

Petillon geht davon aus, dass „soziale Fertigkeiten langfristige Konsequenzen haben: Kinder mit sozialem Erfolg fühlen sich zufrieden, bringen häufiger gute Leistungen in der Schule und haben auch als Erwachsene mehr Erfolg" (1993, S. 71).[11] Seinem Verständnis Sozialen Lernens liegt ein ökosystemischer Ansatz zugrunde. Er legt ein umfassendes Modell vor, welches sich Erkenntnisse aus Psychologie, Soziologie und Rollentheorie zu Nutze macht. Soziales Lernen ist in seinem Modell die (erfolgreiche) Bewältigung eines Ereignisses, das subjektive und objektive Ereignisparameter umfasst, gruppen- und personenbezogene Merkmale einschließt und Kontextfaktoren wie Gruppendynamiken in der Schule sowie biografische Vorerfahrungen des Kindes berücksichtigt (vgl. ebd., S. 22). Während beispielsweise bei Brohm (vgl. 2009) Umfeldbedingungen sozialen Handelns nicht näher vertieft werden, differenziert Petillon (vgl. 2017b, S. 22) zwischen der Ebene des Kindes sowie der Interaktions- und Gruppenebene. Er unterstellt hierbei dem „informellen eigenständigen Erfahrungsfeld" (ebd.) der Peergroup einen stärkeren Impact auf das einzelne Kind, als dies im institutionellen Erfahrungsfeld der Fall sei, welches durch Erwachsene nur selten Anlass zur Perspektivübernahme gebe. Soziales Lernen gestaltet sich in dieser Lesart als konstruktivistischer Vorgang, der geprägt ist von „sozialen Systemen, denen sich Kinder zugehörig fühlen" (ebd., S. 27). Er schlägt insbesondere für die Praxis vor, mithilfe des soziometrischen Verfahrens Informationen über Gruppendynamiken und damit den Status einzelner Kinder herauszufinden. In diesem Verfahren werden Schüler*innen beispielsweise in einer anonymen Befragung gebeten, Kinder zu benennen, neben denen sie sitzen wollen und solche, die als Sitznachbar*in eher nicht in Frage kommen (vgl. Petillon 2017b, S. 52). Mit der Präsentation dieser Methode wird deutlich, dass Soziales Lernen „vor allem unter dem Aspekt der Interaktion und der dort ablaufenden Prozesse beschrieben" wird (Petillon 1993, S. 24).

Ein weiterer Schwerpunkt ist die Frage, inwieweit milieuspezifische Einstellungen zu Schule und Unterricht und das Vorankommen von Schüler*innengruppen im Bildungssystem Korrelationen aufweisen (vgl. Grundmann et al. 2003). Das emanzipatorische Anliegen dieser Arbeiten, Ursachen für Erfolg oder Misserfolg in der Schule zu finden und damit auch potenziell empowernde Strategien zu identifizieren, ist zu begrüßen. Im Kontext des Forschungsvorhabens werden jedoch insbesondere solche Forschungsarbeiten eine Rolle spielen, die

---

[11] In einer anderen Publikation diagnostiziert Petillon (2017a, S. 6) einen erhöhten Interventionsbedarf mit Blick auf das Sozialverhalten von Kindern, darunter „Defizite im Bereich der sozialen Entwicklung, eine größer werdende Ich-Bezogenheit, geringere Sensibilität anderen gegenüber, Reklamation einer herausgehobenen Stellung in der Klasse (,Prinzenrolle') und Schwierigkeiten beim Einfügen in den Klassenverband" (vgl. kritisch dazu Abschnitt 5.1).

Soziales Lernen als einen Prozess bezeichnen, der sich in Interaktionen innerhalb von Peergroups bzw. informellen Interaktionen innerhalb schulischer Umgebungen vollzieht. Diese zeichnen sich durch eine hohe kommunikative Dynamik aus und sind deshalb ein lohnender Forschungsgegenstand. Krappmann (2002, S. 92) stellt fest:

> *„Der Bereich, in dem immer wieder untersucht wurde, wie Kinder miteinander eine ihre Fähigkeiten wohldosiert herausfordernde sozial-interaktionale und ko-konstruktive Realität schaffen, ist das Spiel der Kinder. Erleichtert durch Vorgaben aus Spieltradition und Kinderkultur, gestalten Kinder komplementäre Rollen; ahmen nach, modifizieren und erfinden Rollen; verhandeln zur Situation und zu den Beteiligten passende Regeln, und strafen Regelbrüche; sie diskutieren, streiten, einigen und überwerfen sich; sie integrieren Kinder in die Gruppe oder schließen sie aus. Ständig sind sie bemüht, eine geteilte Realität, stabile Beziehungen, vertretbare Regeln, akzeptable Lösungen und nicht abstreitbare Verantwortlichkeiten zu bestimmen. "*

Obgleich Peergroups in Zusammensetzung und Interaktionsgeschehen recht unabhängig von schulischen Vorgaben sowie Verhaltensnormen und -ritualen funktionieren, zeigt Krappmann (vgl. ebd.) auf, dass ihre Bedeutung für die Förderung schulischer Kompetenzen nicht zu unterschätzen ist. Krüger und Grunert (vgl. 2008) betonen, dass Methoden-, Sach- und Sozialkompetenz nicht nur in Schule angebahnt werden, sondern gleichsam in Peer-Beziehungen, die es Kindern ermöglichen, ihre eigenen Beziehungsnetzwerke über familiäre Netzwerke hinaus zu erweitern. Kindern und Jugendlichen wird in diesem Prozess eine aktive Rolle zugewiesen. Die Regeln, die zur Herstellung und Aufrechterhaltung von Freundschaftsbeziehungen nötig sind, werden nicht passiv aus der Umwelt übernommen, sondern aktiv ausgehandelt. Sie ermöglichen darüber hinaus die Herausbildung gemeinsamer Interessen und können durch anerkennendes Handeln das Selbstwertgefühl steigern. Damit sind Peer-Beziehungen zu großen Teilen sich selbst regulierende Gemeinschaften, in denen es selten zu Konflikten kommt, die nicht von der Gruppe selbst auch gelöst werden (vgl. Glassner 1976).

Neben den positiven Effekten und den potenziellen Lernanlässen, die Peer-Beziehungen auf ihre einzelnen Mitglieder haben können, ist ihre Zusammensetzung ein weiteres Forschungsinteresse. In Studien wird in diesem Zusammenhang die Tendenz zur Bildung homogener Strukturen bezüglich Alter, Geschlecht, Bildungsstatus und kulturell geprägter Milieus konstatiert (vgl. Bicer 2014; Glassner 1976, S. 8; Pfaff und Krüger 2006, S. 129). Hierbei wird vor allem die Frage gestellt, inwieweit sich in diesen Zusammensetzungen auch problematische „rechte politische Orientierungen" entwickeln können (Pfaff und Krüger

2006, S. 123) bzw. inwieweit Zusammenhänge zwischen homogener Gruppenbildung und dem Vorkommen abwertender Einstellungen gegenüber Gruppen von Menschen bestehen (vgl. Reinders et al. 2006).

Die vorgestellten Studien eröffnen eine Perspektive auf Soziales Lernen, die – ohne allzu sehr in entwicklungspsychologische Narrative zurückzufallen – Entwicklungsaufgaben als gesellschaftlich vorgegeben begreift (vgl. Meyer und Jessen 2000, S. 712) und danach fragt, wie „jenseits makrotheoretischer Bestimmungen der Schule die Schüler(innen) der Schule eigensinnige Bedeutung verleihen, die schulischen Anforderungen umdefinieren und ihre eigenen ‚inoffiziellen Weltversionen‘ in Form von Hinterbühne, schulischem Unterleben und subkulturellen Nischen erzeugen" (Helsper 2000, S. 663). Es sind genau diese inoffiziellen Weltversionen, für die sich das vorliegende Forschungsvorhaben bei der Thematisierung gesellschaftlicher Heterogenität im Kontext des Sozialen Lernens interessiert. Sie sind nicht durch Schule reglementiert, sondern unterliegen dem Einfluss von Gruppenzusammensetzungen bzw. milieuspezifischem Verhalten und Zugehörigkeitsgefühlen – wie dies die oben genannten Studien gezeigt haben. Sie erlauben damit einen weiten Blick auf kindliche Konstruktionen von Differenz, die sich mit Vorannahmen über die kindliche Entwicklung zurückhalten (vgl. z. B. Hörning und Reuter 2004). Soziales Lernen ist demnach also keine individuelle Entwicklungsaufgabe mit klar formulierten Kompetenzen und mit entwicklungspsychologisch begründeten Zwischenschritten, die es bis dahin zu absolvieren gilt. Für das vorliegende Forschungsvorhaben erscheint diese Zugriffsweise als geeignet. Die leitende Forschungsfrage ist nicht, inwieweit im Laufe des Forschungsvorhabens im Sinne einer Interventionsstudie Schüler*innen bestimmte Lernziele oder Kompetenzen erreichen. Es geht vielmehr darum, auf jene womöglich eigensinnigen Aushandlungen zu blicken, die durch einen didaktisch aufbereiteten Impuls des Sozialen Lernens nicht intendiert waren.

Die dargelegte soziologische Perspektive erscheint ferner als tragfähige Grundlage, um im Folgenden zu überlegen, welche didaktischen Schlussfolgerungen sich ziehen lassen, wenn Differenz als bildungswirksamer Inhalt im Sachunterricht thematisiert (vgl. Tänzer 2007) werden soll. Eine Bildung und Befähigung hin zur Handlungsfähigkeit in Gesellschaft setzt voraus, einzuräumen, dass Kinder nicht als ‚unbeschriebenes Blatt‘ (vgl. Scholz 2001) in die Schule hineinkommen. Inhalte können jedoch nur bildungswirksam werden, wenn diese – wie Klafki (2005, S. 3) es formuliert – sich an psychosozialen Voraussetzungen von Kindern orientieren. Diese werden nicht anhand kognitionspsychologischer Theorienbildung diskutiert. Klafki geht hier eher von einem „gesellschaftlich bedingten

Sozialisationsprozeß [sic!]" aus. Er spricht von einer „mitgebrachte[n] Gesell-
schaftlichkeit", welche während der Gestaltung von Sachunterricht berücksichtigt
werden müsse. Die Auseinandersetzung des Kindes mit dem gegenständlichen
und sozialen Umfeld finde dabei viel unharmonischer statt als gemeinhin angenommen: Widersprüche und Konflikte zwischen verschiedenen an das Kind
herangetragenen Anforderungen und dem eigenen Selbst offenbaren sich dem
Kind sehr früh[12]. Diese inter- und intraindividuellen Aushandlungen, die ein
allgemeinbildender Sachunterricht in den Blick nehmen müsse, werden mit soziologischen Theorienbildungen zu Sozialem Lernen besser fassbar als mit dem
individuenzentrierten Verständnis entwicklungspsychologischer Perspektiven.

4.2.2   Soziales Lernen als pädagogisches/didaktisches Angebot an Schüler*innen

4.2.2.1   Trainingsprogramme für soziale Kompetenzen

Am Ende des vorangegangenen Abschnittes wurde es schon angesprochen: Der
Diskurs des Sozialen Lernens umfasst nicht nur deskriptive Momente. Unter
dem Terminus wird ebenso die Aufgabe verstanden, den „evaluativen Bezugspunkt [beide, die im vorherigen Abschnitt kurz skizziert wurden, F.S.] mit
(...) grundlegenden gesellschaftlichen Werten zu füllen" (Brohm 2009, S. 72).
Damit können einerseits Ansätze gemeint sein, die ihre Argumentation vor dem
Hintergrund schulischer Anforderungen entfalten. Es geht innerhalb dieses Verständnisses um ein ‚funktionierendes' oder auch normiertes Individuum im Sinne
eines kompetenten Schüler*innensubjekts, das schulischen Anforderungen genügt
oder sich ihnen zumindest nicht widersetzt (vgl. Aghamiri 2018b). Wie bereits
erwähnt, ist in diesem Zusammenhang der Begriff der sozialen Kompetenz zentral: „Die Schule stellt besondere Anforderungen an die sozialen Kompetenzen
des Kindes und bildet einen wichtigen Kontext für Soziales Lernen" (Dettenborn und Schmidt-Denter 1997, S. 192). Für Schwarz (vgl. 1990) beinhaltet
dieser Begriff die Einsicht, dass in sozialen Situationen stets individuelle oder
kollektive Interessen sowie allgemein verbindliche Normen, Regeln und Prinzipien in ein ausgewogenes Verhältnis zu bringen sind. Von einem guten Schüler
oder einer guten Schülerin wird dann gesprochen, wenn er oder sie sich durch

---

[12] An dieser Stelle offenbart sich ein großer inhaltlicher Bruch mit dem Bild einer behüte-
ten Kindheit ohne Irritationen, das sowohl noch der alten Heimatkunde inhärent war (vgl.
Schubert und Heiland 1987), aber auch mit dem „klassisch reformpädagogischen Bild vom
Grundschulkind" (Klafki 2005, S. 3).

ein geringes Maß an Aggression auszeichnet und wenn er oder sie an schulische Anforderungen angepasst und sozial motiviert agiert (vgl. Schwarz 1990, S. 172). Sie sollen sich als „Mitglied einer sozialen Gemeinschaft begreifen und soziale Handlungsfähigkeit im Rahmen der gesamten Lerngruppe" (Prote 1996, S. 78) ausbilden. Auch an anderer Stelle wird soziale Kompetenz als Schlüsselqualifikation diskutiert, um im schulischen Alltag zu bestehen (vgl. Klieme et al. 2002).

Mitunter wird davon ausgegangen, dass es auch bestimmte Risikofaktoren gibt, die Kindern Soziales Lernen ungleich schwerer machen (vgl. Petermann 2007, S. 9). Damit sind insbesondere antizipierte Veränderungen im Lebensumfeld der Kinder angesprochen – beispielsweise der Verlust elterlicher Fürsorge und Zuwendung (vgl. Fritz 1993, S. 168) – ein selbstbewussteres bzw. ‚widerspenstigeres' Auftreten der Kinder gegenüber erwachsenen Bezugspersonen (Prote 1996, S. 78) oder auch ein erhöhter Medienkonsum, der Einsamkeit fördere und die Unmittelbarkeit an Erfahrungen von natur- und gesellschaftsbezogenen Zusammenhängen einschränke (vgl. zu dieser Modernisierungsperspektive kritisch Braches-Chyrek 2012, S. 199 sowie Kapitel 5 dieser Publikation). Die Folgen sind ein „unzureichend entwickeltes Sozialverhalten vieler Kinder" (Prote 1996, S. 81), „verhaltensauffällige Kinder" (Dettenborn und Schmidt-Denter 1997, S. 189) oder auch ein „oppositionell-aggressives Verhalten" (Schwarz 1990, S. 10).

In einigen Fällen wird eine eindeutige Zielgruppe definiert. So stellt Schröder (vgl. 2013) im Kontext pädagogischer Gewaltprävention fest, dass Jungen und junge Männer in gewaltvollen Situationen und Konfliktlösungen häufiger aktiv Handelnde sind als Mädchen bzw. junge Frauen. Er erklärt dies mit geschlechtsspezifischen Entwicklungsverläufen, die den Mädchen vor allem in den ersten drei Jahren der Pubertät einen Entwicklungsvorsprung[13] und damit höhere Konfliktlösekompetenzen verschaffen, bei den Jungen aber wegen eines erhöhten sozialen Druckes zu einem nicht angepassten Sozialverhalten in geschlechtshomogenen Peergroups führen. Einem defizitären Verhalten wird auf vielfältige Arten begegnet: Kooperative Lernformen, wie Gruppenarbeiten, bilden ebenso Möglichkeiten wie Klassenräte und Stuhlkreisgespräche, um Schüler*innen in einen moderierten Austausch über schul- und gruppenbezogene Konflikte zu bringen und gezielt Kinder mit vermeintlich defizitären Verhaltensweisen zu fördern (vgl. Dettenborn und Schmidt-Denter 1997; Petermann 2007; Prote 1996).

Angesichts einer wachsenden Zahl an sog. Verhaltensauffälligkeiten von Kindern und Jugendlichen scheinen deshalb seit einigen Jahren diverse Trainings

---

[13] Es erfolgt hierbei erneut ein Rückgriff auf entwicklungspsychologische Theoriemodelle.

populär zu werden. Gerspach (2013, S. 344) führt dies auf das Bestreben zurück, ein eigentlich strukturelles Problem im Schüler*innensubjekt zu verorten:

> *„Fasst man die Ergebnisse verschiedener Studien zusammen, so ist in der Tat von der Zunahme von kindlichen Verhaltensauffälligkeiten auszugehen (…). Es verwundert nicht, dass die Neigung wächst, diese Kinder schlichtweg als gestört oder therapiebedürftig zu bezeichnen. Ein strukturelles Problem wird auf diese Weise individualisiert. Und so schießen Trainingsprogramme wie Pilze aus dem Boden, mit denen man hofft, des ausufernden Problems Herr zu werden."*

Wie bereits erwähnt hat Petermann[14] (vgl. 2007, S. 42) aufbauend auf seinem Verständnis Sozialen Lernens ein Trainingsprogramm entworfen, welches die Förderung emotionaler Kompetenz, sozialer Kompetenz sowie von Eigen- und Sozialverantwortung in 26 Trainingseinheiten vorantreiben will. Als Identifikationsfiguren dienen hierbei zwei Mädchen und zwei Jungen mit unterschiedlichen Fähigkeiten und Begabungen sowie soziokulturellen Hintergründen. Es werden verschiedene Methoden angewandt. Diese umfassen Rollenspiele, bei denen Petermann (ebd., S. 46) ihr Potenzial hinsichtlich eines „Modelllernens zum Aufbau neuen Verhaltens" in konflikthaften Situationen heraushebt. Daneben wird auch mit einem Verstärkersystem gearbeitet, indem die Kinder Punkte durch das Zeigen erwünschten Verhaltens sammeln können. Weiterhin wird ein Wutkontrollplan vorgeschlagen, „um eigene Gefühle situationsangemessen regulieren zu können" (ebd., S. 47). Schüler*innen sollen sich weiterhin durch das Schreiben eines Rap-Songs, dessen Text kooperative Lernformen ‚predigt', auch künstlerisch betätigen.

Neben den bereits erwähnten gibt es noch zahlreiche weitere Förderkonzepte. Gastinger et al. (vgl. 2012, S. 73–74) listen allein 13 Trainingsmanuale auf, die intervenierend und/oder präventiv wirken sollen und die soziale Kompetenz je nach Intention des Manuals unterschiedlich ausbuchstabieren: Konfliktlösung, Integrationsfähigkeit, Teamfähigkeit, Werbetalent, Anpassungsfähigkeit, Pflichtgefühl und Gewissenhaftigkeit sind nur einige der Stichworte, mit denen diese Programme versuchen, sich ein individuelles Profil zu geben. Sie umfassen Lerneinheiten zu den eben genannten Stichworten sowie handlungs- und spielorientierte Methoden und sind als Unterrichtseinheiten häufig ritualisiert und rollenspielbasiert (vgl. Aghamiri 2012, S. 159–160).

Soziales Lernen in diesem Kontext versucht also den Konformitätserwartungen der Institution Schule Rechnung zu tragen: Es geht darum, während des

---

[14] Die folgenden Ausführungen beziehen sich auf sein Präventionsprogramm für ältere Schulkinder (vgl. Petermann 2007).

Unterrichts nicht hineinzurufen, dem ritualisierten Tagesablauf Folge zu leisten und Zugehörigkeiten innerhalb einer Zwangsgemeinschaft von Schüler*innen zu akzeptieren bzw. herzustellen – mithilfe von Methoden, die Werte und Normen innerhalb von Schule nicht als solche thematisieren und grundlegend reflektieren, sondern lediglich Wege ausloten, wie eine den Regeln zugewandte einsichtige Haltung von Schüler*innen angebahnt werden kann (vgl. Aghamiri 2018b, S. 458).

Was bedeutet dies für die vorliegende Forschungsarbeit? Wenn Soziales Lernen lediglich als „Einüben von bestimmten Interaktionsformen" (Fahn 1983, S. 27) verstanden wird, so würde es wenig Sinn ergeben, nach Aushandlungsprozessen bzw. Positionierungen zu fragen – da eigensinnige Aneignungen pädagogischer Angebote schlicht nicht ‚vorgesehen' sind. In der Annahme eines kausalen Zusammenhangs zwischen pädagogischem Angebot und antizipierter Verhaltensänderung von Schüler*innen wird jedoch übersehen, dass Kinder vor allem in Gruppen oftmals geneigt sind, alles andere zu tun als der pädagogischen Intention solcher Manuale zu folgen. Aghamiri (vgl. 2018a, S. 217–218) zeigt in einer Studie auf, dass diese Aushandlungsprozesse weiterhin stattfinden – in ‚Spielpausen', aber auch innerhalb zweier Arrangements finden Kinder zu eigenen (spielerischen) Umgangsweisen. Sie positionieren sich als Gruppe und als Individuum. In ihrer Studie bricht sie mit einer weit verbreiteten Ansicht, nämlich, dass ausrichtende erwachsene Personen solcher Trainingsprogramme Themen vorgeben, die sich Kinder in einem gewissen Spielraum als Ko-Konstrukteur*innen aneignen. Ihre Ergebnisse zeigen, dass es sich genau andersherum verhält. Nicht die Erwachsenen geben die Themen vor, sondern vielmehr die teilnehmenden Kinder, die den pädagogischen Rahmen für die Verwirklichung eigener Interessen nutzen. Als Resultat dieser Aneignungspraxen konnte sie

> „beispielsweise Laufen, Rennen, Gelegenheiten für Kontakte, für Körperlichkeit, Laut [sic!] sein, Freundschaften anbahnen und bestätigen, aber auch gemeinschaftliche Anliegen, wie Gemeinschaft erleben und erproben, Konflikte thematisieren, Rollen ohne Risiko ausprobieren etc."

feststellen (Aghamiri 2015, S. 243). Dabei wird die im Trainingsprogramm verbrachte Zeit als Spiel bzw. Spektakel betrachtet, dessen pädagogische Intention jedoch nicht von allen Kindern erkannt wird (vgl. ebd., S. 250). Vielmehr ist Spaß eine zentrale „Konsensklammer der Kinder für das Spektakel" (ebd., S. 232), in dem gruppenspezifische Peerdynamiken dominieren. Der stark vorstrukturierte Rahmen solcher Programme überblendet diese Prozesse lediglich, womit diese nur noch in aufwendigen ethnografischen Beobachtungen rekonstruiert werden können.

Fauser und Schweitzer (1985, S. 346) kritisieren diese sozialpädagogischen Angebote an Kinder und Jugendliche als „außeralltägliches Ereignis" (Aghamiri 2015, S. 366):

> *„Das Hauptproblem solcher Ansätze liegt in der Vorstellung, Soziales könne gleichsam in reiner Form ausgegliedert und für sich gelernt werden. Diese Vorstellung enthält eine komplementäre Verdinglichung inhaltlichen und sozialen Lernens: Soziales Lernen wäre dann ohne Inhalt – inhaltliches Lernen ohne Sozialität.* Die Folge könnte eine fortschreitende Ausgrenzung sozialer Lernaufgaben sein: Je mehr sich Spezialisten auf Soziales konzentrieren, desto weniger geht der Unterricht auf Soziales ein. Die soziale Dimension des Lernens in der Schule wird dann auf therapeutische Zusatzfunktionen verengt."

Für eine Erhebung, die sich für eben solche Differenzkonstruktionen interessiert, ergibt der Einsatz eines solchen Instruments also wenig Sinn, wenn das Erhebungssetting nicht die „Bereitschaft, die Sensibilität und die Begleitung der anwesenden Pädagog*innen (…) [für] Konflikte der Lebenswelt (…) [sowie die] gezeigten Subjektwerdungsprozesse mit Bezug auf die Themen der Gemeinschaft" (Aghamiri 2018a, S. 217–218) mitbedenkt, beispielsweise Positionierungen anhand verschiedener Differenzkategorien.

Eine solche didaktische Aufarbeitung Sozialen Lernens lässt offen, inwieweit über ein methodisch kontrolliertes Setting mit „Aufgabencharakter" (Tänzer 2007, S. 393) hinaus eine Problematisierung schulischer und gesellschaftlicher Heterogenität anhand lebensweltlicher Phänomene ermöglicht wird, in der Positionierungen der beteiligten Kinder auch wirklich relevant werden und eine Thematisierung erfahren würden. Aghamiri (2018b, S. 458) stellt in Frage, dass es diese Ansätze zum Sozialen Lernen vermögen „jenseits lebensweltlicher Situationen" auf das Sozialverhalten von Kindern und Jugendlichen erfolgreich intervenierend einzuwirken. Auch aus bildungstheoretischer Sicht lässt sich der Nutzen dieser Ansätze in Zweifel ziehen. Instrumentelle Kenntnisse, zu denen Klafki für das Gelingen einer emanzipatorischen Bildung zweifelsohne auch das Sozialverhalten zählt, können nicht „losgelöst von begründbaren, humanen und demokratischen Prinzipien" angebahnt werden, sondern sind „im Zusammenhang mit emanzipatorischen Zielsetzungen, Inhalten und Fähigkeiten (…) [zu denken], so nämlich, daß sie von den Lernenden als instrumentell notwendig eingesehen werden können" (Klafki 1996, S. 75).

Die vorgestellten Ansätze zum Sozialen Lernen reduzieren pädagogisch-didaktische Arrangements also auf das Ziel, dass schulische Abläufe durch abweichendes Verhalten nicht allzu sehr behindert werden. Die Ausbildung von sozialen Kompetenzen soll helfen, Passungsprobleme zwischen schüler*innenbezogenen Bedürfnissen und schulischen Anforderungen zu überwinden. Inwieweit pädagogische Angebote zum Sozialen Lernen hierbei auch bildungswirksam werden können und sollten, wird indes nicht in den diskutiert. Roth weist auf die Verkürzung eines solchen Verständnisses von Sozialem Lernen hin, wenn „soziale Lernprozesse [nicht] als schulische Voraussetzung für spätere gesellschaftliche und gesellschaftspolitische Lernprozesse" verstanden werden (1980, S. 38). Pädagogische Angebote, die darauf abzielen, Soziales Lernen zu thematisieren, sollten daher auch bildungswirksam werden. In den bisher vorgestellten Studien ist dies nicht der Fall. Insbesondere, wenn es um die Verortung Sozialen Lernens in der Sachunterrichtsdidaktik geht, erscheint Roths Hinweis auf die Notwendigkeit gesellschaftlicher Relevanz sozialer Lerninhalte eklatant[15].

4.2.2.2 Soziales Lernen durch Gesellschaftskritik

In seinem kurzen historischen Überblick beschreibt Schwarz (vgl. 1990, S. 8) eine weitere Ausrichtung Sozialen Lernens. Als gesellschaftskritische Auffassungen fasst er Publikationen zum Sozialen Lernen zusammen, die davon ausgehen, dass ein gut funktionierendes, konfliktarmes Klassenleben gesellschaftliche Macht- und Interessenskämpfe lediglich kaschiere und Schule durch deren Ausblendung ein bedeutender Anteil an der Reproduktion gesellschaftlicher und institutioneller Diskriminierung zukommt. Soziales Lernen ist somit nicht darauf ausgerichtet, Schüler*innen zu befähigen, im Schulalltag zu bestehen. Vielmehr ist es ein Versuch, Schule als ‚Schmelztiegel' von Gesellschaft zu begreifen, in dem gesellschaftliche Ungleichheiten weiter bestehen und fortgeschrieben werden, um schlussendlich pädagogische Antworten auf das Eingewobensein von Schule in gesellschaftliche Strukturen zu liefern. Schmitt (1976, S. 19) schreibt einleitend zu seiner Vorstellung von „sozialer Erziehung in der Grundschule":

> „Wenn Kinder in die Schule kommen, erleben sie zum ersten Mal in stärkerem Ausmaß und vor allem ohne Ausweichmöglichkeit, dass sie mit Kindern unterschiedlicher Herkunft zusammen sein müssen, mit Kindern aus verschiedenen Wohngegenden und sozialen Schichten und somit sehr divergierenden ökonomischen Verhältnissen. (...) Das Aufeinandertreffen von Gruppendifferenzen in der Schulklasse ist nichts anderes als die Fortsetzung eines Prozesses, der schon längst in der Familie begonnen hat

---

[15] Der Begriff der Bildung wird im nächsten Abschnitt ebenso wie potenzielle Synergien noch einmal aufgegriffen.

*(...) Sobald ein Kind sich bewusst von der Objekt- und übrigen Personenwelt als eige-
nes Ich zu unterscheiden beginnt, erlebt es sich gleichzeitig bestimmten Gruppen (...)
zugehörig. (...) Konkret bedeutet das nicht nur eine affektive Zuwendung zur eigenen
Gruppe, sondern auch Übernahme der in der eigenen Gruppe geltenden Normen.*"

In diesem Zitat ist schon angedeutet, was Schmitt an späterer Stelle explizit
macht: Die Zugehörigkeit zu Gruppen bedingt auch die Entstehung sozialer Vorurteile; einer abwertenden Haltung gegenüber Menschen, die auf antizipierten
Gruppenmerkmalen beruht und nicht auf individuellen Eigenschaften. Vorurteile
sind dabei in ihrer Genese nicht nur situativ oder in Rückgriff auf entwicklungs-
und kognitionspsychologische Modelle zu erklären. Diskriminierungsphänomene
sind zusammen mit Schüler*innen auch in ihrem gesellschaftlichen Kontext zu
erschließen (vgl. Schmitt 1976, S. 23):

*„Diese enge Verknüpfung mit Gruppe und Gesamtgesellschaft lässt es auch nicht zu,
daß man soziale Vorurteile als isolierte psychische Phänomene behandelt – gleich
auf welcher Altersstufe – man muß gleichzeitig ihre gesellschaftlichen Entstehungsbe-
dingungen (z. B. ökonomisch bedingte Schichte bzw. Gruppenunterschiede) und ihre
gesellschaftliche Funktion (z. B. Sicherung der eigenen Gruppe) mitbedenken"* (ebd.).

Wie versucht wurde, dies umzusetzen, wird im Folgenden gezeigt: Schule als
Ort, in dem Kinder handeln und sprechen, reicht dem Verfasser des Curriculums für eine bildungswirksame Thematisierung sozialer Vorurteile nicht aus und
daher verlassen die Unterrichtsreihen bald den Raum der Schule und wenden
sich der Nachbarschaft und dem außerschulischen Umfeld von Kindern zu, in
dem beispielsweise der Zuzug von ‚Gastarbeiter*innen' eine zunehmende kulturelle Heterogenität bedingt. Schlussendlich wird in diesem Curriculum versucht,
am Beispiel Tansania stereotypes Denken sowie wirtschaftliche Beziehungen und
Verflechtungen zwischen Industrie- und Entwicklungsländern zu thematisieren.
Die Unterrichtseinheiten fokussieren Aspekte wie Fremdsein, sprachliche Barrieren, kulturell konnotierte Bräuche und Traditionen, außerdem den Zugang zum
Arbeitsmarkt sowie Unterstützungs- und Hilfesysteme. Dazu werden in den dargestellten Unterrichtsreihen immer wieder Bezüge zu Macht und Ungleichheit
hergestellt – verbunden mit Kapitalismus- und Kolonialismuskritik geht es darum,
Kinder zu befähigen, eine solidarische Haltung gegenüber marginalisierten
Gruppen einzunehmen (vgl. Schmitt 1976, S. 149–306).[16]

---

[16] Die Reihenfolge des Curriculums ähnelt der Anordnung der Themenbereiche der traditionellen Heimatkunde. Ihr Vorgehen in konzentrischen Kreisen – vom Nahbereich zum Fer-
nen – findet sich auch in diesem Curriculum wieder, indem Kinder zuerst über Vorurteile in
der eigenen Gruppe nachdenken sollen, deren Genese dann aber in gesamtgesellschaftlichen

Auch Müller-Wolf (vgl. 1980) vertritt die Ansicht, dass idealistische Akte der Verständigung oberhalb der Ebene einer Austragung und Lösung existierender Konflikte bestenfalls zu scheinbaren und vorübergehenden Befriedigungen führen können. Auch hier wird anhand einer Evaluation zum Curriculum „soziales und affektives Lernen in der Schule" ein Beitrag zu interpersonellen und internationalen Beziehungen geleistet. Es werden aber auch positive Effekte auf schulisches Lernen herausgearbeitet. Diese werden in einer höheren ‚Sprechlust' von Schüler*innen, lebendigeren Diskussionen, einer verringerten Schulangst sowie besseren Schulleistungen im Vergleich zu anderen Fächern lokalisiert.

Soziale Kompetenzen werden in dieser Lesart Sozialen Lernens nicht mehr nur als Gelingensbedingung für erfolgreiches Lernen betrachtet. Das didaktische Ziel einer gesellschaftskritischen Auseinandersetzung mit sozialer Ungleichheit und der Aufbau einer solidarischen Haltung gegenüber bestimmten Gruppen erscheint prinzipiell anschlussfähig an die Belange des Forschungsvorhabens, welches sich im Sachunterricht als Fach allgemeiner Bildung verortet. Mit dieser didaktischen Intention einhergehend erfolgt auch eine dezidierte Thematisierung gesellschaftlicher Differenzkategorien und ihrer ‚Auswirkungen' auf Schüler*innen ganz im Gegensatz zu den weiter oben vorgestellten Trainingsprogrammen, die recht unabhängig von Heterogenitätsdimensionen ‚funktionieren' und die für sich in Anspruch nehmen, unabhängig von spezifischen Gruppenkonflikten immer dieselben Ergebnisse zu erzielen.

Es gibt allerdings auch einen Einwand: Zwar gilt es, in den vorgestellten Unterrichtsreihen immer wieder das Denken in Stereotypen aufzubrechen und eigene Vorurteile zu reflektieren. Dennoch arbeiten im Buch viele Überlegungen sehr plakativ mit festen Bezugsgruppen wie dem ‚Afrikaner' oder dem ‚türkischen Mädchen' – deren Lebenssituation als sinnbildlich für die ungleiche Verteilung von Macht und Ressourcen dargestellt wird, sodass sie in eine ‚Opferrolle' gedrängt werden. Wo also Unterdrückung als gesellschaftliches Phänomen thematisiert werden soll, wird es als Zuschreibung auch zu einem personeninhärenten Merkmal. Dieser Widerspruch wird auch nicht aufgelöst, als der Autor über den „Besuch des Afrikaners" in einer Schulklasse schreibt. Dabei handelt es sich um „einen sehr sympathischen Medizinstudenten, der übrigens ausgezeichnet Deutsch sprach" (Schmitt 1976, S. 37). Die Personen verbleiben weiterhin in ihrer marginalisierten Rolle und müssen von der Unterdrückung ihrer Person und ihrer

---

Strukturen zu suchen sei (für eine allgemeine Diskussion eines konzentrischen Vorgehens im Kontext gesellschaftlichen Lernens vgl. Weißeno 2004). In der Intention eines rationalen Erkenntnisgewinns unterscheidet sich das vorliegende Curriculum jedoch sehr stark von der traditionellen Heimatkunde, die eher mit einem emotionalen Zugang zu Heimat behaftet war (vgl. Giel 2000).

Heimat erst noch befreit werden. Es wird also eine Setzung vorgenommen, die ein flexibles Agieren der Lehrperson bei konkreten Gruppendynamiken erschwert. Das muss im Lichte von Positionierungen zu schulischen und gesellschaftlichen Differenzkategorien zumindest kritisch diskutiert werden.

Sachunterricht scheint damit besonders anschlussfähig an Programme zum Sozialen Lernen, die die Befähigung zum kritischen Umgang mit Gesellschaft als Potenzial sozialer Lernprozesse hervorheben (vgl. z. B. Schmitt 1976). Vor allem jene Konzeptionen Sozialen Lernens, die normgerechtes Verhalten von Seiten der Gesellschaft her denken und die keine primär schulischen Maßstäbe anlegen, sind in diesem Zusammenhang lohnenswert[17]. Aber was kann nun zum Verhältnis zwischen Sachunterrichtsdidaktik und Sozialem Lernen gesagt werden?

4.3   Soziales Lernen im Kontext der Sachunterrichtsdidaktik

4.3.1   Verkürzung bildungsrelevanter Inhalte durch Soziales Lernen

Der Begriff des Sozialen Lernens scheint in der Sachunterrichtsdidaktik nicht mehr präsent zu sein. Dabei wird insbesondere in Publikationen zum Politischen Lernen in kritischer Art und Weise Bezug zu Sozialem Lernen genommen. Schon eine oberflächliche Literaturschau zeigt, dass die Akteur*innen des Diskurses den oben skizzierten Bildungsanspruch des Sachunterrichts vornehmlich im Politischen Lernen eingelöst sehen[18]. Zwar wird das Verhältnis zwischen Politischem und Sozialem Lernen durchaus ambivalent bestimmt. Vielfach werden beide Ansätze aber auch zusammengedacht: Rauterberg und Beck konstatieren, dass die Geschichte beider Ansätze von „Verbindungen, Ergänzungen, aber auch Widersprüchen und Gegentendenzen geprägt" (2005, S. 143) ist. Dennoch lässt sich insbesondere für neuere Publikationen festhalten, dass dem Sozialen Lernen

---

[17] Rabenstein (1985, S. 23) resümiert in diesem Zusammenhang: „Deshalb soll grundlegendes Lernen der Weckung von Interessen, der Ausbildung von Haltungen, der Anbahnung von Einstellungen dienen, die für die historisch-gesellschaftliche Situation des Kindes (…) von besonderer Bedeutung sind."

[18] An verschiedenen Stellen wurde die Präsenz Politischen Lernens in der Sachunterrichtsdidaktik aufgearbeitet. Mit Kallweit (vgl. 2019, S. 9 ff.), von Reeken (vgl. 2012, S. 40 ff.) und Richter (vgl. 1996) liegen bereits historische Betrachtungen zum Politischen Lernen und zur Sachunterrichtsdidaktik vor. Publikationen mit vergleichbaren Anliegen für das Soziale Lernen konnten sich indes nicht finden lassen.

an vielen Stellen das Problematisierungspotenzial für einen allgemeinbildenden Sachunterricht abgesprochen wird (vgl. z. B. Reeken 2012, S. 54). Soziales Lernen habe das Potenzial, sich an Lebenswelten von Kindern zu orientieren, womit zumindest Aufgaben mit „echtem" Charakter möglich seien (Tänzer 2007, S. 393). Dennoch wird bei der Thematisierung peerspezifischer Gruppenprozesse der Fachbezug als nicht mehr gegeben wahrgenommen. Vielfach wird dies auch mit einer verkürzten Darstellung gesellschaftlicher, politischer und kultureller Zusammenhänge durch Soziales Lernen als pädagogisch-didaktisches Angebot begründet (vgl. Pech 2013), das Begriffe wie ‚Macht' und ‚Ideologie' aufgrund ihrer Komplexität von Kindern eher fernhalten würde (vgl. Massing 2007).

Das Konzept des Sozialen Lernens (bzw. den Konzepten) wird dabei als themenferne Förderung und als „Einüben" (Fahn 1983, S. 27; kritische Verwendung dieses Begriffs vgl. Weißeno 2003) sozialer Kompetenzen wahrgenommen, ohne Bezug zur Aufgabe des Faches Sachunterricht. Aufgrund dieser Erkenntnis sei daher ein kurzer Blick auf Politische Bildung im Primarbereich geworfen.

Massing (vgl. 2007, S. 28) diskutiert, dass das Fach Sachunterricht als allgemeinbildendes Fach eine Politische Bildung benötige, die Kenntnisse vermittelt, wie eigene politische Ansichten und Einstellungen in den politischen Aushandlungsprozess eingebracht werden können und die eine bedingungslos positive Einstellung zu politischen Institutionen in eine vernunftgeprägte Loyalität überführe, die jedoch Widersprüche und Missstände nicht ausblende. Die Lebenswelten von Kindern seien „durchdrungen von Politik" (Reeken 2012, S. 60). Kinder seien direkt und indirekt mit Politik konfrontiert (beispielsweise, wenn wirtschaftliche Entwicklungen wie eine erhöhte Arbeitslosigkeit auch in die Einkommenssituation von Familien hineinragen (vgl. ebd., S. 15)) und auch Konflikte in Schule, Familie, mit Peers und in anderen für Kinder relevanten Kontexten werden mit „sozialwissenschaftlich erweiterten Kategorien des Politischen analysierbar bzw. sinnverstehend rekonstruierbar" (Ohlmeier 2007, S. 57). Hierbei reiche es nicht aus, Politik durch scheindemokratische Institutionen wie den Klassenrat oder die Schüler*innenvertretung erfahrbar machen zu wollen. Mittels des Begriffs der Parallelisierungsfalle argumentiert Massing (vgl. 2007), dass demokratische Strukturen innerhalb der Schule nicht nach den gleichen Prinzipien funktionieren wie der politische Austausch im engeren Sinn. Es bestehe demzufolge die Gefahr einer Verkürzung. Auch Weißeno (2003, S. 94) blickt auf Soziales Lernen kritisch, da es eine unpolitische heile Lebenswelt proklamiere[19], in der lediglich die Schlichtung von Streit das dominierende pädagogische Ziel

---

[19] Weißenos vereinfachte Darstellung eines Sozialen Lernens, das Kinder tendenziell unterfordere und als apolitisches pädagogisches Programm weniger geeignet sei als Politisches

sei. Zudem seien niedrigere Hürde hinsichtlich der Thematisierung für Lehrkräfte
ein weiterer Grund, weswegen diese Soziales Lernen bevorzugen würden.

> *„Soziales Lernen kann ausschließlich lebensweltorientiert erfolgen. Schule, Familie
> und Gleichaltrige bieten hierfür genügend Anlässe. Deshalb wird es in der Praxis und
> von einzelnen Didaktikerinnen und Didaktikern favorisiert. Für das politische Lernen
> muss man allerdings die Lebenswelt verlassen, da Politik im engeren Sinne in der
> Schule meist nicht stattfindet, sondern nur rezipiert wird."*

Auch Wohning (vgl. 2016, S. 65) hält es für notwendig, Soziales Lernen vom
Politischen Lernen zu trennen. Es drohe sonst ein „harmonisierendes Weltbild",
in welchem die Grenzen zwischen Politischen und Sozialem Lernen verwischen,
sodass „politisches Lernen und Handeln beliebig" (ebd.) werde.

Ein für die Arbeit interessanter Schwerpunkt ist die Thematisierung differenzbezogener Strukturmomente der Gesellschaft unter dem Label der inklusiven[20]
Politischen Bildung. Während die Diskussion um die Frage nach der Gestaltung
Politischer Bildung mit heterogenen Lerngruppen schon eine längere Tradition
aufzuweisen scheint (vgl. z. B. Sander et al. 2016, S. 69 f.), stellt in ausgewählten Publikation die inklusive Politische Bildung jene Fragen in den Vordergrund,
die den gesamtgesellschaftlichen Umgang mit Heterogenität und damit verbundene Privilegierungs- bzw. Marginalisierungstendenzen in den Fokus rücken.
Für Vennemeyer (vgl. 2019) sind dabei sowohl der Intersektionalitätsbegriff[21]
als auch die Mehrebenenanalyse von Winker und Degele (vgl. 2010) relevant.
Damit werden deskriptive und normative Zugänge miteinander verbunden. Der
analytische Anspruch besteht darin, die Wirkmächtigkeit von Differenzkategorien sowohl auf individueller als auch auf struktureller Ebene zu beschreiben.
Dies impliziert beispielsweise, dass sich institutionelle Diskriminierungen auf die
Identitäten von Individuen auswirken. Der Identifizierung von Ein- und Ausschlussprozessen gesellschaftlicher Gruppen[22] folgt die Frage danach, wie für

---

Lernen, wird jedoch der Vielfalt an Publikationen zum Sozialen Lernen nicht gerecht, wie
Abschnitt 4.2.2 zeigt.

[20] Dass unter dem Stichwort Inklusion nun vor allem bildungsbezogene Aspekte von Heterogenität diskutiert werden, verwundert nicht. Emmerich und Hormel (vgl. 2013, S. 153)
schreiben, dass Schulforschung und damit auch Inklusionsforschung untrennbar mit dem
Heterogenitätsdiskurs verknüpft sind und Fragen nach der pädagogischen und bildungspoli-
tischen Neuausrichtung von Schule immer auch Fragen nach dem Umgang mit Heterogenität
mit sich bringen.

[21] Vgl. auch Abschnitt 2.3.

[22] Es sei an dieser Stelle darauf verwiesen, dass die Begriffe ‚Inklusion' und ‚Exklusion'
hier nicht im Kontext systemtheoretischer Theorienbildung verwendet werden, die beides als

marginalisierte Gruppen Zugang zu Teilbereichen der Gesellschaft wie Arbeit, Kultur oder Konsum ermöglicht werden kann.

Auf die Potenziale einer inklusiven Politischen Bildung für den Sachunterricht weist Kallweit (vgl. 2021) hin. Da Selektionsmechanismen des Bildungssystems in Grundschulen noch nicht so stark greifen würden wie in späteren Schulstufen, sei die Wahrscheinlichkeit hoch, dass in einer Schulklasse bereits alltägliche Diskriminierungs- und Ausschlusserfahrungen vorlägen. Sie führt daher aus (ebd., S. 20):

„Exklusionserfahrungen und Identitäten von Lernenden können also als inhaltlicher Ausgangs- und Bezugspunkt inklusiver politischer Bildung, insbesondere aus der Sachunterrichtsdidaktik heraus, auch für den Primarbereich begründet werden. Die Überführung dieser individuellen Ausschlusserfahrungen in einen gesellschaftlichen Kontext kann dabei gleichsam als zentrales Anliegen inklusiver politischer Bildungsprozesse festgehalten werden, wenn Sachunterricht anstrebt, beim Erschließen kindlicher Lebenswelten zu unterstützen und die Entwicklung von Fähigkeiten zur Selbst- und Mitbestimmung sowie Solidarität zu fördern."

Somit ist es das Ziel inklusiver Politischer Bildung, diese Diskriminierungs- und Ausschlusserfahrungen im Sachunterricht zu versprachlichen.

4.3.2 Heterogenität und Sachunterricht: Vorrangig eine Aufgabe für die Politische Bildung?

Die eben skizzierte inklusive Politische Bildung versucht, „politische Implikationen sozialer, gesellschaftlicher und individueller Fragen deutlich zu machen" (Krüger 2010) sowie Differenzkategorien in ihren sozialen und gesellschaftlichen Verflechtungen in den Blick zu nehmen. Auf den ersten Blick ließen sich also zentrale Prämissen dieser Arbeit auch unter inklusiver Politischer Bildung verfolgen. Gleichzeitig bleibt inklusive Politische Bildung vor dem Hintergrund dieser Arbeit damit aber unter Umständen beschränkt auf gesamtgesellschaftlich wirksame Kategorien und wird dem Eigenleben, welches Kinderkulturen (vgl. Klaas et al. 2011) entwickeln können (und wie es soziologisch orientierte Ansätze zum Sozialen Lernen betrachten) möglicherweise nicht gerecht. In diesen Kinderkulturen geht Gesellschaftliches in „Verfremdung und Parodie" auf (Wegener-Spähring 2011, S. 31). Ihre Analyse und didaktische Aufarbeitung erfordern angesichts der

---

Normalzustände zwischen autarken Systemen begreift (vgl. Stichweh 2013). Vielmehr wird insbesondere der Zustand der Exklusion als potenzielle Ungerechtigkeit wahrgenommen und dieser ist daher Gegenstand politischen Streits.

Zielstellung dieser Arbeit einen Sachunterricht, der nicht nur Gesellschaftliches, sondern auch „inoffizielle Weltversionen" (Helsper 2000, S. 663) problematisiert bzw. thematisiert, und der Peerdynamiken als konstitutiven Bestandteil kindlicher Sozialisation begreift. Nach Klafki (1996, S. 69) beuge die „Berücksichtigung der Mehrdimensionalität menschlicher Aktivität und Rezeptivität" der „Gefahr von Fixierungen, der Blickverengung, mangelnder Offenheit" vor, beispielsweise durch eine einseitige Bezugnahme auf epochaltypische Schlüsselprobleme.

Damit geht die Thematisierung von Differenz in einer Perspektive auf, die ihren situativen Charakter wahrnimmt. Kahlert (2016, S. 130) sieht in seinem Einführungsband diese situative Dynamik auch als bedeutend für das Grundschulfach Sachunterricht an:

„Die Wissenschaft vom Menschen und seinen sozialen Beziehungen wie Anthropologie, Psychologie, Sozialwissenschaften, Ethik und andere, können zwar Aussagen machen über Grundorientierungen des Menschen, über bewährte Regeln des Zusammenlebens, über die Wahrscheinlichkeit bestimmter Verhaltensweisen, Entscheidungen oder Meinungen in Abhängigkeit von soziografischen Merkmalen und vieles mehr. Aber diese Grundlagen für das Verstehen des Zusammenlebens bieten keine zuverlässige Grundlage für das Verstehen des Einzelnen. So mögen zum Beispiel Daten über Einzelkinder, Fernsehverhalten, Konsumgewohnheiten, Familienverhältnisse, ethnische Herkunft u.v.m. geeignet sein, Herausforderungen des Zusammenlebens vieler zu verstehen. Aber sie eignen sich nicht, das Verhalten des Einzelnen zu verstehen. Das Umfeld eines einzelnen Menschen mag noch so gründlich (…) erforscht und interpretiert sein; entscheidend für das Handeln in diesem Umfeld sind jedoch die Interpretationen des einzelnen Handelnden von seinem Umfeld."

Das ist aus einer didaktischen, aber auch diagnostischen (forschungsbezogenen) Perspektive relevant. Didaktische Konsequenzen aus den Einlassungen Kahlerts zu ziehen, bedeutet, dass die Thematisierung von Heterogenität, ausgehend von gesellschaftlich relevanten Kontexten für Kinder, wichtige Bezugspunkte bei Positionierungen ansprechen kann, hier aber nicht von einem Automatismus ausgegangen werden kann. Mit Blick auf die methodologischen Konsequenzen dieses Zitats lässt sich ebenso fragen, inwieweit (gut gemeinte) didaktische Angebote eigenwillige Aneignungen und Umdeutungen seitens der Schüler*innen erfahren. Dass Intention und Interpretation also durchaus Diskrepanzen aufweisen können, ist spannend für Soziales und Politisches Lernen – aber gerade der Begriff des Sozialen Lernens kann in einer soziologischen Lesart[23] den Blick schärfen für jene Aushandlungen von Kindern, die oftmals nicht mitgedacht werden, seien

---

[23] Vgl. Abschnitt 4.2.1.2.

es nun jene Aushandlungen in informalen Settings (vgl. Glassner 1976; Helsper 2000; Krüger und Grunert 2008) oder auch Interpretationen vorstrukturierter Arrangements in formalen Settings (vgl. Aghamiri 2012, 2018a)[24]. Daher fordern Petillon sowie an anderer Stelle Petillon und Laux (Petillon und Laux 2002, S. 201):

> *„Der Sachunterricht [und damit auch Soziales Lernen, F.S.] gewinnt an Lernqualität und Nachhaltigkeit, wenn er unmittelbar aus der Logik des sozialen Geschehens erwächst und dabei den Kindern Freiräume eröffnet für (…) intensiven Austausch. "*

Dies erfordere „die subtile Betrachtung des Themas Differenz und die Sensibilität für den Umgang mit dem Fremden, für die Entstehung von Vorurteilen sowie die differenzierte Betrachtung des engen Bezuges von Selbst- und Fremdwahrnehmung" (Petillon 2005, S. 152).

Darüber hinaus existieren in der Sachunterrichtsdidaktik durchaus Publikationen, in denen Zielformeln des Sozialen Lernens als pädagogisches Programm neu belebt werden: Sie erfahren jedoch mitunter eine Reformulierung. Kahlert (2016, S. 75) fordert eine Auseinandersetzung mit „sozio-kulturellen Merkmalen von Kindheit". Michalik (vgl. 2004) nähert sich der Anbahnung einer pluralistischen Haltung durch gemeinsames Philosophieren mit Kindern und Meier (vgl. 2004, S. 35) möchte im Sachunterricht einen „Unterricht zum Thema Werte" entwickeln. Sowohl Haltungsfragen als auch eine Thematisierung von Werten können gesamtgesellschaftlich gedacht werden, aber auch in sozialen Interaktionen wirksam werden. Bei Köhnlein werden Bezüge dort sichtbar, wo es um das gemeinsame Gespräch über soziales Geschehen geht. Als Beitrag zur Entwicklung einer Sozialfähigkeit sieht es Köhnlein als unerlässlich an, soziales Geschehen über den Nahraum Schule hinaus als etwas zu begreifen, das in „auf die Gesamtgesellschaft bezogene macht- und herrschaftsrelevante Inhalte und Strukturen" (2012, S. 410) eingebettet ist. Zuletzt sei noch der Ansatz des kommunikativen Sachunterrichts benannt, in dem innere und äußere Widersprüche, mit denen sich Kinder konfrontiert sehen, durch das gemeinsame Kommunizieren zugänglich gemacht werden sollen. Dies erfordere nach Kaiser (2013, S. 22) auch eine verstärkte Thematisierung sozialer Lerninhalte:

> *„Gerade die soziale Seite des Sachunterrichts ist ein fundamentaler Bestandteil zukünftigen Sachunterrichts. Soziale Inhalte und soziale Lern- und Arbeitsformen müssen ein ungleich größeres Gewicht bekommen, soll Sachunterricht die Kinder tatsächlich*

---

[24] Diese Perspektive gilt es auch aus methodologischer Sicht noch weiter auszubauen und zu begründen – vgl. hierzu Kapitel 5.

in ihre zukünftige Lebenswelt als sozial verantwortliche und selbsttätige Menschen hineinführen. "

In dieser Auslegung konterkariert Soziales Lernen den Bildungsanspruch des Sachunterrichts sowie der Politischen Bildung nicht. Im Gegenteil: Die Publikationen zeigen, dass aus dem Bereich des Sachunterrichts stammende Autor*innen dem Politischen Lernen durchaus Elemente Sozialen Lernens zusprechen. Umgekehrt kann Politisches Lernen bereichert werden, wenn es beispielsweise um die „Reflexion sozialer Rollen und Verhaltensweisen [sowie] die Bedeutung privater Beziehungen geht" (Köhnlein 2012, S. 416).

Vielleicht hat nicht zuletzt auch die Dominanz diverser Verhaltenstrainings, wie sie in Abschnitt 4.2.2.1 vorgestellt und auch kritisch diskutiert wurden, dazu geführt, dem Begriff des Sozialen Lernens seine Eignung für sachunterrichtsdidaktische Zwecke abzusprechen. Nichtsdestotrotz kann Soziales Lernen durchaus über den Nahraum von Schüler*innen hinausgehen. Mit Schmitt (vgl. 1976) und Müller-Wolf (vgl. 1980) liegen Programme zum Sozialen Lernen vor, welche trotz ihres Alters dem vielfach geforderten fachlichen (Bildungs-)Anspruch durchaus Rechnung tragen können. Es werden globale Zusammenhänge thematisiert, die Klafki (vgl. 2005) als Bewusstwerden des wechselseitigen Bezugs aufeinander so wichtig sind. Das eigene Handeln ist eingebettet in globale Zusammenhänge, aber globale Zusammenhänge können durch das Wirken und gemeinsame Handeln von Individuen auch verändert werden (vgl. Müller-Wolf 1980).

4.3.3 Soziales Lernen, Heterogenität, Sachunterricht: Versuch einer Neubestimmung

An einigen Stellen im Diskurs der Sachunterrichtsdidaktik und des Sozialen Lernens wurde bis hierhin versucht, der Kritik der Inhaltsleere und der Verkürzung auf den Nahraum von Schüler*innen zu begegnen. Die vorgebrachten Argumente sollen als Plädoyer dienen, Soziales Lernen aus einer kindheitswissenschaftlichen Perspektive heraus und mit einem Schwerpunkt auf der Thematisierung sozialer und gesellschaftlicher Zusammenhänge auf Mikro- und Makroebene neuzudenken.

Bei der folgenden Arbeitsdefinition zum Sozialen Lernen im Kontext dieser Arbeit handelt es sich um den Versuch, zentrale Erkenntnisse dieses Kapitels zusammenzufassen und eine theoretisch hergeleitete Ausgangsbasis zu schaffen, anhand derer sich die nachfolgende Argumentation entspinnt und die schlussendlich auch das Erhebungsinstrument vorstrukturiert.

Soziales Lernen vollzieht sich in sozialer Interaktion mit anderen Personen. Peer-groups unter Kindern sind durch eine hohe soziale Komplexität gekennzeichnet. Diese umfasst spezifische Momente der Beziehungen untereinander, aber auch das Gruppengeschehen übergreifende Faktoren (vgl. Glassner 1976; Grundmann et al. 2003, S. 39). Dazu zählen Vorerfahrungen und Biografien Einzelner, außerdem Identitäten und Zugehörigkeiten zu bestimmten Gruppen, die Kinder sich und anderen zuschreiben.

Im Rahmen des Sachunterrichts als allgemeinbildendes Fach kann der Begriff frucht-bar gemacht werden, indem er bei Kindern einerseits an konkreten Gruppenkon-flikten, andererseits an kollektiv geteilten Wissensbeständen, Biografien und Vorer-fahrungen ansetzt (vgl. Aghamiri 2012; Petillon und Laux 2002, S. 201) und diese gemeinsam mit den Kindern problematisiert (vgl. Tänzer 2007). Gesellschaftliche Problemstellungen werden weder ausgespart noch als fester Bestandteil von Impul-sen deklariert. Toleranz, Solidarität und ein kooperatives Miteinander werden dabei als Zielformeln Sozialen Lernens anerkannt (vgl. Petillon und Laux 2002; Petillon 2010, S. 10). Gewünschte Verhaltensweisen werden nicht lernpsychologisch ‚von oben herab' verordnet, sondern es wird gemeinsam mit den Kindern nach alternativen Handlungsstrategien gesucht (vgl. Schmitt 1976).

Abschließend soll nun noch einmal die Visualisierung von Beginn des Abschnitt 4.2 aufgriffen werden. Die zwei für die Arbeit zentralen Perspektiven – die ‚soziologische Perspektive' als eine spezifische Form der Beobachterhaltung und die ‚Anbahnung einer kritischen Haltung auf Gesellschaft' als didaktische Haltung – werden konkretisiert durch eine zusammenfassende Darstellung sach-unterrichtsdidaktischer Einlassungen, wie sie in Abschnitt 4.2, insbesondere in der obigen Arbeitsdefinition, ausgeführt wurden (Abbildung 4.3).

Zudem lassen sich mithilfe der zentralen Argumente dieses Kapitels aus einer bildungstheoretischen Perspektive zentrale Handlungsfelder innerhalb der Bedeutungsdimensionen nach Walgenbach identifizieren, die sich hinsichtlich der Problematisierung von Heterogenität als Soziales Lernen im Sachunterricht ergeben. Gesellschaftliche Pluralisierungsprozesse im Rahmen der deskriptiven Bedeutungsdimension (vgl. Prengel 2005), wie sie in Kapitel 2 beschrieben wurden, und deren Aneignung durch Kinder lassen sich mittels einer kindheitsso-ziologischen Perspektive auf Prozesse Sozialen Lernens empirisch fassen[25]. Eine Problematisierung von Heterogenität unter der Zielstellung Sozialen Lernens kann auf Heterogenität als Ressource zugreifen, ohne dabei Leistungsverbesserungen als Kriterium ihres Erfolges heranzuziehen (vgl. Boban und Hinz 2017). Zudem erlaubt sie auch die Versprachlichung des möglichen Erlebens sozialer Ungleich-heit, sodass diese nicht in einem „Sog des Positiven" (vgl. Reimer 2011, S. 341)

---

[25] Dies gilt es im Folgenden noch näher methodologisch auszuarbeiten. Vgl. dazu das fol-gende Kapitel 5 dieser Arbeit.

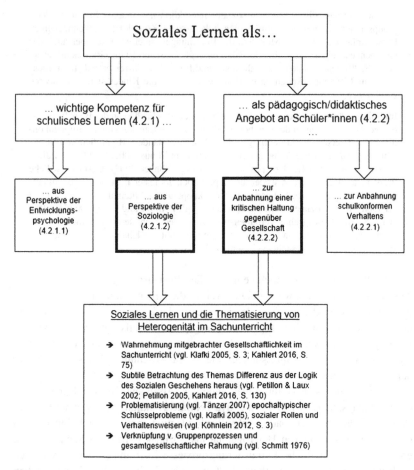

Abbildung 4.3 Weiterentwicklung der Systematisierung Sozialen Lernens. (Eigene Abbildung)

ausgeblendet werden. Hinsichtlich geeigneter didaktischer Settings benennt die Arbeitsdefinition ein ergebnisoffenes Gespräch, in dem konkrete Gruppenkonflikte, kollektiv geteilte Wissensbestände, Biografien sowie gesellschaftspolitische Konflikte problematisiert werden können. Die Bedeutungsdimensionen der Übersicht aus Abschnitt 2.5 können daher nun um die getätigten bildungstheoretischen Überlegungen konkretisiert werden (Tabelle 4.1):

Tabelle 4.1 Bedeutungsdimensionen und bildungstheoretische Konkretisierungen

	Deskriptiv	Ungleichheitskritisch	Evaluativ/Didaktisch
Inhaltliche Schwerpunkte der Bedeutungsdimensionen	Wahrnehmung von Heterogenität als relevantes Thema für Schule und Unterricht vor dem Hintergrund gesellschaftlicher Pluralisierungsprozesse (teilweise bereits erste Aufgabenformulierungen an Schule und Unterricht)	Heterogene Lebenslagen und soziale Ungleichheiten werden thematisiert, Diskriminierungslagen und soziale Ungleichheit werden von außen an Schule herangetragen und durch soziale Praktiken innerhalb der Schule reproduziert	Fokussierung von Heterogenität unter den Aspekten der Unterrichtsorganisation sowie Lernprozessgestaltung, dabei prinzipiell chancen- und ressourcenorientiert
Bildungstheoretische Konkretisierungen	Kindheitssoziologische Perspektive auf Prozesse Sozialen Lernens bzw. Aushandlung von Heterogenität unter Berücksichtigung konkreter Gruppenkonflikte und kollektiv geteilter Wissensbestände, Biografien sowie relevanter gesellschaftspolitischer Konflikte	Wertschätzung von Heterogenität, *aber* auch Wahrnehmung gesellschaftlicher Strukturen und sozialer Ungleichheiten durch Kinder als Baustein für Soziales Lernen	Problematisierung konkreter Gruppenkonflikte, außerdem kollektiv geteilter Wissensbestände, Biografien sowie gesellschaftspolitischer Konflikte in einem ergebnisoffenen Gespräch
Empirische Konkretisierungen	Siehe Abschnitt 7.2		

Methodologie und Methodik der Studie

5

Dieses Kapitel führt in die methodologischen Grundannahmen des empirischen Teils der Arbeit ein und stellt das konkrete methodische Vorgehen vor. In der Kindheitsforschung kann historisch betrachtet von einem Paradigmenwechsel hinsichtlich der Frage des Einbezugs von Kindern und ihren subjektiven Erfahrungs- und Wahrnehmungsweisen in den Forschungsprozess gesprochen werden. Dies wird im ersten Abschnitt aufgearbeitet. Von einer konzeptionellen Nähe des Forschungsvorhabens zu soziologischen kindheitswissenschaftlichen Arbeiten ausgehend, werden in den Abschnitten 5.2 und 5.3 Schlussfolgerungen für den Praxis- und Habitus-Begriff sowie für die differenzbezogene Forschung diskutiert. Abschnitt 5.4. diskutiert diese übergreifenden methodologischen Ausführungen aus der Perspektive der praxeologischen Wissenssoziologie. Sie wurden mit dem Gruppendiskussionsverfahren (vgl. Przyborski 2004) sowie der Dokumentarischen Methode (vgl. Bohnsack 2014b) in ein konkretes methodisches Fundament für die Erhebung und Auswertung überführt. Der Vorstellung beider Verfahren widmen sich die Abschnitte 5.6 und 5.7, jeweils verbunden mit einer transparenten Darstellung des eigenen methodischen Vorgehens. Abschnitt 5.5. stellt die Rahmenbedingungen der Erhebung näher vor.

5.1 Paradigmenwechsel in der Kindheitsforschung

Forschung über Kinder und Kindheiten ist keine klar abgrenzbare Disziplin. Ein Blick auf ihre Forschungsgeschichte legt die Schlussfolgerung nahe, dass gar nicht von einer einzigen Forschungsdisziplin gesprochen werden kann. Vielmehr zeigt sich eine hohe Heterogenität hinsichtlich des der jeweiligen Disziplin zugrundeliegenden Menschenbildes, wobei sich diese Heterogenität vor allem auf die Frage nach dem ‚Wesen‘ oder den ‚Eigenschaften‘ von

F. Schrumpf, *Kinder thematisieren Differenzerfahrungen*, Sachlernen & kindliche Bildung – Bedingungen, Strukturen, Kontexte, https://doi.org/10.1007/978-3-658-39651-0_5

Kindern bzw. Kindheiten und auf das Verhältnis von Sozialisation und Persönlichkeitswerdung bezieht (vgl. Bühler-Niederberger 2020). Damit verbunden sind jeweils höchst unterschiedliche Forschungsfragen, methodische Schlussfolgerungen und Interpretationen erhobener Daten. Der folgende Abschnitt versucht hierbei, verschiedene Zugangsweisen in ihrer Historizität zu beleuchten und das Forschungsvorhaben in ihnen zu verorten[1].

In der kindheitsbezogenen Forschung folgt die Vielfalt an Publikationen und Forschungen entweder einem sozialisationstheoretischen, einem modernisierungstheoretischen oder einem soziologisch-kindheitswissenschaftlichen Ansatz. Vorwiegend sozialisationstheoretische Forschungsarbeiten, deren implizite Prämisse als Forschung *über* Kinder bezeichnet werden kann, lässt die ‚Objekte‘ ihrer Forschung kaum selbst zu Wort kommen und betrachtet Kinder als eher passive Rezipienten innerhalb eines Systems verschiedener Bedingungen des Aufwachsens (vgl. Fölling-Albers 2010, S. 11–13). Darin eingelassen ist die Vorstellung von einer Kindheit als Übergangsraum zur Erlangung von Kompetenzen, die einen Menschen in der Gesellschaft schlussendlich als Erwachsenen ausweisen. Verbunden mit der Differenzkategorie des Alters sind stereotype Denkmuster, welche den*die kompetente*n und handlungsfähige*n erwachsene*n Akteur*in dem inkompetenten, mit weniger Erfahrung ausgestatten Kind gegenüberstellen (vgl. Heinzel et al. 2012, S. 34). Hengst stellt heraus, dass zwar viel über Widerstände gesprochen wird, mit denen sich Kinder im Laufe des Prozesses der ‚Personenwerdung‘ konfrontiert sehen – der Prozess des Sich-Einfügens in soziale Gesellschaften als „sozialer Zwang" (Hengst 2008, S. 553) selbst bleibt jedoch unhinterfragt. Determinierende Faktoren innerhalb dieses klassischen Sozialisationsparadigmas, die das Aufwachsen von Kindern nachhaltig beeinflussen, sind hauptsächlich Logiken institutioneller Sozialisationsinstanzen, wie Familie oder das Bildungssystem. Uneinig sind sich die Klassiker der Sozialisationstheorie, zu denen Hengst unter anderem Durkheim und Parsons zählt, höchstens in der Frage, welcher Sozialisationsinstanz die größte Bedeutung im Prozess der Menschwerdung zukäme. Während dies bei der strukturfunktionalistischen Theorienbildung Parsons die Kernfamilie darstellt, so favorisiert Durkheim eher die Schule und das in ihr arbeitende pädagogische Personal,

---

[1] Dabei liegt es nahe, dass ein Überblickskapitel im Rahmen einer Qualifizierungsarbeit der Komplexität der darzustellenden Entwicklung nicht gebührend Rechnung tragen kann. Es wird sich daher auf nur einige wenige markante Eckpfeiler der Diskussion um die Forschung über Kinder bezogen. Für eine ausführlichere Darstellung vgl. z. B. die Monografie von Bühler-Niederberger 2020.

dem er die Fähigkeit zuschreibt, Sozialisationsprozesse professionell ‚moderieren' zu können (vgl. Hengst 2008, S. 554)[2]. Es zeigt sich, dass die klassische sozialisationstheoretische Forschung häufig als Steigbügelhalterin für eine Optimierung erzieherischer Prozesse fungiert und Deutungsmuster sowie Weltsichten von Kindern nur dann eingeholt werden, wenn sie dieser Optimierung dienlich sein können. Hengst (ebd.) verdeutlicht:

> *„Die Entwicklung des Rollenhandelns ist erfolgreich, wenn gesellschaftliche Erwartungen und individuelle Bedürfnisse übereinstimmen. Wenn Bedürfnisse, Erwartungen und Wünsche eines Menschen mit den Strukturen eines sozialen Systems harmonieren, herrscht Gleichgewicht."*

Diese Interventionen geschahen und geschehen nicht um ihrer selbst willen, wie Bühler-Niederberger und Sünker (2006, S. 43) herausarbeiten, sondern sind eng verknüpft mit politischen Bemühungen und ökonomisch-wirtschaftlichen Motiven:

> *„Obrigkeitliche und später staatliche Anstrengungen, auf Kindheit Einfluss zu nehmen, sind und waren ihrer Intention nach zumeist Versuche, eine geordnetere Kindheit zu erreichen. (...) [E]in tüchtiger disziplinierter Nachwuchs [soll] das allgemeine Wohl garantieren. Kaum je zielten die Maßnahmen dagegen auf Handlungsspielräume und -potential der Kinder. In einem sozial-utilitaristischen Ordnungskalkül interessierten die Kinder in erster Linie als Humankapital."*

Nicht nur das Wohl des Kindes oder seine Persönlichkeitsentwicklung als solche stehen somit im Mittelpunkt sozialisationstheoretischer Theorienbildung, sondern auch das Wohl der Gesellschaft, die ihre Produktivität und ihren Wohlstand nur dann aufrechterhalten kann, wenn durch die Erziehung und Bildung der nachfolgenden Generation potenzielle Leistungsträger hervorgebracht werden. ‚Klassische' Sozialisationstheorien müssen daher als ‚Erfüllungshilfen' von

---

[2] Es überrascht an dieser Stelle kaum, dass die Erkenntnisse, die in dieser Phase der Sozialisationsforschung über Kindheit gesammelt wurden, kaum für eine bildungstheoretische Diskussion fruchtbar gemacht werden; nicht zuletzt durch das ureigene Spannungsfeld der Begriffe Erziehung und Bildung, welches sich schon in Schriften von Kant und Humboldt wiederfindet. Es handelt sich um die Art und Weise, wie das intersubjektive Verhältnis zwischen zu erziehender Person und erziehender Person beschrieben wird. Erziehung setzt die Beschreibung pädagogischer Interaktionen bei der erziehenden Person an, bildungstheoretische Überlegungen wiederum gehen bei der Suche nach Antworten von der zu erziehenden Person aus, die sich selbst zu bilden vermag und der eine hohe Autonomie bei der Aneignung ‚fremder' Wissensbestände zugestanden wird (vgl. Koller 2014b, S. 50).

Pädagogik und Psychologie betrachtet werden, die je nach Ziel bzw. Erkenntnisinteresse funktionalisierend, instrumentalisierend und fremdbestimmend auf Kindheit einwirken (Bühler-Niederberger und Sünker 2006, S. 28–30). Seit den 70er Jahren des 20. Jahrhunderts werden angesichts einer sich rasch ändernden Gesellschaft und damit einhergehend auch einer Transformation der Bedingungen des Aufwachsens von Kindern und Jugendlichen zunehmend die Grenzen funktionalistischer sozialisationstheoretischer Forschungsprojekte über Kindheit deutlich. Diese Bedingungen des Aufwachsens, die bei den ersten Versuchen, Kindheit soziologisch zu fassen, noch wenig differenziert als „soziale Tatsachen" (Hengst und Zeiher 2005, S. 553) beschrieben wurden, geraten nun zunehmend in den Fokus der Soziolog*innen. Die Publikationen von Honig (vgl. 1999) sowie von Rolff und Zimmermann (vgl. 2008) lassen sich dieser modernisierungstheoretischen Ausrichtung (vgl. Hengst 2008) zuordnen. Bemerkenswert ist hierbei, dass in den zwei beispielhaft aufgeführten Studien ganz ähnliche Schlagworte aufgeführt sind, mit deren Hilfe die sich verändernden Merkmale von Kindheit beschrieben werden sollen. Es ist u. a. von einer zunehmenden Mediatisierung[3], Kommerzialisierung, Vereinzelung, Institutionalisierung, Expertisierung von Wissen und Kontrolle die Rede. Ihren bedrohlichen Charakter entwickeln diese Bedingungen des Aufwachsens – allen voran der zunehmende mediale Einfluss – auch, da sie sich einer Moderation des Aufwachsens durch das Elternhaus und seiner „Filterfunktion" weitgehend entziehen (Honig 1999, S. 159).

Deutlich wird an dieser Auflistung, dass Veränderungen in den Bedingungen des Aufwachens der Kinder als eher negativ beschrieben werden. Weiterhin schreiben die Designs der einzelnen Studien ‚alte Fehler' älterer Forschung über Kindheit fort, indem Kinder erneut als Forschungssubjekte selbst nicht zu Wort kommen:

---

[3] Mit dem zunehmenden Einfluss digitaler Medien hadern bis heute selbst neuere Lehrwerke zum Sachunterricht. In Kahlerts Lehrwerk „Der Sachunterricht und seine Didaktik" wird zwar nicht geleugnet, dass Medien für die Lebensphase Kindheit auch eine große Chance darstellen; die originale Begegnung mit Sachen sei der „arrangierten und entworfenen Kunst-Welt der Medien" (2016, S. 82) aber unter Umständen vorzuziehen. Aus erkenntnistheoretischer Perspektive ließe sich hier jedoch mit der Phänomenologie entgegenhalten, wonach sich die ‚Güte' oder Intensität von Wahrnehmungen nicht allein danach bemessen lasse, ob eine Sache im Original vorgefunden wird oder ob sie durch eine zweite oder dritte Partei vermittelt wird.. Vielmehr müsse bei der Beschreibung von Wahrnehmungen und ihren möglichen Deutungen zusätzlich zum Wahrnehmungsgegenstand auch dem wahrnehmenden Subjekt, dem Leib, der einer Wahrnehmung eine je spezifische, subjektive Bedeutung verleiht, eine zentrale Rolle zukommen (vgl. Meyer-Drawe 2002).

„Dieser Ansatz wurde in verschiedener Hinsicht auch kritisch gesehen. Zum einen wurden die implizit normativen Vorstellungen über ‚gute' Bedingungen und über gelingende Sozialisation, die ihm zugrunde liegen, kritisiert. Die Kriterien für ‚erfolgreiche Sozialisation' seien vor allem an Maßstäben der bürgerlichen Mittelschicht orientiert – ihren Vorstellungen von Erziehung, Bildung, gesellschaftlichem Erfolg etc. Die Vielschichtigkeit der Gesellschaft, die unterschiedlichen Milieus und Kulturen, würden nicht hinreichend einbezogen." (Fölling-Albers 2014, S. 177)

Fölling-Albers (vgl. auch 2010, S. 11) weist darauf hin, dass Veränderungen häufig implizit aus der Perspektive der beteiligten Forscher*innen heraus beschrieben werden. Ihr Vergleich der eigenen Kindheit mit der Kindheit heutiger Kinder kann als grundlegend für die vorgestellten Studien, aus methodologischer Perspektive jedoch mindestens als fragwürdig bezeichnet werden. Kinder werden weder in ihrer Pluralität (z. B. als Angehörige eines Milieus, eines Geschlechts, einer bestimmten Familienform etc.) wahrgenommen, noch wird diese – abgesehen von der schichtspezifischen Sozialisationsforschung – als Erklärungsmuster für vorgefundene Bedingungen des Aufwachsens genutzt (vgl. Bühler-Niederberger 2020, S. 168).

Die neueren Kindheitswissenschaften, die sich selbst als „Soziologie der Kindheit" begreifen (Hengst 2008, S. 564), kritisieren die defizitorientierte Perspektive auf Kindheit und betrachten Kindheit nicht mehr als natürliche Kategorie, sondern parallel zur geschlechtlichen oder kulturellen als eine gesellschaftlich konstruierte Differenz, in der Institutionen als machtvolle Ordnungsinstrumente fungieren (Bühler-Niederberger und Sünker 2006, S. 31). Kindheit ist kein Übergangs- und Schonraum mehr, sondern wird zunehmend als eigenständige Lebensphase diskutiert (vgl. Heinzel et al. 2012, S. 56). Kritik an der Sozialisationsforschung richtet sich insbesondere gegen eine lang gehegte Tradition der Negierung kindlicher Kompetenzen. Diese werte Interaktionen von Kindern von vornherein als kindisch und unreif ab und vernachlässige die subjektive Eigenlogik kindlicher Handlungen. Sie zementiere Machtverhältnisse zwischen Kindern und Erwachsenen und überlasse Letzteren stets die Deutungshoheit über die Entwicklung von Kindern (vgl. Bühler-Niederberger 2020, S. 168). Mit dieser Perspektivverschiebung werden nun zunehmend nicht nur entwicklungsbezogene Fragen thematisiert, die sich vornehmlich für die Ergebnisse von Sozialisationsprozessen in der Zukunft interessieren; vielmehr geht es nun auch um die gegenwärtige Situation von Kindern und um die Frage, wie Kinder ihre Lebenswelt wahrnehmen (vgl. Bühler-Niederberger 2020, S. 192). Diese Entwicklung bringt ebenso eine erhebliche Diversifizierung der Untersuchungsschwerpunkte und Fragestellungen mit sich, wie Hengst beschreibt (2008, S. 564):

„Das Themenspektrum der Untersuchungen ist weit gespannt. Es reicht vom Aushandeln von Geschlechter- und Generationsbeziehungen, dem eigenwilligen Gebrauch von Medien und Technologien, über die (Um)Nutzung und Wiedereroberung städtischer Räume, die soziale Handlungslogik von Kindern bis hin zu ihren subkulturellen Praktiken, etwa ihrem ,underlife' in Kindergarten und Schule. "

Nur so gelingt ein beschreibender Zugang zu „Kinderkulturen" und Individualisierungstendenzen in der Phase der Kindheit (vgl. Friebertshäuser et al. 2002, S. 4; Scholz 1996, S. 29). Die Mitglieder dieser generationalen Kollektive[4] entwickeln ganz eigene Umgangsweisen in der „Auseinandersetzung mit historisch-gesellschaftlichen Rahmenbedingungen und Ereignissen" (Hengst 2008, S. 570). Dies schließt sowohl Distanzierung als auch Aneignung mit ein oder geht damit sogar Hand in Hand. Klassische Theorien zur Sozialisation erscheinen daher auch im Kontext dieser Arbeit zu statisch und deterministisch[5]. Die „wachsende Distanz zwischen Vergangenheit und Zukunft" und Unterschiede im Denken und Handeln zwischen älterer und jüngerer Generation machen einen atheoretischen Zugriff auf Kindheit unmöglich (Hengst 2008, S. 565). Bezogen auf die psychische Verfasstheit zwischen Forschenden und den Adressat*innen ihrer Forschung lässt sich ebenfalls eine solche Diskrepanz feststellen. Für diese Arbeit gilt also, sich an einer Soziologie zu orientieren, welche *über Kindheit* forscht (mit einem kulturwissenschaftlichen statt eines anthropologischen Konzepts im Hintergrund) und dies stets *mit Kindern* (im Sinne einer Forschung, die Äußerungen der Kinder als solche belässt und Bewertungen vor dem Hintergrund von Entwicklungsmodellen möglichst vermeidet). Damit verändert sich der Blick auf den Alltag von Kindern und die in ihn eingelassenen Praxen auf eine Weise, die aus methodologischer Perspektive weiterer Erläuterungen bedarf, welche im nächsten Abschnitt folgen.

---

[4] Mit dem Begriff des „generationalen Kollektivs" ist in Anlehnung an die praxeologische Wissenssoziologie schon eine wissenssoziologische Wendung dieser Perspektive auf Forschung angesprochen, die in den folgenden Kapiteln noch vertieft werden wird.
[5] Damit lassen sich aus forschungsmethodologischer Perspektive ganz ähnliche Kritikpunkte an sozialisationstheoretischen Zugriffen auf Kindheit formulieren wie die, die in Abschnitt 4.2.1.1 aus didaktischer Perspektive an diese herangetragen werden.

5.2 Kinderkulturen aus praxeologischer Perspektive

Der Begriff der Kinderkulturen verdeutlicht, dass kindliche Orientierungs- und Aneignungsmuster sich einer Erklärung durch anthropologisch begründete Sozialisationstheorien weitgehend entziehen. Aufgabe von Forschung ist es daher, kindliche Praktiken nicht vor dem Hintergrund gegenwärtig oder zukünftig zu bewältigender Entwicklungsaufgaben zu beurteilen, sondern sich auf eine deskriptive Ebene zurückziehen, in der das praktische Tun der Kinder an Bedeutung gewinnt. Dabei bilden sich in der Praxis der Kinder durch regelmäßige Routinen und das gemeinsame Miteinander Traditionen heraus, die den Alltag durchziehen. Sie bieten Schüler*innen Sicherheit, indem sie eine gewisse Handlungsnormalität im schulischen und außerschulischen Miteinander erzeugen. Damit eröffnen Praxen des Alltags Handlungsmöglichkeiten, schränken diese an anderer Stelle aber auch wieder ein; sie stecken Grenzen des Sag- und Machbaren im Sozialen miteinander ab, gleichsam wie jene Praktiken des Nicht-Sagbaren (vgl. Hörning und Reuter 2004). Kindliches Agieren nunmehr als Praxis im Vollzug zu betrachten, bedeutet, zu fragen, wie sich praktisches Geschehen in konkreten Situationen manifestiert. Der soziologische Praxisbegriff interessiert sich dafür, welche Anforderungen es zu bewältigen gilt, auf welche Ressourcen und Handlungskompetenzen Kinder zurückgreifen, und welche Referenzen und Verbindungen sowie Deutungsrahmen die Situation dominieren, wenn Kinder durch ihre Handlungen das Geschehen in eine bestimmte Richtung lenken (vgl. Alkemeyer et al. 2015, S. 31–36). Dabei sind aus praxistheoretischer Perspektive die Handlungen aufeinander bezogen; erst durch die Rekonstruktion ihres „reflexiven Verweisungszusammenhanges" (ebd., S. 32) werden Routinen und Rituale sozialen Handelns sichtbar. Zudem wird deutlich, ob Handlungen Teil eines Gestaltungs- und Handlungsspielraumes sind oder diesen überschreiten.

Dabei kann die Funktionalität dieses Handelns für die Individuen durchaus unterschiedlich beantwortet werden. Breidenstein (2006, S. 261) interpretiert, aufbauend auf ethnografischen Studien, Interaktionen von Kindern und Jugendlichen insbesondere als Reaktion auf unterrichtliche bzw. pädagogische Interventionen. Zwar werden an den Rändern unterrichtlicher Kommunikation auch Freundschaften, Beziehungen und weitere Gruppendynamiken durch Schüler*innen thematisiert, dennoch „werden sie [die Schüler*innen, F.S.] doch letztlich darauf bestehen, dass dort ‚Unterricht' stattfindet". Diese Lesart klammert generationale, geschlechtliche oder kulturelle Zugehörigkeiten weitgehend aus und fragt vielmehr, wie Kinder und Jugendliche sich in Schule als Schüler*innen verhalten und auf welche Art und Weise sie sich zu pädagogischen Erwartungen positionieren (vgl. Eckermann 2017, S. 140). Eine andere Perspektive auf das Handeln von

Kindern und Jugendlichen schließt an subjektivierungstheoretische Überlegungen Butlers an (vgl. Villa und Butler 2012). Hierbei ist zwischenmenschliches Handeln nicht primär darauf ausgelegt, in einer Situation adäquat zu reagieren und einer institutionell verorteten Rolle (beispielsweise als Schüler*in oder Lehrer*in) gerecht zu werden. Vielmehr hat soziales Handeln auch die Funktion, sich als ein Individuum auszuweisen, das sich den Normen und Werten einer Gruppe bzw. Gemeinschaft entsprechend verhält. In einer situationsangemessenen Verwendung sprachlicher und körperlicher Codes vergewissern sich Individuen ihrer Intelligibilität. Dieser Begriff fasst demnach sozial akzeptierte Handlungen und Einstellungen. Ähnliches findet sich auch in den wissenssoziologischen Grundannahmen praxeologischer Wissenssoziologie und der Dokumentarischen Methode (vgl. Bohnsack et al. 2013a), welche davon ausgeht, dass – einen gemeinsamem Modus Operandi bzw. Habitus[6] vorausgesetzt – zwischen den Individuen eine Art ‚blindes Verstehen‘ und intuitives Anwenden dieser Codes möglich ist.

Im Kontext dieses Forschungsvorhabens erscheint es lohnend, beiden Lesarten sozialen Handelns gegenüber aufgeschlossen sein. Denn insbesondere in Passagen der Erhebung, in denen Kinder mit Impulsen des Sozialen Lernens konfrontiert werden, ist es fraglich, ob intelligibles Verhalten in der Gruppe und ein gewisser Normdruck seitens des Diskussionsleiters in der Erhebungssituation miteinander vereinbar sind oder ob sich hier Diskrepanzen zeigen. Ist Letzteres der Fall, wäre zu rekonstruieren, ob Schüler*innen sich hier auf die Rolle als Schüler*innen zurückziehen und im Sinne Breidensteins pädagogischen Erwartungshaltungen gerecht werden oder ob die ‚Wahrung‘ der gruppenbezogenen Anerkennung überwiegt.

5.3   Anforderungen an eine differenzbezogene Kindheitsforschung

5.3.1   Wege zur eigenen Forschungsfrage und Umgang mit Datenmaterial

Die Frage nach den gültigen Praktiken des Alltags wird nicht in einem luftleeren Raum entschieden. Vielmehr zeichnet sich das Aufwachsen in modernen Gesellschaften durch eine Vielzahl möglicher Handlungsentwürfe und Wissensbestände aus, die soziale Handlungen und Interaktionen grundlegend strukturieren

---

[6] Der Begriff des Habitus und wie er im Kontext praxeologischer Wissenssoziologie verstanden wird, wird in den folgenden Kapiteln genauer beleuchtet.

(vgl. Eckermann 2017, S. 57). Dabei kann von einem grundlegenden Wandel jener Werte und Normen[7] ausgegangen werden, welche Kränzl-Nagl und Mierendorff (vgl. 2008, S. 13–15) auf soziostruktureller und -kultureller Ebene verorten. Dieser Wandel zeigt einige widersprüchliche Entwicklungen auf. So stellen die Autor*innen fest, dass auf soziokultureller Ebene beispielsweise einige Homogenisierungstendenzen von Kindheit zu beobachten sind, die sich insbesondere anhand der Räume, in denen Kinder sich bewegen, aufzeigen lassen. So besuchen alle Kinder eine Schule, Familie ist ein Mittelpunkt des Aufwachsens und sie partizipieren am allgemeinen Wohlstand der Gesellschaft (Letzteres wird allerdings – wie die Autor*innen konstatieren – konterkariert durch eine wachsende soziale Ungleichheit). Diese Engführung von Kindheit mit Institutionen des Aufwachsens darf jedoch nicht die zunehmenden Individualisierungstendenzen überblenden, die die Autor*innen auf soziokultureller Ebene feststellen. Sie zeigen sich in einer Pluralisierung der Familienformen weg von der ‚klassischen' Kernfamilie, aber auch in einer Erosion betreffend „traditionelle Werte und Normen, feste Zugehörigkeiten und Milieus, kalkulierbare und klare Abfolgen von individuellen und familialen Lebensabschnitten, sichere ethische, moralische und soziale Standards sowie eindeutige Leitbilder" (Kränzl-Nagel und Mierendorff 2008, S. 13). Jene Handlungs- und Gestaltungsspielräume für alltägliche Praktiken, die weiter oben erstmals erwähnt wurden, werden also tendenziell größer. Auch wenn dies die Möglichkeit einer selbstständigeren Gestaltung der Lebenswelt eröffnet, so entstehen doch neue Herausforderungen, sich zu den vielfältiger werdenden Ansprüchen von Gesellschaft zu positionieren bzw. positionieren zu müssen. In Kapitel 3 wurden bereits Studien vorgestellt, die zeigen, welcher situativen Dynamik die Verwendung von Differenzkategorien im Alltag unterliegt. Vor diesem Hintergrund erscheint die Frage nach einem geeigneten Heterogenitätsbegriff für ein rekonstruktives Forschungsvorhaben zentral, welches mit der notwendigen Distanz an die Konstruktionen von den Kindern herantritt. Denn beispielsweise geschlechtsbezogene Rollenbilder werden ganz unterschiedlich ausstaffiert und von schulischen Erwartungshaltungen flankiert (vgl. Breidenstein und Kelle 1998). Die Kategorie Geschlecht besitzt also eine hohe Relevanz für die Kinder. Es wird jedoch auch rekonstruiert, dass die zur Darstellung gebrachten Inhaltsunterschiede auf relativ inhaltsleeren Kategorien basieren, welche ihren Reiz vornehmlich durch die starke (biologisch begründete) Dichotomisierung entfalten und eine ‚Exotisierung' des anderen Geschlechts ermöglichen (vgl. Budde

---

[7] Dass Kindern als sozialen Akteur*innen in dieser Publikation jedoch hohe selbstgestalterische Kompetenzen zugesprochen werden, ist als Absage an modernisierungstheoretische Perspektiven auf Kindheit zu werten, die gesamtgesellschaftliche Veränderungen eher als Gefahr für die Lebensphase der Kindheit einschätzen (vgl. Grunert 2010).

2009). Situationen kultureller Zuschreibungen können diskriminierende Situationen und Strukturen begünstigen, die an ihnen beteiligten Akteur*innen können jedoch neue Positionen aushandeln und rassismusrelevante Handlungen fortsetzen oder auslaufen lassen (vgl. Machold 2015, 2014).

Atheoretische Differenzkategorien wie das Geschlecht oder Ethnizität werden durch Akteur*innen in der Praxis mit einer gewissen Eigenwilligkeit ‚angewandt' bzw. aktualisiert. Die Anwendung handlungsrelevanter Differenzkategorien geschieht nicht aus dem Antrieb heraus, mit ihr dieses Wissen erhalten zu wollen. Vielmehr wird dieses Wissen durch die Akteur*innen interpretiert, verfremdet und für die Aushandlung gruppeninterner Positionen und Status genutzt. Dies gilt für das soziale Umfeld von Erwachsenen genauso wie für das der Kinder (vgl. Braches-Chyrek et al. 2011). Den Studien geht es daher zusammenfassend darum, Differenzen als kulturelles Konstrukt zu begreifen. (De-)konstruktivistische Perspektiven sollen „die Bedeutung in konkreten Situationen und (…) die jeweils aufscheinenden Handlungspotenziale" aufzeigen (Hagemann-White 2010, S. 167).

Bisher wurde das Vorgehen von Studien diskutiert, die sich schwerpunktmäßig der Reproduktion einer spezifischen Differenzkategorie im Alltag widmen. Eine weitere zu diskutierende Frage in Bezug auf differenzbezogene Forschung ist, welche Wege gegangen werden müssen, um überhaupt erst zu einer empirisch begründeten Auswahl von Differenzkategorien zu gelangen, die die Untersuchung leiten. Hirschauer (vgl. 2017, S. 37) unterscheidet dazu drei Dimensionen von Differenzierungen, die im sozialen Raum in Rechnung gestellt werden müssen. Jene, die insbesondere schulorganisatorisch wirksam werden, wie die Ethnizität, die Nationalität, das Geschlecht oder auch den Leistungsstand verortet Hirschauer unter den humandifferenzierenden Differenzkategorien. Als Differenzierung im sozialen Gebilde bezeichnet er solche Differenzierungsformen, die in besonderem Maße situativ wirksam werden und gruppenspezifisch sind. Hirschauer nennt hier die Gruppe, die Gemeinschaft, das Netzwerk, die Organisation etc.[8]. Sie alle können in unterschiedlicher Form und Verschränkung in sozialen Situationen wirksam werden – müssen es aber nicht. Was dies in ethnografischen Studien für forschungsmethodische Konsequenzen hat, diskutiert Budde (vgl. 2014). Die Rekonstruktion von wirksamen Differenzkategorien im sozialen Raum scheitert, wenn erhobenes Datenmaterial lediglich mithilfe der Beobachtungsfolie gesamtgesellschaftlich wirksamer Differenzkategorien (z. B.

---

[8] Die dritte Differenzierung erfolgt hinsichtlich der Einbindung in verschiedene gesellschaftliche Teilbereiche wie die Politik, die Wirtschaft oder die Wissenschaft. Diese Makro-Perspektive auf Differenz ist im Kontext dieses Forschungsvorhabens nur von peripherem Interesse.

die ‚großen Drei' Race – Class – Gender), die sozialer Ungleichheit Vorschub leisten (vgl. Klinger et al. 2007), analysiert wird. Dies blendet aus, dass in einer Peergroup bei der Aushandlung von Positionen und Handlungstraditionen auch ganz andere Differenzkategorien spezifische Bedeutung erlangen können. Zudem kann dies der Komplexität sozialer Situationen nicht gerecht werden. Weiterhin gilt es kritisch zu fragen, ob atheoretische Differenzkategorien, die in schulischen Interaktionen wirksam werden, die gleichen hegemonialen Strukturen erzeugen wie auf gesamtgesellschaftlicher Ebene. Während beispielsweise Personen mit Migrationshintergrund gesellschaftlich häufig struktureller und alltäglicher Diskriminierung ausgesetzt sind, so kann die Dynamik in einer Peergroup beispielsweise auch eine Umkehr dieser Machtverhältnisse bewirken. Aus diesen Überlegungen ableitend wurde sich für eine Forschungsfrage entschieden, die nach möglichen übergreifenden Mustern im Gebrauch von Differenzkategorien fragt und deren Rekonstruktion die Anwendung im Alltag, beispielsweise Strukturen sozialer Ungleichheit, nicht automatisch voraussetzt. Aus kindheitswissenschaftlicher Sicht formuliert sich der Anspruch, kindliche Praktiken „nicht einfach als primitive Version der Praktiken von Erwachsenen zu interpretieren" (Breidenstein und Kelle 1998, S. 17), ohne zu vergessen, dass Kinder an derselben Gesellschaft partizipieren wie Erwachsene und in der Schule Teil einer Institution sind, die auf machtvolle Art und Weise hegemoniale Deutungsmuster fortschreibt. Dazu gehört auch die Einteilung aller Mitglieder einer Gesellschaft in Kategorien, wodurch sich Kinder mit vielfältigen Identitätsentwürfen konfrontiert sehen, die ganz real Chancen und Handlungsmöglichkeiten einerseits eröffnen, andererseits verbauen können. In der Konsequenz bedeutet dies, für Diskriminierungs- und Ausgrenzungserfahrungen von Kindern, die auf strukturell verankerten ‚Ismen' basieren können und damit tradierte Wissensbestände aufgreifen, eine Sensibilität zu schaffen, wobei gleichsam aber auch neue Formen der Diskriminierung und des Otherings[9] (vgl. Baar 2019) und des Umgangs mit Differenz entstehen können.

Diese Offenheit bezieht sich auf alle Schritte des Forschungsprozesses. Nicht nur die Ausgangsfrage dieser Forschungsarbeit muss mit größtmöglicher Offenheit formuliert werden. Sie setzt sich fort mit der Strukturierung einer Interviewsituation, die Kinder nicht lediglich dazu anleitet, erwachsene Deutungsmuster zu reproduzieren, und mündet in der Interpretation mit einer Beobachtungshaltung, welche Kontingenzen aufdeckt und Widersprüchen kindlicher Eigenlogiken

---

[9] Vgl. hierzu auch die in Abschnitt 3.1 vorgestellten Studien.

und Bearbeitungsmodi von Wirklichkeit gegenüber weder blind noch abwertend auftritt[10]. Dabei gilt, dass Differenzkategorien, die im Feld innerhalb der Peergroups eine Relevanz entfalten, sich nicht durch theoretische Vorwegnahmen erschließen lassen, sondern erst durch empirisches Material (vgl. Eckermann 2017, S. 134). Daher ist auch hier ein sensibles Vorgehen gefragt. Mikroperspektivisch auf kindliche Interaktionen zu schauen, setzt die Erkenntnis voraus, dass Differenzkategorien von Akteur*innen in konkreten interaktionalen Situationen nicht unbedingt jene sein müssen, die den Programmatiken von Sozial- und Bildungswissenschaften entsprechen. Die forschende Person ist hinsichtlich zweier Aspekte besonders gefordert. Der erste Aspekt betrifft die Reifizierung von Differenzkategorien in ihrem Forschungskontext. Sowohl im Zuge der Erhebung als auch in der Auswertung empirischen Materials besteht die Gefahr, eigene Positionierungen und relevante Differenzkategorien herauszuarbeiten, im Gegensatz zu jenen, die in konkreten Situationen wirksam werden. Erforderlich ist eine Analysehaltung, in welcher Differenzkategorien nicht lediglich festgestellt und reproduziert werden. Vielmehr gilt es, zu rekonstruieren, wie die Akteur*innen diese im Sinne eines intelligiblen Sprechens für ihre eigenen Zwecke nutzen und wie diese Differenzkategorien verfremdet, modifiziert, verwendet (oder nicht verwendet) werden (vgl. Wrana 2014). Budde (2014, S. 137) schlussfolgert:

> *„Dies bedeutet ein bewusstes Zurückstellen von sozialen Kategorien. Aufgerufen ist damit auch die Vorstellung, dass SchülerInnen nicht aufgrund der Zugehörigkeit zu einer Gruppe etikettiert werden, sondern immer nur in der Anwendung."*

Die forschende Person muss zweitens anerkennen, dass selbst bei aller Zurückhaltung im Forschungsprozess eine vollkommene Objektivität nicht zu erreichen ist. Trotz aller Bemühungen um einen neutralen konstruktivistischen Blickwinkel ist sie genauso wie die Subjekte ihrer Forschung „in der Welt der Praxis verankert und damit unaufhebbar perspektivisch, also nicht unbeteiligte Zuschauerin eines sich darbietenden ‚Welttheaters', sondern ein notwendig handelnder Ko-Akteur"

---

[10] Einen Sonderfall stellen in dieser Arbeit jene Stellen des Erhebungsinstruments dar, in denen diskutiert wird, wie Kinder unter Impulsen des Sozialen Lernens über Differenz sprechen. Diese Passagen sind in besonderem Maße von ‚erwachsenen' Inputs geprägt. Hier wird jedoch versucht, diesen Situationen mit einer beobachtenden Haltung zu begegnen, die sich von den normativen Einwänden distanziert und weniger fragt, inwieweit zwischen kindlichen Umgangsweisen mit Differenz sowie Narrativen Sozialen Lernens eine Passungsfähigkeit besteht. In diesen Passagen ist der Diskussionsleiter dann weniger ein Initiator von Gruppendiskussionen, sondern in der Interpretation ebenso wie die Kinder als Teilnehmer zu begreifen (vgl. dazu auch Abschnitt 5.4).

(Alkemeyer et al. 2015, S. 42). Dies trifft in besonderem Maße auf jene Differenzkategorien zu, die die Gesellschaft durchziehen wie jene des Geschlechts. Für die Kindheitsforschung im Speziellen sind hierbei insbesondere generationale Ordnungen zu berücksichtigen, die bei Erhebungsmethoden wie dem Gruppendiskussionsverfahren eine Rolle spielen. Sie erfordern eine direkte Interaktion zwischen Kindern und Erwachsenen. Dies potenziert sich in dieser Forschungsarbeit dahingehend, dass die Teilnehmenden der Studie ‚provoziert' werden, kindliche Eigentheorien und soziale Praxis vor dem Hintergrund von spezifischen Wertvorstellungen Sozialen Lernens (neu) auszuhandeln.

5.3.2 Zum Habitusbegriff unter differenzbezogener Perspektive

Wie in Abschnitt 3.2 gezeigt, nehmen Kinder soziale Ungleichheit wahr und können sich selbst als Betroffene von Ungleichheit artikulieren. Daher erscheint die ungleichheitskritische Perspektive auf Heterogenität im Kontext dieses Forschungsvorhabens als bedeutsam. Am Ende von Abschnitt 3.2 wurde im Zuge dieser Erkenntnis jedoch auch die Frage aufgeworfen, inwieweit eine Versprachlichung dieser Ungleichheiten ihre Wirkmächtigkeit in Mikrosituationen des Sozialen blind voraussetzt. Dieses Anliegen erfordert auch eine „mikrosoziologische Reformulierung" (Eckermann 2017, S. 141) des Habitus-Begriffs. Dieser findet in der praxeologischen Wissenssoziologie weiterhin Verwendung (vgl. Bohnsack 2017). Aber dominierend – vor allem in der Ungleichheitsforschung – ist der Habitus-Begriff nach Bourdieu. Soziale Praxis lässt sich hinsichtlich des Status, den die an ihr beteiligten Akteur*innen in der Gesellschaft einnehmen, beschreiben. Maßgeblich für diesen Status sind in seiner Konzeption verschiedene Kapitalienarten wie das materielle, das kulturelle oder das symbolische Kapital, welches den Akteur*innen in unterschiedlichem Maße zur Verfügung steht. Die Verteilung dieser Kapitalienarten geschehe dabei nicht meritokratisch. Der Zugang zu ihnen werde vielmehr maßgeblich durch Zugehörigkeiten zu bestimmten gesellschaftlichen Gruppen reglementiert. So kann je nach ethnischer Zugehörigkeit der Zugang zu kultureller Bildung (z. B. Bildung) erleichtert oder erschwert sein – ein Effekt, der zumindest in der Wahrnehmung einer Gesellschaft als unerwünscht betrachtet wird. Der Habitus von Personen in konkreten Situationen sei dann gewissermaßen als Epi-Phänomen einer Merkmalskonfiguration zu betrachten, die sich bereits auf der Makroebene nachvollziehen lasse (vgl. Helsper et al. 2014).[11] Verteilungsfragen materialisieren sich also in interaktionalen Situationen, und werden von den Akteur*innen „maschinenförmig" (Eckermann 2017, S. 142) zur Anwendung gebracht. Verheißungsvoll erscheint diese Kombination makro- und mikrotheoretischer Überlegungen, da sie für sich in Anspruch nimmt, „Strukturen sozialer Ungleichheit als Formen der Praxis verstehbar gemacht zu haben, die sich durch die alltägliche Produktion von symbolischen Formen vollzieht" (Hillebrandt 2009, S. 388). Der Vorteil sei, dass so Ungleichheitsanalysen auf gesamtgesellschaftlicher Ebene auch für das konkrete soziale Geschehen eine gewisse Vorhersagekraft besäßen.

Aus praxistheoretischer Sicht wird an dieser Perspektivierung auf Praxis jedoch ihre Dynamik vernachlässigt, welche nicht kausal durch kulturelle Deutungsmuster determiniert wird, sondern die ihrerseits modifizierte Formen der Sozialität hervorbringen kann. Eine makrosoziologisch dominierte Form der Praxisforschung erscheint aus dieser Perspektive also unterkomplex (vgl. Hirschauer 2014). Hillebrandt (2009, S. 391) schlägt hingegen vor:

> *„Werden Praktiken dagegen als Ereignisse gefasst, die nicht ursächlich aus makrosozialen Strukturen abgeleitet werden können, lassen sich interaktive Praktiken sehr viel grundlegender bestimmen, als dies in Bourdieus Werk geschieht. Es geht in einer praxistheoretischen Soziologie also nicht mehr nur darum zu untersuchen, wie sich makrosoziale Strukturen durch Interaktionen reproduzieren und stabilisieren. Es geht im Kontext der hier umrissenen Paradigmen einer Soziologie der Praxis auch und entscheidend um die Frage, wie sich aus Interaktionen, also aus sozialen Praktiken, die nur zwischen mindestens zwei sozialen Akteuren entstehen können, neue Schemata und Symbole der Praxis bilden können, wie sich also aus elementaren sozialen Praktiken Praxisformen und dauerhafte Praxisfelder entwickeln können, die wiederum die Weichen für die Entstehung neuer Praktiken stellen."*

Eine solche Zugriffsweise balanciert damit zwischen einer empirischen Soziologie, die Praxis ohne Berücksichtigung der Strukturen, in die sie eingebettet ist, untersucht[12], gleichzeitig aber auch Praxis nicht lediglich als Fortschreibung

---

[11] Bohnsack nennt diese Art der Habitus-Rekonstruktion eine kausal-genetische und formuliert ähnliche Kritikpunkte. Er hält es für erforderlich, der kausal-genetischen Typenbildung eine sinngenetische entgegenzusetzen, die der Mehrdimensionalität soziologischer Konstrukte wie dem Habitus, der Norm und der Identität stärker Rechnung trägt (vgl. 2010, S. 175).

[12] Dies hätte zur Folge, statt praxistheoretisch zu forschen, lediglich eine Art „Spontansoziologie des Alltags" (Hillebrandt 2009, S. 374) zu betreiben.

bzw. Materialisierung gesellschaftlicher Zustände und sozialer Ungleichheiten begreift[13]. Mit dieser „mikrosoziologischen Reformulierung des Habitus-Konzepts" (Eckermann 2017, S. 141), die Rahmenbedingungen des Handelns absteckt, werden Praktiken zwar geregelt, aber nicht beschränkt, denn innerhalb dieses Möglichkeitsspielraums findet sich eine potenziell unendliche Zahl an Handlungsalternativen. In diesem Sinne wird eine methodologische Brücke zum ebenso als dynamisch zu begreifenden Orientierungsrahmen geschlagen, den es im Rahmen der Dokumentarischen Methode und der praxeologischen Wissenssoziologie herauszuarbeiten gilt (vgl. Eckermann 2017, S. 142).

5.4 Grundannahmen der praxeologischen Wissenssoziologie

5.4.1 Der konjunktive Erfahrungsraum

Mit Rückgriff auf Mannheim wird davon ausgegangen, dass Gegenstände oder bestimmte Handlungen nicht nur mit Blick auf ihre Bedeutung an sich verstanden werden können. Das diesen Handlungen zugrunde liegende Wissen kann auch auf den „Erlebniszusammenhang, aus dem es entstanden ist, und als dessen Resultat" es vorliegt, (Przyborski und Wohlrab-Sahr 2008, S. 284) zurück geführt werden. Das heißt also, dass sich neben der kommunikativen Wissensebene, die jedem Menschen reflektierend zugänglich ist und von außen auf der Ebene des *Was* beobachtet werden kann (*Was* wird gesagt?) noch eine tiefere dahinterliegende Sinnschicht manifestiert. Diese ist nun nicht mehr durch eine bloße Zustandsbeschreibung zugänglich. Die Ebene dieses konjunktiven Wissens besteht vielmehr aus Sinnstrukturen des beobachteten Handelns der Akteur*innen und den Bedingungen und Mechanismen, die soziale Realität in einer Interaktion verfügbar machen und herstellen (vgl. Otto 2015, S. 76–78). Greifbar wird sie durch die Frage nach dem *Wie* (*Wie* wird es gesagt?). In diese kollektiven Erlebens- und Orientierungsmuster ist das einzelne Individuum fraglos und selbstverständlich eingewoben (vgl. Bohnsack 2010, S. 120).

---

[13] So fragt beispielsweise Zeiher (1996, S. 166): „Wie lässt sich Gesellschaftliches im Konkreten identifizieren?" Es wird in Rechnung gestellt, dass gesellschaftliche Rahmenbedingungen zuvorderst das Kind nicht determinieren, sondern es mit einem Pool an unterschiedlichen Handlungsmöglichkeiten ausstatten. Dennoch scheint in seinem Forschungsprogramm das Kind lediglich auf gesellschaftliche Rahmenbedingungen zu reagieren, von einer aktiven Gestaltung und Aneignung dieser aber weit entfernt zu sein.

Die Strukturen und Dimensionen des konjunktiven Wissens sollen im Folgenden beleuchtet werden. Diese arbeitet Bohnsack aus, indem er hinsichtlich der Performativität impliziten Wissens zwischen performativer Performanz und proponierter Performanz unterscheidet[14]. Diese analytische Unterscheidung wird ergänzt durch eine Verortung beider Ebenen in einer kommunikativen und konjunktiven Dimension (vgl. Bohnsack 2017, S. 93)[15] (Abbildung 5.1):

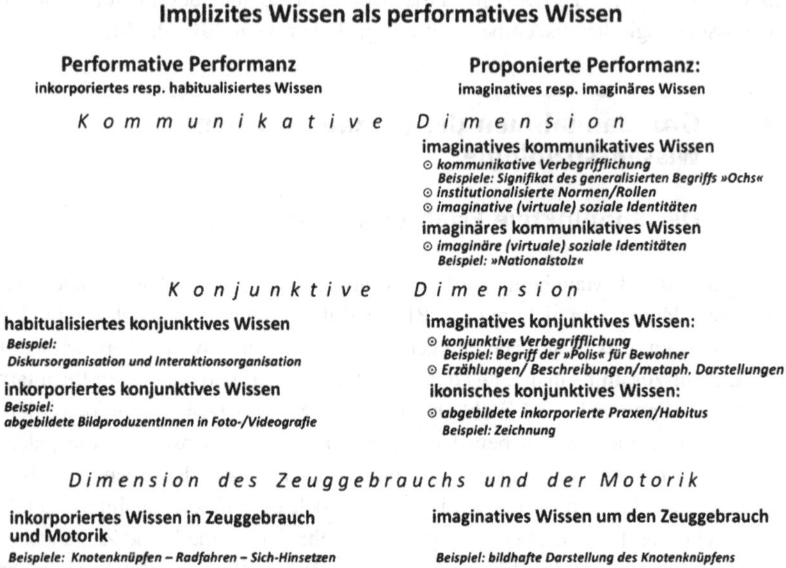

Implizites Wissen als performatives Wissen

Performative Performanz
inkorporiertes resp. habitualisiertes Wissen

Proponierte Performanz:
imaginatives resp. imaginäres Wissen

K o m m u n i k a t i v e   D i m e n s i o n
imaginatives kommunikatives Wissen
⊙ *kommunikative Verbegrifflichung*
   Beispiele: Signifikat des generalisierten Begriffs »Ochs«
⊙ *institutionalisierte Normen/Rollen*
⊙ *imaginative (virtuale) soziale Identitäten*
imaginäres kommunikatives Wissen
⊙ *imaginäre (virtuale) soziale Identitäten*
   Beispiel: »Nationalstolz«

K o n j u n k t i v e   D i m e n s i o n

habitualisiertes konjunktives Wissen
Beispiel:
Diskursorganisation und Interaktionsorganisation

inkorporiertes konjunktives Wissen
Beispiel:
abgebildete BildproduzentInnen in Foto-/Videografie

imaginatives konjunktives Wissen:
⊙ *konjunktive Verbegrifflichung*
   Beispiel: Begriff der »Polis« für Bewohner
⊙ *Erzählungen/ Beschreibungen/metaph. Darstellungen*

ikonisches konjunktives Wissen:
⊙ *abgebildete inkorporierte Praxen/Habitus*
   Beispiel: Zeichnung

D i m e n s i o n   d e s   Z e u g g e b r a u c h s   u n d   d e r   M o t o r i k

inkorporiertes Wissen in Zeuggebrauch und Motorik
Beispiele: Knotenknüpfen – Radfahren – Sich-Hinsetzen

imaginatives Wissen um den Zeuggebrauch
Beispiel: bildhafte Darstellung des Knotenknüpfens

Abbildung 5.1 Implizites Wissen als Performatives Wissen. (entnommen aus Bohnsack 2017, S. 143)

Performative und proponierte Performanz als analytische Sinnebenen zu unterscheiden, besitzt insbesondere für rekonstruktive Analysen performativen Wissens ein hohes Potenzial. Demnach lässt sich über die Analyse der performativen Performanz der Handlungsvollzug erschließen. Bohnsack geht aber davon aus,

---

[14] Dabei wird sich in den folgenden Ausführungen hauptsächlich auf die Monografie zur „Praxeologischen Wissenssoziologie" von Bohnsack (vgl. 2017) bezogen.

[15] Die Dimension des Zeuggebrauchs und der Motorik wird in den folgenden Ausführungen ausgespart, da sie zwar zu einem tieferen Verständnis wissenssoziologischer Grundlagen beitragen kann, für das Forschungsprogramm der vorliegenden Studie jedoch nur von untergeordneter Relevanz ist.

dass sich Handlungspraxis (im weiteren Sinne) auch durch Theorien rekonstruieren lässt, die die Erzählenden über ihre eigene Handlungspraxis entwerfen. Sobald die Akteur*innen über sich und ihr Tun ins Gespräch kommen – entweder untereinander im Rahmen von Gruppendiskussionen oder im Rahmen von Einzelinterviews –, handelt es sich nicht um performative Performanz, sondern um eine Proponierung performativen Wissens; bei Bohnsack als proponierte Performanz bezeichnet. Diese besitzt nach Bohnsack – im Gegensatz zur performativen Performanz – zusätzlich zur konjunktiven Dimension eine kommunikative Dimension. In diese sind Wissensformen des Imaginären und Imaginativen eingelassen. In Anlehnung an Schütz' Modell des zweckrationalen Handelns ist mit kommunikativer Verbegrifflichung eine Verwendung von Begriffen ohne konnotative Bedeutungsdimensionen gemeint. Zu dieser Wissensform zählt Bohnsack weiterhin institutionalisierte Normen und Rollen, die durch die Akteur*innen im Feld reflektiert werden (vgl. Bohnsack 2017, S. 95). Dabei handelt es sich um Orientierungstheorien, die in ihrer ‚Reinform' jedoch nur dort vorliegen, wo es um die Beschreibung automatisierter Handlungsweisen geht, die aufgrund eindeutiger institutionalisierter Rollen wenig Spielraum für Abweichungen zulassen. Wo diese Prozesse jedoch einer menschlichen Dynamik unterliegen, werden jene Common-Sense-Theorien durch die Handlungspraxis selbst gebrochen[16]. Werden soziale Identitäten zur Darstellung gebracht, so kann diese Darstellung Teil von imaginativem oder imaginärem Wissen sein. Diese Unterscheidung betrifft vorwiegend die Relevanz identitätsbezogener Wissensbestände für das alltägliche Handeln. Einerseits können soziale Identitäten bzw. das imaginative Wissen der Akteur*innen auch in der Handlungspraxis zur Aufführung gebracht werden, andererseits kann sich von Identitäten auch kritisch distanziert werden und die Möglichkeiten ihrer Umsetzung (die sog. Enaktierung) als gering bzw. als nicht umsetzbar eingeschätzt oder gar nicht wahrgenommen werden. In diesem Fall zählt die Darstellung sozialer Identitäten zum imaginären kommunikativen Wissen (vgl. Bohnsack 2017, S. 156). Die kommunikative Dimension zeichnet sich damit durch eine Vielschichtigkeit imaginativen und imaginären kommunikativen Wissens aus.

---

[16] Dies verdeutlicht die Wichtigkeit gerade innerhalb der empirischen Kindheitsforschung, in der Analyse empirischen Materials nicht auf der Ebene des Common Sense zu verbleiben (vgl. Bohnsack 2010). Denn im schulischen Bereich sind Common-Sense-Theorien, die durch Praktiken des Alltags nicht mindestens ergänzt werden, nur dann möglich, wenn beispielsweise bürokratisierte Abläufe innerhalb dieser Institution beschrieben werden sollen. Schul- und Unterrichtsgeschehen werden jedoch aufgrund vielfältiger menschlicher Interaktionen noch durch sehr viel mehr determiniert als lediglich durch institutionelle Vorgaben.

Die Überlegungen zeigen einen Weg auf, wie die Vielschichtigkeit möglicher Erlebens- und Erfahrungsräume von Menschen, von der im Rahmen dieser Arbeit ausgegangen wird (auch hinsichtlich ihres Eingewobenseins in verschiedene gesellschaftliche, institutionelle und identitätsbezogene Kontexte (vgl. Hirschauer 2017)), in ein analytisches Raster überführt werden können, mit dem es möglich ist, „zur Welt der Praxis" (Alkemeyer et al. 2015, S. 46) selbst vorzudringen. Denn jede Art der Verbalisierung eigener Handlungspraxis, jede Erzählung von Handlungspraxis hat auch eine konjunktive Dimension. Die Rekonstruktion auf dieser Ebene des impliziten Wissens gelingt durch die Frage, *wie* eine Erzählung oder Diskussion gestaltet wird, mit welchen Mitteln sie vorangetrieben wird, ihr eine bestimmte Richtung gegeben wird, an welchen Stellen Gedankengänge abgebrochen oder durch neue ersetzt werden und wie Teilnehmer*innen in einer Gruppendiskussion aufeinander Bezug nehmen.

Mit ganz ähnlichen Fragen lässt sich auch das habitualisierte konjunktive Wissen der performativen Performanz rekonstruieren. Auch hier benennt Bohnsack die Diskurs- und Interaktionsorganisation als Möglichkeit der Rekonstruktion handlungsleitenden impliziten Wissens. Der Unterschied ist jedoch, dass das imaginative konjunktive Wissen selbst zwar Aufschluss darüber gibt, wie über eine Handlungspraxis gesprochen wird, es entsteht aber noch kein Zugang zur Handlungspraxis selbst. Sie lässt sich beispielsweise in ‚natürlichen' Situationen beobachten, wie es die ethnografische Forschung für sich in Anspruch nimmt. Es werden alltägliche Routinen und Rituale zum Forschungsgegenstand erhoben, mit deren Hilfe sich der Modus Operandi in situ – und damit Handlungspraxis im engeren Sinne – rekonstruieren lässt. Sie artikuliert sich insbesondere in den Abläufen von Interaktionen, außerdem in Diskursen. Handlungspraxis lässt sich aber nicht nur in ‚natürlichen' Situationen beobachten. Auch in Gesprächen über eine Handlungspraxis können sich Handlungspraxen beobachten lassen. Dies passiert beispielsweise dann, wenn in einer Gruppe von Menschen über bestimmte Kommunikationspraxen einzelner Personen gesprochen wird und gleichzeitig diese Praxis des Kommunizierens in einer Gruppe auch entsprechend ‚gelebt' wird (vgl. Bohnsack 2017, S. 95).

Mit dieser Unterscheidung sind gewichtige methodische Konsequenzen verbunden. Während kommunikatives Wissen über theoretisierende und argumentative Texte zugänglich ist, so sind immanente Sinngehalte „primär über Erzählungen und Beschreibungen sowie mentale und materiale Bilder und die darin implizierten Gegenhorizonte zugänglich" (Bohnsack 2014a, S. 37)[17]. Damit

---

[17] Bohnsack macht dies am Beispiel der Familie deutlich. Während Familie als Institution gesellschaftlich, politisch, juristisch etc. mit bestimmten Erwartungen verknüpft wird, so

begründet Bohnsack den Wechsel der Analyseeinstellung vom *Was* zum *Wie*, wobei eben jener Wechsel und das damit verbundene Potenzial auch im Rahmen dieser Arbeit angelegt ist.

Besonders fundiert werden Rekonstruktion der Handlungspraxis dann, wenn es gelingt, beide Strukturen von performativer und proponierter Performanz wechselseitig zu validieren, da nur so Einblicke in die Dauerhaftigkeit und Generalisierungsfähigkeit des Modus Operandi, welcher sich in konkreten Situationen manifestiert, gewährleistet werden. Bohnsack betont jedoch, dass dies nur dort möglich ist, wo die Theorien, die die Akteur*innen über sich und ihr Handeln innerhalb der kommunikativen Dimension entwerfen, die eigene Handlungspraxis zum Ziel haben. In Fällen, in denen die Beteiligten in theoretischen Propositionen über die Handlungspraxis Dritter sprechen, kann diese Validierung nicht vollzogen werden. Hier ist eine Rekonstruktion des Habitus nur über die Diskurs- und Interaktionsorganisation innerhalb der performativen Performanz möglich (vgl. Bohnsack 2017, S. 98).

Durch die Unterscheidung inkorporierten resp. habitualisierten Wissens auf der einen Seite sowie imaginativen resp. imaginären Wissen andererseits gelingt es, den Habitusbegriff praxistheoretisch einzufangen. Durch die Mehrdimensionalität von Erfahrungsräumen und Kategorien, innerhalb derer Menschen Erfahrungen machen und sich bewegen und wie sie zum Gegenstand proponierter performatorischer Gesprächsbeiträge werden können, ist der Habitus nicht mehr lediglich verlängerter Arm makrosoziologischer Strukturen, der in Mikrosituationen hineinragt. Erst in der Auseinandersetzung mit jener Mehrdimensionalität bildet sich also der Habitus heraus (Bohnsack 2014a, S. 36):

> „*Im Sinne der Dokumentarischen Methode und der praxeologischen Wissenssoziologie erschließen sich das Handeln der Erforschten (…) aus der Rekonstruktion des Spannungsverhältnisses zwischen der Struktur der Praxis, dem modus operandi [sic!] des Habitus, einerseits und den theoretischen Reflexionspotenzialen sowie den (der Handlungspraxis exterioren) normativen Erwartungsstrukturen und Programmatiken und auch den Identitätskonstruktionen, also den Orientierungen an ‚Identitätsnormen‘ [in Bezug auf Goffman, F.S.], andererseits.*“

---

steht diesem abstrakten Bedeutungsgehalt ‚gelebte‘ Familienkultur mit je ganz spezifischen Ausprägungen und Deutungsweisen der Aufgaben einer Familie gegenüber (vgl. Bohnsack und Przyborski 2010).

5.4.2   Orientierungsrahmen und -schema

Die Art dieses Spannungsverhältnisses präzisiert Bohnsack mittels der Begriffe des Orientierungsrahmens sowie des Orientierungsschemas (Abbildung 5.2):

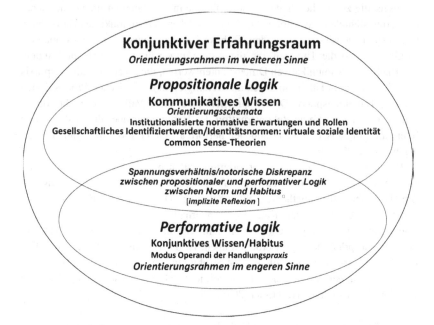

Abbildung 5.2   Konjunktiver Erfahrungsraum. (entnommen aus Bohnsack 2017, S. 103)

Die Herausarbeitung des Orientierungsrahmens im weiteren Sinne, den Bohnsack als jenen des Umgangs mit dem Spannungsverhältnis zwischen kommunikativem Wissen und konjunktivem Erfahrungsraum bezeichnet, ist hierbei zentral (Bohnsack 2013b, S. 150). Als Orientierungsschemata bezeichnet Bohnsack (vgl. 2013b, S. 240) das kommunikative Wissen, welches auf Ebene der Common-Sense-Theorien angesiedelt ist und Akteur*innen damit sprachlich verfügbar ist. Die Sozialität dieser Wissensform beruht auf „Vermutungen, Unterstellungen, Attribuierungen oder Imaginationen der Perspektiven, Absichten, Intentionen oder Motiven der Beteiligten und entsprechenden Kalkülen" (Bohnsack 2017, S. 105). Widersprüche auf dieser Ebene des Wissens werden stärker als solche wahrgenommen und umfassen – analog zum Konstrukt der proponierten Performanz – die Auseinandersetzung mit Identitätsnormen auf gesellschaftlicher Ebene (mit ihrem imaginativen oder imaginären Charakter) oder mit institutionell verankerten Rollenzuweisungen und -erwartungen. Kommunikatives Handeln ist damit „von den wechselseitigen Imaginationen der Perspektive des jeweils anderen" (Bohnsack 2017, S. 106) geprägt.

Diese Ebene des Wissens als alleinigen Ausgangspunkt zur Analyse von empirischem Material zu machen, bedeutet, von einer beobachtbaren Handlung aus unmittelbare Schlussfolgerungen auf das Motiv bzw. den Handlungsentwurf zu ziehen. Bohnsacks Kritik an dieser Vorgehensweise ist, dass sie die Ebene des Common Sense nicht verlässt und kausale Annahmen beinhaltet, die vor dem Hintergrund einer vielschichtigen Handlungspraxis unzulässig sind. Der Orientierungsrahmen im engeren Sinne, der den Modus Operandi der Handlungspraxis bezeichnet und in dem Bohnsack den Habitusbegriff verortet, macht deutlich, dass dieses Wissen vor allem dann an Bedeutung gewinnt, wenn es in einer in alltäglicher Interaktion verankerten Handlungspraxis Anwendung findet, in sie integriert wird oder durch sie gebrochen wird (vgl. Nohl 2017). Im Gegensatz zum Orientierungsschema ist durch das habitualisierte konjunktive Wissen ein gemeinsames Agieren ohne vorherige Verständigung über die Regeln des gemeinsamen Handelns notwendig. Bohnsack spricht hier auch von einem „strukturidentischen Erleben" des Sozialen, das sich durch eine gemeinsame bzw. strukturidentische Handlungspraxis auszeichnet (vgl. Bohnsack 2017, S. 104). Um von der kommunikativen zur konjunktiven Ebene des Wissens vorzudringen, bedarf es jedoch einer konsequenten Einklammerung des Geltungscharakters. Dies bedeutet, den subjektiven Sinn von Äußerungen und Handlungen nicht in Frage zu stellen und diese nicht hinsichtlich ihrer Richtigkeit oder ihres Wahrheitsgehaltes zu beurteilen (vgl. Asbrand und Martens 2018).

Die Trennung zwischen Orientierungsschema und Orientierungsrahmen im weiteren Sinne ist jedoch nur eine analytische Trennung. Der Habitusbegriff geht in dieser Perspektive nun im Orientierungsrahmen im engeren Sinne auf, ist darüber hinaus aber nur ein Baustein in der Rekonstruktion konjunktiver Erfahrungsräume, die sich nicht im ‚Nachzeichnen' dieses strukturidentischen Erlebens erschöpft, sondern sich darüber hinaus dem

„gemeinsamen oder strukturidentischen Erleben der ubiquitären oder notorischen Diskrepanz zwischen Regel und Praxis, also zwischen den normativen Erwartungen (…) einerseits und dem kollektiven Habitus, dem Orientierungsrahmen im engeren Sinne, andererseits" (Bohnsack 2017, S. 104)

zuwendet. Dieses Spannungsverhältnis prägt den Orientierungsrahmen im weiteren Sinne.

5.4.3 Schlussfolgerungen für das eigene Forschungsprojekt

Mithilfe der Methodologie Bohnsacks ist ein Blick auf das gewonnene Datenmaterial möglich, der die „Rekonstruktion spezifischer Ausschnitte der Weltsicht von Kindern, inklusive ihrer gefühlsbezogenen Verfasstheit" (Lange und Mierendorff 2009, S. 199), erlaubt. Konjunktive Erfahrungsräume von Kindern zu beschreiben, bedeutet im Sinne einer „differentiellen Soziologie der Kindheit" (Lange und Mierendorff 2009, S. 201), generationale und milieuspezifische Erfahrungsweisen von Handlungen und Institutionen in den Blick nehmen zu wollen. Dadurch gelingt es, der Peergroup und ihrer Bedeutung für Bildungs- und Sozialisationsprozesse eine stärkere Aufmerksamkeit zuteilwerden zu lassen (vgl. Bohnsack 2018b). Das Interesse dieser Forschungsarbeit – die Frage nach handlungsleitenden Differenzkategorien von Kindern und deren Herstellung sozialer Wirklichkeit vor dem Hintergrund von Impulsen zum Sozialen Lernen – lassen sich im Rahmen dieser praxeologischen Wissenssoziologie sinnvoll herausarbeiten, da die Mehrdimensionalität von Erfahrungsräumen (Gender, Generation, Bildung, Migration) von Anfang an in Rechnung gestellt wird. Es wird von einem Spannungsverhältnis zwischen propositionaler und performativer Logik ausgegangen, welches durch die Kontextualisierung des Habitus-Begriffs zu den Begriffen der Norm und der Identität nicht mittels kausaler Erklärungsansätze zwischen gesellschaftlichen Wissensbeständen sowie der Aneignung durch Kinder und Jugendliche aufgelöst werden kann.

Zur empirischen Beschreibung von Differenzerfahrungen und insbesondere Diskriminierungserfahrungen im Rahmen praxeologischer Wissenssoziologie erscheint eine intersektionale Perspektive, wie sie Hilscher et al. (vgl. 2020) vorschlagen, als fruchtbar. Durch diese wird eine Sensibilität für die Auswirkungen generationaler Verhältnisse[18] ebenso angebahnt wie für Machtgefüge im sozialen Raum, die sich entlang kultureller oder geschlechtlicher Milieus konstituieren

---

[18] In den vorgestellten Forschungsprojekten im Beitrag von Hilscher et al. (vgl. 2020) werden insbesondere Diskriminierungserfahrungen von Erwachsenen des tertiären Bildungssektors thematisiert, weswegen generationale Verhältnisse in ihren Intersektionalitätsbegriff nicht eingelassen sind. Da Handlungsoptionen und -beschränkungen jedoch in der Kindheit als Lebensphase substanziell eingeschränkt sind und diese Einschränkung durch generationale Unterscheidungen legitimiert werden, ist es notwendig, auch Diskriminierungsprozesse aufgrund des Alters mit in den Blick zu nehmen.

(vgl. Honig 2009, S. 48). Przyborski et al. (vgl. 2008, S. 282) betonen, dass die Kategorie Geschlecht in vielen Forschungsvorhaben zur Rekonstruktion von Orientierungsrahmen in Gruppen von Kindern bzw. Jugendlichen nicht ausreichte, um die Genese von Orientierungsrahmen vollständig zu erklären. Daher sind die Ausgangslagen verschiedener Studien zur Differenzkonstruktion eher allgemeiner Art und fragen übergreifender danach, wie soziale Wirklichkeit in Mikroprozessen menschlicher Handlungen innerhalb spezifischer Situationen hervorgebracht wird (vgl. z. B. Kassis 2019). Differenzkategorien, die zumindest auf gesamtgesellschaftlicher Ebene eine gewisse Relevanz besitzen, sind auch im Rahmen der Dokumentarischen Methode als wirkmächtige Erfahrungsräume impliziert – hinsichtlich der Mehrdimensionalität der Erfahrungsräume halten soziale Identitäten wie die des Geschlechts, des Bildungshintergrundes etc. gewichtige Wissensbestände bereit. Der notwendigen Einklammerung des Geltungscharakters kann aber nachgekommen werden, indem die Kategorien wie die des Geschlechts zwar in ihrem sozialen und kulturell konstruierten Charakter, jedoch auch als „individuell stabile Größe" (Breitenbach 2013, S. 182) wahrgenommen werden. Aus dieser Perspektive stellt die Kategorie Geschlecht kein Wissen über idealtypische Entwicklungsverläufe bereit, die in empirischem Material lediglich ‚wiedergefunden' werden müssten. Sie ist eher ein Werkzeug, um die jeweils individuelle Ausgestaltung bzw. den individuellen Umgang mit dem Wissen um ‚Geschlechtlichkeit' einer Analyse zuzuführen.

Nicht nur das Wissen um (gesellschaftlich bedeutsame) Differenzkategorien und der Umgang mit diesem prägen das Spannungsfeld des Orientierungsrahmens im weiteren Sinne. Ebenso institutionell bereitgestellte[19] Wissensbestände sollen Kinder zu einem richtigen Schüler*innenverhalten anleiten. Die Rekonstruktion von sozialer Praxis bewegt sich dabei in einem Spannungsfeld zwischen Orientierungsschemata und dem Orientierungsrahmen, also dem Wissen zu institutionellen Erwartungen an regelkonformes Verhalten seitens der Schüler*innen, und der individuellen Aneignung und Umsetzung dieser Regeln (vgl. Bohnsack 2014a). Boer et al. (2009, S. 27) heben den dynamischen Umgang mit institutionalisierten normativen Erwartungen hervor:

---

[19] Auch wenn natürlich schulisches Wissen häufig ebenso mit Vorstellungen von z. B. Geschlechtlichkeit verbunden ist – beispielsweise zeigen dies Schulbuchstudien, die analysieren, inwieweit Geschlechternormen und Stereotype innerhalb von Illustrationen, Sprache, Aufgabenstellungen reproduziert werden (vgl. Moser et al. 2013) oder auch die Studie von Coers (vgl.2019), die aufdeckt, wie sogar Lehrpläne Wissen über Geschlechtlichkeit implizit transportieren und reproduzieren.

„Schülerinnen und Schüler haben Praktiken entwickelt, mit den an sie gestellte Anforderungen umzugehen und sich als Person zugleich abzugrenzen. Die Erwartungen der Institution Schule beeinflussen damit das Handeln der Schüler/innen, lösen Spannungen aus und führen zu Verhaltensweisen, die das alltägliche Miteinander beeinflussen und modifizieren. "

Boer und Deckert-Peaceman (vgl. 2009, S. 28) beschreiben die kommunikative Spannbreite, die sich in unterrichtlichen Settings etablieren kann. Sie reicht von unmittelbaren Kommentierungen des Unterrichtsgeschehens bis hin zu privaten Gesprächen, die auf einer Art Hinterbühne des Unterrichts stattfinden[20].

Es wurde in den vorangegangenen Kapiteln gezeigt, inwieweit das Forschungsinteresse der Rekonstruktion kindlicher Differenzerfahrungen sowie die Diskussion der Frage, inwieweit diese durch spezifische Wertvorstellungen Sozialen Lernens möglicherweise ‚gebrochen' werden, durch eine praxeologische Perspektive hinreichend methodologisch handhabbar werden. Bevor nun das Erhebungsinstrument diskutiert wird sowie die Intention und die einzelnen Interpretationsschritte der Dokumentarischen Methode vorgestellt werden, sollen die Forschungsfragen dieser Arbeit mithilfe des praxeologischen Begriffsinventars, dass in den vorangegangenen Kapiteln beschrieben wurde, präzisiert werden:

Wie konstruieren Kinder Differenz untereinander?

Diese Frage setzt den Analyseschwerpunkt im Prozess der Rekonstruktion auf die Differenzerfahrungen in einem Erhebungssetting, das die Intentionen Sozialen Lernens weitgehend ausklammert. Es wird bewusst darauf verzichtet, nach konkreten Differenzkategorien zu fragen, zu denen die Kinder Handlungstheorien entwerfen, da mit Rekurs auf Hirschauer (vgl. 2017)[21] eine solche aus dem Datenmaterial gewonnene Aufzählung aufgrund der Vielschichtigkeit potenziell bedeutender Differenzkategorien zwangsläufig sehr bruchstückhaft und an die spezifische Handlungspraxis der Teilnehmer*innen gebunden wäre. Der Erkenntniswert wäre hier eher als gering einzuschätzen. Vielmehr interessiert hier, welche Orientierungs- und Erklärungstheorien die Kinder zu schulischer oder gesellschaftlicher Differenz entwerfen und zum Gegenstand proponierender Performanz machen. Jene Theorien sind – wie gezeigt – in der kommunikativen Dimension verortet. Hinsichtlich

---

[20] Der Begriff des „grammar of schooling" (Jäger 2019, S. 49) für Regeln des Zusammenlebens und normative Wissensbestände innerhalb von Schule kann dabei als Grundlage für den performativen Umgang mit jenen dienen. Während *Doing Difference* also eine performative Aneignung von Differenzkategorien bedeutet, ist *Doing Student* vor allem mit einer Auseinandersetzung mit normativen Erwartungen der Institution Schule verbunden.

[21] Vgl. Abschnitt 5.3.1.

der Diskussionsimpulse sind es Theorien über imaginäre oder imaginative soziale Identitäten, die hier eine besondere Aufmerksamkeit erfahren. Gleichwohl können auch Theorien über institutionelle Normen und Rollen oder gar kommunikative Verbegrifflichungen dem Erkenntnisinteresse der Arbeit zuträglich sein.

Inwieweit sind Heterogenitätsdimensionen für Kinder handlungsleitend?
Diese Frage lässt sich allein mittels der kommunikativen Dimension impliziten Wissens nicht mehr beantworten. Grundsätzlich kann die Explizierung kommunikativ verfügbarer Wissensbestände in einem ‚künstlichen' Forschungssetting zwei Funktionen haben. Es gilt herauszufinden, ob die Kinder einer Gruppe durch ihre Proponierung über die Handlungspraxis einer gedachten dritten Partei berichten (in dem Sinne, dass sie über Differenz aus einer neutralen, unbeteiligten Perspektive heraus berichten, beispielsweise bei der Frage, welche Unterschiede zwischen Menschen ihnen bekannt sind) oder ob sie über ihre eigene Handlungspraxis berichten. Aufschluss hierüber gibt ein Abgleich mit der konjunktiven Dimension innerhalb der proponierenden und der performativen Performanz. Zu fragen wäre, inwieweit beispielsweise die handlungsleitende Relevanz von Differenzkategorien durch verbale Positionierungen bzw. Beurteilungen innerhalb von Erzählungen und Beschreibungen deutlich wird. Während hier die Ebene des Erzählens über Handlungspraxis nicht verlassen wird, so gibt die performative Ebene und damit der Vollzug von Handlungspraxis selbst Aufschluss über die Frage nach der Handlungsrelevanz[22]. Inwieweit findet also das Wissen über Differenz, das der forschenden Person als proponierende Performanz zugänglich ist, in der konkreten Handlungspraxis der Kinder (gefiltert oder ungefiltert) als habitualisiertes Wissen Anwendung? Inwieweit zeigt sich ein gruppenspezifischer Habitus im Kontrast zu identitäts- und normbezogenen Vorstellungen? Eine Suche nach möglichen Orientierungsrahmen i. w. S berücksichtigt hierbei auch stets die notorische Diskrepanz zwischen Orientierungsschemata und -rahmen i. e. S., deren Herausforderung die Integration gesellschaftlich und institutionell bereitgestellten Wissens über Differenz in eine habitualisierte Praxis darstellt.

---

[22] Dass sich diese auch in Gruppendiskussionen mit Kindern zeigt, wird in den folgenden Abschnitten gezeigt.

Wie vollzieht sich das Sprechen[23] über Differenz in Situationen des Sozialen Lernens?

Die Besonderheit dieses Forschungsvorhabens macht es erforderlich, dass der Diskussionsleiter an dieser Stelle des Erhebungsprozesses die Rolle des Impulsgebers einer Diskussion verlässt und die Kinder dazu veranlasst, ihre Ausarbeitung hinsichtlich der Impulse Sozialen Lernens zu ‚überdenken'. Es geht also um die verbale Verarbeitung und Integration von Angeboten des Sozialen Lernens in einen peerspezifischen Umgang mit Differenz. Während sich hier möglicherweise Effekte auf das habitualisierte unmittelbar handlungsstrukturierende Wissen und damit auf eine veränderte Handlungspraxis nicht nachvollziehen lassen, so lohnt dennoch ein Blick auf die Erzählebene der Performanz. Erneut kann dieser Prozess mit der Beschreibung der notorischen Diskrepanz zwischen Orientierungsschemata und Orientierungsrahmen empirisch werden.

Das hat auch Konsequenzen für die Auswertung so gewonnenen Materials. Der Diskussionsleiter beeinflusst mit Proponierungen nun selbst den Gesprächsverlauf. Das kann kompensiert werden kann, indem der Diskussionsleiter in der Analyse als gleichberechtigter Teilnehmer der Gruppendiskussion wahrgenommen wird, der Teil der Aushandlungsprozesse über Differenz ist.

5.5   Auswahl der Schulen und Stichprobe

Aufgrund der recht offen gestellten Forschungsfrage, die Offenheit in der Erhebung auch gegenüber den Studienteilnehmer*innen gebietet, wurde im Vorfeld keine gezielte Vorauswahl von Grundschulen getroffen. Aus forschungspragmatischen Gründen wurden daher zunächst bestehende Netzwerke genutzt, um Zugang zum Praxisfeld zu erhalten. Es konnten für die Erhebung zwei Schulen gewonnen werden. Schule 1 ist eine integrative Grundschule mit einem reformpädagogischen Konzept. Sie liegt in einer größeren Stadt. Die Schüler*innen der Schule kommen vorwiegend aus einem sozioökonomisch gut gestellten Umfeld. Die Migrationsquote im Einzugsgebiet ist als gering anzusehen.

Schule 2 ist ebenfalls eine Grundschule und liegt in einer Großstadt, hat jedoch kein ausformuliertes reformpädagogisches Konzept. Sie ist eine offene

---

[23] Mit Sprechen ist hier ein allgemeines Sprechen über Handlungspraxis gemeint, welches in beiden Dimensionen der Proponierten Performanz angesiedelt ist. Es wird also Abstand genommen von Begriffen wie „Erzählungen", „Beschreibungen" oder ähnlichen, weil diese in wissenssoziologischer Hinsicht eine Engführung auf bestimmte Bereiche des impliziten Wissens suggerieren, die an dieser Stelle aber nicht gemeint ist.

Ganztagsschule mit Halbtagsbetreuung und befindet sich in einem Stadtteil mit hoher Migrationsquote. Die Kinder kommen vorwiegend aus sozioökonomisch schlechter gestellten Verhältnissen. Der Kontakt mit den Schulen erfolgte in beiden Fällen über die jeweiligen Schulleiter*innen. Es wurde im Lehrkollegium bei den jeweiligen Klassenlehrer*innen die Bereitschaft sondiert, mit ihrer Klasse am Forschungsprojekt mitzuwirken.

Przyborski und Wohlrab-Sahr (vgl. 2008, S. 56) empfehlen vor der Durchführung der Gruppendiskussionen eine kurze Sondierungs- bzw. Hospitationsphase, um zumindest einen kleinen Einblick in alltägliche Handlungs- und Alltagspraxen zu gewinnen[24]. In beiden Schulen konnte diese kurze Vorlaufphase realisiert werden, der Autor bekam einen Einblick in den Alltag der Klassen und konnte an Sportfesten und Wandertagen teilnehmen. Neben einer gewissen Vertrautheit, die sich so zwischen Forscher und potenziellen Interviewpartner*innen anbahnen ließ, diente diese Phase auch dazu, räumliche und zeitliche Rahmenbedingungen zu klären. Przyborski und Wohlrab-Sahr (vgl. 2008, S. 63) empfehlen für Interviews mit Kindern eine vertraute Umgebung. Als Ort der Erhebung wurde in beiden Fällen die Institution Schule ausgewählt. Dies geschah einmal aus forschungspragmatischen Gründen, da alle Erhebungen innerhalb der regulären Schulzeit stattfanden. Ein Ortswechsel wäre dann sehr aufwändig gewesen. Weiterhin gibt es aber auch inhaltsbezogene Gründe, die für die Schule als Erhebungsort sprachen. Institutionen bzw. Organisationen bieten sich dann an, wenn Prozesse innerhalb der Institution Thema des Interviews oder der Diskussion sind (vgl. Przyborski und Wohlrab-Sahr 2008, S. 66). Dies ist in der vorliegenden Arbeit nicht der Fall, auch wenn in einem gewissen Sinne Impulse Sozialen Lernens direkte oder indirekte Bestandteile offizieller und inoffizieller Curricula der Institution Schule sind. Die Schule entspricht in diesem Fall dem authentischeren Umfeld. Gleichzeitig schränkt Heinzel (2003, S. 404) ein, dass dadurch „die Interviewsituation mit der Institution Schule verbunden wird" und Sprechakte somit institutionell verortet sind. Der oft beobachtete Effekt, dass sich die Interviewpartner*innen in Institutionen anders verhalten, aus strategischen Gründen oder aus Angst vor Sanktionen oft ‚weniger frei' (vgl. ebd.) agieren, konnte etwas abgefedert werden, indem ich als externe Person nicht sofort mit den Abläufen innerhalb der Organisation Schule in Verbindung gebracht wurde – möglicherweise, da mich die Kinder in den Hospitationstagen davor eher als Praktikanten kennengelernt haben, der nicht in gleichem Maße über Autorität und Befugnisse

---

[24] In diesem Abschnitt werden Rahmenbedingungen der Durchführung von Gruppendiskussionen dargestellt. Methodische Grundprinzipien dieser Erhebungsmethode sowie die Zusammensetzung und Gestaltung der Diskussionsgruppen werden genauer in den Abschnitten 5.6.3 und 5.6.4 erläutert.

verfügt wie Lehrer*innen und sonstiges pädagogisches Personal. Ferner wurde anfänglich stets darauf hingewiesen, dass die Gesprächs- und Diskussionskultur inklusive ‚Redner*innenliste' für die Dauer der Erhebung gelockert ist. Um dies zu unterstützen, wurde die frontale Bestuhlung der Räume aufgelöst und durch einen kleinen Sitzkreis ersetzt. Die Durchführung selbst wird im nächsten Abschnitt noch einmal genauer skizziert.

Mit der Erhebung wurde an Schule 1 begonnen. Mit einem Abstand von zwei Wochen folgten der Besuch in und die Erhebung an Schule 2. Folgende Tabelle (Tabelle 5.1) stellt eine Auflistung aller Daten dar, die für das Forschungsvorhaben erhoben wurden[25]:

Tabelle 5.1 Erhobenes Datenmaterial

Schule 1		Schule 2	
Diskussionseinheit 1 (Fischschwärme)	Diskussionseinheit 2 (Bilderbuch „Irgendwie Anders")	Diskussionseinheit 1 (Fischschwärme)	Diskussionseinheit 2 (Bilderbuch „Irgendwie Anders")
A3	A3	A1	A1
B3	B3	A2	A2
C3	C3	A3	A3
D3	D3	B1	B1
E3	E3	B3	B2
F4	F4		B3
B4 + D4	B4 + D4		B4
C4 + E4	C4 + E4		
F4	F4		

Das Material wurde im Anschluss an die Erhebung gesichtet und hinsichtlich des Vorhandenseins von Fokussierungsmetaphern untersucht. Ferner spielten hier auch einige methodische Entscheidungen mit hinein. Nicht alle Gruppendiskussionen wurden so einer Dokumentarischen Interpretation unterzogen. Alle für die Ergebnisdarstellung relevanten Gruppen wurden dann entsprechend eines kurzen Zitats aus den Textstellen benannt, in denen sich die Kinder in prägnanter Weise auf die Nebenfiguren des Buches beziehen (Tabelle 5.2).

---

[25] Mit jeder Gruppe wurden insgesamt zwei Gruppendiskussionen durchgeführt. Den Gruppen wurden hierbei Kürzel zugewiesen. Diese bestehen aus einem Buchstaben und einer Ziffer. Die Gestaltung der Gruppendiskussionen und der Gesprächsimpulse kann dem Abschnitt 5.6.4 entnommen werden.

Tabelle 5.2 Interpretiertes Datenmaterial

Schule 1		Schule 2	
Diskussionseinheit 1 (Fischschwärme)	Diskussionseinheit 2 (Bilderbuch „Irgendwie Anders")	Diskussionseinheit 1 (Fischschwärme)	Diskussionseinheit 2 (Bilderbuch „Irgendwie Anders")
Gruppe E3: Maulwurf	Gruppe D3: Ente	Gruppe B1: Hase und Fuchs	Gruppe A2: Giraffen Gruppe A3: Zirkus Gruppe B1: Hase und Fuchs Gruppe B2: Zwei Hälften Gruppe B3: Affe Gruppe B4: Hellblau

Die Auswertung und Interpretation des Datenmaterials konzentrierte sich auf die Daten, die im Rahmen der zweiten Diskussionseinheit erhoben wurden. Es zeigte sich, dass hier mehr Fokussierungsmetaphern und inhaltlich relevante Passagen vorzufinden waren als in der Diskussionseinheit 1. In vielen Gruppendiskussionen verblieben die Teilnehmer*innen inhaltlich zu eng an den Abbildungen der Fischschwärme, die keinen Aufschluss über erkenntnisleitende Fragen gaben. Dennoch wurden in zwei Fällen, sowohl in Schule 1 als auch Schule 2, Diskussionen ausgewählt, die in besonderem Maße zur Beantwortung der Forschungsfrage beitrugen. Des Weiteren lag der Schwerpunkt der Interpretationen auf dem Datenmaterial aus Schule 2. Zum einen war dies in der ungenügenden technischen Realisierung der Aufnahme in Schule 1 begründet. Teilweise waren Aufnahmewinkel und Tonqualität ungenügend und ließen eine adäquate Transkription nicht zu. Dies lässt sich mit meiner mangelnden Erfahrung zu Anfang der Erhebung erklären und ist auch der Tatsache geschuldet, dass im Gegensatz zur Schule 2 keine studentische Hilfskraft anwesend war, die bei der technischen Umsetzung assistieren konnte. Weiterhin kann die Größe der einzelnen Gruppen, deren Zusammensetzung sich an der Struktur des jahrgangsübergreifenden Lernens orientieren musste, in Schule 1 als suboptimal bezeichnet werden, da dadurch die Gruppengrößen bis zu 14 Personen betrugen, was die empfohlene Maximalbegrenzung von 3–5 Personen pro Gruppe deutlich überstieg. Dadurch wurde es beispielsweise schwierig, die einzelnen Redebeiträge noch ihren jeweiligen Sprecher*innen zuzuordnen. Ferner fand zwischen der ersten und der zweiten Erhebungswelle eine Konsultation mit dem Doktorand*innenkolloquium statt, in dem einige Modi der Gesprächsführung noch einmal kritisch reflektiert wurden. Anlass war die in Schule 1 eingeführte

Gesprächsregel, bei peergrouporientierten Schilderungen keine Namen von Kindern zu nennen, um Beschämungen potenziell anwesender Kinder zu vermeiden. Diese Strategie erwies sich jedoch nicht als zielführend und sogar als sehr hinderlich für einen möglichst natürlichen unbeeinflussten Diskussionsverlauf. Daher wurde dieses Vorgehen im Rahmen der Erhebungen in Schule 2 fallengelassen und nur wenige Daten aus Schule 1 fanden Eingang in den Interpretationskorpus. Dennoch erwiesen sich beide Einheiten mit der Gruppe Maulwurf als spannend, insbesondere weil diese Gruppe mit der durch den Diskussionsleiter eingeführten Regel einen kritischen Umgang entwickelte.

Weitere Konsultationen und Teilnahmen an Diskussionsgruppen mit „wissenschaftlichen Interpreten" zum Zwecke einer „kommunikativen Validierung zur Absicherung von Interpretationen" (Flick 1987, S. 154) fanden zu folgenden Terminen mit dem folgenden Material statt:

– 22.04.2017: Teilnahme an einem Workshop zur Dokumentarischen Interpretation mit einer reflektierenden Interpretation der Gruppe Maulwurf, Passage „Angst"
– 06.11.2019: Teilnahme an einer Sitzung des Graduiertenkollegs mit einem Textausschnitt aus dem Methodenteil inkl. einem Interpretationsauszug aus der Gruppe Maulwurf, Passage „Ausgrenzung"
– 02.03.2020: Teilnahme an Klausurtagung des Graduiertenkollegs mit einer reflektierenden Interpretation der Gruppe Hase und Fuchs, Passage „Reim"
– 24.04.2020: Interpretationstreffen des Doktorand*innenkolloquiums mit einer reflektierenden Interpretation der Gruppe Hase und Fuchs, Passage „Nazis"
– 11.11.2020: Teilnahme an einer Sitzung des Graduiertenkollegs mit einem ersten Entwurf der Basistypik
– 16.12.2020: Teilnahme an einer Interpretationsgruppe mit einem ersten Entwurf der Basistypik sowie Überlegungen zur sinngenetischen Typenbildung

Alle Einheiten wurden durch die forschende Person durchgeführt und moderiert. Bei den Gruppen Maulwurf und Hase und Fuchs in Schule 1 bzw. 2 wurde sich entschieden, beide Einheiten zur Interpretation heranzuziehen. Diese insgesamt vier Gruppendiskussionen wurden besonders detailliert interpretiert, um den Diskursverlauf innerhalb der durchgehend hohen interaktiven Dichte möglichst genau nachvollziehen zu können. Bei den anderen Gruppen war die Dichte nur an vereinzelten Stellen hoch, sodass hier das thematische Interesse die Selektion der zu interpretierenden Passagen etwas stärker beeinflussen konnte. Teilweise wurden nur einige wenige Sequenzen ausgewählt. Die Länge der interpretierten Passagen reicht von einigen Sekunden bis zu fünf Minuten.

5.6 Das Gruppendiskussionsverfahren

5.6.1 Methodische Grundlagen des Verfahrens

Der empirische Teil dieser Studie macht sich das Gruppendiskussionsverfahren als Erhebungsmethode zu Nutze. Eine Gruppe von drei bis fünf Personen kommt zusammen und kommuniziert über einen von außen hineingegebenen Gesprächsimpuls. In aller Regel geht es im Unterschied zu einem Gruppengespräch oder einer -befragung weniger um das Abfragen verschiedener Einzelmeinungen, sondern um den Austausch der Gesprächsteilnehmenden untereinander. Daher kommt in Gruppendiskussionen der selbstläufige Charakter besonders zum Tragen (vgl. Loos und Schäffer 2001, S. 12).

Obwohl der Einsatz von Gruppendiskussionen bis in die 30er Jahre zurückverfolgt werden kann, so fehlte lange Zeit eine grundlegende methodologische Fundierung (vgl. Bohnsack 2013a; Bohnsack et al. 2010b; Liebig und Nentwig-Gesemann 2009; Lamnek 2008). Erste Ansätze, nach denen sich in Gruppendiskussionen Gruppenmeinungen als Summe verschiedener Einzelmeinungen aktualisieren, finden sich seit den 30er Jahren im angloamerikanischen Sprachraum. Für den deutschsprachigen Raum sind vor allem die Arbeiten, die am Frankfurter Institut für Sozialforschung unter der Leitung von Pollock (vgl. 1955) entstanden sind, erwähnenswert. In Studien, in denen Einstellungen und Ideologien von Menschen des Nachkriegsdeutschlands im Zentrum standen, wurden beobachtbare Äußerungen innerhalb von Gruppen in engem Zusammenhang zum sozialen Kontext analysiert, in dem sie geäußert wurden (vgl. Lamnek 2008, S. 408). Trotz des Verweises auf die Kontexthaftigkeit des Verfahrens ließ sich in den folgenden Forschungsvorhaben eine Diskrepanz zwischen dieser ersten methodologischen Fundierung und der Forschungspraxis feststellen, die weiterhin versuchte, anhand von Diskussionsprotokollen individuelle Meinungen und Standpunkte herauszufiltern (vgl. Bohnsack 2013a). Erst die Arbeitsgruppe um Bohnsack (vgl. Bohnsack et al. 2010a) gab dem Gruppendiskussionsverfahren erstmals eine richtige methodologische Grundlage, die die Übertragung methodologischer Erkenntnisse in die Praxis gewährleistete. Mit Rekurs auf Mannheim (vgl. Mannheim et al. 2003) diskutieren sie die Potenziale einer Methode, in der sich in einem „scheinbar zusammenhanglosen Diskursprozess hindurch in den einzelnen Redebeiträgen (...) [ein] kollektives Sinnmuster" (Bohnsack 2013a, S. 209) entfaltet, welches sich auf „Grundlage gemeinsamer Erlebniszusammenhänge" herausgebildet hat (Bohnsack 2010, S. 108). Im Rahmen dieser wissenssoziologischen Fundierung sehen die Autor*innen das Potenzial des Verfahrens nicht nur hinsichtlich der Möglichkeit, auf der Ebene des Common Sense

auf das Alltagwissen der Teilnehmenden zuzugreifen, sondern ebenso hinsichtlich
der Offenlegung der dahinter liegenden „Regeln, formalen Strukturen ‚Standards'
der Kommunikation und Darstellung" (Bohnsack et al. 2010b, S. 12). Bohnsack hebt an anderer Stelle hervor, dass Gruppendiskussionen insbesondere einen
Einblick in die Regelhaftigkeit des Modus Operandi einer bestimmten Gruppe
ermöglichen, welche „lediglich auf der Grundlage von rekonstruierenden Darstellungen, also von Erzählungen und Beschreibungen" (Bohnsack 2017, S. 95),
wie sie durch das Gruppendiskussionsverfahren forciert werden, zugänglich sind.
Er stellt fest (Bohnsack 2017, S. 163):

> *„So finden wir im Bereich von Gruppendiskussionen auch – und überwiegend –*
> *metaphorische Darstellungen der habitualisierten Praxis selbst, die uns in Form*
> *von Erzählungen und Beschreibungen einen unmittelbaren Zugang zum konjunktiven*
> *Erfahrungsraum eröffnen."*

Die „Gemeinsamkeiten des biografischen Erlebens, Gemeinsamkeiten der Sozialisationsgeschichte, des Schicksals" (Bohnsack 1997, S. 6) werden so in
Gruppendiskussionen aktualisiert (Przyborski und Riegler 2010, S. 439). Diese
Gemeinsamkeiten können sowohl institutionell geprägt sein als auch durch das
Eingebundensein in familiäre oder gesellschaftliche Kontexte. Sie sind „Formen
der kollektiven Deutung und Bearbeitung sozialer Realität vor dem Hintergrund
homologer Erfahrungen und struktureller Bedingungen der Lebensführung" (Weller und Pfaff 2013, S. 57). Sie materialisieren sich durch das Spannungsfeld
zwischen kommunikativen Erfahrungen (die unter anderem geprägt sind durch
die Anforderung, sich in mannigfaltigen Verflechtungen gesellschaftlicher Differenzlinien zu verorten) und einem Habitus des intuitiven Handlungsvollzuges.
Kinder fühlen sich zu bestimmten Teilen der Gesellschaft dazugehörend, nehmen
zu anderen wiederum eine distanzierte Haltung ein; lehnen diese ab oder werden von ihnen abgelehnt. Eine wissenssoziologische Lesart so gewonnener Daten
vermag dieses Spannungsfeld zu rekonstruieren.

Mithilfe des Gruppendiskussionsverfahrens können solche „Differenzerfahrungen, Positionierungen und Gestaltungsspielräume" sichtbar gemacht (Kleiner und
Rose 2014, S. 81) und vorher verschlossene Erfahrungsräume durch aktives Dar-
aufzugehen und Eindringen in einen Lebenszusammenhang der Wahrnehmung
eines*einer Forscher*in zugänglich gemacht werden (vgl. Asbrand und Nohl
2013, S. 164). In Gesprächsbeiträgen während der Gruppendiskussion werden
diese Positionierungen nicht nur abgebildet oder aktualisiert, sondern reproduziert
(vgl. Przyborski und Riegler 2010, S. 445). Das Gruppendiskussionsverfahren
erlaubt eine forschungspragmatische Ausrichtung, in der die Unabgeschlossenheit

sozialer Handlungen im Vordergrund steht, in der Sprechakte als Handlungen zu betrachten sind und somit die Frage nach den Herstellungsprozessen nicht auf der Ebene des Common Sense (dem *Was*) verbleibt.

Erhebungsinstrumente, die die Teilnehmer*innen als eigenständige Akteur*innen betrachten, die maßgeblich die Herstellung ihrer Wirklichkeit vorantreiben, entsprechen den Ansätzen der neueren Kindheitsforschung, in welchen das Kind als souveräne*r Gestalter*in ihrer*seiner Lebenswelt fokussiert wird (vgl. Bühler-Niederberger und Sünker 2006; Fölling-Albers 2010; Heinzel 2013, 2012b; Krüger 2006). Dennoch spielte dieses Verfahren zugunsten anderer Erhebungsformate lange Zeit eine eher untergeordnete Rolle (vgl. Alexi 2014, S. 65; Brenneke und Tervooren 2019; Krüger 2006, S. 95). Oftmals werden vor allem forschungspragmatische Gründe gegen einen Einsatz dieses Verfahrens vorgebracht. Insbesondere im Zeitraum, als die neuere Kindheitsforschung gerade erst begann, sich zu etablieren, wird gegen den Einsatz dieser Erhebungsmethode in kindheitsbezogenen Studien argumentiert. Auffällig ist, dass sich diese auch in den Folgejahren singulär finden lassen. So berichtet Richter in seinem Forschungsüberblick beispielsweise von Schwierigkeiten bei der Schaffung von „Anreize[n] zur Verbalisierung" (Richter 1997, S. 89). Neuß (2003, S. 12–13) diskutiert vor allem „gruppendynamische Effekte", das heißt, die Gruppe erzeugt normativen Druck (z. B.: einer lacht und dann lachen alle …). Vogl benennt vor allem den öffentlichen Charakter, der Kinder stärker einschüchtere als Erwachsene. Ferner führt sie forschungspragmatische Gründe, wie einen erhöhten Aufwand bei der Transkription (vgl. Vogl 2005) sowie fehlende kognitive Voraussetzungen von jüngeren Kindern (vgl. Vogl 2012) als Gründe an, die der Anwendung des Gruppendiskussionsverfahrens eher entgegenstehen. All diese Einwände verkennen jedoch das Potenzial von Gruppendiskussionen mit Kindern als „Dokumentation kollektiver Erfahrungen (…), die Aufschluss über ihre Lebenswelt sowie über gruppendynamische Prozesse unter Gleichaltrigen" geben (Grunert 2010, S. 260–261).

5.6.2 Das Gruppendiskussionsverfahren in der Kindheitsforschung

Durch die wissenssoziologische Aufarbeitung der Erhebungsmethode vor dem Hintergrund der Dokumentarischen Methode (vgl. Bohnsack et al. 2010b) wurden Gruppendiskussionen als Möglichkeit für Kinder, „Lebensbereiche (…) in ihrer Sprache [zu] thematisier[en]", neu entdeckt (Heinzel 2012a, S. 113). Die zu beobachtenden sozialen Aushandlungsprozesse geben Auskunft über „emotional besetzte oder kinderkulturell relevante Gegenstände, sinnlich-symbolische Erlebnisebenen, (…) familiäre und Freundschaftsbeziehungen genauso wie Praktiken der Kinderkultur" (Heinzel 2003, S. 120). Die mitunter unkonventionelle Kommunikation der Kinder, aufbauend auf konjunktiven Erfahrungsräumen, ist weniger als Absage an das Erhebungsinstrument zu sehen als vielmehr eine Aufforderung zur behutsamen und reflektierten Auswertung und Interpretation seitens der forschenden Person (Heinzel 2012a).

Gegenüber Einzelinterviews besteht der Vorteil durch die zahlenmäßige Überlegenheit der Kinder und Jugendlichen darin, dass antizipierte Verhaltenserwartungen, die Interviewer*innen mit in das Gespräch bringen könnten, zurückgestellt werden (vgl. Billmann-Macheda und Gebhard 2014; Heinzel 2012a). Somit lassen sich Praktiken des Sozialen beobachten, die von in Institutionen erworbenen Deutungsmustern abweichen (vgl. Billmann-Macheda 2001). In einer Studie über das Spielverhalten von Kindern (vgl. Nentwig-Gesemann 2010) wurden Gruppendiskussionen und ethnografische Beobachtungen durchgeführt. Darin unterscheiden die Autor*innen unter anderem zwei Formen des Spielens. Dem regelgeleiteten Spielen mit (meist schriftlich) kodifizierten Regeln, deren Einhaltung insbesondere im Beisein der Forscher*innen besondere Relevanz gewinnt, steht eine unverbindliche Form des Spielens oppositionell gegenüber. Diese habituelle Form des Spielens nutzt ebenso die ‚Idee' regelgeleiteten Spielens, jedoch finden Aushandlungen über die Bedingungen des Mitmachens vorwiegend über Mitmachen und Nachahmen statt und weniger über kodifizierte Regeln. Im Zentrum der Untersuchung (vgl. Wagner-Willi 2010) stand die Frage, wie alltäglich das rituell bearbeitet wird, was Schüler*innen als Differenz erfahren – die Gemeinsamkeiten der sozialen Erfahrung und der Orientierung sowie den durch gemeinsame Handlungspraxis konstituierten Erfahrungsraum der Peergroup einerseits und den institutionell-kommunikativen Sinnzusammenhang des Unterrichts in der Schule andererseits.

Das Gruppendiskussionsverfahren eröffnet Kindern Räume, in denen Sagbares wiederholt, aber auch verschoben werden kann (vgl. Jergus 2014, S. 65). Es erlaubt Kindern also auch einen verändernden Umgang mit dem ‚Wissens- und Verhaltensangebot' des Sozialen Lernens. Ähnlich definiert auch Billmann-Macheda (vgl. 2001, S. 14) Prozesse der Aushandlung. Mit Anschluss an Heinzel begreift sie das Potenzial von Gruppendiskussionen darin, dass in ihnen Teile von Kinderkultur beobachtbar sind, die sich mit dem institutionellen Kontext der Schule (und damit sind ebenso Elemente des Sozialen Lernens eingeschlossen) und anderen Bildungs- und Sozialisationsinstanzen überlagern bzw. überlappen. Sie schließt daher Identitätsnormen genauso wie institutionalisierte normative

Erwartungen ein und deckt damit ein breites Spektrum an kommunikativem Wissen ab.

Indem Kindern Raum gegeben wird, ihre Aussagen aufeinander zu beziehen, bietet das Gruppendiskussionsverfahren jedoch nicht nur die Möglichkeit, in sich konsistente, widerspruchsfreie Sinnzusammenhänge innerhalb der Gruppe zu beobachten. Gelegentlich münden diese Aushandlungsprozesse in einem Orientierungsdilemma. Damit bezeichnet Bohnsack (vgl. Bohnsack 2013a, S. 209) gewissermaßen die Schwierigkeiten im ,Einigungsprozess' auf einen gemeinsamen Erfahrungsraum, wenn z. B. institutionell und gesellschaftlich geprägte Wissensbestände aufeinandertreffen. Diese können natürlich in einem Gespräch beispielsweise über handlungsrelevante Differenzkategorien auftreten. Die Interaktionen einer Gruppe von Kindern, die im Zuge gemeinsamer biografischer oder milieuspezifischer Schichtungen eine gewisse Vertrautheit unter- und zueinander erworben haben, können Hinweise auf Kategorien der Differenz geben, die im jeweiligen Klassenverband sinnstiftend sind (vgl. Heinzel 2012a). Dies geschieht auch über den normativen Rahmen Sozialen Lernens hinweg, wenn Strategien der Positionierung unter Umständen der Abgrenzung von anderen Identitäts- und Gruppenentwürfen dienen. Aber auch für den Teil der Erhebung, der Positionierungen von Kindern vor dem Hintergrund der Elemente Sozialen Lernens betrachtet, erscheint diese Erkenntnis spannend. Kindern kann zwar unter Umständen kommunikativ-generalisiertes Wissen über angemessene soziale Verhaltensweisen in Schule und Gesellschaft bewusst sein und sie können es in geeigneten Situationen auch wiedergeben. Ein Denken in Kategorien kann jedoch auch als Medium genutzt werden, um zu eigenen Umgangsweisen mit Differenz zu kommen, die zu eigenwilligen Interpretationen pädagogischer Zielen des Sozialen Lernens wie ,Toleranz' und ,Solidarität' führen oder gar nicht mehr unbedingt etwas mit diesen zu tun haben. Konjunktive Erfahrungsräume aus dieser Perspektive während der expliziten Thematisierung von Verschiedenheit im Rahmen des Sozialen Lernens zu analysieren, bedeutet, diese differenten Umgangsweisen mit dem normativen Gehalt Sozialen Lernens in den Blick zu nehmen.

5.6.3 Methodische Grundprinzipien

Die Durchführung und Leitung von Gruppendiskussionen unterscheidet sich in einigen Punkten von den Prämissen eines narrativen oder leitfadenstrukturierten Interviews. Als erstes wird an verschiedenen Stellen die zumindest phasenweise Herstellung von Selbstläufigkeit genannt (vgl. Bohnsack 2010, 2013a; Loos und

Schäffer 2001, S. 51; Przyborski und Wohlrab-Sahr 2008), um dem Gespräch als sich selbst steuerndem System genügend Raum zu geben (vgl. Bohnsack 2013a, S. 121). Der interviewenden Person kommt dabei die Aufgabe zu, der Gruppe stimulierende Impulse zu setzen, die eine eigene Dynamik innerhalb der Teilnehmenden in Gang setzt (vgl. Flick 2017, S. 251). Vor allem bei heterogenen Gruppen können nur so Gemeinsamkeiten auf der Ebene konjunktiver Erfahrungen erkannt und ausgehandelt werden (vgl. Przyborski und Riegler 2010, S. 440). Damit erfordert diese Methode eine non-direktive Gesprächsführung. Gesprächsrahmen werden grob vorgegeben, die Diskutanten sind mit ihren Wortbeiträgen dominant und gestaltend-aktiv. Die forschende Person gibt sich den Antworten gegenüber interessiert, paraphrasiert und stellt vor allem immanente Nachfragen, die sich auf zuvor Gesagtes beziehen (Lamnek 2008, S. 443).

Gruppeninterviews mit Kindern stellen die forschende Person jedoch vor einige Besonderheiten. Während der non-direktive Gesprächsstil vor allem in einer wissenssoziologischen Rahmung als unabdingbare Voraussetzung genannt wird, damit Kinder in Gruppendiskussionen gemeinsames Erleben „in ihrer Sprache thematisier[en]" (ebd.), so wird vor allem das Spannungsverhältnis zwischen sprachlicher und nicht-sprachlicher Interaktion diskutiert (Nentwig-Gesemann 2010), das Problem der Herstellung von Selbstläufigkeit (vgl. Billmann-Macheda 1994) und individuelle Kompetenzen von Schüler*innen zur Verbalisierung von Diskussionsbeiträgen (vgl. Vogl 2005). Nentwig-Gesemann und Gerstenberg (vgl. 2014) sehen jedoch gerade in nicht-sprachlichen Praktiken der Aufführung sowie der Körperlichkeit im Ausdruck von Kindern eine fruchtbare Ressource zur Erforschung konjunktiver Erfahrungsräume – und damit, welche Differenzkategorien für Kinder handlungsleitend sind.

Als forschende Person ist es jedoch wichtig, sich dieser doppelten Fremdheit gegenüber kindlicher Lebenswelt *und* den fremd und chaotisch anmutenden szenisch-mimischen Ausdrucksformen in der Erhebungssituation bewusst zu sein (vgl. Przyborski und Wohlrab-Sahr 2008, S. 106). Alkemeyer et al. (2015, S. 10) heben in diesem Zusammenhang den für Kinder subjektiven Sinn einer solchen „kinästhetischen" Aneignung und Wiedergabe von Erfahrungen hervor, die gegenüber einer möglicherweise rein sprachlich basierten Kommunikation älterer Diskussionteilnehmer*innen für Forschungsprozesse gar einen empirischen Mehrwert sowie einen tieferen Einblick in den Modus Operandi der Handlungspraxis bietet:

> *„Das Konzept der Kinästhesie macht auf besondere Weise deutlich, wie porös die Grenzen zwischen körperlich-sinnlichen Erfahrungen und bewussten Denkprozessen sind*

*(Bateson 1979; Damasio 2000), und wie sehr sich Körper, Denken und Sprechen auf-
einander beziehen. Denn mit dem Einüben und Aufführen körperlicher (Bewegungs-)
Muster und Gesten bilden sich immer auch leibliche Wahrnehmungsvermögen, Einstellungen und ein ‚praktischer Sinn' (Bourdieu 1987) aus, welche die Orientierung,
Grenzrealisierung und somit die Erkennbarkeit der Einheit eines Subjekts in der Praxis
gewährleisten."*

Hinsichtlich der konkreten Realisierung des Forschungsvorhabens unterscheidet Viertel (2015, S. 104) zwischen der Phase der Vorbereitung und der Phase
der Durchführung. Przyborski und Wohlrab-Sahr (vgl. 2008, S. 43) empfehlen
für den ersten Kontakt und die Gewinnung von Teilnehmer*innen, diese über
die wissenschaftlichen Erkenntnisse allgemein zu informieren, darüber hinaus
jedoch – zumindest gegenüber den Proband*innen – sparsam mit detaillierte-
ren Informationen über den theoretischen Hintergrund und mögliche Hypothesen
umzugehen. Während Lehrer*innen, Direktor*innen, Eltern sowie administra-
tive Stellen in unterschiedlichen Abstufungen mehr oder weniger detailliert über
Forschungsanlage und -interesse aufgeklärt wurden, so wurde den Kindern im
Vorfeld erklärt, dass ein Gespräch über ihren Alltag inner- und außerhalb der
Schule erfolgen soll und dass ihre Meinung zu einigen Bildern und Büchern
gefragt ist, die von der forschenden Person mitgebracht werden. Den Eltern
wurde in einem Schreiben neben datenschutzrechtlichen Hinweisen auch folgende
inhaltsbezogene Informationen mitgeteilt:

*„Das Ziel dieser Arbeit ist die Erforschung von Schüler*innenantworten und
-interaktionen während der Durchführung einer Lerneinheit zum Thema Verschiedenheit in der Gesellschaft. (…). Die Unterrichtsstunden[26] habe ich selbst entworfen
und werde sie auch selbst halten. Sie sind kindgerecht formuliert und geplant. Für
Rückfragen dazu stehe ich selbstverständlich jederzeit zur Verfügung."[27]*

Dazu wurde den Kindern das Vorhaben offeriert, mit ihnen ein Buch zu lesen
und gemeinsam mit ihnen einige Bilder von Fischschwärmen anzuschauen. Alle
Kinder wurden am Anfang darauf hingewiesen, dass ihre Teilnahme freiwillig ist
und sie keine schulischen oder privaten Nachteile zu fürchten brauchen, wenn sie
nicht auf Video aufgenommen werden wollen.

Gerade in der Kindheits- und Jugendforschung wird darüber hinaus empfoh-
len, bei der Zusammensetzung der Diskussionsgruppen den Kindern Mitbestim-
mungsrechte zu geben (vgl. Heinzel 2012a, S. 107). Die Bildung sogenannter

---

[26] Das Wort „Unterrichtsstunden" wurde gewählt, um den Elternfragebogen begrifflich nicht
zu komplex zu gestalten, und hat für weitere Ausführungen keine Relevanz.

[27] Vgl. Anhang.

natürlicher Gruppen oder Realgruppen wurde auch im vorliegenden Forschungsvorhaben angestrebt. Diese sind nicht nur durch vergleichbare Erfahrungen
miteinander verbunden (z. B. die Erfahrungen als Schüler*innen), sondern
gleichsam auch durch eine gemeinsame Erfahrungspraxis (vgl. Liebig und
Nentwig-Gesemann 2009, S. 105). Im Falle von Schule 1 konnte dies leider
nicht realisiert werden. Aufgrund des altersübergreifenden Lernens gab es dort
keine Klassen, sondern Stammgruppen, die nur für relativ wenige Stunden in der
Woche zusammen unterrichtet wurden. In dieser Zeit mussten die Erhebungen
durchgeführt werden, was dazu führte, dass leider auch die empfohlene Maximal-
teilnehmer*innenzahl von 3–5 (vgl. Przyborski und Wohlrab-Sahr 2008, S. 106)
mit teilweise 10 Personen überstiegen wurde. Dies stellte bei der anschließen-
den Auswertung eine Herausforderung dar. In Schule 2 war dies kein Problem.
Hier wurden der Wahl der Kinder lediglich durch ihre Zugehörigkeit zu einer
bestimmten Schulklasse Grenzen gesetzt.

Liebig und Nentwig-Gesemann (vgl. 2009, S. 106) betrachten die Eröff-
nungsphase, in der Details des Ablaufes mit den Teilnehmer*innen geklärt
werden – beispielsweise, dass schulische Ablaufmuster etwas zurückgefahren
werden und die Kinder Themen selber bestimmen können – als wichtigen Teil der
Gruppendiskussion. Die Kinder wurden außerdem darauf hingewiesen, dass eine
Kamera und ein Diktiergerät die Diskussion aufzeichnen, dass die Aufnahmen
jedoch nicht veröffentlicht werden und sie nur verwendet werden, damit Gesagtes
später noch einmal angehört und ggf. aufgeschrieben werden kann. Neben diesen
formalen Anforderungen gilt es, im weiteren Verlauf einen kurzen Eingangsimpuls zu setzen, der das Forschungsinteresse im Blick behält, aber gleichzeitig
auch selbstläufiges Erzählen und Diskutieren der Teilnehmer*innen ermöglicht.
In den meisten Gruppen war die Herstellung von Selbstläufigkeit aufgrund der
für Kinder alltagsnahen Thematik und der Vertrautheit der Teilnehmer*innen
untereinander kein Problem. In wenigen Fällen gab es Schwierigkeiten bei der
Initiierung eines selbstläufigen Gespräches. In solchen Fällen empfehlen Liebig
und Nentwig-Gesemann (vgl. 2009, S. 106), vor allem immanente Nachfragen an
die gesamte Gruppe zu stellen, die sich auf bereits Gesagtes beziehen. Erst wenn
auch dies nicht dazu beiträgt, dass sich das Gespräch verselbstständigt, können
durch Nachfragen auch neue Impulse und Aspekte hineingebracht werden.

5.6.4 Gestaltung der Gruppendiskussionen

Aufgrund der Forschungsfrage, die zum einen unbeeinflusst von einem Framing
des Sozialen Lernens nach Positionierungen fragt, zum anderen dieses Moment

an einigen Stellen in die Erhebung einbringt, wurde sich entschieden, mit den Kindern insgesamt zwei Gruppendiskussionen durchzuführen, die sich in den Eingangsstimuli jeweils unterschieden. In der Kindheitsforschung werden oftmals zusätzlich zu den konventionellen verbalen Eingangsstimuli weitere mögliche Angebote gemacht – seien es Aufforderungen zum gemeinsamen Spiel, in denen sich kollektive Handlungspraxen artikulieren (vgl. Nentwig-Gesemann 2010) oder eben Bilder oder kurze Geschichten, deren Inhalte durch die Gruppe diskutiert werden können (vgl. Neuß 2003). Durch die Rezeption von Medien wie Bildern oder kurzen Videos artikulieren sich unterschiedliche Sinnbildungsprozesse der Gruppe, welche eine Rekonstruktion kollektiver Orientierungen und konjunktiver Wissensbestände ermöglichen. „In der Interaktion von Bild und Rezipierenden entsteht (…) etwas qualitativ anderes als das Bild – nämlich der Sinn, der sowohl vom Bild als auch von den Betrachtern hervorgebracht wird" (Michel 2010, S. 222). In der Studie von Springsgut (vgl. 2021) wurde in Gruppendiskussionen mit Erwachsenen zum Erleben von Diskriminierung Studierender an Hochschulen ebenfalls ein spezieller Eingangsstimulus genutzt, der somit von den sonst üblichen zurückhaltenden thematischen Hinführungen durch die forschende Person abweicht. Diskutiert werden diese spezifischen Impulse insbesondere hinsichtlich der erweiterten Wahlfreiheit für die Teilnehmer*innen in Interviews und Diskussionen. Diese können sich bei sensiblen Themen, die auf sehr persönliche Lebensbereiche rekurrieren, aussuchen, ob sie Erzählungen und Beschreibungen aus ihrer Biografie in das Gespräch hineingeben oder sich in ihren Beiträgen auf den Inhalt der Impulse beschränken.

In der ersten Einheit dienten als Diskussionsimpuls verschiedene Abbildungen (Fotos und Zeichnungen) von Fischschwärmen, die den Kindern vorgelegt wurden. Mit ihnen wurde erstens über die Gleichförmigkeit, mit der sich die Fischschwärme bewegen, gesprochen, zweitens über die Gründe, warum sie ihren Schwarm niemals verlassen, und über die Gefahren außerhalb der schützenden Masse sowie drittens über die natürlichen Gründe dieses Verhaltens. Mithilfe dieser Fischmetapher soll dem beschriebenen Problem der Reifizierung von Differenzkategorien begegnet werden (Abbildung 5.3):

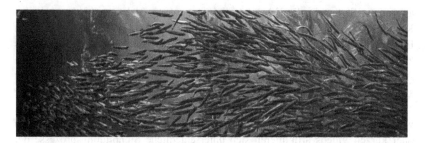

Abbildung 5.3 Fischschwärme. (eingesetzter Bilderimpuls in der ersten Diskussionseinheit)

Daher wird mithilfe der Fischschwarm-Metapher versucht, durch ein naturbasiertes Phänomen einen möglichst unbelasteten Eingangsstimulus hervorzubringen. Sollte das Gespräch dabei zu lange an den Bildern verhaftet bleiben, so kann eine weitere Frage z. B. lauten, ob sie auch bei Menschen (oder bei sich selbst) Gruppenbildungsprozesse beobachten können. Die Fragen, die sich durch die Auswertung des Materials an die Diskussion anschließen, sind:

○ **Wie konstruieren Kinder Dimensionen von Differenz untereinander?**
○ **Welche Differenzdimensionen sind für Kinder handlungsleitend?**

Der zweite Impuls im Rahmen des zweiten Zusammenkommens fokussiert stärker das Moment des Sozialen Lernens. Der zentrale Gegenstand ist das Bilderbuch „Irgendwie Anders" (Cave et al. 2016). Im Großteil des Buches sind Fabelwesen Träger der Handlung, die eine Außenseiterposition durch als ‚anders' deklarierte Merkmale thematisiert. Die Gefühlslage des Außenseiter-Protagonisten und seine Versuche, zu einer Mehrheitsgruppe zu gehören, werden recht eindringlich geschildert. Den Kindern wird durch den Diskussionsleiter das heutige Vorgehen erklärt: Er möchte den Kindern gern ein Buch vorlesen und die Bilder dazu im Gesprächskreis zeigen. Nach ca. der Hälfte der Geschichte, wenn die titelgebende Hauptfigur allein einer ‚Mauer' anderer Wesen gegenübersteht, die ihrem Gegenüber die Ablehnung sehr deutlich signalisieren, wurde das Vorlesen unterbrochen (Abbildung 5.4).

»Tut uns Leid, du bist nicht wie wir.
Du bist irgendwie anders.
Du gehörst nicht dazu.«

Abbildung 5.4 Auszug aus Bilderbuch „Irgendwie Anders“. (entnommen aus Cave et al. 2016, S. 12)

Das Gespräch mit den Kindern dreht sich dann einerseits um den Inhalt des Buches im engeren Sinne, aber auch um Ursachen und Lösungswege gruppenbezogener Ausschließungsprozesse. Dabei rückten vor allem die Vorstellungen von Kindern bezüglich eines solidarischen und toleranten Umgangs miteinander ins Zentrum der Aushandlung. Behutsam konnten auch vergleichbare Erfahrungen in der eigenen Biografie durch den Diskussionsleiter angesprochen werden. Hier wurde jedoch situativ entschieden, ob dieser Impuls zur Anwendung kommt. Wenn je nach Dynamik innerhalb der Gruppe die Gefahr bestand, dass einzelne Kinder plötzlich zum Gegenstand der Aushandlung werden könnten, so wurde

auf diesen Impuls verzichtet. Im Zusammenhang mit dieser Einheit wurde stan-
dardmäßig noch eine weitere Frage an die Gruppe gestellt: ,Welche Unterschiede
zwischen den Menschen kennt ihr?'

Die Analyse der Daten, die mithilfe dieses Buches gewonnen wurden, soll
Antworten auf folgende Teilfrage geben[28]:

○ **Wie vollzieht sich das Sprechen über Differenz in Situationen des Sozialen
Lernens?**

Der Vollständigkeit halber wurde dann mit den Kindern das Buch zu Ende gelesen. Im Buch bekommt ,Irgendwie Anders' Besuch von ,Etwas', einer Figur,
die sich durch ihre menschliche Erscheinung grundlegend von den tierähnlichen
Figuren unterscheidet – wodurch sich der Zustand der Isolation von ,Irgend-
wie Anders' zum Besseren wendet. Im Buch werden Konflikte nicht wirklich
aufgelöst und Außenseiterpositionen bleiben weiterhin bestehen. Mit Blick auf
den theoretischen Unterbau dieser Arbeit muss dieser Ausgang der Geschichte
mindestens als fragwürdig betrachtet werden

5.7   Die Dokumentarische Methode

5.7.1   Vorbemerkungen

Im Rahmen des Gruppendiskussionsverfahrens wurde bereits auf die interaktio-
nale Dynamik dieser Erhebungsmethode hingewiesen, in der sich kollektive Sinnzusammenhänge aktualisieren (Bohnsack et al. 2010b). Ähnlich wie das Gruppendiskussionsverfahren arbeiten auch Bohnsack und seine Forschungsgruppe die
Dokumentarische Methode vor dem Hintergrund der methodologischen Ausführungen Mannheims auf. Neben dem kommunikativ abrufbaren Wissen sind für
ein sozialadäquates Agieren in Gesellschaft konjunktive Erfahrungsräume maßgeblich – auch wenn diese impliziten Konventionen den Akteur*innen einer
sprachlichen Verständigung nicht zugänglich sind. Nichtsdestotrotz formulieren Pryzborski et al. (vgl. 2008, S. 280), dass konjunktive Wissensbestände in
Interaktions- und Gesprächszusammenhänge eingelassen sind. Sprachliches und
nicht-sprachliches Handeln hat dabei eine performative Funktion – das bedeutet,

---

[28] In der Forschungspraxis selbst ließ sich diese Trennung jedoch nicht immer durchhalten.
Insbesondere in der ersten Einheit erzeugte die situative Dynamik der Gruppendiskussio-
nen auch ein Gespräch über wertebezogene Aspekte zu bestimmten heterogenitätsbezogenen
Einstellungen.

dass eine der eigentlichen Interaktion vorgelagerte Verständigung über Konventionen, Rituale oder Gewohnheiten gar nicht notwendig ist. Es geht vielmehr um eine unmittelbare Anwendung dieses atheoretischen Wissens und seine Überführung in die Handlungspraxis: „Man erklärt sich nichts, sondern versteht einander" (ebd. 2008, S. 282). Mit der Dokumentarischen Methode liegt ein Erhebungsinstrument vor, dessen zugrundeliegende Methodologie genau jene immanenten Sinngehalte aufdecken will, welche durch Gruppendiskussionen beobachtbar werden (vgl. Bohnsack et al. 2013b; Bohnsack 2014b; Strübing 2018). Die Aufgabe der forschenden Person im Rahmen der Dokumentarischen Methode ist es dabei, anhand der Gesprächsdynamik von Gruppendiskussionen das dem Forschenden nicht zugängliche, aber dennoch bekannte Wissen zur Explikation zu bringen. (vgl. Bohnsack et al. 2013b, S. 12). Nicht das Thema als solches wird einer genaueren Betrachtung unterzogen, sondern wie ein bestimmtes Thema bearbeitet wird (vgl. Amling 2015, S. 87). Insbesondere die Materialgewinnung aus Gruppendiskussionen von Realgruppen stellt dabei im Lichte dokumentarischer Prinzipien eine fruchtbare Auswertungsgrundlage dar (vgl. Strübing 2018, S. 147).

An vorheriger Stelle wurde bereits auf zentrale Prämissen kindheitswissenschaftlicher Forschung eingegangen – ebenso auf das Konzept generationaler Ordnungen. Alexi et al. (vgl. 2012) diskutieren in diesem Kontext die Relevanz dieser Auswertungsmethode. Neben bereits erwähnten Studien zum Spielverhalten von Kindern (vgl. Nentwig-Gesemann 2010) und zur performativen Ausgestaltung von Kindern am Übergang von Pause und Unterrichtsstunde (vgl. Wagner-Willi 2010) werden auch Studien angeführt, die geschlechtsbezogene Konzepte von Kindern mittels Gruppendiskussion erfragen und rekonstruieren (vgl. Michalek 2006). Die Autorinnen kommen zu dem Schluss, dass die Dokumentarische Methode im Rahmen der Kindheitswissenschaften gerade dort ihr Potenzial entfalten kann, wo die Auswertung eine systematische Einklammerung des Geltungscharakters verlangt. Indem sie kindliche Handlungsweisen nicht vor der Folie einer Erwachsenenperspektive beurteilt, sondern die empirische Basis als solche belässt, zwingt sie die forschende Person zu einer permanenten Reflexion von Mustern generationaler Ordnungen. Mit ihren Schritten der formulierenden und reflektierenden Interpretation gelingt die Transzendenz kindlicher Eigentheorien von Identitätsentwürfen, die auf den Zuschreibungen und Etikettierungen Erwachsener in Familie und Schule beruhen (vgl. Mey 2003, S. 22). Strukturidentisches Erleben in Kindergruppen konstituiert sich nicht nur durch diese antizipierte Erwachsenenperspektive, sondern gleichsam durch andere Erfahrungsräume, in die Kinder eingewoben sind (z. B. als Mitglieder einer Migrationsgesellschaft, als Jungen und Mädchen, als Teilnehmer*in

einer Peergroup) (vgl. Hengst 2009, S. 48). Auch im Rahmen der Dokumentarischen Methode werden Stellen identifiziert, in denen Orientierungsrahmen
migrations,- geschlechts- oder altersspezifischer Art oder schulisch-institutioneller
Wissensbestände ausgehandelt werden (vgl. Hengst 2009, S. 47).

5.7.2 Schritte des Vorgehens

I Auswahl der Passagen
Vor der eigentlichen Transkription und Interpretation einzelner Gruppendiskussi-
onssequenzen steht eine gut begründete Auswahl jener Sequenzen im Zentrum
des Forschungsprozesses. Sogenannte Fokussierungsmetaphern sind dabei Passagen, „in denen sich die Interaktionsbeteiligten auf ein Zentrum, einen Fokus
gemeinsamer Erfahrung, ‚einpendeln'" (Bohnsack und Schäffer 2013, S. 331).
Hinsichtlich der Auswahl geeigneter Passagen wird zwischen formalen und
inhaltlichen Gesichtspunkten unterschieden. Eine „hohe interaktive und meta-
phorische Dichte" (vgl. Bohnsack 2014b, S. 33), die zu den formalen Kriterien gezählt wird, zeichnet sich unter anderem durch einen Bruch mit der
in der Diskussion vorherrschenden Dynamik aus. Häufige und rasche Sprecher*innenwechsel, eine besondere Intensität des Gesprächs oder wenn sich die
Gruppenmitglieder lang und ausführlich einem Thema widmen, sind hier aus-
schlaggebend, um eine Passage unter formalen Gesichtspunkten auszuwählen.
Da die Dynamik der Gruppendiskussionen aufgrund der Nähe zur schulischen
Alltagswelt der Kinder und zu peerspezifischen Themen stets recht hoch war,
war dies als ausschlaggebendes Kriterium für die Auswahl zu interpretierender
Passagen nicht praktikabel. Eine Ausnahme stellen Szenen dar, die im Gegensatz
zum Rest der Diskussion die Erzählfreude der Kinder vermissen lassen – wenn
beispielsweise die Gruppe aufgrund eines Inputs des Diskussionsleiters unsicher
wird, wie diesem ‚richtig' zu begegnen sei.

Passagen können auch hinsichtlich der Relevanz für die eigene Forschungsfrage ausgewählt werden. Bei der Auswertung zeigte sich, dass die interviewende
Person stärker als geplant intervenierte, wenn z. B. die Gefahr bestand, dass einzelne Kinder durch direkte Ansprache anderer Kinder beschämt werden könnten
oder wenn sich gruppeninterne Konflikte innerhalb der Gruppendiskussion zu
stark zuspitzten. Dieses Vorgehen widerspricht den methodologischen Prinzipien
des Gruppendiskussionsverfahrens (Bohnsack et al. 2010a). Da diese Interventionen in vielen Fällen jedoch auch dem institutionalisierten Wissensbestand

Sozialen Lernens zugerechnet werden können,[29] wurde sich daher entschieden, im Laufe der Analyse auch solche und gerade solche Szenen mit in die Auswertung hineinzunehmen und zu rekonstruieren, wie sich das Sprechen über Differenz in solchen Situationen verändert. Auch Przyborski et al. (2008, S. 286) fordern bei der Auswahl geeigneter Passagen eine gewisse Flexibilität: „Dazu gehören auch jene Fragen, die sich erst im Zuge der Auswertungen herauskristallisieren."

Grundlegend sind vor allem jene Passagen relevant, in denen im Sprechen der Schüler*innen das Verhandeln relevanter Bezugsmilieus bzw. Differenzkategorien rekonstruiert werden kann, die für die teilnehmenden Kinder handlungsrelevant sind. Im Gegensatz zur Jugendforschung sind in Gruppendiskussionen mit Kindern weniger konkret biografische Erzählungen Bestandteil des empirischen Materials (Bohnsack 2014b, S. 51). Die Frage nach kollektiven Gemeinsamkeiten orientiert sich bei Bohnsack anhand einer von ihm und anderen aufgestellten Typologie, die sich durchaus an Differenzkategorien orientiert, die auch im Kontext dieses Forschungsvorhabens von Interesse sein könnten. Anders als in den vorgestellten Studien werden diese Typologien jedoch nicht benutzt, um zu beschreiben, wie z. B. das Erleben einer bestimmten Situation geschlechtsspezifisch, milieuspezifisch etc. gerahmt wird[30]. Für die Forschungsfragen 1 und 2 geraten die Typologien selbst ins Zentrum des Interesses – wenn nämlich die Frage nach Differenzkategorien im Raum steht, anhand derer Positionierungen stattfinden, dann interessieren neben der Art der Positionierung auch jene Differenzkategorien selbst.

II Transkription
Die ausgewählten Passagen werden dann transkribiert. Für die Transkription wird in einer leicht modifizierten Fassung das Verfahren TiQ (Talk in Qualitative Social Research) (vgl. Przyborski und Wohlrab-Sahr 2008, S. 166) angewendet. Die wichtigsten Zeichen sind (Tabelle 5.3):

---

[29] Hinzu kommt, dass eine konsequente forschungsbezogene Haltung des Gesprächsleiters an manchen Stellen der Gruppendiskussion auch forschungsethisch nicht gut durchzuhalten war.

[30] Beispielsweise bei Nohl (vgl. 2010), der fragt, welche bildungsmilieuspezifischen Ausprägungen interkulturelle Verständigung zwischen Jugendlichen verschiedener Nationalitäten aufweist.

Tabelle 5.3   Transkriptionsregeln. (angelehnt an Przyborski und Wohlrab-Sahr 2008, S. 166)

L	Gleichzeitig Gesprochenes, in Schrägstiche eingebettet und untereinander geschrieben
@(Lachen)@	Lachend Gesprochenes
Inha-Inhalt	Wortabbruch und -neubeginn, durch Bindestrich voneinander getrennt
Inhalt / Inhalt	Satzabbruch und -neubeginn, durch Schrägstrich voneinander getrennt
°Inhalt°	Im Vergleich zur anderen sprachlichen Äußerungen leise gesprochen
Inhalt	Im Vergleich zur anderen sprachlichen Äußerungen laut gesprochen
(unv.)	Unverständlich Gesprochenes
((Inhalt))	Verbalisierung nicht-sprachlicher Sequenzen und anonymisierte Wiedergabe sensiblen Materials
(n)	Pause von n Sekunden Länge

Obwohl in den meisten Gruppendiskussionen der Fokus der Interpretation auf der sprachlichen Ebene verblieb, so sind einige Szenen auch auf nicht-sprachlicher, also körperlich-performativer Ebene eine Interpretation wert. Diese ergänzen insbesondere dann die sprachliche Ebene und fließen in die Interpretation mit ein, wenn sie für sich eine spannende Fokussierungsmetapher darstellen, einen Redebeitrag eines Kindes inhaltlich ergänzen oder gar zum Verständnis des Gesamtkontextes unabdingbar sind. In diese Analyse einbezogen werden dann vor allem Positionierungen von Teilnehmer*innen im Raum, mimische und gestische Elemente der Kommunikation bis hin zu ästhetischen Ausdrucksmitteln wie kleine Aufführungen etc.

III Formulierende Interpretation
Nach der Transkription des Datenmaterials erfolgt zuerst eine formulierende Interpretation. Sie paraphrasiert die unmittelbar zugängliche generalisierte Sprachebene und geht der Frage nach, *was* in den Interviews gesagt bzw. getan wird. Es gilt, Ober- und Unterthemen zu formulieren. Diese orientierten sich häufig an Redebeiträgen des Diskussionsleiters, an anderer Stelle wiederum dominieren kindliche Themensetzungen. Die formulierende Interpretation dient der Herausarbeitung des immanenten Wissens, das später wiederum zur Grundlage für die

reflektierende Interpretation wird[31]. Dabei finden verbale und nonverbale Anteile (sofern sie lohnenswert sind) gleichermaßen Anwendung.

III Reflektierende Interpretation
Hier erfolgt der Zugriff auf das atheoretische Wissen der Diskussionsteilnehmer*innen. Die habitualisierte Praxis der Kinder – geprägt vom Bildungsauftrag der Institution Schule und eigenen subjektiven Positionierungen und Vorstellungen davon, wie verschiedene Gruppen miteinander interagieren bzw. kommunizieren sollten – erschließt sich durch die Frage des *Wie*: Wie werden unterschiedliche Standpunkte innerhalb der Gruppe verhandelt? Welche Positionierungen der Akteur*innen finden statt? Inwieweit finden sich im Material zustimmende oder ablehnende Tendenzen dessen, was während der Erhebung verhandelt wird? Welche positiven Horizonte werden innerhalb der Gruppe hervor gebracht – wo herrscht also Zustimmung und wo schlägt diese Zustimmung durch einen negativen Gegenhorizont ins Gegenteil um (vgl. Przyborski und Wohlrab-Sahr 2008, S. 296)? Diese Leitfragen der reflektierenden Interpretation entschlüsseln Momente eigener Positionierungen der Kinder – sowohl hinsichtlich der Relevanz bestimmter Identitätsbilder/Milieus für die Kinder als auch hinsichtlich der pädagogischen Botschaft Sozialen Lernens.

Damit diese Interpretation nicht in Beliebigkeit mündet, bedient sich die forschende Person einer Reihe von Begriffen, die die Diskursorganisation in einzelnen Gruppen näher charakterisiert. Sie zeichnen sich durch die universale Anwendbarkeit aus, da sich diese Muster themenunabhängig in Interaktionen zwischen mehreren Menschen immer wieder finden. Einige dieser Diskursbewegungen sollen im Folgenden vorgestellt werden.

Ein Orientierungsgehalt wird meist durch eine Proposition erstmals aufgeworfen. Dies kann durch die Gesprächsleitung passieren oder aber durch Teilnehmer*innen. Der Proposition folgt meist eine Weiterverarbeitung, entweder in Form einer Elaboration – einem Ausbau des Themas – oder einer Differenzierung, wenn zum Beispiel thematische Einschränkungen innerhalb der Gruppe vollzogen werden. Letzteres beendet die Aushandlung innerhalb der Gruppe jedoch nicht. Dies geschieht durch zusammenfassende Konklusionen oder Transpositionen, die gleichzeitig auch ein neues Thema aufwerfen (vgl. für eine ausführlichere Darstellung Przyborski 2004).

---

[31] Von der Zuweisung von Ober- und Unterthemen sind auch explizit die Äußerungen des Diskussionsleiters nicht ausgenommen – obwohl hier im Zuge der Methodologie des Gruppendiskussionsverfahren eigentlich Zurückhaltung angebracht gewesen wäre.

Die Suche nach Homologien gilt als übergreifende Interpretationstechnik. Es wird gefragt, inwieweit innerhalb der Gruppe und gruppenübergreifend bei thematisch ähnlichen Passagen Orientierungsrahmen zu finden sind. Die Suche nach Homologien ist Grundlage für die komparative Analyse und die Typenbildung (vgl. Przyborski und Wohlrab-Sahr 2008, S. 300).

IV Diskursbeschreibung und -organisation
Die Diskursbeschreibung ist ein zentraler Schritt, der Ergebnisse beider Dokumentationsschritte für Rezipient*innen einer Studie auf anschauliche Art und Weise zusammenfasst. Sie ist Teil der Ergebnisdarstellung und wird mit prägnanten Zitaten unterlegt. Dabei orientiert sich die Auswahl relevanter Textpassagen am bereits dargelegten Prinzip der Fokussierungsmetaphern und hat gleichzeitig auch die Aufgabe, die Entwicklung von Dramaturgie und Diskursorganisation beispielsweise eines Gespräches transparent darzustellen. Dadurch werden Entwicklungen hin zu dramaturgischen Höhepunkten beider Aspekte eines Gesprächs sichtbar und es lässt sich zeigen, wie „die Gruppe die Artikulation dessen, was denn nun ihr eigentliches Anliegen und Problem zu einem Thema ist, Schritt für Schritt erarbeitet, erst allmählich zum Focus [sic!] vordringt, [und] sich dabei dramaturgisch steigert (hinsichtlich interaktiver und metaphorischer Dichte)" (Bohnsack 2010, S. 156). Dabei gilt es auch herauszufinden, ob zentrale Orientierungen der Teilnehmer*innen harmonisch zusammengehen oder ob beispielsweise in einem Streitgespräch auch widerstreitende Positionen ausgetauscht werden. Es wird zwischen inkludierenden und exkludierenden Modi der Diskursorganisation unterschieden, um die performative Performanz in Gruppendiskussionen zu beschreiben. Die Spanne idealtypischer Diskursmodi reicht dabei vom parallelen Diskursmodus, in dem ein gemeinsam geteilter Orientierungsgehalt durch aufeinander aufbauende Elaborierungen und/oder Exemplifizierungen ausgearbeitet wird, hin zu antithetischen, oppositionellen und divergierenden Diskursorganisationen. Hier gehen die Meinungen der Teilnehmer*innen auseinander. Dabei kann entweder am Ende noch ein gemeinsamer Orientierungsgehalt wiederhergestellt werden (antithetisch) oder die Teilnehmer*innen gehen im Dissens auseinander (divergent bzw. oppositionell). Dies lässt sich insbesondere dann beobachten, wenn die Teilnehmer*innen sich nicht als Realgruppe zusammengefunden haben (vgl. Przyborski 2004, S. 95 ff.).

Die Diskursbeschreibung dient jedoch nicht nur dem Part der Ergebnisveranschaulichung, sondern ist gleichzeitig auch Bestandteil des folgenden Schrittes, da in der Diskursbeschreibung „unterschiedliche Schichten des [Orientierungs-, F.S.] Rahmens sichtbar werden" (Bohnsack 2010, S. 156).

V Komparative Analyse und Typenbildung
Der Unterschied zu einer Typisierung oder Kategorisierung des Alltags oder des Common Sense besteht im regelgeleiteten und formalisierten Vorgehen und im Bestreben, Erkenntnisse zu produzieren, die intersubjektiv nachvollziehbar sowie generalisierbar sein sollen (vgl. Nentwig-Gesemann 2013). Ziel komparativer Analyse und Typenbildung ist es, sich mit der Herausarbeitung fallspezifischer Orientierungsrahmen Homologien bzw. praxeologischen Typen auf den Ebenen performativer und proponierender Performanz zu nähern (vgl. Bohnsack et al. 2018). Insbesondere mit dem Arbeitsschritt der komparativen Analyse sollte möglichst früh im Forschungsprozess begonnen werden, da dieser sowohl fallintern als auch übergreifend stattfindet. Fallintern bedeutet, sich dem gruppenspezifischen Modus Operandi zuzuwenden und homologe Muster der Bearbeitung zu rekonstruieren – im vorliegenden Forschungsvorhaben also Muster der Bearbeitung bzw. Aushandlung von Differenz. Ziel ist es, herauszufinden, wie in einem Gespräch beispielsweise Wirklichkeit auf proponierter und performativer Ebene bearbeitet wird und einen Orientierungsrahmen absteckt. Somit wird eine Regelhaftigkeit herausgearbeitet, die dem Interpreten im Sinne eines abduktiven Vorgehens vorher verschlossen war (vgl. Bohnsack 2018a). Mit der fallübergreifenden Analyse wird versucht, die Standortgebundenheit der forschenden Person weiter zu methodisieren, indem sie einen gruppeninternen Orientierungsrahmen nicht einer bereits bestehenden Typik unterordnet, sondern vielmehr im Vergleich mit anderen Fällen und darin auftauchenden thematisch ähnlichen Passagen eine am Ende des Forschungsprozesses resultierende Typik ganz im empirischen Material aufgeht (vgl. Bohnsack 2010, S. 235). Somit kann der Reifizierungsproblematik im Kontext empirischer Forschung zu Differenz (vgl. Budde 2014) wirksam begegnet werden. Mit diesem Schritt wird eine „sinngenetische Typenbildung auf einer allerersten Stufe" durchgeführt, die sich insbesondere auf eine Suche nach den „Gemeinsamkeiten im Kontrast" begibt (Bohnsack 2018a, S. 33–34). Die Herausarbeitung des Tertium Comparationis, eines gemeinsamen Dritten, bedeutet, sich auf die Suche nach thematisch ähnlichen Passagen zu begeben. Es gilt, an das Material die Frage zu stellen, ob bestimmte Themen durch mehrere Gruppen auf eine ähnliche Art und Weise bearbeitet werden. Im Kontext der Kindheitswissenschaften besteht die Chance eines solchen Vorgehens darin (Bohnsack 2013b), in Gruppendiskussionen Bearbeitungsformen von Wirklichkeit herauszuarbeiten, die Aufschluss geben über gemeinsame Praxen innerhalb der Peergroup, über die Qualität von Freundschaftsbeziehungen, ihrer (A-)Symmetrie (vgl. Zschach und Köhler 2018) und wie Erfahrungen der Differenz diese Dynamik in Kindergruppen beeinflussen.

Mithilfe dieser Basistypik geht es nun in einen zweiten Schritt. Der Abstrahierung der Basistypik folgt die Suche nach den „Kontrasten in der Gemeinsamkeit"
(Bohnsack 2018a, S. 34). Es gilt nun, fallspezifische Besonderheiten der Basistypik zu rekonstruieren. Hier gibt es zwei verschiedene Zugangsweisen: Die
sinngenetische Typenbildung fortzuführen, bedeutet herauszuarbeiten, wie unterschiedlich sich die Suche nach habitueller Übereinstimmung zu jenen Kategorien
der Norm und der Identität gestaltet. Bohnsack bezeichnet dies auch als Begriff
der Sphärendifferenz und damit gewissermaßen als Spannungsfeld zwischen
Selbsterfahrung und wahrgenommenen Fremderwartungen (wie sie sich beispielsweise in Erzählungen und Beschreibungen in Gruppendiskussionen dokumentieren) (vgl. Bohnsack 2010, S. 237). Die sinngenetische Typenbildung kann durch
eine soziogenetische Typenbildung ergänzt werden. Sie trägt der Mehrdimensionalität von Erfahrungsräumen Rechnung (vgl. Bohnsack 2014a) und analysiert,
wie das Erleben einer Sphärendifferenz durch die Zugehörigkeit in verschiedenen
gesellschaftlichen Schichten (beispielsweise sozialräumliche Milieus, geschlechtliche oder bildungsbezogene Milieus) sich jeweils unterschiedlich akzentuiert
(Bohnsack 2018a). Mit beiden Varianten der Typenbildung wurde an das Material
herangegangen. Es zeigte sich jedoch, dass bei einer kindheitswissenschaftlichen
Studie zu Positionierungsprozessen von Kindern hinsichtlich gesellschaftlicher
und schulischer Differenzkategorien, welche gleichsam didaktische Überlegungen
impliziert, eine soziogenetische Typenbildung nicht unproblematisch ist[32]. In der
Auswertung wurde sich daher auf eine sinngenetische Typenbildung beschränkt.

---

[32] Näheres dazu vgl. Abschnitt 7.3 der Diskussion.

Ergebnisdarstellung 6

Das folgende Kapitel stellt die Ergebnisse der empirischen Erhebung dar. Einblicke in die Fälle und Passagen mit Fokussierungsmetaphern erfolgen im Rahmen der Entwicklung der Basistypik sowie der sinngenetischen Typenbildung (vgl. Bohnsack 2013b). Eine separate, von diesen Arbeitsschritten losgelöste Falldarstellung erfolgt daher nicht. Die Darstellung soll anhand thematisch unterschiedlicher Passagen der einzelnen Gruppendiskussionen gemeinsame Modi der Bearbeitung gesellschaftlicher und schulischer Heterogenität identifizieren und zeigen, „wie gesellschaftliche Tatsachen von den Akteur*innen selbst, also den Kindern, interaktiv bzw. diskursiv hergestellt werden" (Nentwig-Gesemann 2002, S. 46). Die Darstellung der Basistypik orientiert sich an Themenschwerpunkten, die in den Gruppendiskussionen rekonstruiert werden konnten. Sie beginnt mit der Frage, wie die Kinder gesellschaftliche Kategorien wahrnehmen, wie sie im Rahmen der Thematisierung peerspezifischer Gruppendynamiken wieder entdramatisiert werden und wie Kinder generationale Machtverhältnisse bzw. Ordnungen thematisieren. Die Analyse dieser Konstruktionsprozesse fokussiert das Zusammenspiel zwischen abstrahierenden und biografischen Sprechbeiträgen, das den Kern der Basistypik ausmacht. Die Abschnitte zur sinngenetischen Typenbildung stellen zentrale Ergebnisse nicht mehr entlang thematischer Akzente der Gruppendiskussionen vor. Sie analysieren, inwieweit sich das Sprechen über Differenz in das Gruppendiskussionsverfahren einbettet und gehen der Frage nach, wie Kinder sich inhaltliche und organisatorische Fremdrahmungen des Diskussionsleiters aneignen, diese verfremden oder schlicht übergehen. Dazu werden neben der Basistypik drei sinngenetische Typen aufgespannt:

F. Schrumpf, *Kinder thematisieren Differenzerfahrungen*, Sachlernen & kindliche Bildung – Bedingungen, Strukturen, Kontexte, https://doi.org/10.1007/978-3-658-39651-0_6

- Typ I: Verhandlung von Differenz auf der Hinterbühne zweiten Grades (Abschnitt 6.3)
- Typ II: (Nicht-)Intentionale Orientierung am Sozialen Lernen (Abschnitt 6.4)
- Typ III: Soziales Lernen und Rahmeninkongruenz (Abschnitt 6.4)

6.1 Theoretische Vorbemerkungen und Fallübersicht

6.1.1 Zur Unterscheidung zwischen abstrahierendem und biografischem Sprechen

Insbesondere für die Darstellung der Basistypik erscheint es notwendig, auch texttypologische Begriffe (vgl. Kallmeyer 1986) zu nutzen, die sich eher implizit hinter den Ebenen der proponierten und performativen Performanz der praxeologischen Wissenssoziologie verbergen (vgl. Bohnsack 2017). Es handelt sich um die Unterscheidung zwischen abstrahierendem Sprechen und biografischem Sprechen, die abgeleitet sind von Schützes (vgl. 1984) Überlegungen zur Struktur autobiografischer Stegreiferzählungen von Personen in natürlichen, aber auch in künstlichen, forschungsorientierten Settings. Die zentrale Frage seiner teilweise textlinguistischen Analyse ist jene nach den Ordnungsprinzipien bzw. -kriterien, auf welche eine Person zurückgreift, um komplexe biografische Verlaufskurven mit Phasen der Kontinuitäten, des Wandels und des Umbruchs in einer Erzählung für Außenstehende so darzustellen, dass Erinnerungen der Hoffnung, der Verwirrung oder der Beschämung gesichtswahrend erzählt werden können[1]. Diese Ordnungsprinzipien sind eingelassen in die Kommunikationsschemata des Erzählens, des Beschreibens und des Argumentierens.[2]

---

[1] Für das vorliegende Forschungsvorhaben sind diese Kriterien nur von untergeordnetem Interesse, da in Gruppendiskussionen mit Kindern keine längeren autobiografischen Erzählpassagen zu erwarten sind (vgl. hierzu Abschnitt 5.6). Von Interesse sind an dieser Stelle insbesondere die Ausführungen Schützes zu den Schemata Erzählen und Argumentieren.

[2] An anderer Stelle verweist Schütze (vgl. 2005) auf die Kontexthaftigkeit der getätigten Aussagen, die sozialwissenschaftliche Forschung stets berücksichtigen müsse. Es mache einen Unterschied, ob biografische Schilderungen situativ in alltäglichen sozialen Situationen entstehen (deren Analyse dann Bestandteil eines ethnografischen Forschungsvorhabens wäre) oder ob ein Forschungssetting geschaffen wird, in dem die beforschte Person

Insbesondere die Schemata Erzählen und Argumentieren sind für die vorliegende Analyse relevant. Unter dem Erzählen versteht Schütze sprachliche Beiträge, in denen soziale Beziehungen zwischen Biografie- und Ereignisträger thematisiert werden, Ereignisse rückblickend bewertet werden und „Situationen, Lebensmilieus, soziale Welten als Bedingungen und Orientierungsrahmen sozialer Prozesse sowie die Gesamtgestalt der Lebensgeschichte" dargestellt werden (Schütze 1984, S. 80). Erzählungen berühren damit sehr persönliche Lebensbereiche und weisen häufig eine narrative Struktur auf, in der als bedeutsam empfundene Situationen und Erlebnisse auf akzentuierte Art und Weise dargestellt werden. Ergänzt werden sie in autobiografischen Erzählungen häufig durch argumentative Sätze, welche „orientierungs-, erklärungs- und/oder biografie- bzw. identitätstheoretische Vorstellungselemente des Erzählers als Biographieträgers zum Ausdruck bringen" (Schütze 1984, S. 91). Sie sind häufig von größerer Reichweite, nehmen im Vergleich zu konkret erzählenden Beiträgen eher eine Makro-Perspektive auf Gesellschaft ein; sie sind nicht in der Erinnerung konkret erlebter sozialer Situationen und Schlüsselmomente verhaftet und betrachten gesellschaftliche Phänomene theoretisierend bzw. abstrahierend. In den Schriften Schützes stellen theoretisierende Darstellungen eine Möglichkeit des sprachlichen Rückzugs dar, u. a. wenn die Thematisierung besonders sensibler Lebensphasen die Gefahr einer emotionalen Überforderung birgt. Entsprechend seiner Lesart sind sie damit als Quelle der Biografieforschung nicht geeignet. Bartmann und Kunze (2008, S. 191) plädieren jedoch dafür, der defizitären Deutung argumentativer Beschreibungen als „nicht in die Biografie integrierte Erfahrungen" eine ressourcenorientierte Forschungshaltung entgegenzusetzen, die „Ausdruck von Biografisierungsprozessen, biografischer Reflexivität und der Fähigkeit zur Verknüpfung mehrerer Perspektiven" ist[3].

Abstrahierendes Sprechen über Differenz ist insbesondere in der kommunikativen Dimension von Wissen verhaftet und damit eine Proponierung performativen Wissens. Handlungs- und Orientierungstheorien auf der kommunikativen Ebene

---

einem*einer als Expertin*Experten (wenn auch nicht für die eigene Biografie) wahrgenommene*n Forscher*in gegenübersitzt.

[3] Hier treten offenkundige Widersprüche mit den Grundannahmen der Dokumentarischen Methode zutage, deren Zugang zu Orientierungsrahmen und konjunktivem Wissen in Interviews und Gruppendiskussionen durch Erzählungen und Beschreibungen der Beforschten erfolgt (vgl. Przyborski und Riegler 2010). Es ist nicht Ziel dieser Arbeit, diese Widersprüche aufzulösen. Es geht mir vielmehr darum, zu zeigen, dass, wenn im Folgenden von abstrahierendem Sprechen bei Kindern die Rede ist, ihnen dies nicht als Unfähigkeit anzulasten ist, auf die eigene Wahrnehmung von Heterogenität zu rekurrieren.

fokussieren häufig mutmaßliche Einstellungen und Weltanschauungen dritter Parteien und geben nur indirekt Einblick in die Handlungspraxis der beforschten Gruppe. Selten lässt sich daher in solchen Sequenzen performatives Handeln beobachten, das Aufschluss über den Modus Operandi der Gruppe gibt. Abstrahierendes Sprechen nimmt in den einzelnen Gruppen vielfältige Funktionen ein. Diese Art des Sprechens lässt sich in den Gruppendiskussionen überall dort beobachten, wo die Kinder um die inhaltliche Richtigkeit bestimmter Erzählungen (wie sich dies beispielsweise in der Gruppe Hase und Fuchs dokumentiert) bemüht sind, wo es ihnen um normiertes und regelgeleitetes Sprechen geht (Gruppe Zirkus) oder darum, Standpunkte zu begründen, die zu jenen des Diskussionsleiters konträr verlaufen (z. B. Gruppe Zwei Hälften).

Von dieser Ebene des kommunikativen Wissens ist jene des habitualisierten und inkorporierten, konjunktiven Wissens zu abstrahieren. Geben die Kinder bei der Aushandlung schulischer und gesellschaftlicher Heterogenität Einblick in ihre Handlungspraxis und damit darin, wie gesellschaftliche Normen, Identitäten und institutionelle Erwartungen im Spannungsfeld zum eigenen Modus Operandi stehen (Orientierungsrahmen im engeren und im weiteren Sinne), so kann diese Art zu sprechen als *biografisches* Sprechen über Differenz bezeichnet werden. Das biografische Sprechen gibt entweder Aufschluss über das imaginative, konjunktive Wissen oder aber (aufgrund der mitunter hohen Performativität der einzelnen Gruppendiskussionen) direkte Einblicke in habitualisiertes, konjunktives Wissen. Hierbei handelt es sich um ein strukturidentisches Erleben gemeinsam geteilter Erfahrungsräume auf verbaler und nonverbaler Ebene (wie beispielsweise in den Gruppen Zwei Hälften oder Hase und Fuchs) oder aber auch um eine gemeinsame Bearbeitung von Rahmeninkongruenzen (wie in der Gruppe Maulwurf). Gemeinsam ist ihnen jedoch die diskursive Bearbeitung eigener Verstrickungen in milieu- und institutionsspezifische Kontexte im Sinne intersektionaler Gruppendynamiken.

6.1.2 Vorstellung der Fälle

Gruppe Maulwurf
Diese Gruppe ist die einzige Gruppe der Schule 1, die in die Interpretation miteinbezogen wurde. Es wurden beide Diskussionseinheiten berücksichtigt. Forschungsmethodisch problematisch ist in der ersten Diskussionseinheit die hohe Anzahl an Kindern, welche sich aus schulorganisatorischen Gründen nicht reduzieren ließ. Es handelt sich in dieser ersten Diskussionseinheit um vier Jungen und drei Mädchen. Die Dynamik zwischen den Kindern ist sehr vielschichtig.

Zwischen Pw und Am dokumentieren sich immer wieder kleinere Streitereien und Neckereien. Auffällig in dieser Gruppe ist, dass Pw und insbesondere Sm wiederholt selbst zum Aushandlungsgegenstand der Gruppe werden. Sm hält sich in beiden Einheiten mit Gesprächsbeiträgen sehr zurück. In der vorangegangenen Hospitationsphase zeigte sich, dass er eine Sonderstellung innerhalb des Klassenverbandes einnimmt. Sowohl die dokumentierten Streitereien als auch die Thematisierung von Sm und ferner Pw scheinen dem Umstand geschuldet zu sein, dass die Kinder kein Mitspracherecht über die Zusammensetzung der Gruppen besitzen. Zentrale Themen der Gruppe sind in der ersten Diskussionseinheit die Schilderungen von Situationen, in denen die Kinder Angst verspürten, die gesellschaftliche Gruppe der „Nazis" sowie die Thematisierung generationaler Machtverhältnisse. In der zweiten Diskussionseinheit sind nur noch fünf Kinder anwesend, Jam und Ew fehlen. Zentrale Themen sind hier insbesondere eine Aushandlung zum Wort *dumm* und die Explizierung von Konflikten innerhalb des Klassenverbandes. Zentrale Ergebnisse werden in den Abschnitt 6.2.3, 6.3.2 und 6.4 dargestellt.

Gruppe Hase und Fuchs
Auch in dieser Gruppe der Schule 2 wurden beide Diskussionseinheiten in die Interpretation miteinbezogen. Es handelt sich um vier Jungen, die sich gut kennen und freundschaftliche Beziehungen zueinander aufgebaut haben. In der ersten Diskussionseinheit ist hierbei die Identität der „Araber" ein das Gespräch bestimmendes Thema sowie religiöse Erzählungen, die dem Islam angelehnt sind. Es erscheinen vor allem Om und Am als Wortführer, während Mm eine zurückhaltende Position einnimmt und damit ähnlich ruhig auftritt wie im Klassenverband. In der zweiten Diskussionseinheit fehlt Am, dafür nehmen die Beiträge von Mm etwas mehr Raum ein. Hier sind die Themen nun vielfältiger. Es wird über die schwierige Beziehung zu Aw und Dm (Kinder der Gruppen Hellblau und Affen) gesprochen sowie über gesellschaftliche Kategorien jenseits der eigenen. Auch hier wird das Thema „Nazi" in einer Passage aufgegriffen. Rekonstruktionen der Gespräche, die mit dieser Gruppe geführt wurden, finden sich schwerpunktmäßig in den Abschnitten 6.2.1, 6.2.2 sowie 6.4.

Gruppe Giraffen
Die Gruppe Giraffen besteht aus vier Kindern, zwei Jungen und zwei Mädchen. Auch hier ist das Interaktionsgeschehen sehr dynamisch, Streitereien zwischen Jm und Ew bestimmen eine Unterhaltung über die Geschichte des Buches. Außerdem gibt es ein Kind, das durch seine Zurückhaltung während der Unterhaltung auffällt. Sw scheint Deutsch nicht als Erstsprache gelernt zu haben, sprachliche

Unsicherheiten werden besonders durch Jm immer wieder kommentiert. Generell bleiben die Gespräche nie lange bei dem, was der Diskussionsleiter proponiert. Im Abschnitt 6.2.3 werden Ergebnisse der Datenauswertung zu dieser Gruppe dargestellt.

Gruppe Zirkus
Die Gruppe Zirkus besteht aus vier Jungen. Es dokumentiert sich während des Gesprächs eine eher entspannte Atmosphäre. Differenzen oder Konflikte sind zwischen den Kindern nicht auszumachen, sie scheinen durch Freundschaft miteinander verbunden. Vielen Impulsen und Fragen des Diskussionsleiters wird mit Humor begegnet. Wesentliche Themen dieser Gruppe sind gesellschaftliche Differenzkategorien. Zentrale Ergebnisse zu dieser Gruppe werden in den Abschnitten 6.2.2.1 sowie 6.4.1 dargestellt.

Gruppe Zwei Hälften sowie Hellblau
Ursprünglich sollten die beiden Gruppen Zwei Hälften und Hellblau als eine gemeinsame Gruppe an der Erhebung teilnehmen. Um zu vermeiden, dass latente Konflikte in der Gruppendiskussion eine Eskalation erfahren, teilte das pädagogische Personal die ursprüngliche große Gruppe in zwei kleine Gruppen. Während sich also in der Gruppe Zwei Hälften vier Mädchen zusammengefunden haben, deren thematische Schwerpunktsetzungen auch den Konflikt mit Aw fokussieren, so haben sich mit Aw und Gw in der Gruppe Hellblau zwei Kinder zusammengefunden, die neben dem erwähnten Konflikt im Klassenverband auch gesellschaftliche Differenzkategorien thematisieren. Die Gruppe Zwei Hälften stellt durch ihr hohes Sprechtempo, das viele Lachen und gleichzeitig gesprochene Äußerungen sowie einen hohen Anteil an performativen nonverbalen Beiträgen eine Herausforderung für die Datenauswertung dar. In der Gruppe Hellblau ist die Atmosphäre ruhiger und gedämpfter, fast schon etwas melancholisch. Beide Kinder erwecken einen schüchternen Eindruck. Das Gespräch wird durch lange Momente der Stille immer wieder unterbrochen. Ergebnisse der reflektierenden Interpretation zur Gruppe Hellblau sind dem Abschnitt 6.2.2.2 zu entnehmen. Ergebnisse der Gruppe Zwei Hälften finden sich ebenfalls in Abschnitt 6.2.2.2 sowie weiterhin in Abschnitt 6.4.2.

Gruppe Affe
Die Gruppe Affe besteht aus drei Jungen. Das Gespräch dreht sich hier vor allem um die Inhalte des Buches. Pm und Am scheinen etwas verschüchtert in das Gespräch hineinzugehen. Vornehmlich ist es Pm, der sich in einem eher schleppenden Gespräch zu den Inhalten des Buches äußert und hierbei Dm in seine

Schilderungen oft inhaltlich miteinbezieht. Seine Art der Gleichsetzung Dms mit
der Hauptfigur des Buches scheint Dm nicht zu gefallen. Er äußert jedoch keinen verbalen Widerspruch, sondern signalisiert durch ein leichtes Anrempeln
Pms, dass ihm nicht gefällt, wie Pm über ihn spricht. Es dokumentieren sich
immer wieder lange Pausen zwischen einzelnen Beiträgen, das Gespräch scheint
nicht richtig in Gang zu kommen. Zentrale Ergebnisse werden in Abschnitt 6.3.1
dargestellt.

6.2 Die Basistypik: Zwischen biografischem und abstrahierendem Sprechen

Im Folgenden wird nun anhand der Aushandlung gesellschaftlicher Differenzkategorien, generationaler Machtverhältnisse sowie peerspezifischer Gruppendynamiken gezeigt, wie das Zusammenspiel biografischer und abstrahierender
Sprechbeiträge, über Differenz zu sprechen, die Basistypik konstituiert, die sich
im Material finden konnte.

6.2.1 Positionierungen zu gesellschaftlichen Differenzkategorien

6.2.1.1 Kulturelle Repräsentationen und performative Praxis (Hase und Fuchs)

Der folgende Abschnitt betrachtet schwerpunktmäßig die Diskussion der Gruppe
Hase und Fuchs. Nachdem die Kinder in ihren Sprechbeiträgen relativ lange
inhaltlich nahe an den Bildern der Fischschwärme verbleiben, werden danach
gesellschaftliche Differenzkategorien und damit verbundene gesellschaftspolitische Konflikte aufgegriffen. Die sozialen Identitäten der „Araber" bzw. „Moslems" werden durch die Kinder dieser Gruppe kommunikativ aufgearbeitet.
Einleitend hierzu ist die Frage des Diskussionsleiters, ob ähnlich wie in Fischschwärmen auch bei Menschen Gruppenbildungsprozesse zu beobachten sind.
Wichtige Sequenzen, die Aufschluss über das Erleben der Kinder geben, werden
im Folgenden dargestellt.

Zugehörigkeit durch gemeinsame Stärke und Wehrhaftigkeit
Ein erster Zugang des Diskussionsleiters zu diesem Wissen der Kinder stellt keine
abstrahierenden oder biografischen Äußerungen dar. Im Zentrum steht vielmehr
ein Reim. Er besitzt zwar einen abstrahierenden Gehalt, weil er auf die Stärke

der Gruppe der Araber, zu denen die Kinder sich selbst rechnen, verweist und (vorerst) ohne Rückbezüge auf biografische Narrationen auskommt. Die performative Aufführung dieses Reims steht jedoch genauso im Zentrum wie der Inhalt des Reimes selbst. Vorerst geht es den Kindern nicht so sehr um einen Austausch von Argumenten, sondern vielmehr um die Präsentation kommunikativen Wissens. Teil des milieuspezifischen Erfahrungsraumes ist nicht nur kommunikatives Wissen, sondern ebenso die gegenseitige Demonstration bzw. Aufführung dessen, was die Kinder über Araber und den Islam wissen. Diese performative Erzählpraxis, in der nicht nur Erzählungen, sondern auch 'Aufführungen' die Intentionen der Kinder bestimmen, soll im Folgenden schwerpunktmäßig anhand der Passage „Reim" dargestellt werden:

Gruppe Hase und Fuchs; Schule 2 Erste Diskussionseinheit, Passage „Reim"
Om: ah ich hab noch einen reim #00:08:38-6#
Am: und wenn und/und/und #00:08:40-1#

Ym: araber haben macht die haben (unv) #00:08:43-2#
Om: ∟((zu Ym)) warte sei mal leise #00:08:42-2#
I: hm was? #00:08:46-8#
Am: und wenn (1) weil also das verstehst du jetzt nicht also das verstehst du jetzt nicht ((zu Om)) ich erzähls dir nur kurz #00:08:55-5#
((Am flüstert Om etwas ins ohr)) #00:08:55-5#
((alle kinder gehen für kurze zeit dicht zueinander und sprechen sehr leise)) #00:09:06-0#
Ym: (unv) und die araber #00:09:09-5#
Om: ja die araber haben macht #00:09:12-8#
Ym: ∟ araber haben macht #00:09:12-8#
Om: wer lacht wird umgebracht (unv) arabisches blut #00:09:14-8#
I: °@(2)@° #00:09:16-1#
Ym: ähm schnell lass mich mal araber haben macht wer lacht wird umgebracht ihr wisst woher dieser mut kommt das nennt man arabisches blut ((wippt mit Oberkörper leicht vor und zurück und bewegt Arme von oben nach unten im Rhythmus seiner Sprache)) #00:09:25-2#

Mit der Proposition von Om macht dieser deutlich, dass er einen Reim kennt, den er gern mit der Runde teilen möchte, insbesondere mit dem Diskussionsleiter. Für den Diskussionsleiter ist an dieser Stelle nicht klar, worum sich dieser Reim inhaltlich drehen könnte; deutlich wird jedoch, dass die Kinder ein sprachliches Spiel in die Diskussion einbringen möchten. Der Orientierungsgehalt scheint zumindest für Am, Ym und Om geläufig zu sein, was die Differenzierung von Ym zeigt, mit der er ansetzt, um den Reim aufzusagen. Für Außenstehende erschließt er sich noch nicht. Es entwickelt sich ein selbstläufiges Gespräch, bei dem beständig Blickkontakt mit dem Diskussionsleiter gehalten wird. Der Orientierungsgehalt soll der fremden Person, dem Diskussionsleiter, zugänglich gemacht werden. Es herrscht jedoch scheinbar Uneinigkeit in der Gruppe darüber, in welcher Form dies geschieht. Om fordert Ym dazu auf, leise zu sein. Möglicherweise will dieser etwas sagen, wird aber zurückgehalten. Zu diesem Zeitpunkt scheint nicht klar, ob die Kinder ggf. Angst vor Sanktionierung bzw. vor negativen Gegenhorizonten des Diskussionsleiters haben, wenn das, was sie dort mitteilen, im Widerspruch zu möglichem kommunikativem Wissen des Diskussionsleiters steht. Die Skepsis der Gruppe scheint aber eher aus der Befürchtung möglicher Verständnisprobleme heraus zu resultieren, erkennbar an der Antithese von Am, die wiederum dem metakommunikativen Appell von Om mehr inhaltliches Gewicht verleiht: „das verstehst du jetzt nicht" (#00:08:55–5#). Wie und ob dies aufgelöst werden kann, ist wahrscheinlich Aushandlungsgegenstand des nun schwer verständlichen Gespräches. Dem antithetischen Einwand wird scheinbar durch eine Klärung der Sprecher*innen-Reihenfolge begegnet, wodurch der antithetische Verlauf aufgelöst werden kann. Schlussendlich beginnt Om, den Reim als Erstes aufzusagen, gefolgt von Ym. Beide Kinder zeigen, dass der Orientierungsgehalt in der Gruppe nicht (nur) durch nüchterne Debatten zustande kommt, sondern durch sprachliche Spiele mit einem hohen performativen Gehalt, die insbesondere Gruppenbildungsprozesse nach außen hin artikulieren und konsolidieren sollen. Das rhythmische Bewegen des Körpers sowie bei Om das Heben der Arme haben Parallelen zu Bewegungen, die im Kontext von Rap-Musik häufig anzutreffen sind. Sie erscheinen als machtvolle Demonstration der eigenen Stärke. Dabei zeigt Ams Antithese: Wer diesen Reim hört, kann dahinterliegende Sinnschichten nicht erschließen, wenn er nicht auch selbst als eine ‚dazugehörende' Person identifiziert wird bzw. sich als eine solche identifiziert. Die Reime, ihre Kenntnis und das Aufsagen dienen also nicht nur der Repräsentation der Zugehörigkeit nach außen, sondern gleichsam der Festigung der eigenen Zugehörigkeit nach innen. Mögliche befürchtete Bewertungen des Diskussionsleiters unterbleiben, sodass der gemeinsame Orientierungsgehalt bestehen bleibt.

In einigen Passagen verlassen die Kinder jedoch den Modus einer parallelen Diskursorganisation, ohne dass negative Gegenhorizonte des Diskussionsleiters das Geschehen beeinflussen. An Stellen, die Merkmale eines divergenten Diskursverlaufes aufweisen, geht es weniger um inhaltliche Aspekte oder kommunikatives Wissen, sondern vielmehr um die Frage, wer innerhalb der Gruppe an der Ausarbeitung des Orientierungsrahmens teilhaben darf bzw. wer als Sprecher legitimiert ist. Dies wird unter den Kindern im Kontext des Reimaufsagens

diskutiert. Es ist dabei insbesondere Ym, dessen Status durch die anderen Teilnehmer*innen (TN) immer wieder in Frage gestellt wird, wie beispielsweise in
der Passage „Reim":

**Gruppe Hase und Fuchs; Schule 2. Erste Diskussionseinheit, Passage
„Reim"**
Ym: ähm schnell lass mich mal araber haben macht wer lacht wird umgebracht
ihr wisst woher dieser mut kommt das nennt man arabisches blut ((wippt mit
Oberkörper leicht vor und zurück und bewegt Arme von oben nach unten im
Rhythmus seiner Sprache)) #00:09:25-2#
Om: ((zu Ym)) du bist kein araber warum sagst du das? #00:09:26-9#

In diesem Unterthema ist nun der Aspekt der Zugehörigkeit zentral. Die Proposition von Ym hat insofern antithetischen Gehalt, als dass sie Yms Legitimation als
Sprecher in Frage stellt. Dies rekurriert auch auf die Funktion, die eigene Zugehörigkeit nach innen zu festigen. Authentisch ist ein Sprecher dieses Reimes nur
dann, wenn er selbst Teil des konjunktiven Erfahrungsraumes des Milieus ist,
dem sich die Kinder zuordnen. Die Gesprächsdynamik unterbricht jedoch wegen
einer Intervention des Diskussionsleiters.

Mittels abstrahierender Sprechbeiträge arbeiten die Kinder nun den Orientierungsgehalt expliziter aus. Sie schildern dem Diskussionsleiter, was sich hinter
dem Reim an kommunikativem Wissen verbirgt:

**Gruppe Hase und Fuchs; Schule 2. Erste Diskussionseinheit, Passage
„Araber"**
I: was macht/was macht denn/also ihr habt mir ja diese reime erzählt ähm dieses
araber haben macht was macht denn araber so besonders? #00:10:44-7#
Ym: das sie immer zusammen kämpfen #00:10:50-5#
Om ((zu Am)): lass man #00:10:51-5#
I: dass sie immer zusammen kämpfen wo kämpfen sie? #00:10:56-6#
Ym: die helfen immer #00:10:59-9#
I: und wo kämpfen sie?
Om: also sie gehen auf irgendeinen platz oder so und dann kämpfen sie gegen
andere #00:11:06-1#
Am: (unv) #00:14:06-1#
Om: Lalso gegen israeli und so buff ((Om steht und führt Faust ruckartig in
das Kreisinnere)) #00:14:06-1#

Die Sequenz beginnt mit einer Frage des Diskussionsleiters. Sie besitzt einen
propositionalen Gehalt, da durch sie unterstellt wird, dass Araber etwas Besonderes an sich hätten. Auch wenn die TN dem Diskussionsleiter einen Reim über

Araber bereits performativ dargestellt haben, so ist „besonders" (#00:10:44–7#)
eine Attribuierung, die von den Kindern vorher nicht benutzt wurde. Die Antworten der Kinder in Form von Elaborationen erscheinen nun viel kürzer. In ihnen
wird erneut ein Moment des Zusammenhaltens innerhalb der Gruppe der Araber deutlich. Die Zugehörigkeit zur Gruppe der Araber ist nicht geprägt durch
gemeinsame Rituale im Arbeiten, Spielen oder Lernen oder durch bestimmte
Peerstrukturen. Das identitätsstiftende Moment liegt vielmehr im gemeinsamen
Kämpfen, also der Verteidigung bzw. Abgrenzung gegen andere Gruppen, wie
die Elaboration von Ym zeigt. Diese werden von Am zusammenfassend mit „die
bösen" (#00:11:32–8#) gekennzeichnet und dann durch die anderen Kinder weiter exemplifiziert. Er ergänzt „helfen" (#00:10:59–9#) als weitere Handlung, die
charakteristisch für die Gruppe der Araber sei. In der Elaboration von Om wird
beschrieben, dass Araber auf einen Platz gehen und dann gegen andere kämpfen.
Stellenweise erinnern die Formulierungen an demonstrationsähnliche Geschehn-
nisse, welche die Kinder vielleicht unmittelbar oder medial erlebt haben und im
Gespräch aufgreifen. Der für die Kinder relevante Orientierungsgehalt ist in dieser Situation die Wiedergabe von Narrativen über die Situation der Araber in der
Welt, in Vergangenheit und Gegenwart und ihrer Notwendigkeit zur Verteidigung.
In der zweiten Elaboration von Om wird zum ersten Mal deutlich, wen die TN
mit „andere" (#00:11:06–1#) meinen, die im Kampf der Araber eine gewichtige
Rolle spielen. Es sind die „Israeli" (#00:11:06–1#). Damit werden Grenzziehungen deutlicher hervorgehoben, indem nun eine Gruppe jenseits der eigenen Sphäre
bzw. der eigenen Identität ganz konkret benannt wird, die der eigenen feindlich
gegenübersteht. Oms Erzählung weist erneut einen performativen Charakter auf,
indem er das Gesagte szenisch nachspielt. Seine durch die Luft fliegende Faust
geht dabei in die Kreismitte.
  An späterer Stelle exemplifiziert Om noch einmal:

**Gruppe Hase und Fuchs; Schule 2. Erste Diskussionseinheit, Passage
„Araber"**
Om: die araber also die ganzen muslime jetzt und so die araber die sammeln sich
auf ein platz und dann äh kämpfen die gegen israel und so gegen polen und so
#00:11:48-5#

Hier wird nun der Adressatenkreis beider sich feindlich gegenüberstehender
Gruppen noch einmal erweitert. Nicht nur „araber" sondern auch „muslime" versammeln sich auf einem Platz. Die Bezeichnungen Araber und Muslime tauchen
auch in späteren Zusammenhängen immer mal wieder auf. Ob ein Araber auch
immer gleichzeitig ein Muslim ist bzw. umgekehrt, kann aus dem Material noch

nicht rekonstruiert werden. Erst an späterer Stelle werden eindeutigere Verbindungen durch die Kinder der Gruppe hergestellt. In Oms Elaboration versteckt sich noch eine weitere Bedeutungserweiterung. Nicht nur „israel" (#00:11:48–5#) gilt es zu bekämpfen, sondern genauso auch „polen". Es handelt sich demzufolge um einen Kampf gegen verschiedene Länder, wobei im Folgenden insb. „Israeli", also mutmaßlich die israelische Bevölkerung, in das Zentrum der Aushandlungen rücken.

In der folgenden Sequenz wird nun durch biografisch gefärbte Erzählungen und Beschreibungen die konjunktive Dimension des Orientierungsgehalts sichtbar:

Gruppe Hase und Fuchs; Schule 2. Erste Diskussionseinheit, Passage „Araber"
Am:/und ich/ hab mal ein israeli gesehen der war so groß und der hat mit mein vater geredet und da hat mein vater gesagt: was willst du ich töte dich gleich #00:12:02-1#
Om: ((zu Am)) wallah? /(@ @)/ #00:12:05-6#
Mm: @(2)@ #00:12:12-5#
Am: und dann dieser israeli in den nachrichten er hat richtig angst vor meinem vater bekommen #00:14:46-9#

Am berichtet in seiner Transposition ebenso von einem Israeli, den er „mal (...) gesehen" (#00:12:02–1#) hat – ob persönlich oder in den Medien ist nicht ersichtlich. Als Transposition wirft die Aussage jedoch eine neue Facette des Orientierungsgehaltes auf. Der Fokus verlagert sich. Statt der abstrakten Schilderung gesellschaftspolitischer Konflikte wird nun von konkreten Auseinandersetzungen zwischen Israelis und Arabern erzählt. Am berichtet von einer Situation, in der ein Israeli ein Gespräch mit Ams Vater beginnt. Er benutzt zusätzlich das Attribut „groß" (#00:12:02–1#), um den Israeli näher zu beschreiben. Denkbar ist, dass dahinter die Intention liegt, die Bedrohungslage zu unterstreichen, um den Zuhörenden zu signalisieren, dass es sich in der Erzählung um einen erwachsenen Israeli handelt, oder um die anschließende Reaktion des Vaters als besonders mutig zu kennzeichnen. Denn dieser droht dem Israeli mit dem Tode. Mms Lachen und Oms soziolektal gefärbtes, arabisch-stämmiges „wallah" (#00:12:05–6#) signalisieren Erstaunen und Belustigung, gleichzeitig aber auch Bestätigung. Neben den biografischen Erzählungen, die Einblick in das imaginative konjunktive Wissen geben, scheint dieser Ausdruck Bestandteil einer habitualisierten, konjunktiven Praxis mit Blick auf die Diskurs- und Interaktionsorganisation zu sein.

Während die bisherigen Erzählungen in größeren gesellschaftlichen Zusammenhängen verharren, berichtet Ym in seiner Transposition von der Situation „hier" (#00:11:53–0#):

Gruppe Hase und Fuchs; Schule 2. Erste Diskussionseinheit, Passage „Araber"
Om: die araber also die ganzen muslime jetzt und so die araber die sammeln sich auf ein platz und dann äh kämpfen die gegen israel und so gegen polen und so #00:11:48-5#
Ym: und hier gibt es auch paar israeli nur aber kinder auch paar ältere #00:11:53-0#
Om: /ja/ #00:11:53-5#

Ym differenziert seine Aussage schrittweise.. Die Personen, um die es geht, seien „nur" Kinder und auch ein paar „ältere" (beide Zitate #00:11:53–0#)[4].

Erzähl- und Orientierungstheorien über die Gruppe der „Nazis"
Eine ähnliche Art der Bearbeitung von Wirklichkeit findet sich in der Passage „Nazis", in der sich die Kinder ins Verhältnis zur Gruppe der „Nazis" setzen:

Gruppe Hase und Fuchs. Erste Diskussionseinheit, Passage „Nazis"
Om: ey erster mai war ich gar nicht draußen (3) erster mai war ich erst um 16 uhr draußen wegen /weil erster mai is doch nazitag #00:14:45-9#
Mm: ((zu Om)): <u>was</u>? #00:14:46-6#
Am: ((zu Am)): ja #00:14:47-6#
Om ((zu Am)): weißt du nicht? #00:14:49-1#
Ym: da kommen alle nazis zu ((Name der Heimatstadt))] #00:14:51-9#

Am Anfang dieser Sequenz steht Oms Proposition. Er erzählt in einer biografischen Einlassung, dass er am 1. Mai „erst um 16 Uhr" (#00:14:45-9#) draußen gewesen sei, wobei er mit der Adverbialkonstruktion deutlich macht, dass dies für ihn ungewöhnlich spät ist. Verknüpft wird diese Erzählung mit der Behauptung, der 1. Mai sei ein „nazitag" (#00:14:45-9#). Nicht grundlos ist Om also so lange nicht ins Freie gegangen: Dem 1. Mai kommt damit in Oms Wahrnehmung eine besondere Bedeutung zu. Bei einigen Kindern dokumentiert sich Überraschung angesichts der Behauptung Oms. Mm scheint sichtlich überrascht, erkennbar an der starken Betonung seines Fragewortes „was" (#00:14:46–6#). Die Nachfrage

---

[4] Eine genauere Betrachtung dieser Passage erfolgt in Abschnitt 6.2.2.1.

löst jedoch unter den Kindern keine Diskussion über die Legitimation dieser Aussage aus, sondern animiert die anderen TN zu einer Bestätigung dessen, was Om
gerade gesagt hat. Am validiert Oms Proposition mit einem „ja" (#00:14:47–6#).
Om erscheint sichtlich überrascht von Mms Nachfrage. Seine Erkundigung hat
ebenfalls validierenden Gehalt. Damit sieht Om ein Wissensdefizit im Kontrast
zur Gruppe auf Seiten von Mm über einen Sachverhalt, der eigentlich kommunikatives Wissen sein müsste und demzufolge keiner Diskussion bedarf. Dieses
zeigt sich in der Elaboration von Ym, nämlich, dass am 1. Mai viele Nazis „zu
((Name der Heimatstadt))" kämen und damit an diesem Tag diese Gruppe erhöhte
Präsenz in der Stadt zeigt.

In der weiteren Ausarbeitung dieses Orientierungsgehaltes werden die
Gesprächsbeiträge nun zunehmend biografischer Art. Die Kinder berichten von
Ereignissen, die ihnen zugetragen wurden. Es lässt sich ein sehr dynamisches
Diskussionsgeschehen rekonstruieren, in dem die Kinder zeitgleich ankündigen,
eine Geschichte zu erzählen. In der folgenden Sequenz hat sich schlussendlich
Om als Erster durchgesetzt:

**Gruppe Hase und Fuchs; Schule 2. Erste Diskussionseinheit, Passage „Na-
zis"**
Om: ein zweitausend - 2014 ja!? da hab ich gehört meine mutter guckt so nach-
richten da sagt ähm da sagt / nicht meine mutter mein vater und dann ähm/dann
sagt so ähm letzte woche wurde ein kind genommen und getötet ja und alles
mitgenommen und getötet ja und alles weggenommen die organe wurden ver-
kauft und so @(1)@ #00:15:33-6#
Am: und so (unv) nazis #00:15:35-6#
Ym: ((zu Am)): @(das klang so spitze wie du das gesagt hast)@ #00:15:36-1#
Om: und dieser nazi der das gemacht hat #00:15:38-8#
Ym: └ (unv) #00:15:38-8#
Om: wurde für fünf jahre haftbar gemacht oder so keine ahnung #00:15:42-0#
Am: oder ich kenne noch eine geschichte das war aber 2014 #00:15:45-9#
Ym: └ (unv)
#00:15:46-3#
Om: @(1)@ #00:15:46-3#
Am: 2014 die haben so paar kinder verarscht die kinder waren so alleine ähm (1)
paar männer haben / also nazis haben so getan als sie ob sie pizza-mann waren
und dann haben sie angerufen bei die kinder und haben sie gesagt 'ja wir möchten fünf pizza' (1) und dann haben die extra geld genommen und dann sind die
nazis sind die in haus rein gegangen (1) haben alles weggenommen und haben
die kinder getötet und haben die in garten vergraben #00:16:13-5#

Die Kinder berichten von Begebenheiten, die sie durch die Nachrichten erfahren haben. In Oms Ausarbeitung des Themas ist es erst die Mutter und, nach

einer Selbstkorrektur, der Vater, der Nachrichten geschaut hat. Dort wurde über ein Kind berichtet, das von einem Nazi „genommen und getötet" (#00:15:33–6#) wurde und dessen Organe verkauft wurden. Ob sich dabei „weg"- und „mitgenommen" (#00:15:33–6#) auf die Organe bezieht oder auf einen Diebstahl anderer Gegenstände, erscheint unklar. Deutlich wird jedoch, dass Om sich auch auf die Motivlage des Nazis bezieht und wirtschaftliche Interessen bzw. Motive beim ausführenden Nazi eine Rolle spielen. Der Verkauf von Organen erhöht nun noch einmal die moralische Anstößigkeit jener Vorgänge, die in den Narrativen der Kinder von Nazis ausgehen. Am spricht im Gegensatz zu Om in seiner Narration von mehreren Nazis. Hier erscheint das Vorgehen der Täter*innen komplexer und gleichsam perfider: Sie verkleiden sich als „pizzamann" (#00:16:13–5#), ändern also ihr Erscheinungsbild, begeben sich unter dem Vorwand der Pizzalieferung in die Wohnumgebung von fünf Kindern, nehmen „extra geld" (#00:16:13–5#) und weitere Dinge, töten die Kinder und vergraben sie im „garten" (#00:16:13–5#).

Die biografischen Erzählungen entstammen Nachrichten, die entweder selbst (wie bei Am) oder von Familienmitgliedern (wie bei Om) gesehen wurden. Sie sind zeitlich weit in der Vergangenheit angesiedelt. 2014 liegt zum Zeitpunkt der Erhebungen bereits zwei Jahre zurück. Von eigenen Erlebnissen berichten die Kinder daher nicht. Die Geschehnisse besitzen zwar eine Relevanz für Kinder – als darin involviert oder gar als Akteur beschreiben sie sich in ihren Erzählungen indes nicht.

Gruppe Hase und Fuchs; Schule 2. Erste Diskussionseinheit, Passage „Nazis"

I: das klingt ja wirklich ziemlich grausam warum ist der 1 mai - äh - nazitag? #00:16:20-4#

Ym: weil die nazis nach äh nach ((Name der Heimatstadt)) kommen #00:16:24-3#

Om: ∟nach ((Name der Heimatstadt)) kommen und so #00:16:24-3#

Om: da kommen richtig viele nazis (unv) #00:16:28-2#

I: ∟ was ist ein nazi? was ist ein nazi? #00:16:29-0#

Ym: nazi ist ein böser / richtig viele böse menschen es gibt auch nette menschen aber die nazis sind eben böse #00:16:36-2#

Am: und die trinken und (unv) besoffen #00:16:37-9#

Om: ∟ ja eine eine eine eine äh erzieherin im hort ist ein

nazi #00:16:41-0#
Am ((zu Om)) hä wer denn? #00:16:42-0#
Om: ((name einer erzieherin)) #00:16:42-4#
Mm: @(1)@ #00:16:44-7#
Ym: ᴸ@(1)@ #00:16:44-7#
I: wie kommst du darauf? #00:16:47-9#
Om ((zu Ym)): du meintest mir doch #00:16:50-2#
Ym: @(2)@ #00:16:50-5#
I: wie komm #00:16:50-9#
Om: achso nein spaß spaß er hat mich verarscht #00:16:52-5#
Ym: @(1)@ #00:16:53-9#
Om: ᴸ @(1)@ #00:16:53-9#
Mm: ᴸ @(1)@ #00:16:53-9#
I: ᴸ@(1)@ #00:16:53-9#
I: aber wieso sind die böse? #00:16:56-3#
Am: sie wissen das nicht sag mal!? #00:16:58-7#
I: ich frage euch #00:16:59-1#
Om: was denn? was denn? #00:17:00-3#
I: warum nazis böse sind #00:17:01-9#
Ym: weil hm (unv) die denken wir sind böse aber die sind böse #00:17:08-2#
Om: die klauen immer kinder und töten sie #00:17:10-4#
Am: ᴸ (unv) und die klauen
auch manchmal sachen die klauen gold und die klauen geld und die sind auch
besoffen #00:17:17-1#
Ym: die kommen bestimmt in die hölle wenn die sterben #00:17:19-1#
Mm: ((zu Am)): (unv) #00:17:23-1#

Das folgende Unterthema wird vom Diskussionsleiter durch eine immanente
Nachfrage eingeleitet. Er fragt nun genauer nach dem 1. Mai als ein Tag, der
für die Kinder in Bezug auf den ausgearbeiteten und noch weiter auszuarbei-
tenden Orientierungsgehalt eine besondere Bedeutung besitzt. Nazis sind eine
‚böse Gruppe' oder einzelne ‚böse Personen', denen eine besondere Bedeutung zukommt. Mit dieser immanenten Nachfrage wird noch einmal Bezug auf
die Ausgangsproposition von Om in der Passage „Nazis" genommen. Die Beiträge der Kinder in diesem Unterthema sind hier nun häufig abstrahierender Art.
Die Elaborationen von Ym und Om setzen an der Frage des Diskussionsleiters an. Der 1. Mai sei Nazitag, weil an diesem Tag die Heimatstadt verstärkt
von Nazis besucht werde. Damit betonen die Kinder die ungewohnte räumliche
Nähe dieser Gruppe zur Heimatstadt im Vergleich zum Rest des Jahres. Während Ym und auch erst Om mit dem Plural „nazis" (#00:16:24–3#) hier von
einer unbestimmten Anzahl von Personen sprechen, elaboriert Om dies in seinem Redebeitrag mit „richtig viele Nazis". Er legitimiert somit die Deutung
des historisch-gesellschaftlichen Hintergrundes dieses Feiertages zum „nazitag"

(#00:16:20–4#) auch durch die zahlenmäßig hohe Präsenz. Der Diskussionsleiter fragt nun nach spezifischen Charakteristika im Singular („Was ist ein nazi"
#00:16:29–0#), was Ym in seiner Elaboration aufnimmt. Sein erneutes Ansetzen
fügt den Redebeitrag dann aber in den kommunikativen Rahmen der Gruppe ein,
vor dessen Hintergrund die Redebeiträge der TN, in denen beständig von Gruppen
gesprochen wird, als Teil einer parallelen Diskursorganisation bezeichnet werden können. Nazis sind in seinem Redebeitrag „richtig viele böse menschen"
(#00:16:36–2#) und er schließt damit in der Formulierung an die Elaboration
von Om an. Yms Elaboration hat ebenso einen differenzierenden Gehalt, denn
er stellt in Rechnung, dass nicht alle Menschen per se böse seien, unter ihnen
seien auch „nette" (#00:16:36–2#) Menschen. Für die Gruppe der Nazis sei dies
aber ausgeschlossen. Am versucht sich einer Beschreibung der Gruppe der Nazis
durch ihre Handlungen zu nähern. Sie würden viel trinken und fallen damit
durch einen Alkoholmissbrauch auf, dessen Resultat Am verächtlich als „besoffen" (#00:16:37–9#) beschreibt. Der Dualismus des Guten vs. des Bösen der in
ähnlichen Spielarten auch in der Passage ‚Araber' zum Tragen kam und mentale Grenzen zwischen Israelis und Arabern legitimierte, lässt sich hier ebenfalls
auf der Ebene des imaginativen konjunktiven Wissens rekonstruieren. Im ausgearbeiteten Orientierungsgehalt ist es nun die Gruppe der Nazis, die als böse
bezeichnet wird; unklar bleibt, weshalb. Es dauert etwas, bis sich die Gruppe auf
ein Gespräch darüber einlässt. Erst einmal fragt Am, ob dies der Diskussionsleiter
denn nicht selber wisse. Sein „sag mal" (#00:16:58–7#) am Ende seines Rede-
beitrags zeigt, dass seine Frage auch von einer gewissen Empörung begleitet ist.
Vermutlich artikuliert Om stellvertretend für die Gruppe Verwirrung, dass dieses
Thema überhaupt eines ist, worüber eine Verständigung lohne, dass es allgemein
bekannt sei und am Ende einer solchen Konversation kaum neue potenzielle
Erkenntnisse zu erwarten seien. Eine erste inhaltliche Einlassung erfolgt durch
Ym mittels einer Elaboration. Er unterstellt der Gruppe der Nazis Denkmuster,
die sie („wir" #00:17:08–2#) als böse betrachten; selbiges Attribut träfe aber vielmehr auf die Nazis selbst zu. Nicht ganz geklärt werden kann, ob sich das von
Ym verwendete „wir" (#00:17:08–2#) auf die (Peer-)Gruppe bezieht oder ob es
um den Status als Kind, Schüler*in, Angehörige*r einer Wohngegend etc. geht,
sprich welche Differenzkategorie hier das „wir" (#00:17:08–2#) konstituiert. Da
im Verlauf der Gruppendiskussion die Kategorie ‚Araber' als Orientierungsgehalt
immer weiter ausgearbeitet wurde und auf dieser Wissensgrundlage nicht nur
Geschichten erzählt werden, sondern diese gleichsam als Anlass für performative Redebeiträge genutzt werden (und ‚Nazis' wesentlich durch ihre Ablehnung
anderer Menschen aufgrund ihrer religiösen, ethnischen, nationalstaatlichen etc.
Zugehörigkeit definiert werden können), ist es durchaus denkbar, dass sich diese

homologe Sinnstruktur auch hier wiederfindet. In der letzten Elaboration mutmaßt Ym, dass Vertreter*innen der Gruppe der Nazis nach dem Tod „in die hölle" (#00:17:19–1#) kämen. Damit ist ein religiöses Moment angesprochen, welches in der Gruppe weiter ausgearbeitet wird:

Religiöse Erzählungen als sinnstiftendes Moment
Das Erzählmuster des „Wir gegen die Anderen" ist daher nicht die einzige Sinnschichtung, die aus den Erzählungen der Kinder abgeleitet werden kann. Innerhalb des Milieus, dem sich die Kinder selbst zuordnen, spielen religiöse Motive eine ebenso wichtige Rolle. Beide hängen jedoch eng miteinander zusammen, wie die Diskussion in der Passage „Himmel und Hölle" zeigt. Sie bewegt sich an der Grenze zwischen religiösen und sozialen Motiven. Mittels des Motivs Himmel und Hölle greifen die Kinder das böse Verhalten der Nazis sowie die aggressiven Handlungsweisen der Israelis erneut auf und bewerten das Wissen über beide Gruppen aus der Perspektive eines religiösen Standpunktes neu. Auch hier dominiert das abstrahierende Sprechen:

Gruppe Hase und Fuchs; Schule 2. Erste Diskussionseinheit, Passage „Himmel und Hölle"
Ym: ⌐(unv))die nazis kommen in die hölle die töten kinder auch das ist bei den muslimen also haram und äh #00:19:18-9#
Om: ⌐((spricht in die kamera)): ja merkt euch das kinder #00:19:22-0#
Ym: wenn man ein/wenn man ein tö-tötet ähh dann kommt man in die hölle sogar wenn man was in ordnung macht dann kommt trotzdem in die hölle man darf keinen töten außer wenn die selber was angetan haben oder so messer oder so da kommen die nämlich in die hölle #00:19:40-0#
Am: aber wenn derjenige ihn geschlagen oder so ein bisschen zerstochen/also hier im arm dann darf der das auch selber machen #00:19:50-1#
Ym: ja dann ist es nicht #00:19:50-7#

Konkret werden in dieser Passage der Akt des Tötens und seine Folgen für ein Leben nach dem Tod angesprochen. Da Nazis Kinder töten, kommen sie in die Hölle. Die Elaboration von Ym bewertet sie unter moralischen Maßstäben der Muslime. Der Wertekanon der Gruppe der Muslime erlaubt es in den Augen der Kinder, diese Handlung als „haram" (#00:19:18–9#) anzusehen, also als nach islamischem Glauben verboten. Damit wird durch die Kinder ein neuer Aspekt ins Gespräch eingebracht, der indirekt auch mit der Zugehörigkeit der Kinder zusammenhängt: Die Handlungen der Gruppe der Nazis fungieren gewissermaßen als Überleitung zur Ausarbeitung eines neuen Orientierungsgehaltes, nämlich die Suche nach Kriterien oder Handlungen, die Menschen nach ihrem Tode in die Hölle bringen. Om bestärkt den von Ym aufgeworfenen Standpunkt durch eine metakommunikative Validierung, indem er sich zur Kamera wendet und potenziell zuschauende Kinder anspricht. Wenn auch leicht ironisch, so wird markiert, dass hier Wissensbestände weitergegeben werden, die durchaus für aktuelle und nachfolgende Generationen Relevanz und Gültigkeit besitzen. In den Gesprächsbeiträgen der Kinder wird eine eher kompromisslose Haltung deutlich. Wer einen Menschen tötet, kommt in die Hölle; selbst durch eine spätere ‚gute Tat' kann dieses Verbrechen nicht wiedergutgemacht werden. Jedoch wird von Am auch eine Art Vergeltungsrecht als Ausnahme angesprochen, dem Recht bei zugeführter Verletzung gleiches auch dem*der Täter*in zuzufügen. Dabei geht es sowohl um Schläge als auch um scheinbar kleinere Verletzungen („bisschen zerstochen"): „dann darf der das auch selber machen" (#00:19:50–1#). Die theologischen Einlassungen sind hierbei argumentativ-abstrahierend zu lesen, weniger biografisch; gleichwohl bilden sie einen manifesten Bestandteil des Wissens um die soziale Identität von ‚Arabern', deren Zugehörigkeit die Kinder in vorangegangenen Passagen auch biografisch ausgearbeitet haben.

Gruppe Hase und Fuchs; Schule 2. Erste Diskussionseinheit, Passage „Himmel und Hölle"
I: wer kommt denn dann eigentlich in den himmel? #00:20:03-9#
Am: (unv) #00:20:07-3#
I: wer in den himmel kommt #00:20:06-8#
Om: alle die lieben #00:20:09-7#
Ym: alle die die an gott glauben und die die #00:20:12-4#
Ym: ⌊ aber die israeli   aber die israeli kommen gar nicht
#00:20:13-8#
Ym: die israeli kommen alle so gar nicht weil sie immer auch länder klauen
#00:20:18-1#

Die Frage des Diskussionsleiters, wer denn eigentlich in den Himmel kommt, beantwortet Om mit der Notwendigkeit zu lieben. Wer oder was geliebt werden soll, wird indes nicht klar. Yms Beitrag liest sich als Differenzierung; er sieht hier eher den Glauben eines Menschen in der Verantwortung und nicht die Notwendigkeit zu „lieben". (#00:20:09–7#). Doch kommunikatives Wissen ist auch, dass nicht alle, die diese Kriterien zu Lebzeiten erfüllen, Zugang zum Himmel haben. Yms Elaboration wird von Oms Differenzierung unterbrochen, der verdeutlichen möchte, dass nicht jeder, der glaubt oder liebt, in den Himmel kommt. In seiner Lesart sind Israelis vom Zutritt zum Himmel ausgeschlossen. Zugehörigkeit zu einer bestimmten Gruppe kann also ein reglementierender Faktor beim

Zugang zum Himmel sein. Ym exemplifiziert dies und greift damit auf einen Orientierungsgehalt zurück, der so auch in der Passage „Araber" ausgearbeitet wurde. Er legitimiert Ams Aussage für die Gruppe gegenüber dem Diskussionsleiter und sieht im Ausschluss qua Zugehörigkeit auch handfeste Gründe, die in den Aktivitäten der Israelis zu finden seien. Durch ihre Praxis des ‚Klauens' von Land – also eine potenziell kriminelle Handlung – sei jegliche Chance auf Zutritt zum Himmel vertan. In der Passage „Araber" wurde diese antizipierte Handlung insbesondere vor dem Hintergrund der Ungerechtigkeit herausgearbeitet, unter der die Araber zu leiden hatten und worauf sich unter anderem die ablehnende Haltung der Kindergruppe gegenüber den Israelis begründet. Ob dies hier auch so ist – also ob der Diebstahl von Land insbesondere deswegen für die Kinder eine verwerfliche Handlung ist, weil damit Besitzstände der Araber weggenommen werden –, kann bei Betrachtung dieser Passage allein nicht zweifelsfrei festgestellt werden.

In der folgenden Passage „Glaube an Gott" werden religiöse Figuren genauer benannt:

Gruppe Hase und Fuchs; Schule 2. Erste Diskussionseinheit, Passage „Glaube an Gott"
I: alle die an gott glauben? Am einen bestimmten gott oder an irgendeinen gott? #00:20:21-2#
Mm: an allah #00:20:24-1#

In der Transposition des Diskussionsleiters nimmt dieser noch einmal den Orientierungsgehalt aus der vorherigen Passage auf. Die Aussage der Kinder, all jene, die an Gott glauben, kommen in den Himmel, scheint dem Diskussionsleiter noch zu unspezifisch zu sein. Um die Kinder zum weiteren Ausarbeiten religiöser Orientierungsgehalte zu bewegen, fasst er die Aussage der Kinder aus der vorherigen Passage noch einmal zusammen (bzw. wiederholt sie als Frage mit fast gleichem Wortlaut) und knüpft eine weitere Frage mit propositionalem Gehalt an. Er will von den Kindern wissen, an welchen Gott man glauben müsse, um in den Himmel zu kommen. Die Frage impliziert zweierlei: zum einen, dass es – um die Frage zufriedenstellend zu klären – notwendig sei, das Wort „gott" (#00:20:21–2#) durch einen konkreten Namen zu ersetzen und zum anderen, dass es mehr als einen Gott gebe. Mm antwortet daraufhin „allah" (#00:20:24–1#) und benennt damit den Gott des Islams. Wie schon in der Passage „Himmel und Hölle" kann an dieser Stelle nicht abschließend geklärt werden, ob der Glaube an Allah für sie auch Teil der Zugehörigkeit zur Gruppe der Araber ist oder ob theologische Einlassungen für die Kinder unabhängig von der Zugehörigkeit der Araber zu denken sind. Denn während sich der Orientierungsrahmen vor allem entlang ihrer Stärke und ihrer ,Feindschaft' zu den Israelis erklärt, wurden religiöse Bezüge bisher nur indirekt hergestellt.

Anders verhält es sich in der Passage „Die arabische Sprache":

Gruppe Hase und Fuchs; Schule 2. Erste Diskussionseinheit, Passage „Die arabische Sprache "
Om: ich weiß warum ähm araber haben macht und so der reim darum ist (I: na?) wegen also jetzt weil die muslim die einzige sprache ist #00:26:28-3#
Am: ja ja ja #00:26:28-5#
Om: wegen ähm die arabische sprache die (berühmteste) sprache ist #00:26:34-3#
Am: /nein/ #00:26:34-9#
I: /wie bitte was?/ #00:26:34-9#
Om: /die arabische sprache wird nach dem koran geschrieben/ #00:26:39-3#
Mm: /(unv)/ #00:26:39-3#
I: ach darum gehts #00:26:41-4#
Am: / und/und/und wir haben arabisches blut / (I: ah) #00:26:45-0#
Ym: / (unv) / #00:26:45-0#
Om: (leise) araber haben macht #00:26:47-9#

In dieser Szene wird Wissen, welches eine Sinnschicht unter der kommunikativen Dimension angesiedelt war, gewissermaßen gemeinsam innerhalb der Gruppe ,weiterentwickelt', expliziert und auf eine kommunikative Ebene gehoben. Denn bisher wurden in den Gesprächen der Kinder nur lose Verbindungen zwischen religiösen Erzählungen und der Zugehörigkeit zu den ,Arabern' hergestellt. Dies ändert sich nun, erkennbar an der Ankündigung von Om. Er wisse nun, wieso der Reim, den sie am Anfang des Gesprächs rezitiert haben, eine machtvolle Position der Araber impliziert. Er greift den Reim ,Araber haben Macht' auf, der wesentlicher Bestandteil des Orientierungsrahmens der Gruppe ist, ohne ihn erneut zu rezitieren. Vielmehr begibt er sich auf eine Art Suchbewegung und lotet Verstrickungen und Zusammenhänge aus, die der Gruppe bisher entgangen sein könnten. Der Reim sei so aufgebaut, weil „muslim die einzige sprache" (#00:26:28-3#) sei. Was genau diese Sprache so besonders macht, bleibt erst einmal offen. Jedenfalls werden zum ethnischen Wissen sprachgeschichtliche und religiöse Verstrickungen hinzugezogen. Verschiedene Deutungsweisen werden ausprobiert, aber auch wieder verworfen, wie beispielsweise jene, dass die arabische Sprache die „berühmteste" (#00:26:34-3#) Sprache sei. Om spricht nicht mehr von Muslim, sondern von Arabisch. Deren Einzigartigkeit wird nicht mehr durch das Wort „einzig" (#00:26:28-3#) ausgedrückt, sondern durch das

Wort „berühmt" (#00:26:34–3#), was dieser Sprache zusätzlich zu ihrem singulären Status noch eine hohen Grad an Bekanntheit verleiht. Dies wird von
Am in einer Opposition zurückgewiesen. Es deutet sich ein antithetischer Verlauf an, eine Meinungsverschiedenheit, die jedoch schnell ausgeräumt werden
kann. Die Kinder können sich auf folgende Version einigen: Arabisch entstammt
als Sprache dem Koran und ihr sowie allen Angehörigen dieser Sprachgemein-
schaft komme eine besondere Bedeutung zu. Diese Erkenntnis der Kinder wird
sodann auch gleich auf die eigene Gruppe bezogen. In einer Art Konklusion
machen die Kinder der Gruppendiskussion deutlich, dass dieser Zusammenhang
auch für ihr Zugehörigkeitserleben elementar ist: „und/und wir haben arabisches
blut" (#00:26:45–0#).

Vielfach bauen die Kinder diesen religiös geprägten Orientierungsgehalt über
Geschichten aus dem Koran oder andere religiösen Geschichten aus. Es finden
sich ähnliche Sinnstrukturen wie in jenen über die Situation der Araber in der
Gesellschaft.

**Gruppe Hase und Fuchs; Schule 2. Erste Diskussionseinheit, Passage
„Prophet und Spinne"**
Am: ich kenne noch eine geschichte #00:28:36-8#
Ym: ((zu Am)): was? #00:28:38-1#
Am: guck mal eh (1) ein prophet sein feinde wollten ihn erschießen und die er ist
in der höhle gegangen und eine spinne #00:28:47-0#
Om: ich will die erzählen #00:28:48-7#
Am: oh nein nein nein nein nein #00:28:51-2#
Om: └ bitte ich will die erzählen / #00:28:51-5#
Am: nein nein ich #00:28:52-9#
I: na werdet euch einig wer die erzählen möchte #00:28:53-3#
Am: / nein ich ich ich ich ich ich / #00:28:56-8#
Om: / bitte bitte bitte / ich kann die Am meisten ich (unv) #00:28:58-8#
Am: ich kann die in und auswendig #00:29:00-1#
Om: ja ich doch auch #00:29:03-3#
Am: (zu Om): na wir beide #00:29:01-9#
Om: ok #00:29:04-2#
Ym: / na ich auch / #00:29:04-4#
Om: guck mal ein prophet #00:29:05-5#
Am: ((zu Ym)) nein du nicht #00:29:05-9#
Ym: ein prophet #00:29:06-7#
Om: / ein prohet ist der (unv) / #00:29:08-6#
Ym: / der heißt mohAmmed / #00:29:11-1#
Om: mohammed der heilige prophet ist weg gerannt von ähm #00:29:13-2#

Ym: zwei prinzen #00:29:14-1#
Om: / ja / #00:29:15-2#
Am: / nein / / nein nein / #00:29:16-3#
Ym: könige zwei könige #00:29:17-6#
Am: von seinen feinden sie (unv) #00:29:20-2#
Om: sie wollten ihn töten aber dann ist er in eine höhle gerannt da haben (1)
spinnen spinnennetz gemacht und da sind die stecken geblieben #00:29:26-5#
Am: / und und und (unv) / #00:29:30-8#
Ym: und deswegen sind spinnen heilige tiere #00:29:34-5#
Am: und spinne ein zauber hat ihr auch geholfen sie hat so netz gemacht so
gebaut und dann die haben ins tunnel rein geguckt aber die haben die nicht ge-
sehen und dann sind die einfach weiter gelaufen #00:29:45-1#
Om: ((zu Am)): hä die haben die nicht gesehen #00:29:47-3#
Ym: die spinnennetz die haben das richtig groß gemacht dass keiner da durch
und da ist mohammed dann durch gegangen#00:29:51-3#

In der Passage „Prophet und Spinne" wird eine Erzählung durch die Kinder aufgegriffen, in der der Prophet Mohammed sich gegen eine Überzahl an „feinden"
(#00:28:48–7#) erwehren bzw. sich vor ihnen verstecken muss. Bevor die Kinder jedoch die eigentliche Geschichte erzählen, lässt sich rekonstruieren, wie im
Modus der Metakommunikation die Kinder insbesondere darüber diskutieren, wer
die meisten inhaltlichen Kenntnisse zur von Am angefangenen Geschichte besitzt
und wer diese am besten erzählen kann. Auch hier scheinen generell alle Kinder
Kenntnisse dieser Geschichte zu besitzen, sodass sich die Diskussion nicht um
inhaltliche Akzente dreht, sondern um die Möglichkeit, diese inszenatorisch vor-
zutragen. Im Gespräch darüber, wer die Geschichte am kohärentesten erzählen
kann, zeigt auch Ym an, dass ihm diese Geschichte präsent ist. Die Möglichkeit, dass er diese Geschichte erzählt, wird durch Am jedoch zurückgewiesen.
Ym wird hierbei als Einziger direkt adressiert, die anderen TN bemühen sich
um den nächsten Redebeitrag, ohne dabei auf das Anliegen der anderen Kinder
einzugehen. Schlussendlich dokumentiert sich, wie die Kinder in leicht unterschiedlichen Variationen eine Geschichte über den Propheten erzählen. Om setzt
ein, spricht von Mohammed, dem heiligen Propheten, der geflüchtet sei. Mithilfe
des Adjektivs „heilig" (#00:29:13–2#) wird gewissermaßen das Verehrungswür-
dige und Göttliche der Figur hervorgehoben. Bevor Om erzählen kann, wovor
Mohammed flüchtet, hält er kurz inne. Eventuell ist ihm dies selbst gerade nicht
zugänglich. Diese Pause nutzt Ym und ergänzt, dass es sich um zwei Prinzen
handle; ein Einwand der sowohl Validierung als auch Zurückweisung von den
Kindern erfährt. Ym bringt eine weitere Deutung in den Gesprächsverlauf ein.
Es seien nicht zwei Prinzen gewesen, vor denen Mohammed geflüchtet sei, sondern zwei Könige. Ein König oder eine Königin hat unter Umständen einen sehr

viel größeren Geltungsbereich als ein Prinz, der in königlichen Rangordnungen eher etwas weiter unten anzusiedeln ist. Oms Beitrag bringt die Geschichte nun wesentlich voran. In seiner Aussage dokumentieren sich Handlungsabsichten der Feinde. Sie wollen dem Propheten das Leben nehmen. Ein besonderes Moment ergibt sich durch die dritte ‚Partei‘, die Spinnen, deren Status als heilige Tiere sich aus dieser Geschichte ableitet. Es wird von einer Flucht gesprochen, bei der Spinnen mittels Spinnennetzproduktion maßgeblich beteiligt waren. Die Spinnennetze weisen bei Om und Ym unterschiedliche Funktionen auf (was in einem antithetischen Diskursmodus verhandelt wird): Bei Ym stellen die Spinnennetze eine Art Falle dar, bei Om sind sie ein Mittel zur Tarnung.

Die Geschichte wird mittels abstrahierender Schilderungen religiöser Geschichten vorangetrieben. Das Erzählen selbst scheint jedoch in eine habitualisierte Praxis eingelassen zu sein, in der es einen wichtigen Bestandteil sozialer Zugehörigkeit darstellt und implizit auch Handlungsweisungen für heute lebende Menschen bereithält (z. B. Spinnen als heiligen Tieren keinen Schaden zuzufügen). Die Geschichte weist ähnliche narrative Strukturen auf wie in der folgenden Passage „Gott und Teufel“. Religiöse Figuren, die aus muslimischer Sicht eine besondere (positive) Bedeutung haben, müssen sich gegen Widersacher erwehren. Während der „prophet“ (#00:29:13–2#) (vermutlich Mohammed) in der vorliegenden Erzählung mit einer Überzahl an Gegnern konfrontiert ist, so ist es in der folgenden Geschichte Allah, der sich gegen einen Teufel und damit ungleich mächtigeren Feind erwehren muss:

Gruppe Hase und Fuchs; Schule 2. Erste Diskussionseinheit, Passage „Gott und Teufel"
Om: ˪(unv) ich erklär dir jetzt die geschichte wie alles ein anfang nahm ja? #00:20:50-8#
I: ja? #00:20:50-8#
Om: guck mal als erstes war der teufel der diener von gott aber dann hat der teufel gesagt: 'ich will nicht mehr der diener sein' dann hat er gesagt: 'doch du bleibst mein diener' und dann hat der gesagt 'nein ich bin nicht dein diener' und dann haben die sich voll viel gestritten #00:21:03-5#
Ym: nicht so eine stiMme #00:21:03-7#
Om: @(okay)@ und dann haben sie sich die ganze zeit gestreiten / gestritten also #00:21:09-4#
Ym: nein gott hat gesagt äh #00:21:11-1#
Om: und dann hat gott gesagt (1) jetzt kommst du in die hölle und da hat er in die hölle gesteckt dann wurde er der teufel #00:21:15-7#

Mit seiner Ankündigung, zu erzählen, „wie alles ein anfang nahm" (#00:20:50–
8#), wird deutlich, dass die Geschichte inhaltlich viel Erklärungskraft besitzt
und imstande ist, alles danach Folgende zu erklären. Om möchte die Geschichte
dem Diskussionsleiter nicht nur erzählen, sondern sie ihm auch erklären, sodass
drängende Fragen des Diskussionsleiters unmissverständlich beantwortet werden
können. Die Kinder befinden sich nun in einer Expert*innenrolle gegenüber
dem Diskussionsleiter. Om leitet seinen Beitrag mit „guck mal" (#00:21:03–
5#) ein, um dessen Aufmerksamkeit zu bekommen. In der folgenden Geschichte
wird deutlich, dass für den Anfang die Entstehung des Teufels konstitutiv ist.
Der Teufel sei erst ein Diener Gottes gewesen – so wie es auch Jesus in der
Passage „Glaube an Gott" gewesen ist (auf die im Folgenden noch näher eingegangen wird). Om gibt einen Satz des Teufels in wörtlicher Rede wieder. Er
sagt: „ich will nicht mehr der diener sein" (#00:21:03–5#). Die Antwort von
„er" (#00:21:03–5#) – vermutlich Gott – wird dem Diskussionsleiter ebenfalls
in wörtlicher Rede wiedergegeben: „doch, du bleibst mein diener" (#00:21:03–
5#). Die Reaktion des Teufels (welcher sich vermutlich hinter dem Artikel „der"
(#00:21:03–5#) verbirgt) ist dann: „nein, ich bin nicht dein diener" (#00:21:03–
5#). Dieses Aufeinandertreffen zweier entgegengesetzter Positionen über das
Verhältnis der beteiligten Parteien zueinander bezeichnet Om als Streit. Ym
ermahnt Om, nicht mit so einer Stimme zu sprechen. Was er damit konkret meint,
ist nicht ganz deutlich. Bewusste Modifikationen von Intonation oder Stimmlage
seitens Om konnten während der Transkription nicht festgestellt werden. Spannend ist jedoch, dass Om in Yms Augen eine wichtige Geschichte nicht mit der
nötigen Ernsthaftigkeit erzählt zu haben scheint. Witzige Kommentare oder performative Redebeiträge, die mit dem Orientierungsgehalt ironisierend umgehen,
scheinen aus seiner Perspektive also nicht möglich. Daher fordert er die Einhaltung gewisser Rahmenbedingungen während des Sprechens ein. Om wiederum
scheint sich diese Ermahnung anzunehmen, dies signalisiert ein „okay" unter
Lachen. Er fährt dann wiederholend fort, dass „sie" (#00:21:09–4#) (wahrscheinlich Gott und Teufel bzw. ein Diener Gottes) sich „die ganze Zeit gestritten"
(#00:21:09–4#) haben. Damit wird auch hier eine konflikthafte Situation hervorgebracht, ähnlich wie in den diesseitigen Erzählungen der Kinder über die
Situation der Araber in der Welt.

Differenzsetzungen (z. B. Gut – Böse; Gott – Teufel) werden durch die Kinder
vorgenommen, um Grenzziehungen zu legitimieren oder wenn die Kinder über
unterschiedliche Perspektiven auf religiöse Orientierungsgehalte berichten:

**Gruppe Hase und Fuchs; Schule 2. Erste Diskussionseinheit, Passage
„Glaube an Gott "**
I: alle die an gott glauben? Am einen bestimmten gott oder an irgendeinen gott?
#00:20:21-2#
Mm: an allah #00:20:24-1#
Am: └also sonst gibt es ja nur ein gott #00:20:25-5#
Mm: ja aber ähm die christen nennen es anders die nennen es gott #00:20:29-
5#
Om: └jesus
#00:20:30-3#
Ym: die nennen es jesus #00:20:32-1#
Om: └(unv) #00:20:33-6#
Am: └(unv) #00:20:33-6#
Mm: jesus ist von gott der sohn meinen sie #00:20:36-8#
Am: das stimmt nicht #00:20:38-8#
Om: └das stimmt nicht #00:20:38-8#
Ym: └das stimmt nicht #00:20:38-8#
I: das stimmt nicht? #00:20:40-5# #00:20:40-1#
Om: nein #00:20:40-0#
Mm: └nein #00:20:40-0#
Ym: gott hat keinen sohn #00:20:41-0#
Mm: nur jesus äh #00:20:42-5#
Om: ist der diener #00:20:43-9#
Mm: ja #00:20:44-9#
Am: (unv) #00:20:48-4#

Am impliziert mit seiner Divergenz, dass eine Diskussion über den Gott, an den
man glauben muss, um in den Himmel zu kommen, jeder Grundlage entbehrt,
da es „nur ein gott" (#00:20:25–5#) gebe. Es entbrennt nun ein Gespräch über
die Deutungshoheit. Im Modus des Otherings kommt den Christen ein scheinbar
dem Orientierungsgehalt der Kinder entgegengesetzter negativer Orientierungsho-
rizont zu, die hier als Gruppe von den Kindern das erste Mal Erwähnung findet.
Deutlich wird die Abgrenzung der Kinder zu dieser Gruppe. Sie selbst rechnen
sich nicht dazu und berichten von ihrer Auffassung mit einiger Distanz. Auch
wenn mit dem Adverb „anders" (#00:20:29–5#) hier kein Richtig oder Falsch
impliziert ist, so negieren sie doch, dass „jesus" (#00:20:32–1#) als Name Gottes zulässig ist. Inhaltlich rekurrieren die Kinder wahrscheinlich auf theologische
Dispute, in deren Zentrum insb. die Rechtmäßigkeit der Trinititätslehre als zentraler Bestandteil christlicher Theologie steht und die aus islamischer Sicht häufig
kritisiert wird. Vieles deutet daraufhin, dass die Kinder auch hier den Vergleich
zu islamischer Religionslehre ziehen, da sie selbst mit Allah einen Gott benennen,
an den geglaubt werden sollte, um in den Himmel zu kommen. Das Gespräch ist
die ganze Zeit über von einer hohen Dynamik geprägt und mitunter fallen sich

die Kinder gegenseitig ins Wort. Dabei dokumentiert sich im Material, dass hier weniger eine Auseinandersetzung um das wahre Wissen innerhalb der Gruppe im Zentrum steht. Der Adressat ist mit dem Diskussionsleiter vielmehr eine außenstehende Person, die mit ihren Fragen unter Umständen Impulse setzt, die mit dem Orientierungsrahmen der Kinder inkongruent sind.

Auch an anderer Stelle wird die kritische Beschreibung anders gelagerter religiöser Ansichten im Modus des Otherings sichtbar:

Gruppe Hase und Fuchs; Schule 2. Erste Diskussionseinheit, Passage „Gott und Teufel"
Am: es gibt noch eine geschichte #00:21:23-2#
Mm: └(unv) #00:21:23-2#
Am: nein ich kenne noch eine allah hat / also wie die deutschen sagen gott ja? gott hat gesagt ihr müsst euch jetzt alle für mir verbeugen dann hat der ein teufel (1) ein (1) erst war mal einengel dann wurde er zum teufel aber der ein engel hat sich nicht verbeugt weil er böse war #00:21:44-3#
Om: hab ich doch gesagt #00:21:44-5#
Am: └und dann und dann ist er zum teufel geworden #00:21:46-3#

Ams Geschichte beginnt in einer erneuten Ankündigung, er kenne noch eine Geschichte. Hierbei bringt er Allah als Gott des islamischen Glaubens erneut in das Gespräch ein. Passiert ist dies schon einmal in der Passage „Glaube an Gott". Am sagt, dass Allah auch als Gott bezeichnet werde. Er rechnet diese Praxis der Zuschreibung der Gruppe der Deutschen zu. Scheinbar wird an dieser Stelle die Lokalisation des arabischen ‚Allah' in das Deutsche ‚Gott' angesprochen. Unklar ist, ob dieser Übersetzung gefolgt wird oder nicht. Im weiteren Verlauf dieser Sequenz ringen die Kinder, die sich in dieser Passage ebenfalls in einer Expert*innenrolle gegenüber dem Diskussionsleiter befinden, nun erneut um die richtige Erzählung. Im vorliegenden Auszug unterscheiden sich die Erzählungen von Am und Mm kaum voneinander. Er beschreibt Transformationsprozesse. Ein Engel wird zum Teufel; auch hier durch Unterlassen der Handlung des Verbeugens, also einer Handlung, die von Unterwürfigkeit zeugt. Ein (möglicherweise weiterer) Engel habe sich nicht verbeugt, weil dieser per se schon böse gewesen sei. Die Chronologie der Ereignisse wird aus der Schilderung von Am nicht ganz deutlich. Gott erscheint in dieser Geschichte als mächtige Figur, die bei Zuwiderhandlungen seiner Untergebenen imstande ist, ihre Existenz grundlegend zu verändern.

Mm, der in der Gruppendiskussion bisher eher zurückhaltend war, erzählt nun auch eine Geschichte:

Gruppe Hase und Fuchs; Schule 2. Erste Diskussionseinheit, Passage „Gott und Teufel"
Mm: aber ich will was sagen ich hab Am fünften märz hat mir erzählt dass die geschichte so war dass ähm (2) (unv) was du gesagt hattest dass ähm (1) gott also gesagt also ihr (1) sollt euch vor mir verbeugen aber dann ähm #00:22:26-7#
Ym: wie lange haben wir noch zeit? #00:22:27-3#
Mm: teufel (unv) der war ein engel der hat sich nicht verbeugt aber die meinte/ meinte er auch dass ähm er irgendwann nicht gebetet hat und nix gemacht hat (unv) #00:22:41-1#
Am: ∟(zu Mm)) ja ist ja auch so #00:22:38-3#
Mm: und das äh (1) gott ihn verbannt und dann muss er in die hölle und dann wird er der teufel #00:22:45-8#
Am: ja ist ja auch so #00:22:46-4#
I: das (unv) #00:22:48-7#
Ym: ∟ich weiß eine geschichte #00:22:48-7#

Mm verortet den Zeitpunkt, an dem er von seiner Geschichte gehört hat, die er in die Diskussion einbringt, auf den 5. März. Um vorauszuschicken, dass die zu erzählende Geschichte eine hohe inhaltliche Kongruenz zu denen der anderen TN aufweist, bezieht er sich auf bereits Gesagtes: „also was du gesagt hast" (#00:22:26–7#). Welchen Redebeitrag er damit genau meint, kann aus dem vorliegenden Material nicht erschlossen werden. Auch seine Geschichte beginnt mit Gottes Aussage, dass eine Gruppe von Entitäten (vermutlich auch hier wieder Engel) sich vor ihm verbeugen müssen. Auch hier gibt es wieder den Teufel in Gestalt eines Engels, der sich nicht verbeugen wollte. In Mms Erzählung wird ein neuer Aspekt eingebracht: Die Zuordnung zu Gut und Böse entscheidet sich nicht nur daran, ob jemand ein Diener Gottes sein möchte und dies mittels einer unterwerfenden Geste (Verbeugen) öffentlich signalisiert, sondern auch daran, ob jemand betet oder allgemein „nix gemacht hat" (#00:22:41–1#). An einigen Stellen validiert Am das Erzählte und damit den bereits aufgeworfenen Orientierungsgehalt. Generell sind die Geschichten anschlussfähig, ergänzen sich gegenseitig, werfen einen neuen Aspekt auf, aber Widersprüchlichkeiten finden sich fast nie. Dies deutet ebenfalls daraufhin, dass es in dieser Passage nicht in erster Linie um den Inhalt des Erzählens selbst geht, sondern um das ‚richtige' Erzählen als Teil einer habitualisierten Praxis.

Gespräche über Alternativen: Orientierungsdilemmata
Wie bereits gezeigt wurde, reproduzieren die Kinder klare Grenzziehungen und
Markierungen des Anderen, um ihre eigene Positionierung aufzuzeigen. Gelegentlich jedoch werden in den Gesprächen zumindest kurz Alternativen aufgezeigt,
wie die von den Kindern geschilderten Sachverhalte ggf. auch anders gedacht
werden können. Das Enaktierungspotenzial dieser Alternativen wird in der Regel
jedoch als sehr gering eingeschätzt. In diesen Orientierungsdilemmata loten die
Kinder sowohl Perspektiven einer friedlichen Beilegung von Konflikten aus als
auch Möglichkeiten einer Aufweichung religiöser Grenzen. Die erste Sequenz
entstammt erneut der Passage „Israeli":

**Gruppe Hase und Fuchs; Schule 2. Erste Diskussionseinheit, Passage „Is-
raeli"**
Am: also guck mal die haben meine eltern in meinem land getötet weil sie haben
so gesehen viele sagen dass ja auch unser land das schönste land ist und deshalb die haben gesehen #00:12:38-5#
Ym: die fanden unseres auch schön #00:12:39-9#
Am: und zwar und haben das gesehen und fanden das schön und deshalb wollten die da krieg machen was ich immer sage warum teilen sie sich denn nicht das
land man kann ja immer dahin verreisen aber die israeli haben ja kein land deshalb #00:12:54-4#
Om: ja die gehen immer zu libanon und dann suchen die sich länder aus und so
#00:12:59-5#

In dieser Passage wird der in der Diskussion angesprochene Konflikt zwischen
Arabern und Israelis aus der Sicht der TN näher geschildert. In ihrer Deutung
ist es die „Schönheit" ihres Landes, die bei anderen Gruppen wie den Israelis
Begehren und Besitzansprüche wecke. Diese Narration nimmt auch Ym für sich
und sein Land in Anspruch. Am schildert weiter die beklagenswerten Zustände,
jedoch nicht ohne zumindest den Versuch einer Lösung darzulegen. Wie Am „immer sage" (#00:12:54–4#) besteht eine Möglichkeit der Teilung, und er räumt
in diesem Zusammenhang anderen Gruppen (wahrscheinlich den Israelis) ein
Besuchsrecht im rechtmäßigen Land der Araber ein. In einer folgenden Divergenz wägt er jedoch selbst die Realisierbarkeit ab und kommt zu dem Schluss,
dass aufgrund eines fehlenden eigenen Landes die Israeli sich mit einer solchen Lösung wohl nicht zufriedengeben würden. In diesem Orientierungsdilemma
räumt er ein, dass bestimmte Lösungen denkbar sein könnten, jedoch an der
mangelnden Kooperations- bzw. Kompromissbereitschaft einer anderen Gruppe
scheitern würden. Dabei bleibt die Grenzziehung zwischen einem ‚Wir' und den
‚Anderen' die ganze Zeit über bestehen.

Auch mit Blick auf die Situation der Kinder in der Institution Schule
dokumentiert sich ein Orientierungsdilemma:

**Gruppe Hase und Fuchs; Schule 2. Erste Diskussionseinheit, Passage „Re-
ligionsunterricht"**
I: warum ist so? also könnt/habt ihr da eine erklärung dafür warum gibt es hier in
der schule keinen religionsunterricht für kinder/für kinder die gern etwas über den
islam erfahren möchten weil offensichtlich sitzen hier ja vier kinder vor die da
gern etwas drüber wissen möchten (unv) #00:25:23-5#
Ym: nein ein mädchen auch ((weibl Name)) #00:25:26-8#
Am: weil/weil/weil äh weil (1) die christen/die christen wissen (nichts) davon
#00:25:54-0#
Mm: (unv) die christen auch zu allah kommen #00:25:53-7#
Ym: könnten die auch aber die (unv) #00:25:57-5#
Mm: └früher gab es auch noch zwei bücher mehrer bücher
#00:25:59-5#

Der Diskussionsleiter initiiert in einer Proposition ein Gespräch über den Religionsunterricht an der Schule. Nachdem die Kinder ihm berichteten, dass es einen
Religionsunterricht für Muslime nicht gebe, fragt dieser die Kinder nach den
potenziellen Gründen. Hier geht es darum, wie Kinder institutionelle Rahmenbedingungen im Lichte religiöser Zugehörigkeit wahrnehmen. Ihre Sicht der Dinge
fügt sich synergetisch in bisherige Sinnstrukturen ein. Auch hier wird im Modus
des Otherings bei den Christen die Verantwortung gesehen. Ihr fehlendes Wissen
(über Allah oder andere Religionen im Allgemeinen) sei ursächlich für fehlende
Angebote. In der Gruppe wird nun kurz die Möglichkeit diskutiert, dass sich
Christen auch Allah zuwenden könnten. Jedoch ergibt sich ein Orientierungsdilemma, das Enaktierungspotenzial wird auch hier als eher gering eingeschätzt
(„könnten die auch, aber die" #00:25:57–5#).

In der Passage „Adam und Eva" wird eine Durchlässigkeit religiöser Grenzen
ebenfalls diskutiert. Im Gegensatz zur Passage „Religionsunterricht" werden diese
jedoch nicht gleich wieder verworfen.

Gruppe Hase und Fuchs; Schule 2. Erste Diskussionseinheit, Passage „Adam und Eva"
Ym: von adam und die e/äh (2) äh (2) gott hat äh adam und eva ein test gemacht sowas ähnliches wie ein test der äh/das war so ein mann oder so #00:23:06-8#
Am: nein das war ein baum ein baum war das so und die haben gesagt #00:23:08-4#
Ym : ∟ die haben äh der hat (1) adam und eva haben den (1) den apfel gebissen ähm (2) und (2) gott wollte probieren ob die beißen ja oder nein und da haben die ihn gebissen da haben die probiert die zur menschenwelt zu machen #00:23:26-8#
I: mhm #00:23:28-0#
Om: und der #00:23:29-4#
Ym: und jetzt sind wir alle eigentlich drunter #00:23:30-6#
Am: also nur moslems #00:23:34-3#
Om: nein auch die anderen deutschen so wallah alle wurden von derselben ähm (2) frau erschaffen #00:23:41-3#
Am: ((zu Om)): ach ne!? #00:23:42-0#
Ym: ∟ aber adAm und eva hat uns selber (eine mutter gegeben) #00:23:44-3#
Om: ja #00:23:44-5#
Om: gott hat also jedem eine eigene mutter gegeben #00:23:48-2#

In dieser Passage greifen die Kinder den Schöpfungsmythos in einer Proposition auf. Ym berichtet von einem Test Gottes, dem sich Adam und Eva stellen mussten. Für Am scheint dabei ein Baum sehr zentral zu sein, weswegen er Ym unterbricht. Ym nimmt diese Differenzierung auf und berichtet im Folgenden vom Baum der verbotenen Frucht. Der Versuchung, sie zu essen, unterliegt Eva. Er endet mit der Elaboration „die haben die probiert, die zur menschenwelt zu machen" (#00:23:26–8#) und schlussendlich in Form einer rahmenden Konklusion: „und jetzt sind wir alle eigentlich drunter" (#00:23:30–6#). Vermutlich ist hier Eva als Stammmutter aller Menschen gemeint. Am eröffnet in seiner Differenzierung einen negativen Gegenhorizont, der den Personenkreis, für den diese religiöse Erzählung Geltung besitzt, auf jenen der „moslems" beschränkt. Am hält dem entgegen, dass „auch die anderen deutschen (…) von derselben frau erschaffen" (#00:23:41–3#) wurden. Interessant erscheint, dass nicht Christen als Adressaten zur Disposition stehen, sondern dass mit der Gruppe der „deutschen" (#00:23:41–3#) eine nationalstaatliche Differenzkategorie reproduziert wird. Die Frage ist letztendlich, wer bzw. welche Gruppe für sich in Anspruch nehmen kann, von Adam und Eva abzustammen. Die Gruppe findet einen Ausweg, ohne eine der beiden Perspektiven verwerfen zu müssen. Jeder habe „eine eigene Mutter" (#00:23:45–5#), womit die Frage, wer von Adam und

Eva abstammt, gewissermaßen umschifft wird. Der gedankliche Ausweg gewährleistet, dass schon etablierte Differenzkategorien nicht verworfen werden müssen,
ohne dass die Gefahr besteht, eine religiöse Erzählung möglicherweise falsch wiederzugeben. Beide Positionen werden so innerhalb der Gruppe zusammengedacht.
Der gemeinsame Horizont ist wiederhergestellt.

6.2.1.2 Zusammenfassende Bemerkungen und theoretische Einordnung

Betrachtet man die Forschungslage zur Beschaffenheit milieuspezifischer kultureller bzw. religiöser Erfahrungsräume, so fällt auf, dass sich vorhandene
Studien insbesondere der Lebensphase Jugend zuwenden. Die wenigen empirischen Beiträge, die sich für die Lebensphase Kindheit finden ließen, fokussieren
insbesondere Diskriminierungssituationen von Kindern in Schule oder Institutionen der Frühpädagogik (vgl. Diehm et al. 2013; Machold 2014). Sie analysieren
das Erleben von Diskriminierung durch religiöse Zugehörigkeiten (vgl. Dommel
2013), die Entwicklung einer kulturell geprägten Selbst- und Fremdwahrnehmung (vgl. Boldaz-Hahn 2013), die Konstruktion von Ethnizität im Sinne eines
Doing Ethnicity in interethnischen Gruppen (vgl. Akaba 2014) oder auch die
Instrumentalisierung der Biografie von Schüler*innen für interkulturelle Bil-
dungsangebote (vgl. Krause 2013)[5]. Es zeigen sich jedoch auch Leerstellen. Dies
trifft insbesondere auf die Frage zu, wie Kinder als Träger*innen von Kultur in
intraethnischen Kindergruppen untereinander Vorstellungen kultureller und religiöser Zugehörigkeit verhandeln und sich von anderen Gruppen abgrenzen. In
der Jugendforschung wiederum gibt es Beiträge, die sich mit der Relevanz des
Nahost-Konflikts in muslimischen Jugendgruppen befassen. Sie kommen zu dem
Schluss, dass antiisraelische (sowie antisemitische) Einstellungen oft anzutreffen sind und mannigfaltige, teilweise identitätsstabilisierende Funktionen erfüllen
(vgl. z. B. Arnold 2011; Fréville et al. 2010). Es stellt sich nun die Frage, ob
diese Ergebnisse mittels der vorliegenden rekonstruktiven Analyse fortgeschrieben werden können. In der vorliegenden Zusammenfassung soll insbesondere
noch einmal herausgearbeitet werden, inwieweit die an der Oberfläche antiisrae-
lischen Ressentiments tatsächlich für eine habitualisierte Praxis handlungsleitend
sind.

Im vorliegenden Interview werden Differenzerfahrungen und Positionierungen
der Gruppe entlang gesellschaftlicher Heterogenitätsdimensionen sichtbar. Die

---

[5] Die Beiträge von 2013 sind im Sammelband „Handbuch Inklusion" (vgl. Wagner 2013)
zu finden, der eine inklusive Elementarpädagogik und Beiträge zur Identitätsentwicklung
miteinander verbindet.

handlungsstrukturierende Wirkung geht dabei von religiösen, politischen, sprachlichen und kulturellen Heterogenitätsdimensionen aus, die gemeinsam die soziale Identität ‚Araber' bzw. ‚Moslems' konstituieren, die sich jedoch zunehmend als diffuse natio-ethno-kulturelle Zugehörigkeit (vgl. Mecheril 2004) herausstellt. Sich Arabern zugehörig zu fühlen hat also nicht nur eine rein kulturelle oder religiöse Dimension. Vielmehr sind diese Positionierungen verknüpft mit dem Wissen über nationalstaatliche Zugehörigkeit, Sprache, Religion und gesellschaftspolitische Konflikte. Diese Zugehörigkeit, die die Kinder teils biografisch, teils abstrahierend entfalten, stellt Wissensbestände bereit, die zumindest zum Teil handlungsleitend sind. Das kommunikative Wissen ist eingelassen in Beiträge, die die Kinder vor allem dem Diskussionsleiter präsentieren.

Teil dieser sozialen Identität ist zum Beispiel das Wissen um gesellschaftspolitische Konflikte in anderen Ländern. Die eigene Sphäre ist in diesen Geschichten betroffen von territorialen Besitzansprüchen und dem aggressiven Verhalten anderer Gruppen. Prominent hervorgehoben werden die Israelis, womit Bezüge zum seit Jahrzehnten andauernden Nahost-Konflikt sichtbar werden. Dieses Wissen hebt den Kampf und die Gruppe der Araber gegen andere Gruppen und ihre kritische Abgrenzung gegenüber diesen auf ein historisch und gesellschaftspolitisch begründetes Fundament. Gleichzeitig wird deutlich, dass sich dieses strukturidentische Erleben (das an Stellen gebrochen wird, in denen die Legitimität des Sprechers, insbesondere von Ym, in Frage gestellt wird) durch eben jene Erfahrungen speist, die auf imaginäre oder imaginative Weise das Lebensumfeld der Kinder berühren. Denkbar ist hier, dass für die Kinder die Narrationen als Teil der familiär bezogenen Migrationsgeschichte eine „Daseinsorientierung" (Musenberg und Pech 2011, S. 219) darstellen, die die Wahrnehmung gesellschaftlicher Differenzkategorien strukturiert. Obwohl die Kinder in Deutschland leben, trennen sie ihre innere von äußeren Sphären ab. Dies sind nicht nur Israelis, sondern auch andere Gruppen, die ebenfalls über das Motiv des Nationalstaates benannt werden – beispielsweise die ‚Deutschen', denen ein mangelndes Verständnis für die Belange und die Kultur der Araber unterstellt wird.

Schlussendlich erlauben das Wissen um gesellschaftspolitische Konflikte und die teils isoliert wirkende Stellung der ‚Araber' in Deutschland es den Kindern, die eigene Gruppe als ‚gute' Gruppe von anderen vermeintlich ‚bösen' Gruppen abzugrenzen. Diese Othering-Prozesse (vgl. Baar 2019) können als homologe Sinnstrukturen rekonstruiert werden, die auch in anderen Kontexten Anwendung finden. Sie zeigen sich ebenfalls in der Passage „Nazis". Dieser Gruppe wird unterstellt, sie halte die eigene Gruppe für böse, was die Kinder zurückweisen und Nazis wiederum selbst als ‚böse' bezeichnen. Diese Zuschreibung wird mit Erzählungen über Kindesentführungen und Organraub auf die Spitze getrieben. Auch in den religiösen Erzählungen der Kinder, die ebenso ein zentraler Bestandteil ihrer Beschreibung der sozialen Identität zu sein scheinen, taucht dieser Dualismus immer wieder auf, wobei Allah bzw. Mohammed, die als ‚gute' Götter bzw. religiöse Figuren den Arabern zugewandt sind, sich stets siegreich gegen ihre Widersacher erwehren. Nur an wenigen Stellen blitzen Lösungsalternativen auf, werden die Grenzen zwischen den Gruppen durchlässig. Alle Alternativen enden jedoch in einem Orientierungsdilemma, da die Möglichkeiten ihrer Verwirklichung als denkbar gering eingeschätzt werden.

Indem die Gruppe den Inputs des Diskussionsleiters meistens auf kommunikativer Ebene in einem parallelen Diskursmodus mit abstrahierenden und biografischen Sprechakten begegnet, befinden sich die Kinder in einem Diskurs über „kulturelle Repräsentationen" (Nohl 2014, S. 144). Dabei handelt es sich um eine Versprachlichung gemeinsamer Erfahrungen, aber womöglich auch ‚gedachter' Milieus, die dadurch zustande kommen, dass der Diskussionsleiter das Gespräch mit den Kindern rahmt und von den Kindern als der eigenen Sphäre nicht zugehörig identifiziert wird. Werden aber durch diese kulturellen Repräsentationen imaginäre soziale Identitäten entfaltet oder imaginative soziale Identitäten, die tatsächlich Aufschluss über eine gemeinsame Handlungspraxis resp. habitualisiertes konjunktives Wissen geben? Die Frage erscheint berechtigt, denn die Gruppe berichtet nicht von Konflikten mit Kindern, die keinen Glauben an Allah erkennen lassen oder sich hinsichtlich der von ihnen beschriebenen Konfliktlinien nicht eindeutig in ihrem Sinne positionieren. Ferner lassen sich auch keine Erlebnisse ‚aus erster Hand' dokumentieren. Im Mittelpunkt stehen eher Situationen, in denen den Kindern durch dritte Parteien (entweder Familienmitglieder oder Berichte aus den Medien) etwas bereits vermittelt zugetragen wird. Hinzu kommt, dass einzelne Kinder ihre Betroffenheit jeweils für sich spezifisch artikulieren und sich keine gemeinsame nationalstaatliche Zugehörigkeit rekonstruieren lässt; die Kinder sprechen über ihre Länder stets in der ersten Person Singular und beziehen damit nicht die Länder der anderen Kinder mit ein. Gemeinsamkeiten der Biografie werden zwar in der Diskussion situativ hergestellt, es bleibt jedoch offen, ob diese eine über die Gruppendiskussion hinausgehende Grundlage für einen geteilten Erfahrungsraum darstellen. Nohl (2014, S. 146) spricht in diesem Kontext von „vorgestellten Gemeinschaften", die zwar vorübergehend einen gemeinsamen Erfahrungsraum konstituieren, jedoch nicht Bestandteil eines Orientierungsrahmens sind, der alltagsrelevant ist und die „kollektive Lebensführung von Menschen zu prägen" vermag.

Es finden sich jedoch Momente eines strukturidentischen Erlebens, das mehr auf einer performativen Ebene[6] angesiedelt ist und sich durch das gemeinsame Nutzen von Sprache und sprachlichen Codes rekonstruieren lässt. Dies zeigt sich beispielsweise daran, dass es die performative Praxis des Rappens ist, die den Kindern geeignet scheint, die fehlende habituelle Rahmung zwischen ihnen und dem Diskussionsleiter (vgl. Nohl 2014, S. 180) zu überbrücken und ihm einen möglichst authentischen Einblick in ihre Lebenswelt zu ermöglichen. Mit dieser künstlerischen Ausdrucksform, die Teil einer alltäglichen habituellen Praxis zu sein scheint, gelingt es den Kindern, das eigene Erleben für solche Personen adäquat darzustellen, von denen sie erwarten, dass sie dem arabischen Milieu abschätzig oder verständnislos begegnen, da sie Teil der äußeren Sphäre sind (vgl. Scherr 2001). Mithilfe dieser sprachlichen Codes gelingt also eine adäquate kulturelle Repräsentation der eigenen habitualisierten Praxis. Erst im folgenden Gespräch wird – als Reaktion auf die Nachfragen des Diskussionsleiters – der gesellschaftspolitische Konflikt entfaltet.

Sprachliche Codes werden im Folgenden auch untereinander angewendet (z. B. „wallah" als der Gruppe eigenes sprachliches Mittel, um den Wahrheitsgehalt bestimmter Aussagen zu unterstreichen, und „haram", um die Handlungen der Gruppe der Nazis mithilfe religiöser Wertvorstellungen zu beurteilen). Weißköppel (vgl. 2003) diskutiert in diesem Zusammenhang, dass die Analyse der Verwendung von spezifischen Wörtern (im vorliegenden Forschungsvorhaben jene der Schimpfwörter) Zugang zum milieuspezifischen, kulturell geprägten Erfahrungsraum einer Schüler*innengruppe geben kann. Auer und Dirim (vgl. 2000) haben herausgefunden, dass durch das sog. Code-Switching der sprachliche Möglichkeitsraum aufgrund fehlender deutscher Entsprechungen für muslimische Wertevorstellungen erweitert werden kann. Auch das Erzählen religiöser Geschichten weist im Material – wie gezeigt – eine performative Komponente auf in dem Sinne, dass eine detaillierte Kenntnis religiöser Geschichten scheinbar mit einem gewissen Prestige verbunden ist und es den Kindern um das ‚richtige' Erzählen dieser Geschichten geht.

Im folgenden Unterkapitel, in dem es um die Verhandlung peerspezifischer Gruppendynamiken geht, wird neben anderen Gruppen auch die Gruppe Hase und Fuchs noch einmal im Fokus stehen.

---

[6] Deutlich wird, dass auf die folgenden Ausführungen auch der Begriff des *Doing Ethnicitiy* angewendet werden kann, also eine situative Herstellung und Bearbeitung kultureller Differenz (vgl. Akaba 2014).

6.2.2 Herstellung von Differenz im Rahmen peerspezifischer Gruppendynamiken

6.2.2.1 Entdramatisierung sozialer Kategorien (Hase und Fuchs, Zirkus)

Im folgenden Abschnitt werden jene Passagen herausgegriffen und analysiert, in denen sich die Kinder der Aufarbeitung, Aushandlung und Weiterbearbeitung peerspezifischer Gruppendynamiken zuwenden. Hierfür arbeiten die Kinder ebenfalls mit Zuschreibungen, um Sympathien bzw. vornehmlich Abneigungen gegenüber einzelnen Mitgliedern der Klasse auszudrücken. Es lässt sich feststellen, dass hier weniger das Wissen um soziale Identitäten einen Einfluss auf habituelle Gruppendynamiken hat. Deutlich wird dies in der Gruppe Hase und Fuchs. Zwar wird (wie im vorigen Abschnitt deutlich wurde) bei der Thematisierung sozialer Identitäten die Legitimität von Sprecher*innenpositionen mitgedacht und teilweise auch in Frage gestellt. Die beschriebenen gesellschaftspolitischen Konflikte und die religiösen Narrative werden jedoch nicht in die Peergroup hineingetragen. Dies zeigt sich in einer Sequenz aus der Passage „Araber":

Gruppe Hase und Fuchs; Schule 2. Erste Diskussionseinheit, Passage „Araber"
I: ((zu Ym)): entschuldige ich habe etwas/ähm/kannst du es nochmal kurz erzählen bitte? #00:11:22-7#
Ym: was denn? #00:11:23-0#
I: ähm #00:11:25-3#
Am: also er hat gesagt die moslems die treffen sich immer und bald kämpfen sie gegen die bösen #00:11:32-8#
Ym: ((zeigt zu Om)): er hat das gesagt #00:11:32-9#
I: ja #00:11:35-1#
Om: die araber also die ganzen muslime jetzt und so die araber die sammeln sich auf ein platz und dann äh kämpfen die gegen israel und so gegen polen und so #00:11:48-5#
Ym: und hier gibt es auch par israeli nur aber kinder auch paar ältere #00:11:53-0#
Om: ja #00:11:53-5#

In dieser Passage, die bereits in Abschnitt 6.2.1.1 besprochen wurde und anhand der die zentralen Motive und Identitätsmerkmale der Araber gegenüber dem Diskussionsleiter mittels biografischer und abstrahierender Schilderungen herausgearbeitet wurden, ist die Frage nach dem Vorhandensein von „israeli" (#00:11:53–0#) im näheren Umfeld für einen kurzen Moment zentral. Die Kinder

beginnen von der Situation in ihrem näheren Umfeld zu berichten. In der Transposition berichtet Ym von der Situation „hier" (#00:11:53–0#), wo sich auch
einige Israelis befänden. Diese Aussage bleibt jedoch nicht so stehen, sondern
wird ebenfalls von Ym eingeschränkt. Die Personen, um die es geht, seien „nur"
(#00:11:53–0#) Kinder – und auch ein „paar ältere" (#00:11:53–0#). Diese Differenzierung fügt nun die Differenzkategorie des Alters in den Diskurs der Gruppe
ein. Der Wortbeitrag ist so aufgebaut, dass er die Brisanz der Feststellung, es
gäbe auch Israelis im engeren Umfeld, etwas herabstuft. Zumindest Kinder scheinen nicht unmittelbar verantwortlich für das in der Gruppe antizipierte feindliche
Verhalten der Israelis zu sein. Sie provozieren auch keine Abwehr- bzw. Kamp-
feshaltung innerhalb der Gruppe der Araber bzw. der Kindergruppe. Dem stimmt
Om zu, der den Beitrag von Ym validiert. Diese kurze Sequenz ist weitgehend parallel organisiert und insbesondere in der dargestellten Sequenz durch
biografische Schilderungen geprägt.

Eine ähnliche Bearbeitung gesellschaftlicher Differenzkategorien hinsichtlich
der Bearbeitung peerspezifischer Gruppendynamiken findet sich in der Gruppe
Zirkus:

Gruppe Zirkus; Schule 2. Zweite Diskussionseinheit, Passage „Lachen über Unterschiede"
I: ähm was kön-erstmal bevor wir weiterlesen ähm habt ihr das (1) schon mal
erlebt dass jemand ausgeschlossen wurde oder keine freunde hat weil er was
andere isst als die anderen? #00:12:32-6#
Am: ne:in #00:12:33-3#
Lm: ja Mm #00:12:34-3#
Mm: @(2)@ #00:12:36-1#
Am: ⌊ @(2)@ #00:12:36-1#
Lm: ⌊ @(2)@ #00:12:36-1#
Pm: ⌊ @(2)@ #00:12:36-1#
Pm: nein, Mm hat freunde #00:12:37-8#
Am: sogar die ganze klasse #00:12:39-5#
Pm: nicht die ganze nur (unv.) #00:12:43-1#
Mm: (unv.) und (unv.) sind meine freunde #00:12:46-3#

In dieser Passage versucht der Diskussionsleiter vom Narrativ des Buches ausgehend eine Diskussion zusammen mit den Kindern über die Situation in der
Gesellschaft zu initiieren. Dies stellt eine exmanente Nachfrage mit propositionalem Gehalt dar. Hierbei wird insbesondere die charakterliche Ausgestaltung

der Hauptfigur genutzt; sein als ungewöhnlich deklariertes Essverhalten gilt als Aufhänger. Der Diskussionsleiter kündigt an, eine weitere Frage zu stellen, bevor weitergelesen werde. Er fragt nach Ausgrenzungssituationen, die entstehen, weil eine Person „was anderes" esse als „die anderen" (#00:12:32–6#). In einem antithetischen Diskursverlauf werden zuerst unterschiedliche Positionen bzw. Einstellungen zu dieser Frage sichtbar, bevor abschließend eine Verschiebung des Themas erfolgt. Lm bestätigt dies zunächst und benennt Mm als konkretes Beispiel. Damit wird Mm als Kind mit einem Verhalten markiert, das im Buch als ,anders' deklariert wird und Ursache für Ausschließungsprozesse darstellt, deren potenzielle Grundlage in der Gesellschaft und/oder der Klasse die Kinder diskutieren sollen. Die Kinder sind von dieser Antwort sichtlich erheitert, es dokumentiert sich ein Lachen bei allen vier Kindern. Pm wiederum schränkt in einer Antithese ein, Mm habe Freunde, was entweder darauf schließen lässt, dass Mm kein von der Norm abweichendes Essverhalten zeigt (hinsichtlich Menge und/oder Zusammensetzung der Nahrung) oder aber dass bei ihm ein abweichendes Essverhalten keine Ausgrenzung verursacht. In der Folge diskutieren die Kinder, wer die Freunde sind. Am sagt, es sei sogar die ganze Klasse und positioniert sich damit antithetisch zu Pm. In nicht ganz so markanter Antithese steht Pm, der einschränkt, es handle sich hierbei nicht um die ganze Klasse, sondern nur um bestimmte Personen. Mm klärt auf und nennt zwei Namen von Personen, die seine Freunde seien. Die Frage danach, ob ein auffallendes Essverhalten der Person nun Ausschließungsprozesse begünstigen könne, wird durch die Gruppe nicht beantwortet. Stattdessen wird in der Gruppe eine rituelle Konklusion durch Verschiebung des Themas vollzogen. Es wird festgestellt, dass Mm Freunde hat, und damit ist die Frage, die im Raum steht, zumindest für die konkrete Kindergruppe nicht weiter relevant.

Im folgenden Transkriptauszug aus derselben Passage findet sich ein ähnliches Argumentationsmuster auch bezüglich der Kategorie der „Türken":

Gruppe Zirkus; Schule 2. Zweite Diskussionseinheit, Passage „Lachen über Unterschiede"
Pm: die türken die schlagen immer doll #00:13:13-4#
I: ja **bitte was**? #00:13:14-6#
Pm: @(2)@ nix nix nix #00:13:17-5#
I: └ ne sag ruhig hier ist kein redeverbot
#00:13:19-4#
Am: er hat gesagt türken schlagen immer dolle oder? #00:13:22-5#
Pm: ((nickt)) #00:13:23-2#
Mm: außer am aber ne du bist nicht #00:13:27-6#
Pm: am ist #00:13:29-0#
Lm: └Om (unv.) #00:13:29-6#
Pm: ich hab nur einmal gesehen dass er jemanden schlägt #00:13:31-5#
Mm: nur einmal #00:13:32-4#
Lm: ich hab ich hab gestern gesehen im hort dass ähm:. nein om auf [männl.
name] kopf gespuckt hat #00:13:41-6#
i. mhm #00:13:42-1#
Am: ((zeigt auf LM)) (unv.) bei dir drauf spucken #00:13:44-6#
Lm: @(2)@ #00:13:45-5#
Mm: └ @(2)@ #00:13:45-5#
Am: └ @(2)@ #00:13:45-5#
I: am als was würdest du dich bezeichnen? #00:13:49-6#
Am: ich? als held @(2)@ #00:13:52-4#
Lm: └ @(2)@ #00:13:54-8#
Am: └ @(2)@ #00:13:54-8#
Pm: └ @(2)@ #00:13:54-8#
I: └ @(2)@ #00:13:54-8#

Pm sagt in einer Proposition, die Türken „schlagen immer doll" (#00:13:13–4#) und impliziert damit, dass einzelne Bevölkerungsgruppen bzw. Ethnien durch ein erhöhtes körperlich aggressives Verhalten auffallen würden. Damit bringt er eine Orientierungstheorie über Dritte in das Gespräch mit ein. Der Diskussionsleiter scheint nicht richtig verstanden zu haben, sodass er nachfragt, was Pm gesagt habe. Möglicherweise hat er es aber auch verstanden und seine Frage ist Ausdruck des Erstaunens oder des Unglaubens. Pm lacht und behauptet, er habe „nix" (#00:13:14–6#) gesagt. Möglich ist eine Deutung als Verlegenheitslachen oder als Hinweis darauf, dass sein Gesprächsbeitrag nicht ernst gemeint war. Ferner wäre auch Angst vor Sanktionen bei einer Wiederholung seiner Aussage denkbar. Der Möglichkeitsraum des Sagbaren wäre in diesem Fall für die Kinder nicht nachvollziehbar abgesteckt. Der Diskussionsleiter weist darauf hin, dass in der Runde alles gesagt werden kann und keine Aussagen unausgesprochen bleiben sollten. Am wiederholt Pms Aussage und versieht dies mit einer fragenden Intonation sowie einem „oder" (#00:13:22–5#) am Ende seiner Aussage, ruft also Pm nach Bestätigung an[7]. Pm nickt als Zeichen der Bestätigung, wiederholt die Aussage selbst aber nicht noch einmal. Es fällt den Kindern jedoch auf, dass ihre Aussagen über Türken allgemein auch Aussagen über einzelne Kinder einschließen, da sich einige entweder als Türken identifizieren oder als solche identifiziert werden. Ams Selbst- oder Fremdpositionierung scheint mit der durch die Kinder aufgebrachten Kategorie der „türken" Schnittmengen aufzuweisen, worauf Am jedoch selbst nicht hinweist, sondern Mm. Es droht gewissermaßen ein Orientierungsdilemma. Die Aussage die Türken „schlagen immer doll" (#00:13:13–4#) scheint zwangsläufig auch eine in der Gruppe anwesende Person miteinzubeziehen und plötzlich in ihrer Pauschalität nicht mehr gerechtfertigt. Die folgenden Aushandlungsprozesse können auf zwei verschiedenen Wegen gedeutet werden. Die Suchbewegung kann sich im Kern um die Frage drehen, ob Am ein Türke ist oder aufgrund der kaum zu beobachtenden Aggressivität möglicherweise nicht. Sie kann aber auch die Legitimität der Aussage selbst in Frage stellen. Unabhängig davon: Die Aussage scheint einem ‚Abgleich mit der Realität' nicht standzuhalten. Schlussendlich hat Pm nur einmal gesehen, wie Am jemanden geschlagen habe. Die Gefahr einer möglichen Kränkung ist also abgewendet. Erneut wird daher der aufgeworfene Orientierungsgehalt des aggressiven Türken nicht weiter ausgehandelt und rituell durch Verschiebung eines Themas beendet. Egal ob Türken nun durch aggressives Verhalten auffallen – für die Freundschaftsbeziehungen in der Gruppe spielt dies keine Rolle. Stattdessen geraten nun Oms[8] Handlungen in den Fokus. Den Kindern zufolge hat Om jemanden auf den Kopf gespuckt, womit gewissermaßen nun doch eine Elaboration des aufgeworfenen Orientierungsgehaltes erfolgt. Am sagt, vermutlich könne er auch auf Lm spucken. Die Kinder lachen sehr amüsiert, was darauf hindeutet, dass Am eine witzige Bemerkung gemacht hat. Es handelt sich damit um einen antithetischen Gesprächsverlauf, dessen abstrahierende Ausgangsäußerung sukzessive durch biografische Narrationen eingeschränkt wird.

---

[7] Spannend an diesem Gesprächsbeitrag ist, dass Am selbst, dessen Status in der Gruppe im Folgenden Teil der Aushandlung ist, diesen Gesprächsbeitrag reproduziert und damit aktualisiert.

[8] Dies ist ein Kind der Gruppe Hase und Fuchs (vgl. schwerpunktmäßig Abschnitt 6.2.1.1).

6.2.2.2 Peerkonflikte (Hase und Fuchs, Zwei Hälften, Maulwurf, Hellblau)

Zuschreibungen externer Personen verbunden mit Kritik und Amüsement
Wenn soziale Identitäten bzw. Zugehörigkeiten nicht konstitutiv für Gruppen innerhalb der Schule sind, so bleibt die Frage, welche Wissensbestände eine solche handlungsleitende Relevanz aufweisen. Die Gruppe Hase und Fuchs wendet sich in ihrer zweiten Einheit nun stärker peerspezifischen Gruppendynamiken zu. Wie erwähnt sind es nicht primär soziale Identitäten, die als kommunikatives Wissen in einer habitualisierten Praxis Anwendung finden und über die die Gruppe in der ersten Diskussionseinheit noch gesprochen hat. In der zweiten Diskussionseinheit werden insbesondere Handlungen von zwei Kindern kritisch thematisiert: Aw und Dm[9]. Die Passage „Aw und Dm" wird eingeleitet durch die Frage des Diskussionsleiters nach Parallelen zwischen dem Narrativ des Buches und Erlebnissen aus ihrem Umfeld:

Gruppe Hase und Fuchs; Schule 2. Zweite Diskussionseinheit, Passage „Aw und Dm"
Om: jeder hat ne gang er ((zeigt zu mm)) is mit ((männl name)) und (3) äh mit ((männl name)) #00:09:24-4#
Ym: └((männl name)) ich mit Om ((männl name)) Mm und ((mnnl name)) (2) Dm nehmen wir nicht mit der ist zu (2) #00:09:33-3#
Om: der hat #00:09:33-6#
Ym: └paranoisch #00:09:33-6#
I: warum nehmt ihr den nicht mit? #00:09:35-9#
Mm: ja weil er #00:09:36-8#
Om: (unv) #00:09:37-4#
Mm: └(unv) #00:09:37-4#
I: weil er was? weil er #00:09:39-2#
Mm: wallah #00:09:40-1#

Die Sequenz leitet eine Proposition von Ym ein, in der er beginnt, die Gruppenbildungsprozesse in der Klasse weiter auszuarbeiten. Dabei befinden sich die Kinder weniger in einem Modus des Austausches untereinander – vielmehr dienen die Gesprächsbeiträge in dieser Passage der Information des Diskussionsleiters. Om schildert, jeder habe eine „gang" (#00:09:24-4#). Der Gebrauch des Wortes – ähnlich wie das Wort Bande – deutet auf Gruppen mit homogener

---

[9] Beide Kinder sind Teil des Klassenverbandes und nahmen an anderen Gruppendiskussionen teil. Dm ist Teil der Gruppe Affe und Aw ist Teil der Gruppe Hellblau. Es werden schwerpunktmäßig Aushandlungen Dm betreffend fokussiert.

Zusammensetzung in Verhalten, Zielen, Motiven und einem hohen Zusammenhalt hin, der sich gleichsam auch in kritischer Abgrenzung zu schulischen Verhaltenserwartungen eher durch informelle Regelsetzungen konstituiert. Dabei arbeitet Ym nicht nur aus, wer zur Gang gehört (im Wesentlichen Om und Mm sowie weitere Kinder), sondern auch wer nicht dazu gehört. Dm „nehmen" die Kinder nicht „mit" (#00:09:35–9#), er scheint also aus der Gruppe ausgeschlossen zu sein. Om möchte dies begründen, wird jedoch von Ym unterbrochen, welcher (grammatikalisch nicht ganz fehlerfrei) Dm als „paranoisch" (#00:09:33–6#) bezeichnet. Damit schreibt er Dm eine Geisteshaltung zu, die sich durch gesteigerte Angst- und Wahnvorstellungen auszeichnet und damit als Abweichung von einem normalen Verhalten bezeichnet werden kann. Der Diskussionsleiter scheint die Antwort der Kinder nicht aufgenommen zu haben, da er erneut nachfragt, warum die Kinder Dm nicht mitnehmen. Er bleibt dabei nah an den Formulierungen der Kinder. Ein paranoides Auftreten ist jedoch nicht das einzige, was die Kinder über Dm an kommunikativem Wissen bereithalten. Es gibt einige unverständliche Beiträge von Om und Mm, die scheinbar auch für den Diskussionsleiter unverständlich sind, wie durch seine erneute Aufforderung zur Exemplifizierung deutlich wird. Die Passage endet mit einem „wallah" (#00:09:40–1#) von Mm, womit mittels der Berufung auf Allah die Authentizität und Wahrheit des Vergangenen betont wird.

Die Kinder fahren fort, sich mit dem wahrgenommenen Verhalten von Dm kritisch auseinanderzusetzen:

Gruppe Hase und Fuchs; Schule 2. Zweite Diskussionseinheit, Passage „Dm"
I: was hat er denn-was hat er denn gesagt? #00:09:42-0#
Mm: er hat/hat gesagt (unv) #00:09:43-0#
Ym: und er hat gesagt #00:09:46-1#
Om: und er hat ein (schlimmes) wort gesagt warte habt ihr ein stift und papier? ((steht kurz auf setzt sich wieder hin)) #00:09:49-3#
I: kannst da an die tafel schreiben #00:09:49-3#
((die kinder stehen auf und schreiben das wort „arschloch" an die tafel)) #00:10:02-4#
I: er hat arschloch gesagt? #00:10:03-8#
Om: ja #00:10:04-1#
I: arschloch #00:10:04-3#
Mm: ((zu Om)): nein hat er nicht #00:10:04-6#
Om: doch hat er #00:10:06-0#
Ym: ((schreibt)): zu (unv) #00:10:07-0#
Om: hat er (unv) #00:10:09-0#
I: und/und/und äh ähm #00:10:10-0#

Om: fick dich #00:10:10-9#
I: fick dich hat er auch gesagt #00:10:12-1#
Mm: ((setzt sich wieder hin)) nein hat er nicht #00:10:12-9#
Om: doch hat er (unv) du warst nie dabei #00:10:16-5#

Zu Beginn dieser Passage werden in diesem Unterthema Dms Äußerungen zum
Gegenstand der Aushandlung. Es geht nun also weniger um einen Geisteszu-
stand (auch wenn möglicherweise den Kindern jene Äußerungen Anlass für
diese Zuschreibung sind). Der Diskussionsleiter fragt die Kinder, was Dm gesagt
habe. Om benennt die Äußerungen nicht direkt, sondern umschreibt sie als „ein
schlimmes wort" (#00:09:49–3#). Nun möchte er den Modus der Verständigung wechseln. Weitere Elaborationen bzw. Exemplifizierungen möchte er nicht
mündlich in die Gruppe einbringen, sondern hierfür grafische und schriftliche
Mitteilungs- und Darstellungsformen nutzen. Dazu benötigt er Utensilien und
fragt in die Gruppe, ob jemand „stift und papier" (#00:09:49–3#) hat. Der Diskussionsleiter weist darauf hin, dass Om an die Tafel schreiben kann, womit
gewissermaßen der Modus der Verständigung geklärt ist. Gleichsam mit der
Änderung des Mediums verlagert sich auch der Ort des Geschehens aus dem
Kreis heraus. Denn nicht nur Om bewegt sich Richtung Tafel, die anderen Kinder tun es ihm gleich. Die Kinder verlassen den Kreis, versammeln sich vor
der Tafel und schreiben das Wort „arschloch" (#00:10:02–4#) an. Was nun folgt,
ist nicht nur eine Unterhaltung über Dm, sondern auch eine Art Metakommunikation über die schriftlichen und bildnerischen Erzeugnisse der Kinder. Der
Diskussionsleiter fordert in einer Frage die Kinder implizit auf, eine inhaltliche
Verknüpfung des Wortes mit den bisherigen Erzählungen zu leisten – denkbar
wäre ja auch, dass Dm selbst in den Augen der Kinder mit diesem Wort beschrieben werden könnte. Die Frage, ob Dm dieses Wort benutzt hat, erzeugt jedoch
eine antithetische bis oppositionelle Gesprächsdynamik zwischen Mm und Om.
Mm zieht den Wahrheitsgehalt in Zweifel. Die Aushandlung darüber kommt zu
keinem eindeutigen Ergebnis. Es lässt sich eine weitere Exemplifizierung von Om
dokumentieren. In dieser sagt er (zeitgleich mit einer Intervention durch den Diskussionsleiter) die Wortgruppe „fick dich" (#00:10:10–9#), welche ebenso wie
„Arschloch" (#00:10:04–3#) einem vulgärsprachlichen Wortschatz entlehnt ist.
Auch hier kommt es nun zu einer Aushandlung über den Wahrheitsgehalt dessen, was an der Tafel steht. Om insistiert auf der Richtigkeit der Behauptung und
versucht Mms Standpunkt mit dem Hinweis zu entkräften, dass diesem Wissen
fehle, da er in den entscheidenden Situationen nicht dabei gewesen sei.
      In der Folge findet das Geschehen nun an zwei Schauplätzen statt. Die Kinder
arbeiten weiterhin an den schriftlichen Darstellungen an der Tafel, während der

Diskussionsleiter sichtlich bemüht ist, das Geschehen wieder mehr in den Kreis zu verlagern. Auch in der folgenden Sequenz werden die Worte an der Tafel durch immer neue Inhalte ergänzt:

Gruppe Hase und Fuchs; Schule 2. Zweite Diskussionseinheit, Passage „Dm"
I: ah ok ähm setzt ihr euch wieder hin bitte? #00:10:44-5#
Om: ja ich mach es wieder weg #00:10:45-7#
((om bewegt sich mit einem lappen auf die tafel zu)) #00:10:49-4#
Om: er hat arschloch und fick dich gesagt #00:10:56-0#
Mm: ((schaut zur tafel)) @(1)@ #00:11:00-0#
((ym schreibt zum bereits geschriebenen 'hat am tag 99 mal gefurtzt')) #00:11:16-6#
Mm: @(1)@ #00:11:16-9#
I: gefurzt (unv) #00:11:21-9#
Om: ah nein gefurzt #00:11:22-2#
I: okay #00:11:24-2#
Mm: ah nein gefurzt #00:11:24-7#
I: gut malt (2) #00:11:25-6#
Ym: (unv) #00:11:26-3#
Mm: nein nein nein #00:11:27-3#
Ym: (unv) #00:11:28-6#

Der Diskussionsleiter versucht nun das Geschehen wieder im Rahmen der vorgegebenen Bestuhlung stattfinden zu lassen und bittet die Kinder, sich wieder in den Kreis zu setzen. Om scheint dies jedoch mit der Aufforderung gleichzusetzen, das Geschriebene wegzuwischen – eventuell, da ohne Informationen zum Kontext und zum Hintergrund des Geschriebenen der distanzierte Gebrauch des Wortes verlorengehen könnte. Om wiederholt diese Worte lautsprachlich, als er sich der Tafel nähert, jedoch nicht ohne die Urheberschaft noch einmal zu betonen. Die Kinder selbst machen sich den Gebrauch dieses Wortes nicht zu eigen. Ym, der immer noch an der Tafel steht, ergänzt nun zum bereits Geschriebenen „hat am Tag 99mal gefurtzt" (#00:11:16–6#). Damit geraten vermeintliche Handlungen Dms in den Mittelpunkt. Diesmal handelt es sich aber nicht um sprachliche Praktiken, sondern um im weitesten Sinne körperliche Praktiken. Furzen ist eine Handlung, die aus unmittelbaren physiologischen Vorgängen heraus resultiert und, sofern hörbar, für Belustigung sorgt, aber auch beschämende Reaktionen des Umfeldes nach sich ziehen kann. Sie kann damit mit negativen Folgen für das ausführende Individuum behaftet sein. Die 99 ist eine Zahl, die sich auf ikonische Art und Weise recht nah an der 100 bewegt. Daher kann auch hier eine ironisierende Haltung der Kinder rekonstruiert werden. Unter Umständen hat also Dm gar nicht 99-mal hörbar „gefurtzt" (#00:11:16–6#); vielmehr deutet sich an, dass die Kinder sich hier im Grenzbereich zwischen proponierender und performativer Performanz befinden. Zwar zeigen sich an der Oberfläche Dispute über den Wahrheitsgehalt einzelner Zeichnungen und Beschriftungen, sodass antithetische Aushandlungen auf Ebene der proponierenden Performanz deutlich werden. Im Kern erscheint das Geschehen jedoch eher als Möglichkeit des lustvollen Ausprobierens komischer Zuschreibungen, in denen auch ein strukturidentisches Erleben sichtbar wird. Es geht um das reizvolle Erleben von Diskreditierungen missliebiger Kinder in der Klasse, als Teil eines habitualisierten konjunktiven Wissens. Dem an der Tafel Geschriebenen begegnet Mm mit einem Lachen. Die verschiedenen Schauplätze bestehen im Wesentlichen fort. Während die Kinder mit dem Anfertigen von Texten und Zeichnungen an der Tafel fortfahren, geht der Diskussionsleiter inhaltlich darauf nicht ein, sondern versucht wieder einen Modus der Verständigung herzustellen, der der Ausgangssituation näherkommt. Dies gelingt ihm nicht gut.

In der Folge findet das Geschehen weiterhin schwerpunktmäßig an der Tafel statt, wo die Kinder an einer Zeichnung arbeiten:

Gruppe Hase und Fuchs; Schule 2. Zweite Diskussionseinheit, Passage „Dm"
I: gut okay setzt euch mal wieder hin #00:12:19-5#
Mm: warte und das ist ((männl vorname)) #00:12:23-2#
((om zeichnet strichfigur an die tafel)) #00:12:23-2#
Mm: (unv) ich wollte schreiben ((geht nahe an Yms kopf heran er spricht leise)) #00:12:27-7#
ym ((zu I)) darf ich kurz halten bitte ((fasst mit der rechten hand an das buch welches aufgeblättert von I festgehalten wird)) #00:12:39-8#
I ((zu Om der zeichnet)): was mal-mal-malst du da? sind das brüste? #00:12:40-8#
Mm: brüste #00:12:41-9#
Om: brüste er ist nackt #00:12:43-8#
Mm: @(2)@ #00:12:43-8#
YM: ((zu I)): darf ich nur kurz nur kurz #00:12:48-8#
I: ((zu Ym)) aber noch nicht weiterlesen bitte ((zu Om und Mm)) so jetzt euch mal bitte hin wieder jetzt wir wollen noch-ich möcht mich gern noch weiter mit euch unterhalten #00:12:54-4#

Der Diskussionsleiter bittet die Kinder erneut um die Rückkehr in den Kreis. Dies geschieht erst einmal nicht. Stattdessen trägt auch Mm inhaltlich zum Geschehen an der Tafel bei. Seine lautsprachliche Äußerung lässt sich aber nicht mehr rekonstruieren. Om zeichnet eine Strichfigur an die Tafel und benutzt damit eine

gängige Figur zur Darstellung menschlicher Körper. Mm nutzt weiterhin Sprach-
lichkeit, um die Tafel mit Inhalten zu füllen. Ym, der sich im Kreis befindet,
möchte das Buch, das als Gesprächsimpuls dient, „halten" (#00:12:39–8#) – vermutlich ist er daran interessiert, selbst zu lesen, oder möchte wissen, wie die
Geschichte ausgeht. Parallel zur sprachlichen Äußerung fasst er mit der rechten Hand an das Buch, das jedoch der Diskussionsleiter festhält. Dieser fragt
Om, was er da gerade zeichnet, und äußert die Vermutung, es handelt sich um
Brüste. Dies bestätigt Mm. Om tut dies ebenfalls und ergänzt, die Figur sei nackt.
Weil es sich bei Dm um eine Person handelt, die durch die anderen Kinder
als männlich identifiziert wird, erscheint die Zuordnung sekundärer weiblicher
Geschlechtsorgane in gewisser Weise diskreditierend bzw. herabwürdigend. Dies
wird durch den Zustand des potenziell schambehafteten nackten Zustands noch
verstärkt. Der Reiz am gemeinsamen Ersinnen witziger Zuschreibungen erstreckt
sich damit nicht nur auf Handlungen, sondern gleichsam auch auf physiologische
Merkmale, basierend auf imaginärem kommunikativem Wissen über Geschlechtlichkeit. Die Passage endet damit, dass der Diskussionsleiter Ym bittet, noch
nicht weiterzulesen, und die Kinder auffordert, sich zum Zwecke der Fortsetzung
der Unterhaltung wieder hinzusetzen.

Gossip-Talk als strukturidentisches Erleben
Das ungehemmte Sprechen über andere, nicht in der Gruppe anwesende Kinder
scheint auch in der Gruppe Zwei Hälften ein adäquates Mittel zur Thematisierung
peerspezifischer Gruppendynamiken zu sein:

**Gruppe Zwei Hälften; Schule 2. Zweite Diskussionseinheit, Passage „Aw
und der Rest der Klasse"**
I: gibts auch/gibts auch gute und böse menschen? #00:07:58-6#
Fw: ja #00:08:00-0#
Nw: Lja #00:08:00-0#
Hw: Lja #00:08:00-0#
I: zum beispiel? #00:08:01-5#
Fw: ich bin ein guter mensch ähm (1) #00:08:02-8#
Nw: Aw ist ein böser mensch (unv) #00:08:05-5#
Fw: Lein schlechter? #00:08:05-5#
Nw: nicht guter mensch wir sind gute menschen und Aw ist (unv) mensch
#00:08:09-7#
Hw: @(1)@ #00:08:09-7#

Der Diskussionsleiter fragt die Kinder, ob es auch „gute und böse menschen" (#00:07:58–6#) gebe, nachdem sich das Gespräch inhaltlich sehr nah an der Narration des Buches orientiert hatte. Der Dualismus ‚Gut' und ‚Böse' wurde an vorheriger Stelle durch die Kinder in das Gespräch eingebracht. Mit dieser Proposition fragt er hauptsächlich, ob die Kinder eine solche Unterscheidung für zulässig halten bzw. die Existenz böser und guter Menschen grundsätzlich in Rechnung stellen würden. Die Kinder bejahen dies und elaborieren damit den aufgeworfenen Orientierungsgehalt des Diskussionsleiters. Dieser bittet die Kinder daraufhin, dies zu exemplifizieren. Das scheint für die Kinder keine Aufforderung zu sein, diese Attribute abstrakt zu beschreiben, vielmehr etikettieren sie sich selbst und andere Kinder der Schule. Dabei kommt den Kindern der Gruppe[10] hauptsächlich das Attribut ‚gut' zu. Fw sagt, sie sei ein „guter mensch" (#00:08:02–8#) und wird durch Nw ergänzt, die auch ein Beispiel für einen bösen Menschen nennt. Aw sei ein solch „böser mensch" (#00:08:09–7#). Dies schließt aus, dass es sich bei Aw auch um einen guten Menschen handelt. Die Gruppenkonstellation, die Nw entwirft, besteht aus einem „wir" (#00:08:09–7#), welches die Kinder der Gruppe ein- und Aw ausschließt, da es sich bei ihr um einen „bösen menschen" (#00:08:09–7#) handle.

Es dokumentiert sich ein heiteres Lachen, welches auf eine ausgelassene Stimmung hindeutet, die auch im weiteren Verlauf des Gespräches zu rekonstruieren ist. Hier wird ebenfalls Aw thematisiert.

Gruppe Zwei Hälften; Schule 2. Zweite Diskussionseinheit, Passage „Aw und der Rest der Klasse"
I: was macht euch zu guten menschen? #00:08:13–0#
Nw: ähm das wir (unv) helfen #00:08:15–9#
Fw: ∟(auf toilette gehen) auf Aw schlagen #00:08:16–5#
Hw: @(1)@ #00:08:17–0#
Fw: und sagen du bist kacke und pupsen #00:08:18–9#
Gw: @(2)@ #00:08:21–1#
I: und was macht Aw zu einem schlechten menschen #00:08:24–5#

Der Diskussionsleiter bittet die Kinder nun, den aufgeworfenen Orientierungsgehalt, in dem zwischen ‚guten' und ‚schlechten' Menschen unterschieden wird,

---

[10] Es ist jedoch nicht klar, ob dieses „wir" (#00:08:09–7#) auch die Person des Diskussionsleiters einschließt.

weiter auszuarbeiten. In seiner Frage, mit der er die Kinder in der zweiten Person Plural anspricht, wird deutlich, dass er sich selbst aus der Beschreibung der Kinder herausnimmt. Zu einer guten Person werden ist ein Prozess und seine Frage impliziert, dass die Kinder diesen Prozess für den Diskussionsleiter nachvollziehbar darlegen sollen. Folgend dokumentiert sich ein Gespräch, in dem die Kinder die Beziehung zu Aw weiter ausarbeiten. Es lässt sich ein weitgehend paralleler Diskursmodus rekonstruieren, in dem insbesondere Hw und Fw bedeutende Beiträge zur Ausarbeitung des Orientierungsgehaltes leisten, ergänzt durch Nw, die durch ihr Lachen die humorvolle und entspannte Gesprächsatmosphäre unterstreicht und gleichsam die Beiträge Hws und Fws validiert. Nw betont eine grundsätzliche Hilfsbereitschaft der Gruppe und knüpft damit an die Unterscheidung altruistischer und egoistischer Handlungen an, die eine Unterscheidung guter und schlechter Menschen erlaubt. Unklar bleibt, wem und in welchen Situationen geholfen wird. Fw schließt mit ihrer Elaboration inhaltlich an den Gesprächsbeitrag von Fw an und benennt zwei Dinge. Auf Toilette gehen kann an dieser Stelle inhaltlich nicht eingeordnet werden. Die weitere Ausarbeitung des Orientierungsgehaltes bestimmt jedoch der zweite Teil ihrer Auflistung. In der Aussage „auf Aw schlagen" (#00:08:16–5#) und den folgenden Aussagen dokumentiert sich, dass für die Kinder Teil des Gutseins auch eine oppositionelle Haltung zu Aw ist, basierend auf den zwei Zuschreibungen gut und schlecht. Wie sich in Fws Exemplifizierung andeutet, sollte Aw mit Gewalt begegnet werden. Fw rückt sie in ihrer Exemplifizierung in die Nähe körperlicher Ausscheidungen. Es herrscht weiterhin eine ausgelassene Stimmung, Lachen während und zwischen den einzelnen Wortbeiträgen ist immer wieder zu vernehmen. Es ist daher in Frage zu stellen, ob die Kinder tatsächlich körperliche Gewalt anwenden würden oder ob sie ihre Abneigung gegenüber Aw überzeichnen, indem sie Phantasieszenarien entwerfen und sich in der Beschreibung grenzüberschreitender Handlungen üben. Dass eine Abneigung gegenüber Aw besteht, kann jedoch durchaus festgestellt werden, wie sich spätestens in der folgenden Sequenz dokumentiert:

Gruppe Zwei Hälften; Schule 2. Zweite Diskussionseinheit, Passage „Aw und der Rest der Klasse"

I: und was macht Aw zu einem schlechten menschen #00:08:24-5#
((Gw meldet sich)) #00:08:24-9#
Fw: ähm #00:08:24-9#
Nw: sie be-wenn sie was macht #00:08:27-7#
Fw: (unv) #00:08:29-0#
Nw: nein #00:08:30-1#
Hw: (unv) #00:08:34-3#
Fw: ⌐(steht auf geht zu i und berührt diesen an der schulter)) / (unv) wenn du einmal so machst dann macht sie ((tritt mit dem fuß richtung kreisinneres)) #00:08:34-4#
Nw: ja #00:08:35-2#
I: okay #00:08:35-5#
Nw: und #00:08:36-7#
Hw: ∟sie redet #00:08:37-7#
I: (unv) #00:08:40-4#
Nw: ⌐(unv) #00:08:40-4#
Hw: und sie redet immer wenn zum beispiel Nw mit mir redet redet sie dazwischen #00:08:44-3#
Fw: ja voll aber sie #00:08:45-8#
Hw : ⌐(unv) sie schlagt sie schubst #00:08:46-8#
Fw: sie macht immer so ((steht auf steht am platz und dreht ihren körper nach links und nach rechts setzt sich dann wieder hin)) #00:08:48-7#
Gw: @(1)@und wenn sie (unv) #00:08:51-6#
Nw: ∟oder sie::: immer wenn sie etwas ma::cht #00:08:53-9#
Gw: @(1)@ #00:08:54-1#
Nw: dann/dann sagt sie wir waren das #00:08:56-2#
I: aha #00:08:57-7#
Fw: ja und sie petzt sie sagt immer ich sags ich gehs meiner mutter sagen #00:09:00-8#
Gw: @(1)@ #00:09:01-6#
Nw: und dann sagt sich zu ihr (1) deine mama ist nicht meine schwester und irgendwie meine mama ist auch nicht mein verwandter du ((hält sich die hände vor das gesicht)) du vollidiot #00:09:09-6#
Gw: @(3)@ #00:09:12-5#

Der Diskussionsleiter fordert die Kinder nun auf zu elaborieren, was Aw zu einem schlechten Menschen mache. Es entsteht eine sehr dynamische, von Schnelligkeit geprägte Gesprächsatmosphäre[11], die sich aus sprachlichen und nicht-sprachlichen Beiträgen zusammensetzt. Es lässt sich ebenso wie in der

---

[11] Das Bemühen um das Einhalten von Gesprächsregeln (was sich beispielsweise im Melden von Gw zeigt) kollidiert mit einigen aufeinanderfolgenden und gleichzeitig gesprochenen Beiträgen, was im Nachhinein zu unverständlichen Aussagen führt.

zuvor interpretierten Sequenz ein eher inkludierender Gesprächsmodus rekonstruieren, in dem die Kinder erneut nicht nur mittels abstrahierender und (mehr noch) biografischer Schilderungen ihr Verhältnis zu Aw gegenüber dem Diskussionsleiter darstellen, sondern vielmehr erlebte oder imaginierte Situationen nachspielen. Damit sind nicht nur konjunktive Verbegrifflichungen Teil ihres Wirkens, sondern die habitualisierte Praxis der Kinder selbst wird sichtbar bzw. einer Beobachtung zugänglich. Fw stellt beispielsweise in einer Mischung aus sprachlichen und nicht-sprachlichen Verständigungsformen eine Situation nach, in der eine körperliche Begegnung, die von den anderen Kindern initiiert wird, zu nicht nachvollziehbaren körperlichen Reaktionen von Aw führt. Diese werden in ihrer Gewalttätigkeit bzw. Aggressivität als überzogen interpretiert. Eine leichte Berührung an der Schulter habe ein Treten von Aw zufolge gehabt. Dabei nutzt sie auch den Diskussionsleiter, um in einer sanft wirkenden Bewegung dessen Schulter zu berühren und Aws körperliche Reaktion nachzustellen, die ungleich schneller vollzogen wird. Dies wird mittels eines Trittes in die Mitte des Gesprächskreises symbolisiert. Hw knüpft an weitere mutmaßliche Handlungen seitens Aw an, die von den Kindern als störend wahrgenommen werden. Sie beschreibt, dass Dialoge zwischen den Kindern von Aw „immer" (#00:08:44–3#) durch unangemeldete Gesprächsbeiträge gestört werden würden. Darin dokumentiert sich eine wahrgenommene Verletzung gängiger Gesprächsregeln seitens Aw. Hw ergänzt, dass sie schlage und schubse und unterstellt Aw damit eine Verletzung von Regeln des zwischenmenschlichen Zusammenlebens. In Fws Aussage dokumentiert sich, dass auch Verhaltensweisen wahrgenommen werden, die als Verletzung dessen interpretiert werden können, was als ‚normal' gilt. Es dokumentiert sich also eine andere Unterscheidungsebene, die mit der Kategorisierung ‚guter' und ‚schlechter' Menschen bzw. ‚guter' und ‚schlechter' Verhaltensweisen im Sinne moralischer Verfehlungen nur bedingt zu tun hat. Fw simuliert dabei ein schnelles Aufstehen, dem ein ruckartiges Wenden des Körpers nach links und rechts folgt. Sie schließt ihre Inszenierung, indem sie sich wieder hinsetzt. Ob es die Schnelligkeit der Bewegungen ist oder die Abfolge derselben, die für Erheiterung bzw. Irritation sorgt, bleibt unklar. Nw bringt an (unterbrochen von einem Lachen seitens Gw), dass Aw abstreite, bestimmte Handlungen begangen zu haben und diese stattdessen der Gruppe der anwesenden Kinder zuschiebe. Dies stellt für die Gruppe einen negativen Gegenhorizont dar. Diese wahrgenommene ungerechtfertigte Schuldzuweisung von Aw wird durch Fw weiter ausgearbeitet, der zufolge Aw bestimmte Sachverhalte erwachsenen Bezugspersonen „petze" (#00:09:00–8#). Im Gespräch wird Aws Mutter benannt. Hierin dokumentiert sich eine wahrgenommene Illoyalität seitens Aw. Es handelt sich in den Augen der

Kinder um ungerechtfertigte Schuldzuweisungen. Zum Regelkanon des gemeinsamen Miteinanders in der Klasse gehört es möglicherweise, bestimmte Dinge lieber für sich zu behalten. Nw stellt nun eine mögliche Reaktion gegenüber Aw im Angesicht ihrer Handlungen dar. Sie skizziert, wie sie gegenüber Aw erwähnt, dass sie selbst nur ihrer eigenen Familie verpflichtet sei, nicht der von Aw. Damit habe ihr Geheimnisverrat keine Konsequenzen. Sie schließt mit einer imaginierten, an Aw adressierten Beleidigung: „du vollidiot" (#00:09:09–6#).

Konflikte innerhalb der Diskussionsgruppen
In den Gruppendiskussionen dokumentieren sich jedoch nicht nur Konflikte mit Kindern außerhalb der eigenen Gruppe. Konfliktlinien werden auch innerhalb von Diskussionsgruppen sichtbar. In der Gruppe Maulwurf wird sich dem Wort ‚dumm' bzw. ‚Dummheit' zugewandt. Es findet jedoch nicht als Zuschreibung für missliebige oder in die Kritik geratene Peers Verwendung, sondern die Verwendung des Wortes selbst wird zum Gegenstand der Gruppe. Zwei Themen werden hierbei (oft verschränkt) thematisiert: Ein Thema ist die Bedeutung dieses Wortes. Eine weitere Frage, die die Kinder beschäftigt, ist, wer in der Gruppe dieses Wort benutzt. Es entsteht ein Dialog gegenseitiger Beschuldigungen, der (beeinflusst durch den Diskussionsleiter) in einer Aushandlung über die Frage der Verhältnismäßigkeit dieses Wortes mündet:

Gruppe Maulwurf, Zweite Diskussionseinheit, Passage „Andere dumm nennen"
I: Am du sagst jetzt schon wieder #00:07:28-5#
Pw: ⌐(unv) Am du sagst ja manchmal #00:07:28-5#
I: bei dir ist das so #00:07:32-1#
Jam: ⌐keine namen nennen Pw #00:07:32-1#
I: bitte? #00:07:34-0#
Pw: der am der sagt immer dass /dass-äh #00:07:36-5#
Jam: **keine namen nennen** #00:07:37-8#
I: keine namen nennen versuch dich mal dran zu / zumind- #00:07:41-4#
Jam: ((zu Pw)): das hast du schon immer in ethik gesagt **lw lw lw** #00:07:46-8#
Pw: das geht doch nicht ohne namen #00:07:48-3#
I: naja dann sprich doch einfach - #00:07:51-3#
Pw: einer in unserer klasse sagt der der und der is (dumme nase) fertig #00:07:54-5#
Am: das sagt (unv) auch #00:07:56-7#
I: okay gut also #00:07:57-0#
Pw: ⌐na du sagst das aber auch #00:07:57-0#

Zu Beginn dieses Oberthemas verändert sich die Dynamik des Gesprächs. Der vorherige, in weiten Teilen parallele Diskursverlauf in der Gruppe, in dem unter anderem generationale Machtverhältnisse thematisiert wurden[12], wird nun zunehmend antithetisch. Pws Redebeitrag verweist narrativ auf vergangene Interaktionen zwischen den Kindern. Sie spricht Am an und benennt seine Urheberschaft bereits gefallener Worte, welche er in ihrer Wahrnehmung nicht nur einmal geäußert habe. Dies deutet das Adverb „manchmal" (#00:07:28–5#) an. Was der Inhalt des Gesagten ist, wird aus Pws Beitrag nicht ersichtlich. Es deutet sich nun ein oppositioneller, bisweilen divergenter Diskursmodus an, in dem zwei Themen ausgehandelt werden. Jam nämlich bezieht sich nicht inhaltlich auf das Gesagte, sondern er sieht in Pws Äußerung einen Bruch in den durch den Diskussionsleiter eingebrachten Gesprächsregeln. Unklar ist, ob Pw hier eventuell im Begriff war, sensible Inhalte mit der großen Gruppe und eventuell auch mit externen Personen (dem Diskussionsleiter) zu teilen oder ob es wirklich um die Einhaltung geltender Gesprächsregeln im engeren Sinne geht. Er ist es auch, der sich nach einem kurzen Schlagabtausch erneut Pw zuwendet. Er bezieht das wahrgenommene Fehlverhalten Pws auf vergangene Situationen, in denen sie sich schon genauso verhalten habe. Parallelen zum jetzigen Fehlverhalten sieht Jam in einer Situation im Ethik-Unterricht. Auch da habe sie den Namen „Lw Lw Lw" (#00:07:46–8#) wiederholt. Jam spricht in einer deutlich erhöhten Lautstärke. Dabei deutet auch hier das Adverb „immer" (#00:07:46–8#) an, dass es sich nicht um ein einmaliges Vorkommnis handelt. Pw wiederum positioniert sich in ihrer Entgegnung nicht inhaltlich zum Vorwurf von Jam, sondern sieht in der jetzigen Situation und den Rahmenbedingungen Widersprüche: sinnvoll zu berichten und den Fragen des Diskussionsleiters zu antworten, gehe nicht ohne die Nennung von Namen. Es ist in diesem Unterthema ein divergenter Diskursverlauf zu erkennen, in dem eine Ausarbeitung des Orientierungsgehaltes von Pw mit metakommunikativen Einwänden seitens Jam kollidiert. Pw scheint eine für sie passende Formulierung gefunden zu haben. Sie berichtet, dass „einer" (#00:07:54–5#) aus ihrer Klasse (wobei sie dabei das Possessivpronomen „unsere" (#00:07:54–5#) benutzt) „dumme nase" (#00:07:54–5#) sage. Dabei handelt es sich nicht nur um einen Adressaten, sondern um mehrere. Diese Aussage scheint jedoch nicht besonders konstruktiv oder wertschätzend und eine alleinige Urheberschaft nicht unbedingt erstrebenswert zu sein. Auch Am scheint sich angesprochen zu fühlen und will zumindest nicht der Einzige sein, der dies gesagt habe. Auch wenn er die Urheberschaft dieses Ausdruckes nicht bestreitet, so schränkt er ein, dass

---

[12] Vgl. schwerpunktmäßig Abschnitt 6.2.3.1.

auch andere Personen dies sagen würden. Jedoch ist der Name, den Am anbringt, im Datenmaterial nicht mehr verständlich.

Gruppe Maulwurf, Zweite Diskussionseinheit, Passage „Andere dumm nennen"
Pw: ihr sagt aber immer zu den anderen kindern dummheit sind die #00:08:37-9#
Jam: das sagt (unv) #00:08:38-5#
Am: aber bei-bei manchen stimmts ja auch #00:08:40-6#
I: warum also- #00:08:43-8#
Am: weil jemand (keine nerven) hat #00:08:46-6#
Jam: ∟(so wie ((männl vorname))) der nur eine aufgabe hat #00:08:48-2#

Der Aufforderung des Diskussionsleiters zu einer abstrahierenden Diskussion über dieses Wort folgen die TN nicht. Erneut steht nicht das Wort ‚dumm' bzw. in Variation als ‚dumme nase' zur Disposition, sondern vielmehr, wer dieses Wort in bestimmten Kontexten nutzt. Den Anfang dieser Untersequenz macht Pw, die Am durch ein nonverbales Zeigen erneut adressiert und behauptet, Am sage dies „immer" (#00:08:37–9#) zu ihr. Die Verwendung dieses Wortes im Klassenverband ist unstrittig. Erneut dreht sich das antithetische Gespräch um die Frage, wer dieses Wort gebraucht, bevor es, wie bereits erwähnt, zu einer Aushandlung über Situationen kommt, in denen dieses Wort als legitime Zuschreibung gelten kann. Damit erfolgt gewissermaßen eine Konklusion durch das Aufwerfen einer neuen Orientierung, denn keines der Kinder kann scheinbar glaubhaft bestreiten, dieses Wort nicht ab und an zu verwenden. Während Jam sagt, dass die Bezeichnung bei einem bestimmten Personenkreis zuträfe, schränkt Am diesen potenziellen Personenkreis weiter ein: „weil jemand keine nerven hat" (#00:08:46–6#). Dies kann Verschiedenes bedeuten. Der Satz kann auf fehlende Belastbarkeit referieren, die einen Menschen ‚dumm' macht oder aber aus neurologisch-medizinischer Perspektive auf das Fehlen von Nervenverbindungen im zentralen Nervensystem hindeuten. Jam baut diese Aussage weiter aus und benennt eine*n Mitschüler*in, auf welche*n dies zuträfe. Der Marker hierfür liegt für Jam in der Anzahl der zu erledigenden Aufgaben. Die betreffende Person habe „nur eine" (#00:08:48–2#) Aufgabe. In seiner Aussage dokumentiert sich, dass lediglich eine Aufgabe zu haben aufgrund der niedrigen Zahl heraussticht. Hat eine Person im schulischen Kontext lediglich eine Aufgabe, dann deutet dies – mit Blick auf die Interpretation der Formulierung „keine nerven" (#00:08:46–6#) – auf eine geringe Belastbarkeit oder auf fehlende kognitive Fähigkeiten hin, um schulischen Anforderungen ohne drohendes Stigma gerecht werden zu können.[13] Eine ähnliche Form der Bearbeitung sozialer Wirklichkeit, transportiert durch die Geschichte des Buches, lässt sich auch in der Gruppe Hellblau rekonstruieren: Hier nutzt Aw die Geschichte, um auf Parallelen zu peerspezifischen Gruppendynamiken hinzuweisen:

Gruppe Hellblau; Schule 2. Zweite Diskussionseinheit, Passage „Gemein"
I: was ist denn passiert? #00:02:51-9#
Aw: also immer wenn er mit den andern spielen wollte oder andere sachen machen wollte sagen die ähm dass er (1) anders ist und (unv) #00:03:02-4#
Gw: └(unv) #00:03:02-4#
Aw: (unv) richtig gemein #00:03:04-5#
Gw: (nur ein bisschen) #00:03:05-4#
Aw: ((zu Gw)) ja wie ihr-ihr meistens zu mir seid ((zu I)) und die anderen mädchen #00:03:12-5#

Ähnlich wie in der Gruppe Affe beginnt der Diskussionsleiter in diesem Unterthema mit einer inhaltlichen Nachfrage zur Handlung des Buches. Diese ist in ihrer Formulierung relativ offen gehalten. Aw gibt wesentliche Handlungsabfolgen aus Perspektive der Hauptfigur wieder. Dieser wolle mit anderen spielen und „andere sachen" (#00:03:02–4#) machen, womit sie auf jene Teile des Buches hinweist, in welchen beschrieben wird, inwieweit sich die Tätigkeiten der Hauptfigur von denen der Mehrheitsgruppe unterscheiden. In ihrer Beschreibung gibt sie wieder, wie die Mehrheitsgruppe über die Hauptfigur urteilt, indem sie diese als „anders" (#00:03:02–4#) labelt. Die Ausgrenzungsprozesse selbst bewertet sie als gemein. Dabei nimmt sie in der Geschichte entsprechend ihrer Intention ein Orientierungsdilemma wahr. Die Handlungsweise der Mehrheitsgruppe gegenüber dem Protagonisten des Buches „Irgendwie Anders" sei nicht zu rechtfertigen und damit moralisch zu hinterfragen. Gw schränkt dies ein. Sie schließt sich dieser Einschätzung zwar tendenziell an, das Verhalten sei aber „nur ein bisschen" (#00:03:05–4#) gemein und schwächt damit die eindeutige Bewertung von Aw ab. Der Dialog der beiden kann also bisweilen als divergierend oder antithetisch

---

[13] Auch an anderer Stelle werden durch die Kinder gruppenspezifische Dynamiken thematisiert. Sie werden jedoch im Rahmen der Herausarbeitung der Basistypik nicht mitaufgenommen, da sich an ihnen auch Spezifika in den Positionierungen zu Inhalten Sozialen Lernens zeigen lassen. Sie sind zur Darstellung der sinngenetischen Typenbildung daher gut geeignet.

bezeichnet werden. Aw sieht in Rückbesinnung auf die eigene Biografie Parallelen zu ihrer Situation, insbesondere mit Blick auf das Verhalten, welches die Mehrheitsgruppe dem Hauptprotagonisten gegenüber zeigt; die Mehrheitsgruppe bezeichnet sie in ihrer Praxis des Sprechens als „andere mädchen" (#00:03:12–5#). Sie sieht deutliche Parallelen zwischen der Narration des Buches und den Gemeinschaftsstrukturen in der Klasse. Es folgt eine im Vergleich zu anderen Diskussionsgruppen sehr lange Pause, bevor der Diskussionsleiter zu einer weiteren Frage ansetzt.

6.2.2.3 Zusammenfassende Bemerkungen und theoretische Einordnung

Scherr (2010, S. 84) stellt in einer Übersicht über den Forschungsstand zu informellen Cliquen bzw. Peergroups fest, es könne

> „zusammenfassend formuliert werden, dass Cliquen/informelle Gruppen durch ein bedeutsames, aber in sich komplexes und heterogenes Potential möglicher bzw. wahrscheinlicher Sozialisations- und Bildungsprozesse gekennzeichnet sind, das sich kaum sinnvoll zu einer vereinheitlichenden Charakterisierung vermeintlich cliquen-/gruppentypischer Sozialisations- und Bildungsprozesse zusammenfassen lässt".

Auch innerhalb der eben analysierten Sequenzen und Passagen lässt sich rekonstruieren, dass die Peergroup für die Kinder heterogene Funktionen erfüllt. Den Aushandlungen gemeinsam ist die diskursive Bearbeitung dessen, wer der Ingroup und wer der Outgroup angehört – also wer von der Gruppe als dazugehörig identifiziert wird und wer nicht als Teil einer Kindergruppe angesehen wird bzw. wem über formale institutionelle Kontexte (wie die Mitgliedschaft in einer Schulklasse) hinaus keine Zugehörigkeit in einer Clique attestiert wird (vgl. Bohnsack 1995; Reinders 2015).

In der Gruppe Hase und Fuchs deutet sich schon in der ersten Diskussionseinheit[14] an, dass die Zugehörigkeit zur Gruppe der ‚Araber' und damit verbundenes Wissen über Religiosität und gesellschaftspolitische Konflikte in Gänze für die Kinder eher wenig konkretes Wissen für ein adäquates Bewegen innerhalb informeller Kindergruppen bereithält. Auch Krüger et al. (2008, S. 236) stellen fest, dass das Wissen über soziale Kategorien in Gruppendiskussionen sich auf die kommunikative Reproduktion beschränkt und vor allem in Freizeitpraxen „gegenüber anderen Konstruktionen in den Hintergrund" rückt. In der ersten Diskussionseinheit der Gruppe Hase und Fuchs waren die Situation der Araber in der Welt und ihr religiöses Fundament themenbestimmend. Die

---

[14] Vgl. Abschnitt 6.2.1.1.

darauf aufbauende Skizzierung von Ingroup und Outgroup war zwar (familien-) biografisch akzentuiert, aber nicht gefiltert oder gebrochen durch ein gemeinsames Erleben sozialer Situationen oder eine gemeinsame Handlungspraxis. Die Feststellung, auch im näheren sozialen Umfeld gebe es Israelis (als Teil der Outgroup) bleibt ohne Folgen. Der Eindruck, dass die Ausführungen daher eher Teil eines imaginären kommunikativen Wissens (vgl. Bohnsack 2017) sind (mit Ausnahme gemeinsam genutzter Sprachcodes sowie des Modus beim Erzählen religiöser Geschichten), erhärtet sich mit der Analyse der zweiten Diskussionseinheit. Der Orientierungsrahmen, der sich dort rekonstruieren lässt, und die gemeinsame Handlungspraxis basieren weniger auf den Kategorien sozialer Identitäten. Die erklärte Abneigung gegenüber Dm, einem Mitglied der Klasse, wird zu Beginn anhand biografischer Schilderungen entfaltet, die sich auf Äußerungen Dms beziehen. Ihre Bewertung findet jedoch nicht vor dem Hintergrund der Normen, die für die Gruppe der Araber Gültigkeit besitzen, statt. Vielmehr verwendet er vulgärsprachliche Ausdrücke, die die Gruppe als ‚schlimmes Wort‘ bezeichnen. Um der Gefahr einer Reifizierung vorzubeugen, verlassen die Kinder den Modus des Mündlichen und begeben sich ins Schriftliche. Eine Zeichnung Dms wird mit seinen mutmaßlichen Äußerungen versehen. Gleichwohl ist das darauffolgende Gespräch eher antithetisch-oppositionell, denn vom Wahrheitsgehalt des an die Tafel Geschriebenen sind nicht alle Kinder überzeugt.

Auch die darauffolgenden, in der Gruppe gemeinsam erdachten Zuschreibungen für Dm, welche sich in einer Phase eines parallelen Diskursmodus und eines stärkeren strukturidentischen Erlebens dokumentieren, basieren nicht auf diesem Wissen über soziale Identitäten. Dm wird beispielsweise nicht als Israeli identifiziert oder vor dem Hintergrund israelischer Symbole gezeichnet, um ihn zu diskreditieren und als nicht-zugehörig zu markieren. Ihm wird vielmehr zugeschrieben, dass er in zahllosen Situationen ‚gefurzt‘ habe und sein äußeres Erscheinungsbild wird in der Zeichnung an der Tafel mit weiblichen Geschlechtsorganen versehen. Die gemeinsame Handlungspraxis zeichnet sich hier eher durch ein gemeinsames Humorverständnis aus. Dieser Rückzug auf humoristische Gesprächsbeiträge erscheint nicht überraschend. Das Benutzen von Fäkalsprache oder heikle Themen wie Geschlechtlichkeit konnten als typischer Kinder-Humor auch in einer Studie von Neuss (vgl. 2003) nachgewiesen werden. Die Peergroup ist hierbei der Ort, um dem Bedürfnis, das gemeinsame Humorverständnis auszuleben, nachzugehen.

Während die Aushandlungen in der Gruppe Hase und Fuchs aus der Spontanität der „Handlungspraxis" (Bohnsack 1995, S. 17) heraus erwachsen und das gemeinsame Handeln an der Tafel fast schon einen aktionistischen Charakter aufweist, so wird die Frage nach den Auswirkungen sozialer Identitäten auf peer-spezifische Gruppendynamiken in der Gruppe Zirkus eher theoretisch-reflexiv[15] (vgl. Bohnsack 1995) verhandelt. Hierbei wird das Wissen über soziale Identitäten mittels abstrahierender Sprechbeiträge und Zuschreibungen in die Gruppe eingebracht. Kommunikatives Wissen in Form von Erzähltheorien über dritte Parteien drohen jedoch in einem Orientierungsdilemma zu münden, da Am scheinbar die Zugehörigkeit zu einer türkischen Community zugeschrieben wird. Eine potenzielle Schlussfolgerung könnte also sein, dass Gewalttätigkeiten als Teil des Verhaltensrepertoires von Türken das soziale Gefüge der Ingroup stören. Der gemeinsame Orientierungsgehalt wird durch eine Entkräftigung wiederhergestellt (und hier geben nun biografische Sprechbeiträge die gemeinsam erlebte Handlungspraxis wieder), indem bekannt gegeben wird, dass die Theorie über Türken einer empirischen Überprüfung nicht standzuhalten scheint – die Erinnerung an die gemeinsame Handlungspraxis scheint die Kinder zu lehren, dass Am „nur einmal geschlagen" habe. Vielmehr wird nun das Verhalten von Om[16], womöglich als Teil der Outgroup, fokussiert, der viel gewalttätiger sei als Am. Auch Mm scheint trotz seines korpulenten Äußeren nicht von Exklusionsmechanismen betroffen zu sein.

Damit wird deutlich, dass das Wissen um soziale Identitäten gemeinsame Handlungspraxis nur an den Rändern konstituiert und bestenfalls genutzt wird, um Kinder der Outgroup zu markieren. Damit zeigt sich, dass die Verwendung von Differenzkategorien einer hohen situativen Dynamik unterliegt. Insbesondere in den hier rekonstruierten Gruppenprozessen kann nicht von einem Top-Down-Effekt gesamtgesellschaftlich wirksamer Kategorien wie Race-Class-Gender auf peerspezifische Gruppendynamiken gesprochen werden (vgl. Budde 2014). Für die Kinder relevante, handlungsleitende Zuschreibungen leiten sich vielmehr aus konkreten Erlebnissen ab (die mittels biografischer Sprechbeiträge einer Rekonstruktion zugänglich werden). Sie erwachsen aus der gemeinsamen Handlungspraxis.

---

[15] Dies bezieht sich nicht auf die für die Basistypik relevante Unterscheidung zwischen abstrahierenden und biografischen Schilderungen.

[16] Er ist Teil der Gruppe Hase und Fuchs, deren Diskussionen schwerpunktmäßig in 6.2.1.1 und 6.2.2.2 rekonstruiert werden.

Dieser empirische Befund wird gestützt durch Reinders, der anhand der von ihm gesichteten Studien ebenfalls aufzeigen kann, dass an der Grenze zwischen der Ingroup und der Outgroup weniger soziale Kategorien wirkmächtig sind, sondern für Kinder relevantere Themen, wie gemeinsame Interessen und Aktivitäten, im Fokus stehen. Die Liste kann hier erweitert werden durch normwidrige soziale Verhaltensweisen, mangelndes Leistungsvermögen sowie ein als illoyal wahrgenommenes Verhalten, wie sich in der Gruppe Zwei Hälften zeigt. Auch in dieser Gruppe ist es ein Kind, das im Zentrum der Aushandlung steht: Aw, welche ebenfalls als Teil der Outgroup bezeichnet werden kann. Das Geschehen ähnelt im Gegensatz zur Gruppe Hase und Fuchs einem strukturidentischen Erleben der Kinder, unter denen nun kaum gegensätzliche Meinungen zu Aw oder ihren Handlungen zu verzeichnen sind. Das Wiederauflebenlassen gemeinsam erlebter Situationen festigt den Zusammenhalt der Gruppe nach innen und artikuliert diesen gleichermaßen nach außen, insbesondere gegenüber dem Diskussionsleiter, der von den Kindern als interessierte Partei wahrgenommen wird. Dadurch wird „das Selbstbild der Gruppe als negativ abweichender Fall über den kommuniziert wird, bestärkt" (Oswald 2008, S. 323). Dabei werden vornehmlich biografische Schilderungen eingebracht, die wie in der Gruppe Hase und Fuchs die Grenze zum performativen habitualisierten konjunktiven Wissen übertreten, da gemeinsame Erlebnisse nicht nur sprachlich wiederaufleben, sondern teilweise sogar performativ nachgespielt werden. Eine besondere Rolle kommt in der Gruppe Zwei Hälften hierbei Fw und Gw zu. Oswald (2008, S. 333) diskutiert, dass es in Kindergruppen häufig einzelne „Meinungsführer" gibt, welche „durch Klatsch und Lächerlichmachen einen beträchtlichen Einfluss ausüben". Speziell für Mädchengruppen kann dies Breitenbach (vgl. 2000) nachweisen, und sie hebt insbesondere das verbindende Element des arbeitsteiligen Vortragens gemeinsamer Erlebnisse hervor.

Das sich darin rekonstruierende Tratschen (engl. *gossip*) über andere Kinder als Teil einer habitualisierten Praxis wurde im deutschsprachigen Diskurs bisher nur ungenügend aufgearbeitet, trotz seiner alltäglichen Prominenz bei Kindern (vgl. Reinders 2015). Dabei fehlen insbesondere Studien zur Bedeutung des Tratschens für Peergroups.

In der Gruppe Maulwurf lässt sich dieses strukturidentische Erleben nicht feststellen. Teil eines gemeinsam geteilten Orientierungsrahmens ist, dass bestimmte Worte zumindest in schulischen Kontexten (im konkreten Fall das Wort „dumm") nicht verwendet werden sollten. Darüber hinaus ist die Frage seiner Verwendung in der Peergroup eine ungelöste Frage, die in einem antithetischen Diskurs bearbeitet wird, in dem insbesondere mittels biografischer Schilderungen argumentiert wird. Ohne klare Führerschaft, was ein häufiges Charakteristikum informeller Peergroups zu sein scheint (vgl. Oswald 2008), mündet diese Auseinandersetzung in keinem klaren Ergebnis. Stattdessen wird diese Rahmeninkongruenz über eine dritte Orientierung aufgelöst, die vor allem die Anstößigkeit dieses Wortes relativiert. Kinder der Outgroup werden benannt, auf welche dieses Wort unter Umständen zuträfe. An dieser Stelle wechselt der Diskurs in dieser Passage von hauptsächlich biografischen zu abstrahierenden Gesprächsbeiträgen. Gleichwohl erscheint das Wissen um soziale Identitäten hier ebenfalls weniger handlungsleitend.

6.2.3 Thematisierung generationaler Verhältnisse

6.2.3.1 Generationale Verhältnisse als Streitfall (Maulwurf)
Determinierungen im Alltag der Kinder
Die Kinder der Gruppendiskussionen bearbeiten mitunter auch eigene Abhängigkeiten, die durch Machtverhältnisse in Folge von Grenzziehungen entstehen. Im konkreten Fall sind dies generationale Ordnungen und Machtverhältnisse. Deutlich dokumentiert sich dies im Gesprächsverlauf der Gruppe Maulwurf in Schule 1, in der dieses Thema am intensivsten ausgearbeitet wird. Hier werden generationale Machtverhältnisse unmittelbar biografisch bezogen bearbeitet. Abstrahierendes Sprechen wiederum findet sich, wenn über die Legitimität der Asymmetrie in der Beziehung zwischen Kindern und Erwachsenen (im weitesten Sinne) diskutiert wird. In der vorliegenden Gruppendiskussion bleiben die Kinder in ihren Gesprächsbeiträgen lange Zeit recht nahe an den ihnen vorliegenden Bildern von Fischschwärmen. Einige immanente und exmanente Nachfragen des Diskussionsleiters versuchen diese Fokussierung zu verlagern. In der Passage „Elterliche Verbote" leitet eine Nachfrage des Diskussionsleiters das nachfolgende Gespräch ein. Sie stellt eine Proposition dar für die Kinder, um generationale Machtverhältnisse zu thematisieren:

Gruppe Maulwurf; Schule 1. Erste Diskussionseinheit, Passage „Elterliche Verbote"
I: und gibts auch noch andere situationen wo du manchmal was machen darfst was (3) wo du manchmal gern was machen möchtest aber das nicht darfst? #00:19:19-7#
Am: na kla::r ich darf keine drei stunden am tag zocken obwohl ich das gerne machen würde #00:19:24-2#
I: wer sagt dir das denn dass du das nicht darfst? #00:19:25-5#
Tw: └ich darf nur drei süßigkeiten am tag essen #00:19:27-1#
Am: └meine eltern also meine (unv) #00:19:27-7#
I: und wie findest du das? #00:19:28-6#
Am: scheiße #00:19:28-3#
I: also verbieten dir dann auch andere sachen? #00:19:31-9#
Pw: wir müssen um sieben ins bett das is immer kacke #00:19:34-6#
I: das immer kacke #00:19:36-5#
Jam: ich muss immer um acht #00:19:36-7#

Der Diskussionsleiter erkundigt sich nach „anderen situationen" (#00:19:19–7#), in denen die Teilnehmer*innen des Kreisgesprächs nicht selbstbestimmt handeln konnten. Die Suche nach Situationen, in denen die Kinder etwas machen möchten, was sie aber nicht dürfen, ist nun gesetzt. Die Frage formuliert er in der zweiten Person Singular, ohne jedoch einzelne Kinder direkt anzusprechen. Die Beiträge sind hauptsächlich als Elaborationen und Exemplifizierungen des vom Diskussionsleiter aufgeworfenen Orientierungsgehalts zu lesen. Aus der Perspektive von Am gibt es solche Situationen sehr wohl. Am dürfe keine drei Stunden am Tag „zocken" (#00:19:24–2#) obwohl er dies gerne machen würde. Es dokumentiert sich damit ein Orientierungsdilemma. Mit „zocken" ist an dieser Stelle wahrscheinlich der Umgang mit elektronischen Unterhaltungsmedien bzw. Videospielen gemeint. Das langgezogene „na kla::r" (#00:19:24–2#) zeigt an, dass die geschilderte Situation wohl bedeuten würde, sich unangemessene Freiheiten herauszunehmen, und es daher auch nicht verwundert, wenn dies von Seiten der Erwachsenen aus nicht erlaubt ist. Bevor die Kinder auf die immanente Nachfrage des Diskussionsleiters eingehen, wer diese Verbote ausspricht, dokumentieren sich weitere biografisch-erzählende Beiträge. Tw spricht ihr Ernährungsverhalten an, das von anderer Seite aus reglementiert werde. Sie dürfe nur drei Süßigkeiten am Tag essen. In dieser Aussage ist nicht ausgeschlossen, dass es ihr theoretisch möglich wäre, mehr Süßigkeiten am Tag zu essen, erkennbar an der Adverbialkonstruktion „nur drei am tag" (#00:19:27–1#). An dieser Stelle schließt Pw mit einer Antwort an. Sie berichtet in der ersten Person Plural vom Zubettgehen um sieben Uhr abends, welches ihr von oben auferlegt werde. Sie beurteilt diese Beschränkung als sehr negativ, nämlich „immer kacke" (#00:19:34–6#).

Unklar ist, wen Pw mit „wir" (#00:19:34–6#) meint. Es kann sein, dass sie die
Gruppe hier als Ganzes einschließt und ein Verbot wiedergibt, das für die ganze
Gruppe gilt. Das „wir" (#00:19:34–6#) kann aber auch auf das Vorhandensein
von Geschwistern oder weiteren Kindern im Haushalt des Kindes hindeuten –
oder auf Kinder als gesellschaftliche Gruppe insgesamt. In einer ergänzenden
Elaboration betont Jam, er müsse immer um acht ins Bett und damit eine Stunde
später als Pw. Gefragt nach den Bewertungen dieser von außen aufgezwunge-
nen Verhaltensregeln werden diese als eher negativ beschrieben. Er findet dies
„scheiße" #00:19:28–3# und benutzt damit ein sehr vulgäres Wort, um seine
ablehnende Haltung diesem Verbot gegenüber deutlich zu artikulieren. Auch Pw
bewertet ihre Beschreibungen eher negativ mit dem Wort „kacke" (#00:19:34–6#).
Im Gespräch lässt sich ein weitgehend paralleler Diskursmodus mit vornehmlich
biografischen Schilderungen dokumentieren. Die Kinder arbeiten in Exemplifizierungen und Elaborationen heraus, dass sie gern mehr über ihr Leben bestimmen
würden und gern mehr Freiheiten hätten, bestimmte Handlungen werden jedoch
durch Erwachsene unterbunden. Der Diskussionsleiter scheint hier Adressat der
biografischen Gesprächsbeiträge der Kinder zu sein.

Legitimation generationenspezifischer Handlungsbeschränkungen
Sowohl der Diskursmodus als auch die Art des Sprechens ändern sich, als es nun
um die Legitimation dieser Restriktionen geht, ebenfalls eingeleitet durch den
Diskussionsleiter:

**Gruppe Maulwurf; Schule 1. Erste Diskussionseinheit, Passage „Elterliche
Verbote"**
I: **ist das okay dass eltern über einen** bestimmen? #00:19:38-7#
Am: **ne::::in** #00:19:39-7#
Pw: ⌐ **ne::::in** #00:19:39-7#
Jam: ⌐ **ne::::in** #00:19:39-7#
Tw: doch das ist okay weil die machen (1) besseres die sagen uns was gut ist
#00:19:44-7#
Pw: ja und? #00:19:45-7#
Jam ((name praktikant)) nicht #00:19:47-0#
Tw: ⌐ weil wenn wir nur machen was wir wollen
würde es irgendwie nicht mehr (unv) #00:19:49-5#
I: okay also die die haben mehr lebenserfahrung sozusagen ((zu am und jm))
#00:19:55-5#
Am: ⌐(unv) das wissen meine eltern nicht #00:19:55-5#
I: ihr findets nicht? okay das wissen die nicht? 00:19:57-9#
Am: ne glaub nicht #00:19:59-3#

I: und ihr habt gesagt nein das ist nicht so gerechtfertigt warum? #00:20:03-0#
Pw: weil die bestimmen dann immer (unv) ins bett #00:20:06-6#
Jam: weil die bestimmen dann auch irgendwie zu viel #00:20:07-4#
I: die bestimmen zu viel #00:20:07-9#

Dabei kann nicht ausgeschlossen werden, dass das Stimmungsbild, welches sich im vorliegenden Datenmaterial dokumentiert, auch durch die Art der Fragestellung beeinflusst wird. Denn: Die Stimme des Diskussionsleiters hebt sich über seine gewöhnliche Lautstärke hinaus, ein subtiles Zeichen unterstellter Empörung schwingt in seiner Frage mit und veranlasst die Kinder ebenfalls, mit deutlich lauterer Stimme als gewöhnlich und parallel mit einem langegezogenen „nein" (#00:19:39-7#) zu antworten. Ein strukturidentisches Erleben – zumindest bei einem Teil der Gruppe – ist bei Am, Pw und Jam zu beobachten. Das gemeinsame, laute Sprechen soll gegenüber dem Diskussionsleiter die Einigkeit großer Teile der Gruppe zum Ausdruck bringen. Teil des konjunktiven Erfahrungsraumes an dieser Stelle scheint es zu sein, dass von Kindern bestimmte Verbote seitens der Erziehungsberechtigten nicht klaglos hingenommen werden. Tw jedoch bringt in diese gemeinsam geteilte Ablehnung einen Gegenentwurf bzw. negativen Gegenhorizont ein. Sie sagt: „doch, das ist okay, weil die machen (.) besseres, die sagen uns, was gut ist" (#00:19:44-7#). In dieser Aussage werden zwei Gruppen konstituiert: ein ‚wir' und ein ‚die', womit in diesem Gespräch die Gruppen der Erwachsenen und der Kinder, zu denen sich die Gruppe selbst zählt, skizziert und schablonenhaft gegenübergestellt werden. Für Am, Pw und Jam und damit für einen großen Teil der Gruppe kann kein Unterschied zwischen beiden Gruppen die Fähigkeit der einen Gruppe, Verbote über die andere Gruppe auszusprechen, legitimieren. Tw führt die Ursachen auf Unterschiede im Handeln und Wissen zurück und vermutet ein Mehr an Wissen und Fähigkeiten, das Erwachsene in die Lage versetzt, jene angesprochenen Verbote zu artikulieren. In einer Opposition von Am dokumentiert sich, dass er dies grundsätzlich in Frage stellt; für ihn scheint das Genannte nicht hinreichend zu sein, um Verbote zu legitimieren. Jam wiederum wendet in einer Antithese ein, die die Grenzen des von Tw aufgeworfenen negativen Gegenhorizontes aufzeigen soll, dass dies unter Umständen nicht für alle Erwachsenen gesagt werden könne und benennt zur Untermauerung seiner Aussage einen konkreten Erwachsenen aus dem Umfeld der Schule. Tw wiederum skizziert ein Szenario, in welchem Kinder nur das tun, wonach ihnen gerade der Sinn steht. Dies habe zur Folge, dass etwas nicht mehr vorhanden sein oder funktionieren könne. Dieser zweite Teil geht im allgemeinen Geräuschpegel leider unter, sodass nicht mit Bestimmtheit gedeutet werden kann, was im von

Tw skizzierten Szenario eintrifft. Klar scheint aber, dass sie die Folgen dieses
Szenarios allgemein als negativ einschätzt.

Es werden nun weiter Standpunkte ausgetauscht, teils beeinflusst durch Interventionen und Nachfragen des Diskussionsleiters. Es handelt sich an dieser Stelle
nicht mehr um einen parallelen Diskursmodus, sondern um einen antithetischen.
Auf der Grundlage der gemeinsam geteilten Erfahrung der Abhängigkeit von
Kindern gegenüber Erwachsenen diskutieren die Kinder hier über die Gründe
dieser Abhängigkeit. Die einzelnen Sprechbeiträge sind nun weniger biografisch
als vielmehr abstrahierend.

Ein ähnlicher Diskursmodus dokumentiert sich auch, als die Kinder im Folgenden darüber debattieren, ob Erwachsene ihrerseits auch Beschränkungen von
einer dritten Partei unterliegen:

**Gruppe Maulwurf; Schule 1. Erste Diskussionseinheit, Passage „Elterliche
Verbote"**
Jm: ja:: die sagen dann auch- die bestimmen dann auch immer wann man seine
hausaufgaben machen muss #00:20:12-4#
Am: ja die müssen das ja machen sonst gibts einen (anruf) von ((name päd fach-
kraft)) #00:20:15-7#
Jm: ne::in #00:20:16-1#
Jam: └ ne::in #00:20:16-1#
Am: die sagen einem #00:20:19-0#
Jam: wann man es machen muss man darf es nicht immer machen #00:20:23-2#
Jm: ich muss sie machen wenn meine eltern es sagen ich darf-sie darf nicht (unv)
#00:20:30-0#

Zu Beginn dieser Sequenz ist eine Elaboration von Jm dokumentiert, die eher
biografischen Charakter aufweist. Er knüpft am gemeinsam geteilten Orientierungsrahmen der Abhängigkeit von Erwachsenen an. In seinem Redebeitrag
spricht er eine zeitliche Dimension an. Es geht ihm nicht so sehr darum, dass
Eltern bzw. Erwachsene Tätigkeiten vorschreiben bzw. verbieten würden, sondern
auch darum, wann gewisse Tätigkeiten zu verrichten seien. Als Beispiel nennt er
das Anfertigen von Hausaufgaben und damit eine Tätigkeit, die primär der Erfül-
lung schulischer Erfordernisse dient. Dies veranlasst Am zu einer Differenzierung
mit propositionalem Effekt, dass „die" (#00:20:12–4#) – vermutlich sind wieder
die Eltern gemeint – diese Vorschrift durchsetzen müssten, da sonst der Anruf
einer pädagogischen Fachkraft zu erwarten sei. Damit bringt er eine Perspektive ein, die bisher innerhalb der Gruppe noch nicht in Erscheinung getreten ist.
Denn mit seiner Aussage räumt Am ein, dass auch Eltern bzw. Erziehungsbe-
rechtigte oder allgemein Erwachsene, die nicht der Institution Schule angehören,

nicht frei von Zwängen sind, sondern ihrerseits in der Interaktion mit Kindern teilweise fremdbestimmt agieren. Als Konsequenz einer Nichtbeachtung benennt er den Anruf einer Person aus der Schule. Damit beschreiben einzelne Kinder ein Szenario, in welchem nicht allein generationale Verhältnisse auf die Kinder einwirken. Die generationalen Verhältnisse selbst werden zusätzlich durch die Institution Schule mitbeeinflusst. Auch dieser aufgeworfene Orientierungsgehalt erfährt in dieser Sequenz eine antithetische und bisweilen oppositionelle Bearbeitung durch die Kinder. So lehnen Jm und Jam diese Erzähltheorie über Anordnungen der Schule an die Eltern ab. Jam entgegnet dem, er müsse die Hausaufgaben machen, wenn seine Eltern ihm dies sagen. Er darf den Zeitpunkt ihrer Anfertigung also nicht selbst bestimmen. Dieser abstrahierende Gesprächsbeitrag liest sich als Antithese zu Ams Beitrag. Wann die Hausaufgaben gemacht werden müssen, sagen und bestimmen die Eltern und keine dritte Partei, die der Schule angehört[17]. Der gemeinsame Horizont – die Abhängigkeit von Eltern bzw. Erwachsenen – ist indes weiterhin präsent.

Eine weitere Ungleichbehandlung ergibt sich für die Kinder wenn sie ihre Situation mit der älterer Kinder vergleichen:

Gruppe Maulwurf; Schule 1. Erste Diskussionseinheit, Passage „Elterliche Verbote"
Pw: meine mama oder mein papa die sagen dann manchmal los du hilfst mir jetzt beim tischabräumen mein bruder muss nicht machen #00:20:34-7#
I: dein bruder muss es nicht machen weil warum warum muss das nicht machen? #00:20:37-1#
Jam: └ja das ist bei meiner großen schwester auch so #00:20:37-2#
Pw: na #00:20:39-6#
I: haben die das mal begründet? #00:20:40-7#
Jm: weil er es nicht kann #00:20:41-6#
Pw: ja:::::::::: weil er immer fernseh glotzen will #00:20:43-2#
I: @(weil er es nicht kann und du)@ sagst eher weil er fernseh glotzen will #00:20:48-0#
Pw: (unv) junge #00:20:49-0#
I: └ das heißt dass er kann/er kann sein hobbys nachgehen und du musst mit abräumen #00:20:53-0#
Pw: ja das is kacke #00:20:56-5#

---

[17] Es könnte sich hier jedoch auch um eine Differenzierung des von Am aufgeworfenen Orientierungsgehalts handeln. Jam würde dann der Elaboration von Am einschränkend zustimmen, indem er präzisiert, dass sich die Anweisungen für Erwachsene auf bestimmte Aspekte beschränken.

Den Anstoß dazu gibt Pw mit ihrer Elaboration, die einen propositionalen Gehalt aufweist. Sie berichtet von einer Situation zu Hause, in welcher sie von ihren Eltern aufgefordert wird, bei Haushaltsarbeiten mitzuwirken; in der Schilderung handelt es sich um das Tischabräumen. Sie berichtet weiterhin, ihr Bruder müsse dies nicht tun. In ihrer Schilderung findet sich das Adverb „manchmal" (#00:20:34–7#), was darauf hindeutet, dass dies keine einmalige Begebenheit ist. In vorwiegend biografischen Gesprächsbeiträgen wissen die Kinder nun von ähnlichen Erlebnissen zu berichten. Unterbrochen von einer Nachfrage des Diskussionsleiters validiert Jam den Beitrag von Pw, indem er sagt, bei seiner Schwester sei dies auch so. Damit wird in diesem Unterthema dem Erleben generational bedingter Verhältnisse bzw. Abhängigkeiten ein neuer Aspekt hinzugefügt. Das Verhältnis zwischen Erwachsenen und Kindern gestaltet sich nicht immer gleich, ohne dass zu diesem Zeitpunkt ersichtlich wird, weshalb Kinder von Erwachsenen nicht immer gleichbehandelt werden. Dies widerspricht den Gerechtigkeitsvorstellungen von zumindest einem Teil der Gruppe, was Pw am Ende dieser Sequenz mit „kacke" (#00:20:56–5#) bewertet[18]. Ungleichbehandlungen werden festgestellt, wenn die Situation der Geschwister mit der eigenen Situation verglichen wird, ohne dass dabei im Gespräch ersichtlich wird, was die Gründe für diese Ungleichbehandlungen sein könnten. Als der Diskussionsleiter nämlich nach Begründungsversuchen der Eltern fragt, fallen die Antworten ironisierend aus und es wird erneut biografisches Sprechen provoziert. Jm vermutet, aus einem Mangel an Fähigkeiten müsse sich Pws Bruder am Abräumen des Tisches nicht beteiligen. Ob dieser Beitrag ggf. auch ironisch gemeint ist, lässt sich aus dem Material nicht zweifelsfrei feststellen, es ist aber zu vermuten, dass zumindest Jm das Gespräch teilweise mit Ironie belegt. Pw baut ihre Erzählung nun selbst aus und beginnt mit einem langgezogenen „ja" (#00:20:43–2#), welches auf eine gereizte Stimmung ihrerseits hindeutet. Ob diese Anspannung sich durch das Gespräch oder durch die Situation ergibt, die geschildert wurde und wird, bleibt offen. Ihr großer Bruder wolle immer „tv glotzen" (#00:20:43–2#), wobei sie hier eine sehr informelle Ausdrucksweise wählt.

Während diese wahrgenommene Ungleichbehandlung auf biografischen Schilderungen basierend entfaltet wird, so werden positive Aspekte generationaler Machtverhältnisse nun eher wieder abstrahierend thematisiert:

---

[18] Auch wenn der Diskussionsleiter dieser Bewertung vorausgehend das Gesprochene der Kinder sehr frei mit „das heißt, dass er kann – er kann sein hobbys nachgehen und du musst mit abräumen" (#00:20:53–0#) paraphrasiert, so kann aufgrund des bisherigen Diskursverlaufes davon ausgegangen werden, dass hier auch seitens Pw und der anderen Kinder eine Schieflage hinsichtlich der Rechte und Privilegien von Geschwistern in der Familie vorliegt.

Gruppe Maulwurf; Schule 1. Erste Diskussionseinheit, Passage „Elterliche Verbote"

I: gibts auch/gibts auch ähm da sachen wo ihr sagt da ist es gut dass die eltern uns sagen was #00:21:00-6#

Tw: ich schon #00:20:59-9#

I: du sagst ja? #00:21:02-8#

Tw: weil wir wollten immer (1) öfters filme gucken mein papa hat gesagt das ist nicht so gut (unv) #00:21:08-8#

Am: ja stimmt

ja auch #00:21:05-6#

Tw: das is wie äpfel und wir hatten als kind ganz viele äpfel und wie im film-also im kopf und wenn wir filme gucken geht auch immer ein apfel weg und wenn alle apfel weg sind dann sind wie ganz hohl im kopf #00:21:23-0#

Am: äpfel #00:21:23-0#

Tw: und als erwachsene #00:21:24-5#

I: da seid ihr ganz dumm im kopf? #00:21:22-7#

Tw: naja wenn wir zu viele filme gucken #00:21:26-2#

Jam: nein das stimmt nicht #00:21:28-9#

Am: ˪(unv) äpfel gehabt #00:21:28-9#

Jam: man kann auch filme gucken da lernt man was dazu #00:21:33-9#

Ew: ˪   (unv)

#00:21:33-9#

Am: ja #00:21:35-5#

Ew: ja #00:21:35-5#

Am: ja zum beispiel lernfilme #00:21:39-7#

I: sagen das dann deine eltern für alle filme? #00:21:40-0#

Tw: weiß ich nicht aber wir wollten ja eher immer kinderfilme gucken und so #00:21:45-8#

I: okay #00:21:47-4#

Der Diskussionsleiter initiiert nun ein neues Unterthema und fragt nach „Sachen" (#00:21:00–6#), bei denen elterliche Vorgaben kindliches Handeln einschränken, dies aber zumindest berechtigte Gründe hat. Mit der ersten Person Plural schließt er sich in den Adressatenkreis elterlicher Vorschriften selbst mit ein. Tws Position scheint eine zustimmende Tendenz zu haben. Sie berichtet in einer biografischen Schilderung (und wird validiert von Am: „ja, stimmt ja auch" (#00:21:05–6#)) von einer Situation daheim; sie und andere Personen würden „öfter" (#00:21:08–8#) Filme schauen wollen. Es wird nicht deutlich, ob sie von weiteren Geschwistern oder Freunden spricht, es scheinen aber zumindest andere Kinder in die Situation involviert zu sein. In ihrer Erzählung ist es ihr Vater, der eine gegenteilige Position vertritt, derzufolge häufiges Filmeschauen nicht gut sei. Konkrete mögliche negative Konsequenzen werden aber nicht benannt. Um dem

Standpunkt ihres Vaters Ausdruck zu verleihen, schildert sie in einer abstrahierenden Elaboration den Vergleich von Intelligenz mit Äpfeln. In ihrer Analogie
deutet sich eine Art negativer Zusammenhang an: Je mehr Filme geschaut werden, desto weniger Äpfel gibt es: „und wenn wir filme gucken, geht auch immer
ein apfel weg" (#00:21:23–0#). Äpfel gibt es in dieser Erzählung nur in endli-
cher Menge; sind sie alle, sind die Kinder ganz hohl im Kopf. Mit einem hohlen
Kopf ist in diesem Zusammenhang wohl eine geistige Leere oder auch Dummheit gemeint, die durch exzessiven Fernsehkonsum ausgelöst wird[19]. Jam (und
nun auch wieder Am, obwohl dieser erst Tws Position validiert hat) verhalten
sich Tws Erzählung gegenüber antithetisch und begegnen ihr mit abstrahierenden
Gesprächsbeiträgen. Tendenziell mache nicht jeder Film dumm. In Jams Schilderung gibt es Filme, die das genaue Gegenteil, nämlich einen Wissenszuwachs statt
eines -abbaus, bewirken. Konkret wird der Begriff der „lernfilme" (#00:21:39–
7#) angebracht, mit dem vermutlich in erster Linie Dokumentationen gemeint
sind. Die Gruppe grenzt das Genre der „Lernfilme" ab von Kinderfilmen, wie
es sich exemplarisch im Redebeitrag von Tw dokumentiert. Sie kann die Frage,
ob Tws Eltern von allen Filme eine eher schlechte Meinung haben, nicht genau
beantworten und sagt, sie hätten meist eher Kinderfilme schauen wollen. Dieser
Kontrast ist auffällig, denn es dokumentiert sich damit, dass Filme, die sich direkt
an Kinder richten, selten den von der Gruppe angesprochenen Lerneffekt erzielen, sodass eine Einmischung Erwachsener in das Fernsehverhalten von Kindern
begründet erscheint.

6.2.3.2 Generationale Verhältnisse als moderierender Faktor (Maulwurf, Hase und Fuchs)

Auch in anderen Passagen wird deutlich, dass die Kinder sich als Teil generationaler Ordnungen und Machtverhältnisse erleben. In unterschiedlichen Situationen
zeigt sich, dass Erwachsene als Autorität wahrgenommen werden, die ein
bestimmender Faktor in alltäglichen Situationen sind. Teils biografisch, teils
abstrahierend wird hier hauptsächlich auf pädagogisches Personal in der Schule
Bezug genommen. Ebenfalls in der Gruppe Maulwurf wird innerhalb der Passage
„Andere dumm nennen"[20] über das Wort „Dummheit" gesprochen. Dieses Ober-
thema wird von den Kindern in das Gespräch eingebracht. Es beginnt in einem

---

[19] Das Apfelbeispiel und der Zusammenhang zum Fernsehschauen sowie zur dadurch entstehenden Dummheit bleibt semantisch unbestimmt. Möglicherweise wurde an dieser Stelle
diese Analogie verwendet, da Äpfel im alltäglichen Leben verbreitet sind und beispielsweise auch herangezogen werden, um Kindern einfache mathematische Zusammenhänge zu
veranschaulichen.

[20] Vgl. Abschnitt 6.2.2.2.

Modus gegenseitiger Schuldzuweisungen hinsichtlich der Frage, wer dieses Wort in welchem Kontext gebraucht hat, um andere Kinder zu beleidigen, bevor der Diskussionsleiter die Frage nach den Konsequenzen des Gebrauchs dieses Wortes stellt:

Gruppe Maulwurf; Schule 1. Zweite Diskussionseinheit, Passage „Andere dumm nennen"
I: weil äh was passiert denn wenn man sagt also (2) wie kommt das bei dem der das gesagt bekommt an? #00:09:17-2#
Am: wenn man das sagt dann gibt es ärger von der lehrerin #00:09:19-6#
Pw: naa #00:09:20-8#
Am: ((zu Pw und Jam)): stimmt doch #00:09:22-0#

In der Frage des Diskussionsleiters dokumentiert sich die Suche nach einem empathischen Zugang. Die Kinder sollen nun die Gefühle einer als dumm adressierten Person antizipieren. Auch wenn somit gewissermaßen Folgen für die adressierte Person angesprochen werden, so sind aus Ams Perspektive die Folgen für die Person, die dieses Wort gebraucht, zentraler, denn beim Gebrauch dieses Wortes gebe es „ärger von der lehrerin" (#00:09:19–6#). Damit werden keine moralischen oder ethischen Folgen diskutiert, sondern drohende schulische Sanktionen. Es wird nicht ersichtlich, ob diese als angemessen bewertet werden oder nicht. Ferner ist nicht ganz klar, ob Am von einer bereits erlebten Situation spricht oder ein hypothetisches Szenario entwirft. Es bleibt festzuhalten, dass auch hier generationale Machtverhältnisse als besonders wirkmächtig erlebt werden.

In der Gruppe Hase und Fuchs wird im Zuge der Aushandlung peerbezogener Gruppendynamiken auch der Einfluss von pädagogischem Personal der Schule thematisiert. Es geht um wahrgenommene Verhaltensweisen von Aw[21], einer Mitschülerin:

Gruppe Hase und Fuchs; Schule 2. Zweite Diskussionseinheit, Passage „Aw nervt"
I: warum nervt sie? #00:13:40-6#
Mm: sie nervt einfach ohne grund #00:13:42-6#
Ym: └sie petzt und ((name eines erziehers)) sagt immer ni:cht petzen #00:13:45-2#
Mm: und sie nervt ohne grund (unv) #00:13:48-3#

---

[21] Vgl. auch Abschnitt 6.2.2.2.

Der kurze Transkript-Ausschnitt beginnt mit einer Nachfrage des Diskussionsleiters, der offenbar herausfinden will, aus welchen Gründen Aw im Klassenverband
eine eher randständige Position einnimmt. Dazu fragt er, warum die Kinder Aws
Verhalten als nervig empfinden. Mm sagt, sie nerve „ohne grund" (#00:13:42–
6#). Dies ist als Divergenz zu werten, da Mm nicht direkt auf die Frage antwortet,
sondern vielmehr Vermutungen über die Ursachen von Aws störendem Verhalten
äußert. In den Augen der Kinder seien aber schlichtweg keine Ursachen für das
störende Verhalten zu finden. Sie sind sich einig, dass Aw nervt, jedoch kann
Yms Antwort teils als Differenzierung zu Mms Aussage interpretiert werden, der
keine Ursachen für Aws störendes Verhalten zu identifizieren vermag. Er sagt,
Aw petze immer, sie scheint also die Hilfe von Erzieher*innen in Situationen,
in denen sie sich selbst helfen könnte, über Gebühr in Anspruch zu nehmen.
Er legt damit eventuell auch Verhaltensweisen und Aktionen der anderen Kinder offen, die im schulischen Kontext als unerwünscht gelten. In Yms Erzählung
bleibt dies durch die Erwachsenen jedoch nicht unbemerkt, sodass Aw ihrerseits
wiederum durch einen Erzieher der Schule verbal sanktioniert und ermahnt wird,
den Erwachsenen weniger zu berichten.

6.2.3.3 Zusammenfassende Bemerkungen und theoretische Einordnung

In dieser Passage wird imaginatives, konjunktives Wissen über generationale
Machtverhältnisse auf eine kommunikative Dimension im Sinne proponierter Performanz gehoben. Innerhalb dieses gemeinsam geteilten Orientierungsrahmens
begreifen sich die Teilnehmer*innen der Gruppe als Kinder, die einen anderen Status als erwachsene Personen aufweisen. Sie leben mit dem Bewusstsein,
bei Fragen betreffend ihrer Lernorganisation sowie ihrer Alltags- und Freizeitgestaltung vielerlei Beschränkungen von Erwachsenen unterworfen zu sein. Die
Darstellung dieser Situationen kann anhand von biografischen Schilderungen
rekonstruiert werden, meist eingebettet in inkludierende Diskursmodi. Es wird
deutlich, dass hier Beschränkungen insbesondere in institutionellen Settings vorzufinden sind. Das bedeutet, Kinder erfahren diese Beschränkungen nicht auf
der Straße (zumindest erzählen sie nicht davon) oder in einem anderen informellen alltäglichen Kontext ohne Anbindung an eine Institution, sondern in ihrer
Rolle als Schüler*innen oder Mitglieder einer Familie. Damit lässt sich empirisch
die kindliche Wahrnehmung des sozial konstruierten Charakters generationaler Machtverhältnisse als „institutionalisierte Zuschreibungen von Eigenschaften,
Fähigkeiten und Bedürfnissen" (Bühler-Niederberger 2020, S. 201) nachweisen.
Die Kinder beschreiben die Abhängigkeiten zu Erwachsenen, die für die Lebens-
sphase Kindheit spezifisch sind (vgl. Beltz 2010). Anhand der Ergebnisse lässt

sich das Erleben von Ungleichheit prägnant herausarbeiten, ebenso die Infrage-stellung erwachsenzentrierter Vorstellungen von Erziehung und Bildung durch Kinder (vgl. auch die Studien zu generationalen Machtverhältnissen von Ridge 2010 und Zeiher 2005).[22]

Besonders deutlich wird dies in elaborierter Form in der Gruppe Maul-wurf, die sich insbesondere in der Passage „Elterliche Verbote" ausführlich zu ihrer Wahrnehmung generationaler Verhältnisse äußert. Der Beitrag Tws lässt sich als Erzähltheorie identifizieren, die eine Verinnerlichung pädagogisch-anthropologischer Bilder von Erwachsenen auf Kindheit erkennen lässt. Gene-rationenverhältnisse werden so zu pädagogischen Verhältnissen umgedeutet (vgl. Blaschke-Nacak et al. 2018, S. 21). Möglich wird dies durch soziale Positio-nen, beispielsweise innerhalb von Familien als Elternteil, Kind oder große und kleine Geschwister. Teil des elterlichen Handelns – mit Anschluss an Alanen „Parenting" genannt (vgl. 2005, S. 76) – ist eine Expert*innenrolle für Fragen der kindlichen Entwicklung. Damit verbunden sind im Sinne modernisierungs-theoretischer Zugänge[23] zu Kindheit „erwachsenen-chauvinistische" Perspektiven (ebd.), die ein Mehr an Wissen und Erfahrung qua Lebensalter definieren. In kindheitswissenschaftlichen Studien zu Partizipationsmöglichkeiten von Kindern fällt immer wieder auf, wie eng sich der Korridor der Handlungsalternativen für viele Kinder darstellt. Klocker (zit. n. Bühler-Niederberger 2020, S. 198) spricht im Rahmen einer Studie zu Handlungsmöglichkeiten von minderjährigen Hausmädchen in Tansania von einer „thin agency". Damit ist ein Lebensumfeld umrissen, in welchem Kinder nur an dessen Rändern in der Lage sind, über ihre Belange selbst zu entscheiden. Dies wird in ähnlicher Art und Weise auch in den biografischen Schilderungen der Kinder sichtbar.

Bezüge zu institutionalisierten Normen bzw. Rollen, also zu imaginativem, kommunikativem Wissen, lassen sich im Material rekonstruieren – auch wenn sie durch die Wahrnehmung der Kinder gebrochen werden. Denn unhinter-fragt bleibt das generationale Gefälle bei den Kindern nicht. Insbesondere der Expert*innenstatus von Erwachsenen wird von manchen Kindern in Frage gestellt und bei einigen Erwachsenen als ungerechtfertigt zurückgewiesen. Die Kinder können diesbezüglich einen Mitarbeiter der Schule benennen und bringen somit einen negativen Gegenhorizont ein. Orientierungsdilemmata zeigen sich, wenn die Kinder beklagen, wie Beschränkungen und Handlungsanweisungen Erwachsener

---

[22] Vgl. Abschnitt 3.2 für weitere Ausführungen.

[23] Für forschungsmethodische Konsequenzen unterschiedlicher Blickwinkel auf Kindheit vgl. Abschnitte 5.1 und 5.2 dieser Arbeit.

mit eigenen, kindlichen Bedürfnissen kollidieren. Dies geht einher mit einer kritischen Betrachtung der Legitimation bestimmter Regeln und Gebote. Die Kinder erleben sich also als kompetent genug für eine Gestaltung des eigenen Alltags, die nicht lediglich spontanen Bedürfnissen Rechnung trägt, sondern durchaus auch der geistigen Entwicklung zuträglich sein kann. In der Passage „Elterliche Verbote" werden Lernfilme angesprochen. Dabei handelt es sich um Medien, auf die die Kinder in vielen Fällen autonom zugreifen könnten und die das Monopol der Erwachsenen als alleinige Vermittlungsinstanz zunehmend in Frage stellen. Sie ermöglichen es den Kindern, eigenverantwortlich Lernprozesse zu initiieren, die sich den moderierenden Einflüssen Erwachsener entziehen (vgl. Fuhs 2014; Hengst 2014). Für die Kinder scheint von diesen Medien eine Art Empowerment-Effekt auszugehen, sie inszenieren sich nun selbst als Expert*innen für die eigene Entwicklung. Dies impliziert zwar noch nicht so weitreichende Handlungsspielräume (i. S. eigener Lebensentwürfe), wie dies eine „thick agency" (vgl. Bühler-Niederberger 2020, S. 201) für Kinder bedeuten würde, da soziale Rollen nicht grundlegend in Frage gestellt werden. Dennoch verweisen sie auf den Wunsch nach mehr Mitbestimmung in den sie betreffenden Fragen des Alltags.

Die Möglichkeit eines symmetrischen, ergebnisoffenen Dialogs mit den Erwachsenen über Regeln des Zusammenlebens wird von den Kindern nicht gesehen bzw. nicht thematisiert. Damit ergibt sich eine Sphärendifferenz zwischen dem Erleben von Kindern als kompetente Akteur*innen und Erwachsenen, die ihnen diese Kompetenz nicht zugestehen wollen. Generationale Machtverhältnisse erscheinen also hier zu dominierend, als dass sich in diesem grundlegenden gesellschaftlichen Ordnungsgefüge etwas ändern ließe. Das Enaktierungspotenzial alternativer Lebensentwürfe im Zusammenleben von Kindern und Erwachsenen wird somit als denkbar gering eingestuft. Die Aushandlung dieser Themen erfolgt mitunter antithetisch, das heißt, nicht alle Kinder sehen eine Bevormundung durch Erwachsene gleichermaßen kritisch. Die Aushandlung der Standpunkte dazu erfolgt im Vergleich zu den Gesprächsanteilen mit inkludierenden Gesprächsmodi stärker in Form von abstrahierendem Sprechen.

6.2.4 Schlussfolgerungen zur Basistypik

Die vorangegangenen Abschnitte haben gezeigt, dass für Kinder relevante Differenzkategorien in einem Zusammenspiel abstrahierenden und biografischen Sprechens diskursiv bearbeitet werden. Im Wechsel dieser beiden Arten des Sprechens dokumentieren sich jeweils unterschiedliche Abstufungen der Handlungsrelevanz von Differenzkategorien.

In den vorangegangenen Abschnitt zur Basistypik wurde gezeigt, dass ...

1) ... im Gespräch über gesellschaftliche Differenzkategorien (Abschnitt 6.2.1)
in der Gruppe Hase und Fuchs abstrahierende und biografische Beiträge insbesondere die Funktion einer kommunikativen Selbst- und Fremddarstellung von
Milieus aufweisen. In den biografischen Erzählungen über die Situation der
Araber in der Welt rekonstruiert sich kommunikatives Wissen über die soziale
Identität der Araber, welches vordergründig keinen Bezug zu einer habituellen Praxis erkennen lässt. Andererseits ist es dennoch diffus eingelassen in
eine habituelle Praxis, welche sich aus Reimen mit Bezügen zum Rap sowie
sprachlichen Codes zusammensetzt. Hinzu kommen abstrahierende Schilderungen religiöser Geschichten, in welchen das Erzählen selbst der Mittelpunkt
einer habituellen Praxis ist. Der Schwerpunkt der Rekonstruktion dieser Passagen lag auf der Rekonstruktion proponierter Performanz. Wo das Sprechen
der Kinder um performative Elemente erweitert wurde, konnten jedoch auch
Bezüge zur performativen Performanz hergestellt werden.

2) ... für die Bearbeitung peerspezifischer Dynamiken bzw. Konfliktlagen
(Abschnitt 6.2.2) soziale Identitäten weniger relevant sind und in abstra-
hierenden und biografischen Schilderungen eine Entdramatisierung erfahren.
Abstrahierenden Beiträgen, die stereotypisierende Orientierungstheorien über
soziale Gruppen entwerfen, wird in der Gruppe Zirkus mittels biografischer
Gesprächsbeiträge ihre Gültigkeit abgesprochen. Vielmehr sind es in den
Gruppen Zwei Hälften sowie Hase und Fuchs nun situative Differenzkategorien, die als Etikettierung insbesondere auf negativ wahrgenommenen
Verhaltensweisen anderer Kinder beruhen. Sie konstituieren damit eindeu-
tiger einen Orientierungsrahmen, der habitualisiertes Wissen bereithält, um
zwischen In- und Outgroup in der Klasse zu unterscheiden. Durch den
gemeinsamen Gossip-Talk in der Gruppe Zwei Hälften lässt sich ein struk-
turidentisches Erleben rekonstruieren, in dem vor allem mittels biografischer
Äußerungen gemeinsam Erlebtes wiederauflebt und in den Gruppen große
Erheiterung auslöst. Durch das Nachspielen bestimmter Verhaltensweisen von
Aw lässt sich neben der proponierten auch die performative Performanz der
Gruppe aspekthaft rekonstruieren.

3) ... Abhängigkeiten in Folge generationaler Machtverhältnisse insbesondere
(Abschnitt 6.2.3) durch biografische Äußerungen aufgearbeitet werden. Dieses
Eingewobensein in generationale Zusammenhänge wird als Erfahrungsraum
von allen Kindern gleichermaßen geteilt. Der an diesen Stellen parallele
Diskursmodus mündet jedoch in einem antithetischen Diskursmodus, in wel-
chem von einigen Kindern durch abstrahierende Äußerungen die Legitimation

der Grenze zwischen Jung und Alt und der damit verbundenen Handlungsbeschränkungen bzw. -möglichkeiten kritisch hinterfragt wird. Hier werden
Erzählungen und Standpunkte hauptsächlich proponiert.

Damit lassen sich die verschiedenen Lebensbereiche, auf denen Differenz ihre
Wirkung entfaltet, nach Bohnsack als unterschiedliche Ebenen sozialer Wirklichkeit identifizieren. Die Kinder der Gruppe Hase und Fuchs zeichnen sich
durch „Strukturidentitäten im Bereich der Sozialisationsgeschichte" aus (Bohnsack 2017, S. 123). Die kulturelle Repräsentation der ‚Araber' mit Bezügen zu
vorgestellten Gemeinschaften (vgl. Nohl 2014) hält zwar nur wenig Wissen für
die soziale Praxis bereit, dennoch unterscheidet sich die Gruppe an dieser Stelle
beispielsweise von der Gruppe Zwei Hälften, deren habitualisiertes und imaginatives konjunktives Wissen sich eher auf „Grundlage der Bedingungen der
Anwesenheit der Beteiligten" (Bohnsack 2017, S. 123) herausbildet[24]. Das heißt,
Beziehungs- und Freundschaftspflege orientieren sich eher an situativen Logiken
gemeinsamer Interessen (vgl. Reinders 2015).

Ein Vergleich dieser recht unterschiedlichen Themen, die in den Gruppendiskussionen zur Sprache kommen, offenbart ein gemeinsames Drittes aller im
Feld erhobenen Daten. Die Differenzkategorien, die auf der Ebene des Common Sense rekonstruiert werden können, sind nur dann bedeutsam für die eigene
Handlungspraxis und werden nur dann als prägend für die eigene Biografie
und das soziale Miteinander im Feld wahrgenommen, wenn biografische und
abstrahierende Gesprächsbeiträge (vgl. Schütze 1984, 2005) gleichermaßen zur
Ausarbeitung eines Orientierungsgehaltes beitragen. Allein das ‚Wissen' über
bestimmte Differenzkategorien reicht hierzu nicht aus. Dazu können beispielsweise auf abstrahierende Äußerungen biografische Erzählungen folgen, in denen
Berührungspunkte auf konjunktiver Ebene sichtbar werden: etwa als Teil einer
(vorgestellten) Gemeinschaft oder der eigenen Biografie, durch das Eingewobensein in generationale Machtverhältnisse oder informelle Kindergruppen. Damit
erfahren Differenzkategorien häufig eine Festigung und Reifizierung. Aber auch
biografische Äußerungen und damit imaginatives konjunktives Wissen werden
durch abstrahierende Äußerungen theoretisch-reflexiv häufig noch einmal differenzierter betrachtet – und damit Differenzkategorien in Frage gestellt oder
zumindest durchlässig für Alternativen.

---

[24] Dies bedeutet jedoch nicht, dass in der Gruppe Zwei Hälften und anderen diese Bezugspunkte zu sozialen Kategorien nicht auch vorhanden sind. Sie werden in den Gruppendiskussionen jedoch nicht geäußert.

Auch in den folgenden Kapiteln findet sich der Dualismus zwischen abstrahierendem und biografischem Sprechen in unterschiedlichen Spielarten wieder. An
diesen Spielarten lassen sich jedoch einige besondere Aspekte hinsichtlich der
Differenzreproduktion vor dem Hintergrund der Narrative zum Sozialen Lernen
analysieren. Sie sind daher Teil der nun folgenden Darstellung der Besonderheiten
der Fälle.

6.3   Sinngenetische Typenbildung Teil 1: Die Hinterbühne(-n) der Gruppendiskussionen

Passagen, in denen die Kinder mit Differenzkategorien arbeiten, um andere in
der Gruppe anwesende Kinder zu adressieren, lassen sich auch mit Blick auf das
Gruppendiskussionsverfahren als soziales Feld analysieren, in dem diese Aussagen getätigt werden. Denn mit dem Diskussionsleiter ist eine Person anwesend,
die durch Nachfragen oder mit Bitten um Einhaltung einer nachvollziehbaren
Gesprächskultur bestimmte Handlungen zulässt und andere unterbindet bzw. ausblendet. Dies ist eine Grenze, die von den Kindern der Gruppe in manchen
Passagen jedoch überschritten wird. Eine Verständigung über Themen der Gruppendiskussion ist immer dann zu rekonstruieren, wenn im bereits dargestellten
Modus mittels abstrahierender und biografischer Schilderungen eine Rekonstruktion der Wahrnehmung von Differenz ermöglicht wird. Dabei wird der durch den
Diskussionsleiter abgesteckte Themenraum durch die Gruppe entweder inhaltlich nicht verlassen oder genutzt, um soziale Beziehungen zu thematisieren. Es
findet also eine Aushandlung von Differenz auf der Hinterbühne ersten Grades
statt. Sie erfährt in Abschnitt 6.3.1 eine Rekonstruktion und ist analytisch zu
trennen von solchen Situationen, in denen die Aushandlung peerbezogener Konflikte zwar in Dynamik und Argumentationsmustern des Gesprächs wurzelt, auf
kommunikativer Ebene aber in keinem direkten Zusammenhang zu dem steht,
was der Diskussionsleiter möglicherweise proponiert. Es handelt sich damit um
eine Ausklammerung thematischer Fremddrahmungen. Diese in Abschnitt 6.3.2
dargestellten Sequenzen bilden den ersten Typ der sinngenetischen Typenbildung. Im Anschluss erfolgt eine theoretische Aufarbeitung der in diesem Kapitel
genutzten Begriffe der Hinterbühne ersten wie zweiten Grades und eine kurze
Zusammenfassung.

6.3.1 Differenzverhandlungen auf der Hinterbühne ersten Grades (Affe)

In der Gruppe Affe wird sich in der zweiten Diskussionseinheit planungsgemäß der Geschichte des Buches gewidmet. Die folgende Sequenz der Passage „Pm ist irgendwie anders" setzt kurz nach dem Vorlesen des Buches ein. Dm nutzt in der zweiten Diskussionseinheit die Geschichte des Buches, um Pm als weiteres anwesendes Kind in der Gruppe in die Nähe der Hauptfigur zu rücken:

Gruppe Affe; Schule 2. Zweite Diskussionseinheit, Passage „Pm ist irgendwie anders"

I: ähm was ist denn in der geschichte passiert? #00:06:57-1#
Dm: Pm ist traurig nach hause gegangen. #00:07:01-9#
((Pm führt in einer ruckartigen bewegung seine faust an die schulter von Dm)) #00:07:00-8#
Dm: er war traurig weil er irgendwie anders war #00:07:07-5#
Am: dass sie nicht mit dem gespielt haben. (I: mhm) ((zu Dm)): (unv.) #00:07:17-3#
I: wer hat nicht mit denen gespielt? #00:07:18-2#
Am: ((meldet sich)) die (unv.) menschen tier #00:07:24-8#
I: ja ja ähm #00:07:25-8#
Dm: die wollten nicht mit Pm spielen ((blickt lächelnd zu Pm)) #00:07:29-0#
((Pm führt nun beide hände zu Dm und drückt diese an ihn)) #00:07:31-8#
I: ⌐ warum wollten die nicht mit dem spielen? #00:07:31-8#
Am: weil er irgendwie anders ist #00:07:37-1#
I: weil er irgendwie anders ist. wie anders ist er denn? #00:07:40-4#
Dm: er ist hässlicher als die anderen er ist (2) (unv.) er sieht hässlich aus er ist wie zwerg, er ist wie affe (I: hm) Pm ist wie affe #00:07:58-8#
((Pm drückt linke hand gegen gesicht von Dm)) #00:07:59-8#
I: ich glaub, das stört den Pm, wenn (unv.) #00:08:03-0#
Dm: ⌐ ist mir doch egal (2) er ist ja irgendwie anders #00:08:05-8#
Am: weil er (1) alleine ist #00:08:11-8#
⌐((Dm und Pm begegnen sich gegenseitig mit den händen)) #00:08:11-8#
I: ((zu Dm und Pm)) könnt ihr euch mal bitte/ähm (5) ja hm weil er irgendwie-irgendwie anders ist und er heißt ja auch irgendwie komisch oder? #00:08:19-1#
Dm: ja #00:08:19-7#

Die Frage des Diskussionsleiters am Anfang proponiert ein Gespräch, welches die Kinder dazu bewegen soll, die Inhalte des Buches deskriptiv wiederzugeben. Dazu äußert sich vor allem Dm. Er nutzt jedoch nicht den scheinbaren Namen der Hauptfigur, sondern jenen von Pm, womit er ihn ins Zentrum einer Handlung rückt, in welcher sich die Hauptfigur in einer misslichen Lage befindet. Warum er dies tut, bleibt zu diesem Zeitpunkt unklar. Auch in weiteren Elaborationen dokumentiert sich eine Synthese der Handlung des Buches mit Adressierungen, welche an Pm gerichtet sind. Hier nutzt er insbesondere das grafische Stilmittel des Buches, der Hauptfigur ein Aussehen zu verleihen, welches sich deutlich von den Figuren der Mehrheitsgruppe unterscheidet. Dieses beschreibt er als eher negativ: Er sei hässlich und das Äußere falle demnach negativ auf. Er zieht Vergleiche zu Zwergen und Affen und beschreibt damit insbesondere solche Figuren bzw. Tiere, die durch ein eher markantes, in weiten Teilen als negativ oder unvorteilhaft beschriebenes Aussehen auffallen, etwa der Zwerg durch seine kleine Statur. Ein Affe ist dem Menschen ähnlich, unterscheidet sich jedoch durch seine verminderte Intelligenz. Dm schlussfolgert darauf aufbauend, dass auch Pm „wie" (#00:07:58–8#) ein Affe sei. Pm scheint jedoch mit dem Versuch einer Nacherzählung mit seinem Namen nicht einverstanden zu sein. Immer wieder blickt Dm anschließend lächelnd zu Pm, in dieser Gestik dokumentiert sich eine abwartende Haltung. Pm reagiert nonverbal, indem er in einer ruckartigen Bewegung seine Faust an die Schulter von Dm führt. Er drückt ihn körperlich weg. Diese Szene wirkt abweisend gegenüber Dm bzw. seinen Worten und so, als wolle er räumliche Distanz zwischen ihm und Dm schaffen. Eine verbale Reaktion bleibt aus. Zwischenzeitlich versucht der Diskussionsleiter mit dem Hinweis auf ein eventuelles Unbehagen seitens Pm, diese Synthese einer rituellen Konklusion zuzuführen. Er verlässt dazu das eigentlich auszuarbeitende Thema und begibt sich in einen metakommunikativen Modus des Sprechens, in welchem er auf die wiederholten Gesprächsbeiträge von Dm, welche an Pm gerichtet sind, eingeht. Er verweist darauf, dass diese Pm stören könnten, denn Pm könne sie eventuell als Angriff auf seine Persönlichkeit betrachten, mit negativen Auswirkungen auf seinen Gemütszustand. Damit ist die implizite Aufforderung verbunden, mehr Rücksicht auf seine Gefühlslage zu nehmen. Es dokumentiert sich eine Meinungsverschiedenheit zwischen Dm und dem Diskussionsleiter, welche jedoch in einem kurzen oppositionellen Diskursmodus nicht aufgelöst werden kann, da Dm wiederum dafür keine Notwendigkeit zu sehen scheint. Er nutzt erneut die Sprache des Buches, um seinen Behauptungen und der Legitimität seiner Äußerungen Nachdruck zu verleihen. Er sei „irgendwie anders" (#00:08:05–8#) und dies so zu benennen sei legitim, auch ohne Rücksicht auf Pms Empfinden.

Es zeigt sich, dass in solchen Szenen ähnliche Argumentationsmuster rekonstruiert werden können wie beispielsweise in Abschnitt 6.2.2. Daher soll diese Darstellung ausreichen, um sich nun den Praktiken auf der Hinterbühne zweiten Grades zuzuwenden.

6.3.2   Differenzverhandlungen auf der Hinterbühne zweiten Grades (Maulwurf, Giraffen)

In der Gruppe Maulwurf finden sich in der ersten Diskussionseinheit insbesondere solche Sequenzen, in denen die Interaktionen der Kinder auf einer Hinterbühne zweiten Grades stattfinden:

Gruppe Maulwurf; Schule 1. Erste Diskussionseinheit, Passage „Angst"
I: Sm fällt dir eine situation ein wo es dir vielleicht schon mal so ging #00:14:11-5#
Am: Lhm   ne: ° (unv)°
#00:14:15-9#
I: ähh am (2) sag mal jetzt reichts aber das ist nicht- #00:14:21-8#
Jam: @(2)@ #00:14:20-5#
Jm: L@(2)@ #00:14:20-5#
Ew: L@(2)@ ((hält sich flache hand vor den mund dennoch hörbares lachen))
#00:14:20-5#
Pw: was hast du denn gesagt? #00:14:21-8#
I: das ist nicht #00:14:23-1#
Am: (unv) ((linker arm nach links richtung Sm ausgetreckt unterarm angewinkelt wandert während sprechbeitrags nach unten)) #00:14:23-4#
I: will ich nicht-**will ich nicht nochmal** hören #00:14:29-1#
Pw: @(was hast du denn gesagt)@ #00:14:29-3#
I: nichts pw nichts #00:14:31-5#
Pw: ich wills aber wissen #00:14:31-7#
I: Sm ° möchtest du noch von irgendwas berichten° #00:14:36-0#
Sm: ((schüttelt kopf)) #00:14:37-7#
Am: ((zu Sm)) du hast vor mir angst #00:14:39-3#
Jm: ((zu Sm)) du hast vor allen angst #00:14:41-4#

In der Gruppe werden in dieser Passage verschiedene gesellschaftliche Gruppen und ihre Einstellungen in Form von Erzähltheorien über dritte Parteien thematisiert. Ausgangspunkt ist die Frage des Diskussionsleiters, ob Menschen oder Gruppen von Menschen vor anderen manchmal Angst hätten. Sm, der bisher in der Gruppe noch nicht durch Redebeiträge aufgefallen ist, sondern sich in einer passiven Rolle befindet, wird nun vom Diskussionsleiter gefragt, ob ihm denn eine Situation einfalle, in der es ihm schon einmal so ging. Dabei fragt er erst einmal nur nach der Existenz solcher Situationen, seine Frage ist noch nicht mit der ausformulierten Aufforderung verbunden, davon auch zu berichten. In dem Moment, als Sm durch den Diskussionsleiter angesprochen wird, wird es in der Gruppe etwas stiller. Am beendet diese Stille, beantwortet die Frage statt Sm und verneint sie. Es folgen einige leise, unverständliche Ausführungen von

Am, die nur an den Diskussionsleiter gerichtet sind und die die anderen Kinder, mindestens aber Sm, nicht mitbekommen sollen. Auch wenn sich aus den Aufzeichnungen der Inhalt des Gesagten nicht erschließen lässt, muss es sich um etwas gehandelt haben, was dem Diskussionsleiter als moralisch anstößig erscheint und im Rahmen des Gesprächskreises unpassend ist. Zu vermuten sind einige unschickliche Aussagen über Sm. Der Diskussionsleiter benötigt ca. zwei Sekunden, bevor er Am auffordert, dieses Thema nicht weiter auszuführen. Nachdem nun an mehreren Stellen Pws Stellung und Situation innerhalb der Gruppe besprochen wurde, ist es nun Sm, der zum Gegenstand kommunikativer Aushandlung wird. Es dokumentiert sich eine heitere Gesprächsatmosphäre, in welcher Pw sich nach den scheinbar auch für die anderen Kinder nicht verständlichen Gesprächsbeiträgen von Am erkundigt. Der Diskussionsleiter versucht, weitere Aushandlungen durch eine rituelle Konklusion zu verhindern. Der Aufforderung, eben Gesagtes nicht noch einmal zu wiederholen, wird jedoch nicht gefolgt. Der Diskussionsleiter antwortet an Stelle von Am und stellt fest, es sei gar nichts gesagt worden. Diese Aussage ist nicht so zu verstehen, dass tatsächlich nichts gesagt wurde – vielmehr scheint es dem Diskussionsleiter darum zu gehen, dass das Gesagte nicht von Relevanz für diesen Gesprächskreis ist und demzufolge der Neugier, die Pw an den Tag legt, nicht wert ist. Erneut versucht er hiermit durch eine rituelle Konklusion die getätigten Beiträge in den Bereich des Nicht-Sagbaren zu rücken. Das scheint auch Pw bewusst zu sein, denn sie bekräftigt erneut, dass sie wissen wolle, was gesagt wurde. Was hier zu Irritationen und Gesprächsbedarf seitens der Kinder führt, ist bis zu dieser Stelle noch nicht auszumachen. Es wird deutlich, dass über Sm und seine Position und Rolle innerhalb der Gruppe nicht so offen gesprochen werden kann, wie dies beispielsweise in der Passage „Dummheit"[25] zu rekonstruieren ist, in welcher die Thematisierung der Verwendung des Wortes ‚Dummheit' peerspezifische Dynamiken mit offeneren Adressierungen ermöglichte. Der Diskussionsleiter möchte die Rolle von Sm innerhalb dieser Gruppe nicht thematisieren. Er versucht nun in einen gemeinsamen Dialog mit Sm zu kommen und den aufgeworfenen Orientierungsgehalt erneut zu proponieren. Seine Stimme senkt sich und wird ruhiger, als er fragt, ob Sm noch von etwas berichten wolle. Sm verneint mit einer nonverbalen Reaktion (Schütteln des Kopfes). Dennoch wird Sm von den anderen Kindern noch einmal direkt adressiert. Am will seinen Redebeitrag als Antwort auf die Frage des Diskussionsleiters verstanden wissen und sagt, dieser habe vor ihm (Am) Angst. Jm spricht Sm ebenfalls an und steigert Ams Ausführungen noch, indem er behauptet, Sm habe nicht vor einzelnen Menschen Angst, sondern vor „allen"

---

[25] Vgl. dazu Abschnitt 6.2.2.3.

(#00:14:39–3#). Das Thema des Gesprächskreises, nämlich Angst, wird in diesem Kontext genutzt, um auf einen besonderen Status von Sm hinzuweisen – wie dieser aussieht, kann auch bis hierher noch nicht beantwortet werden. Deutlich wird aber, dass Sm die Wahrnehmung der Kinder in besonderer Weise anspricht. Scheinbar geschieht dies nicht unbedingt auf positive Weise. Auf diese Aushandlung geht der Diskussionsleiter nicht weiter ein und lenkt über zum nächsten Thema.

An späterer Stelle dokumentiert sich in einem anderen thematischen Kontext eine ähnliche Situation. In der Passage „Elterliche Verbote", in welcher die Kinder über das Verhältnis zwischen Kindern und Erwachsenen[26] sprechen, wird Sm ebenfalls in direkter Weise durch den Diskussionsleiter angesprochen:

Gruppe Maulwurf; Schule 1. Erste Diskussionseinheit, Passage „Elterliche Verbote"

I: Sm-seid mal bitte kurz leise Sm hast du-würdest du auch gern was machen was du aber nicht so oft darfst? gibt es da ein vielleicht ein hobby? #00:22:31-5#
Jm: ° der macht eh alles was er will° #00:22:34-9#
Am: (unv) (sein spielzimmer #00:22:37-7#
I: └ äh-äh-äh-äh-äh-äh psst sagen dir manchmal deine eltern du darfst das nicht machen? #00:22:47-7#
Sm: ((schüttelt den kopf)) #00:22:47-7#
I: ° okay° #00:22:47-9#
Jam: deswegen is er so verrückt in der schule #00:22:52-6#
I: ähm ich würde euch bit-bitte hört jetzt mal auf über andere schüler zu sprechen #00:22:55-7#
Jm: naja aber wir sollen doch über andere sprechen lernen #00:23:00-8#
((allg unverständliches gemurmel)) #00:23:13-2#
Sm: den ganzen tag hab ich mal gezockt #00:23:13-2#
Jm: ((nickt)) #00:23:12-4#
I: den ganzen tag hast du gezockt? #00:23:14-5#
Jm: (unv) #00:23:16-1#
Am: └ das kannst du doch nicht wissen Jm #00:23:16-1#
I: └wann- wann war das? von welchem tag sprichst du? #00:23:21-4#
Sm: von vorgestern #00:23:22-2#
I: von vorgestern? das war sonntag da hast du zuhause (1) ähm gespielt ganz viel und war das gut? #00:23:31-5#
((Sm nickt)) #00:23:29-7#
Am: mit dem auto brumm brumm #00:23:31-9#
I: ähm darfst du das nur sonntags oder auch an deren tagen? #00:23:37-8#
Sm: den ganzen #00:23:38-3#

---

[26] Vgl. dazu Abschnitt 6.2.3.1.

I: den ganzen tag? und auch montag und dienstag und mittwoch? #00:23:42-3#
Sm: ja #00:23:42-8#
((jm spitzt den mund und nickt)) #00:23:43-1#
Am: und donnerstag und freitag und samstag #00:23:44-9#

Die momentane Gesprächsatmosphäre erscheint dem Diskussionsleiter jedoch
nicht geeignet, um Sm in das Gespräch einzubinden, sodass er die anderen TN
auffordert, „kurz leise" (#00:22:31–5#) zu sein. Damit scheint für ihn insbesondere die momentane Gesprächsdynamik und -lautstärke nicht angemessen, um Sm
zu Wort kommen zu lassen. Das Adverb „kurz" (#00:22:31–5#) impliziert, dass
diese Lautstärkeminderung zumindest für die Zeit der Interaktion mit Sm bestehen sollte, danach könne es in dieser Lesart durchaus wieder lauter werden. Auch
Sm wird durch den Diskussionsleiter ähnlich wie die anderen Kinder gefragt: „...
gerne was machen, was du aber nicht so oft darfst" (#00:22:31–5#). Mit „hobby"
(#00:22:31–5#) nutzt er ein neues Wort für die Art der in diesem thematischen
Rahmen möglichen Tätigkeiten und Situationen. Die anderen Kinder halten sich
jedoch nur bedingt an die metakommunikative Vorgabe. Damit proponieren die
Kinder erneut einen Orientierungsgehalt, mit dem sie das Thema der Gruppe
verlassen und statt dem Erleben von Handlungsbeschränkungen ein weiteres Mal
Sm in den Fokus der Aushandlung rücken. Jm ist es, dessen nächster Redebeitrag
sich im Transkript dokumentiert. Mit seiner Aussage, Sm mache eh was er will,
dokumentieren sich zwei Aspekte. Für Sm gelten bestimmte Regeln und Abhän-
gigkeitsverhältnisse im Rahmen generationaler Ordnungen nicht und damit ist es
eigentlich sinnlos, ihm diese Frage zu stellen. Erneut wird also in der dritten Person über ihn gesprochen, womit sich seine Sonderstellung innerhalb der Gruppe
dokumentiert. Ams Beitrag dazu bezieht sich mit hoher Wahrscheinlichkeit auf
Jms Redebeitrag; lediglich „sein spielzimmer" (#00:22:37–7#) konnte noch hörbar identifiziert werden, was darauf schließen lässt, dass es in Ams Beitrag um
(außergewöhnliche) Freiheiten im häuslichen Umfeld von Sm geht. Diese Äußerung erfolgt für den Diskussionsleiter erneut auf unangemessene Weise, weshalb
sich Versuche einer rituellen Konklusion rekonstruieren lassen. Mit mehreren
„ähs" in schneller Abfolge, gefolgt von einem „psst" (#00:22:47–7#) signalisiert
er, weitere Äußerungen über Sm zu unterlassen. Zu anderen verbalsprachli-
chen Zurechtweisungen kommt es nicht und so erfolgt erneut der Versuch eines
Gesprächsaufbaus mit Sm: Der Diskussionsleiter fragt nun, ob seine Eltern ihm
manchmal sagen würden, er dürfe etwas nicht machen, und bewegt sich damit

semantisch näher am vorangegangenen Frageverhalten. Sm antwortet nicht lautsprachlich, sondern schüttelt den Kopf, was als Verneinung zu interpretieren ist, welche der Diskussionsleiter auf inhaltlicher Ebene kurz und sehr leise mit einem „okay" (#00:22:47–9#) ratifiziert. Jam zieht aus dieser Antwort die Schlussfolgerung, Sm sei deshalb so verrückt in der Schule. Damit spricht er das von ihm und den anderen Kindern in der Gruppe wahrgenommene normabweichende Verhalten innerhalb der Schule an. In diesem Redebeitrag ist auch dokumentiert, dass elterliche Kontrolle bzw. Kontrolle von Erwachsenen allgemein zwar nicht von allen Kindern als angenehm oder immer gerechtfertigt angesehen wird, aber zumindest als notwendig, um schulischen Verhaltenserwartungen zu genügen. Bei Sm ist dies durch eine wahrgenommene fehlende Kontrolle seitens der Erziehungsberechtigten nicht der Fall, wobei es als wahrscheinlich anzusehen ist, dass dieser vermutete Zusammenhang durch die Kinder situativ hergestellt wurde. Im Modus der Metakommunikation versucht der Diskussionsleiter nun erneut an Regeln des gemeinsamen Gesprächs zu erinnern. Sein Redebeitrag ist als Bitte formuliert, ohne dass den TN die Möglichkeit gegeben wird, sich zum ‚Regelverstoß' zu äußern. Er spricht dabei von „schülern" (#00:22:55–7#) und nicht von Kindern, adressiert sie also in ihrer Rolle als Mitglieder der Schule. Dennoch äußert sich Jm, der die vorgegebene Regel des Diskussionsleiters in Frage stellt und sagt, es sei gerade Aufgabe der Kinder, über andere sprechen zu lernen. Regeln des gemeinsamen Gesprächs werden in dieser Sequenz kommunikativ zur Sprache gebracht. Dabei wird durch Jm ein negativer Gegenhorizont dokumentiert, wobei dieser eventuell durch die Möglichkeit zur Aushandlung hätte aufgelöst werden können. Der Diskussionsleiter meint wahrscheinlich insbesondere das negative Sprechen über andere Personen (da Kinder in der Gruppe bereits über andere Kinder gesprochen haben und dies nicht geahndet wurde, beispielsweise in der Passage „Angst"). Jm möchte die Möglichkeit des Sprechens über Andere zumindest nicht verallgemeinernd als etwas Verbotenes etikettieren. Damit dokumentiert sich hinsichtlich der Gültigkeit bestimmter Gesprächsregeln ein antithetischer, bisweilen auch divergenter Diskursverlauf, da von den Kindern die Bitten des Diskussionsleiters, das Sprechen über Sm einzustellen, ignoriert werden.

Sm antwortet nun auch lautsprachlich auf die eingangs gestellte Frage des Diskussionsleiters und elaboriert sie damit. Er sagt, er habe mal den ganzen Tag „gezockt" (#00:23:13–2#) und bezieht sich ebenso wie andere Kinder in der Gruppe auf den Umgang mit Unterhaltungselektronik. Jm nickt bei dieser Antwort. In der Folge dokumentiert sich erneut ein antithetischer Diskursverlauf, diesmal jedoch unter den Kindern selbst ohne Einbezug des Diskussionsleiters: Am unterstellt Jm, er könne dies doch gar nicht wissen. Jms Beitrag kann sich auf zweierlei beziehen: Entweder geht es um die Frage der Möglichkeit, über andere Kinder sprechen zu können, oder es geht um Sm und seine Situation in der Schule bzw. im häuslichen Umfeld. Dies lässt sich aus dem Datenmaterial leider nicht mehr rekonstruieren. Der Diskussionsleiter fragt nun nach und möchte wissen, wann sich dies zugetragen habe und von welchem Tag Sm spreche. Sms zeitliche Verortung „vorgestern" (#00:23:22–2#) konkretisiert der Diskussionsleiter mit der Nennung des konkreten Wochentages Sonntag. Das Wort ‚zocken', welches in der Gruppe schon häufiger aufgetreten ist, nutzt er nicht. Es schließt sich eine Frage an: Der Diskussionsleiter möchte wissen, ob dies „gut" (#00:23:31–5#) gewesen sei, womit er wissen möchte, ob sich Sm gut dabei gefühlt habe bzw. ob er es genossen habe. Sm nickt als Zeichen der Bestätigung. Am wirft ein, dass Sm vielleicht mit Autos gespielt haben könnte – ob mit materiellen Gegenständen oder aber elektronisch durch ein Rennspiel (was das Wort ‚zocken' nahelegt), wird nicht ersichtlich. Ein lautmalerisches „brumm brumm" (#00:23:31–9#) symbolisiert in seinem Redebeitrag die Geräusche eines fahrenden Autos. Es folgt nun ein Gespräch, in dem auf Erzählaufforderungen des Diskussionsleiters kurze verbale und nonverbale Elaborationen Sms erfolgen. Nachdem Sm die Frage des Diskussionsleiters, ob er auch an anderen Tagen seinen Hobbys nachgehen könne, validiert, spitzt Jm den Mund und nickt. Dieses mimische Verhalten lässt sich so deuten, dass er diese Antwort schon erwartet hätte. Am greift die Frage des Diskussionsleiters auf und nutzt sie für einen ironischen Redebeitrag, indem er die Tage-Auflistung des Diskussionsleiters fortsetzt: „und donnerstag und freitag und samstag" (#00:23:44–9#). Sms Situation ist in diesem Unterthema erneut mehr als bei anderen Kindern ein relevantes Gesprächsthema. Auslöser scheint hier sein wahrgenommenes Verhalten innerhalb der Schule zu sein, das jedoch auch Anlass zur Spekulation über die Situation bei ihm zu Hause gibt.

Eine ähnliche Diskursverschiebung dokumentiert sich in der Gruppe Giraffen. Ausgangspunkt ist ebenfalls, dass Sw durch den Diskussionsleiter in eine exponierte Stellung gehoben wird. Dies bleibt durch die anderen Kinder nicht unkommentiert:

Gruppe Giraffen; Schule 2. Zweite Diskussionseinheit, Passage „Jm und Fm"
I: lass erstmal Sw die hat sich schon ganz lange gemeldet #00:10:08-3#
Jm: hä? #00:10:08-6#
Fm: └hat sie nicht #00:10:08-6#
Sw: doch ich hab ° ganze zeit° #00:10:11-8#
Fm: @((unv))@ #00:10:14-5#
Jm: └(unv) zwel:::: #00:10:14-2#
Ew: hallo leute #00:10:16-0#
Fm: @(zwei jahren)@ #00:10:16-5#
Jm: zwei opis gelebt #00:10:17-7#
Fm: @(2)@ #00:10:18-2#
Jm: (die haben sich alleine gemeldet) #00:10:20-5#
I: lass mal die Sw ähm (1) kurz sprechen #00:10:22-6#
Sw: äh #00:10:24-8#
Jm: @(wooaah)@ #00:10:26-7#
Fm: @(1)@ #00:10:27-1#
Sw: └man #00:10:27-1#
I: ° lass mal (unv) ° #00:10:27-7#
Fm: @(2)@ #00:10:28-7#
Sw: **Fm** #00:10:30-2#
Fm: └was mach ich denn (wallah)? #00:10:33-0#
Jm: @(wooaah)@ #00:10:33-0#
Fm: @(3)@ #00:10:36-5#
Sw: äh also äh #00:10:38-8#
Jm: └wooaaah #00:10:38-8#
Fm: └@(2)@ #00:10:38-8#
Fw: wenn du das noch einmal machst ich schlag dich ° zu tode° #00:10:42-0#
I: Jm lass-wir haben dich doch vorhin auch kurz ausreden lassen dann lass doch jetzt auch mal die Sw ausreden #00:10:47-1#
Fm: ich lass sie nie ausreden #00:10:48-5#
Sw: äh also de::::r #00:10:53-3#
Jm: └wooaahh #00:10:53-3#
Fm: @(2)@ #00:10:53-2#
I: └Jm #00:10:53-2#
Sw: der kleine tier ähm lebt in hö-hö::hlen und im be::rg #00:11:00-2#
Jm: └°ha::::::::::: ° #00:11:00-2#
Ew: **man** #00:11:00-3#
I: Jm #00:11:01-1#
Fm: (unv) #00:11:06-7#
Jm: └(unv) #00:11:06-7#
Sw: und danach (1) wollen (sie mit dem anderen spielen) und die anderen sagen und die alle sagen du bist nicht wie uns #00:11:11-0#

Diese Sequenz ist eingebettet in einen Abschnitt des Gesprächs, in dem sich hauptsächlich deskriptiv über die Inhalte des Buches ausgetauscht werden soll.

Der Diskussionsleiter weist zu Beginn dieser Sequenz erneut daraufhin, dass Sw sprechen wolle und dass sie sich schon sehr lange gemeldet habe. Er formuliert die Aufforderung zum Schweigen explizit. Es dokumentiert sich nun aber ein antithetischer Gesprächsverlauf, denn Jm und Fm scheinen mit dieser Feststellung nicht einverstanden zu sein. Es schließt sich ein fragendes „hä" (#00:10:08–6#) seitens Jm an, gleichzeitig stellt Fm fest, ein Melden habe nicht stattgefunden. Sw insistiert jedoch, sie habe sich die „ganze zeit" (#00:10:11–8#) gemeldet, wobei die letzten beiden Worte in ihrer Aussage recht leise gesprochen werden. Damit elaboriert sie gleichzeitig auch den metakommunikativen Kommentar des Diskussionsleiters am Anfang dieses Unterthemas. Es folgen zwei zeitgleiche Gesprächsbeiträge von Jm und Fm, die aufgrund ihrer Gleichzeitigkeit sowie des sie überlagernden Lachens kaum noch verständlich sind. Jedoch scheint nun Ew gewissermaßen daran gelegen zu sein, ebenfalls eine kommunikative Ordnung herzustellen. In ihrem „hallo leute" #00:10:16–0# lässt sich der Versuch rekonstruieren, die Kinder Fm und Jm dazu zu bringen, dass sie gleichsam die Aufmerksamkeit Sw widmen und den Handlungsanweisungen des Diskussionsleiters Folge leisten. Damit dokumentieren sich in diesem Gespräch zwei Punkte, die antithetisch verhandelt werden. Das Verhalten von Jm und Fm wird nun nicht nur vom Diskussionsleiter, sondern auch von Ew zur Disposition gestellt. Weiterhin geht es um die Frage, ob sich Sw schon die ganze Zeit gemeldet habe, und weniger um die Inhalte des Buches. Die nachfolgenden Gesprächsbeiträge von Jm und Fm lassen sich schwer kontextualisieren. Nach der erneuten Aufforderung des Diskussionsleiters, Sws Versuch eines Gesprächsbeitrags gewähren zu lassen, beginnt diese, zögerlich zu sprechen. Im Vergleich zur Dynamik des Gesprächs mit vielen aufeinanderfolgenden, teilweise zeitgleich gesprochenen Beiträgen, fällt Sw durch eine langsamere, ruhigere, bisweilen introvertiertere Art zu sprechen auf. Auf einer Hinterbühne wird ihrer Art zu sprechen habituell durch die Kinder begegnet. Denn Jm nutzt die Zeit, in der Sw ihre Beiträge entwickelt, um seinerseits durch sprachliche Beiträge aufzufallen. An mehreren Stellen in diesem Unterthema dokumentiert sich ein teilweise lachend gesprochenen „wooaah" seitens Jm. Dies ist als Metakommentar zu Sws sprachlichen Äußerungen zu interpretieren. Der Ausspruch „wooaah" (#00:10:33–0#; #00:10:38–8# und #00:10:53–3#), der hier verwendet wird, drückt zwar im engeren Sinne Überraschung hinsichtlich einer Aussage oder eines Ereignisses aus, die bzw. das so nicht erwartet wurde. In seiner ironischen Verwendung scheint jedoch genau das Gegenteil gemeint zu sein, Sws Beiträge werden durch diese Unterbrechung gewissermaßen als ‚überflüssig' markiert, ihr Erkenntniswert durch Jm als denkbar gering eingeschätzt. Zu jenen Interaktionen, in denen sich die Kinder spielerisch betätigen, sich untereinander ärgern (und die vor allem durch Jms

Beiträge vorangetrieben werden), ist nun ein neuer Adressat hinzugetreten, jedoch ohne, dass Sw dies aktiv forciert hätte. Die Reaktionen auf dieses Verhalten von Jm sind als unterschiedlich zu bewerten. Während Fm lacht, artikuliert Sw selbst ihr Unbehagen hinsichtlich der Unterbrechung. Es entsteht damit ein oppositioneller Diskurs auf der Hinterbühne, in welchem Fm und Jm auf der einen Seite belustigt Sws Sprache habituell verhandeln, auf der anderen Seite Ew versucht dies zu unterbinden. Der Diskussionsleiter bittet Jm erneut, Sw ausreden zu lassen, und weist daraufhin, dass auch Jm an früherer Stelle die Gelegenheit bekam, ohne Unterbrechung zu sprechen. Fm entgegnet dieser Einlassung ebenfalls oppositionell, indem er sagt, er lasse sie nie aussprechen. Damit passiert etwas, was vom Diskussionsleiter so nicht intendiert war. Sein Hinweis bzw. Überlegungen zu einer Gestaltung des Gesprächs unter Aspekten der Fairness und der Gerechtigkeit nutzt Fm, um seine generelle Haltung gegenüber Sw zu artikulieren. Schlussendlich gelingt es Sw, weiterzusprechen. Sie spricht dabei zu Beginn über die Anfangssituation und die Lebensumstände der Hauptfigur und von einem „kleinen tier" (#00:11:00–2#), welches in einer Höhle und einem Berg lebe. Es fällt erneut ihre im Vergleich zu den anderen Kindern langsame Sprechweise mit einigen langgezogenen Wörtern sowie einigen grammatikalischen Ungenauigkeiten auf (z. B. Verwendung des falschen Genus am Anfang). Sw scheint die deutsche Sprache nicht so leicht zu fallen. Jm wiederum unterbricht mit einem gehauchten „ha" (#00:11:00–2#). Er zieht dieses Wort dabei in ähnlicher Weise in die Länge wie Sw; möglicherweise ist dies eine ironische Anspielung auf ihr als im Vergleich zu den anderen Kindern abweichend wahrgenommenes Sprechen, denn nur bei Sw werden inhaltliche und formale Aspekte ihrer Sprache zum Thema. Die Reaktionen der anderen TN erfolgen nun nach einem bereits bekannten Muster.

6.3.3 Sinngenetischer Typ I: Zusammenfassende Bemerkungen

In der Rekonstruktion der dargestellten Passagen und Sequenzen wird deutlich, dass nicht nur die Äußerungen selbst voneinander abweichende Umgangsweisen mit Differenz offenbaren. Vielmehr ist auch das soziale Feld (vgl. Rosenberg 2018)[27], in dem sich Zuschreibungen und Etikettierungen protokollieren, für die

---

[27] Rosenberg (vgl. 2018) benutzt den Begriff des sozialen Feldes in seiner Publikation als Begriff, um herauszuarbeiten, auf welcher Bühne sich das Geschehen in Erzählungen und Beschreibungen von Jugendlichen aus Gruppendiskussionen abspielt. Mit dem Begriff des

Herausarbeitung fallspezifischer Besonderheiten zu berücksichtigen. Ausgangspunkt der Dynamiken ist insbesondere in der Gruppe Maulwurf der Versuch des Diskussionsleiters, hinsichtlich der Sprecher*innenreihenfolge stärker als üblich zu intervenieren und zu ordnen, indem er Sm direkt anspricht und alle anderen Kinder zur Ruhe auffordert. Damit werden durch den Diskussionsleiter Normen des Verhaltens in das Gespräch eingebracht, die entgegen forschungsmethodischer Grundannahmen des Gruppendiskussionsverfahrens (vgl. Bohnsack et al. 2010a) das Geschehen stärker zu einem Ort pädagogischen Geschehens machen, wo kulturelle Bedeutungsproduktionen und -reproduktionen durch „explizite und implizite Regelwerke, Organisationsformen und Muster legitimer Interaktionen" (Dietrich 2021, S. 60) wirkmächtig werden.

Diese institutionelle Rahmung und die geltenden Regelwerke kommen jedoch nicht ungefiltert zur Anwendung, vielmehr werden sie durch Kinder interpretiert, verfremdet oder schlicht ignoriert. Helsper (2000, S. 663) bemerkt hierzu, der Alltag in Schulen bestehe

> *„aus offiziellen Unterrichts- und Schulrahmungen, den interaktiven Aushandlungsprozessen zwischen Lehrer(innen) und Schüler(innen), den unterrichtlichen informellen Aktivitäten der Peerculture,* die Unterricht mit konstituieren, und schließlich aus den abgeschirmten Peerinteraktionen, in denen sich alltägliche, schulische Jugendkultur ereignet".

Das Spektrum dieser Kinderkulturen, welches im Zitat umrissen wird, ist damit gleichsam komplex wie differenzierungsbedürftig. In Studien zur Kommunikationsdynamik in Kreisgesprächen und Klassenräten wird vornehmlich diskutiert, inwieweit habituelle Praktiken in Peergroups noch immer einen Bezug zu der pädagogischen Fremdrahmung erkennen lassen, in welcher die Kommunikation stattfindet. Heinzel (2003, S. 107) kommt auf Basis eigener empirischer Untersuchungen zu dem Schluss, dass Kreisgespräche für Kinder eine kommunikative Aufarbeitung außerschulischer Lebenswelten in Schule darstellen und betont Potenziale durch die „Wechselwirkung zwischen Schule und außerschulischen Erfahrungen". In den von De Boer beobachteten Klassenratsszenen (2006, S. 202–210) ließ sich beobachten, dass die beteiligten Kinder oft bemüht

---

sozialen Feldes sind in diesem Abschnitt aber nicht die Orte aus den Erzählungen der Kinder gemeint, sondern das Gruppendiskussionsverfahren wird vielmehr selbst als soziales Feld betrachtet, um der „dialogische[n] Konstitution von Darstellungen" (Neumann-Braun und Deppermann 1998, S. 243), insbesondere den wechselseitigen Erwartungen zwischen Diskussionsleiter und interviewten Kindern, Rechnung zu tragen.

waren, institutionell verankerten Gesprächs- und Diskussionsregeln zu entsprechen, unabhängig davon, ob eine erwachsene Person direkt in das Gespräch involviert war oder lediglich eine Beobachter*innenposition einnahm.

Im Rahmen der Basistypik wurde herausgearbeitet, dass sich durch biografisches und abstrahierendes Sprechen in einem Wechselspiel die Thematisierung von Differenzkategorien vollzog. In einem Großteil der rekonstruierten Passagen konnte das Geschehen auf Ebene der proponierten Performanz verortet werden. Biografisches und abstrahierendes Sprechen dienten der Ausarbeitung des Orientierungsgehalts, der manchmal vom Diskussionsleiter, ein anderes Mal von den Kindern aufgeworfen wurde – in jedem Fall stand eine aktive Auseinandersetzung mit der künstlich geschaffenen Situation im Vordergrund. Auch in jenen Sequenzen, in denen die Grenze zur performativen Performanz durchlässig wurde, dienten habituelle Gruppendynamiken einem performativen Umgang mit dem, was gerade als Thema Teil einer kommunikativen Aushandlung war. Solange sich Gesprächsdynamiken trotz ihres informellen Charakters weiterhin an inhaltlichen, organisatorischen oder pädagogischen Interventionen anwesender Erwachsener orientieren oder aber zu expliziten und stillschweigenden Vereinbarungen des Zusammenseins in der Institution Schule keinen Kontrapunkt erkennen lassen, lassen sich Praktiken beobachten, die im Rahmen dieser Arbeit auf einer Hinterbühne ersten Grades angesiedelt sind[28].

Davon abgrenzen möchte ich Praktiken auf der Hinterbühne zweiten Grades, jene Hinterbühne, auf welcher schulische Regeln und Normen zeitweise nahezu außer Kraft gesetzt sind. Diesen Begriff wähle ich für die in diesem Abschnitt rekonstruierten Sequenzen in Anlehnung an Zinnecker (vgl. 2001), der von einem „Unterleben" von Schüler*innen spricht, in welchem diese bestrebt sind, sich so deutlich wie möglich von der Institution Schule abzugrenzen oder ihre Regeln gar zu „sprengen" (ebd., S. 249). Das Handeln der Peers findet zwar noch in der Institution Schule statt, sonst lassen sich aber keine Gemeinsamkeiten mit dem Handeln auf der Vorderbühne bzw. der Hinterbühne ersten Grades auf der einen Seite und der Hinterbühne zweiten Grades auf der anderen Seite identifizieren. In

---

[28] Wissenssoziologisch gewendet ließe sich in solchen Situationen eine Sphärendifferenz rekonstruieren, mit welcher sich Kinder in der Schule konfrontiert sehen. Die innere Sphäre der Peerculture wird durch Erwartungen verschiedenster Art aus der äußeren Sphäre der Schule flankiert. Da die Gruppendiskussionen alle im Schulgebäude stattfanden und der Diskussionsleiter die Gespräche der Kinder mal mehr, mal weniger moderierte bzw. intervenierte, ist diese Sphärendifferenz auch in den Gruppendiskussionen evident – insbesondere in jenen Passagen, die im Kontext der Basistypik dargestellt wurden. Sie wurde dort nicht systematisch rekonstruiert, wird aber in Abschnitt 6.4 noch einmal interessieren. Zur Frage, wie Kinder zwischen den Rollen des Peers und des Schüler*innensubjekts differenzieren vgl. Boer 2009; Scholz 2009.

Zinneckers empirischen Illustrationen zeigt sich, dass insbesondere die Abwesenheit von Lehrer*innen das Entstehen von Verhalten auf der Hinterbühne zweiten Grades begünstigt (vgl. ebd.), während Rosenberg (vgl. 2018) auch in Gruppendiskussionen mit Hauptschüler*innen rekonstruieren kann, dass Schüler*innen Lehrer*innen für eine wahrgenommene Ungerechtigkeit verbal angreifen oder sich während des Unterrichts den didaktischen Arrangements der Vorderbühne komplett entziehen.

Die vorliegende Rekonstruktion der im Abschnitt. 6.3.2 dargelegten Sequenz zeigt, dass biografisches und abstrahierendes Sprechen in den Interviews in den Gruppen Maulwurf und Giraffen auch die Dimension einer Hinterbühne zweiten Grades annehmen können. Wahrgenommene Verhaltensweisen bestimmter Kinder werden in einer Art und Weise thematisiert, die nur vordergründig etwas mit dem proponierten Orientierungsgehalt zu tun hat. Es entwickelt sich eine Hinterbühne zweiten Grades des Geschehens aus der Dynamik des Gespräches heraus, auf welcher nicht die Thematisierung peerspezifischer Gruppendynamiken zentral ist, sondern vielmehr ein habituelles Bewegen innerhalb dieser Gruppendynamiken oder anders gesagt: eine intensive Zuwendung zur Peergroup. Teil der Wirklichkeitskonstruktion des Diskussionsleiters (vgl. Hedderich et al. 2021) sind im vorliegenden Material Gesprächsregeln, die Kindern untersagen, über andere Kinder zu sprechen (was von einigen Kinder offensiv in Frage gestellt wird), und einfordern, eine gewisse Sprecher*innenreihenfolge einzuhalten. Dem Wunsch des Diskussionsleiters nach Einhaltung der aufgestellten Gesprächsregeln und einer gewissen interaktionalen Homogenität kommen die Kinder jedoch nicht nach, zu diskussionswürdig erscheint das in den Mittelpunkt-Stellen von Sm und Sw für die Kinder in beiden Gruppen. Die Zuschreibungen, die die Kinder hier nutzen, basieren erneut (vor allem in der Gruppe Maulwurf) auf Verhaltensweisen, die insbesondere vor dem Hintergrund institutioneller Normen der Schule und der Familie als abweichend wahrgenommen werden, und zwar in einer Art und Weise, die vom Diskussionsleiter nicht intendiert war. Eine sich dokumentierende Zurückhaltung sowie Hemmungen bzw. Schwierigkeiten beim Sprechen in der Gruppe werden durch die Gruppendiskussion, genauer durch die Fremdrahmung des Diskussionsleiters, offengelegt. Somit lässt sich eine performative Logik rekonstruieren, in welcher beide Kinder durch die rekonstruierten Zuschreibungen als Außenstehende adressiert werden. Deutlich wird weiterhin, dass Sw und Sm mit diesen Zuschreibungen ihre Legitimität als Sprecher*innen abgesprochen wird. Damit zeigen sich ähnliche Interaktionsmuster des Be-Deutens wie sie auch Machold (vgl. 2015) in ihrer ethnografischen Studie im elementarpädagogischen Kontext feststellen konnte. Diese Positionierungspraktiken beziehen sich jedoch nicht auf geschlechts- oder kulturspezifische Diskurse, sondern in einem weiteren Sinne auf entwicklungsbezogene Diskurse: auf die Sprachkompetenz von Sw und das Sozialverhalten von Sm. Dies lässt eine Asymmetrie zwischen den Gesprächsteilnehmer*innen entstehen, was zur Folge hat, dass sich nicht alle Kinder gleichermaßen Gehör verschaffen und am Geschehen auf der Vorder- bzw. Hinterbühne ersten Grades teilnehmen können[29].

Allen Interventionsversuchen zum Trotz entwickelt sich eine Gesprächsdynamik, die durch den Diskussionsleiter nur noch schwer wieder eingefangen werden kann – die Kinder wenden sich von der Vorderbühne des Geschehens ab und wenden sich der Hinterbühne zweiten Grades zu. Damit lässt sich in Anlehnung an Rosenberg (vgl. 2018) ein subversiver Umgang mit dem Diskussionssetting im sozialen Feld der Hinterbühne zweiten Grades rekonstruieren, der das Sprechen über Differenz auf eine ganz andere Art und Weise erlaubt, als dies durch den Diskussionsleiter möglich wäre. Dies stellt im Vergleich zu anderen Passagen und Gruppendiskussionen eine fallspezifische Besonderheit dar, die den ersten Typ im Rahmen der sinngenetischen Typenbildung darstellt.

6.4 Sinngenetische Typenbildung Teil 2: Sprechen über Differenz im Kontext Sozialen Lernens

Mit der Frage danach, auf welcher Bühne sozialen Handelns sich das Sprechen über Differenz rekonstruieren lässt, ist nun ebenso die Frage danach verbunden, wie das Sprechen durch das Setting des Sozialen Lernens beeinflusst wird. Die Abschnitte. zu Typus II und III der sinngenetischen Typenbildung rekonstruieren daher nun, wie sich das Sprechen über Heterogenität angesichts der Inputs des Sozialen Lernens gestaltet, die durch den Diskussionsleiter gesetzt werden. Dafür wird im Folgenden abschließend zwischen weiteren zwei Typen unterschieden. Typ II (Fallbeschreibungen vgl. Abschnitt 6.4.1) fokussiert Sequenzen mit biografischen und abstrahierenden Sprechbeiträgen der Kinder, in denen sich rekonstruieren lässt, dass die Konstruktion von Differenz lose an Prämissen Sozialen Lernens gekoppelt ist – entweder implizit als distanzierte Beschreibung von antizipierten diskriminierenden Haltungen anderer Gruppen oder explizit als Orientierung an kommunikativem Wissen Sozialen Lernens). Typ III (Fallbeschreibungen vgl. Abschnitt 6.4.2) wiederum lässt eine solche Orientierung nicht

---

[29] Ähnliche Bezüge zur Studie von Machold würden sich auch mit Blick auf die Positionierungspraktiken der Gruppe Hase und Fuchs (vgl. Abschnitt 6.2.1.2) herstellen lassen, wo in der Passage „Reim" zumindest kurz aufblitzte, dass die Identität von Ym Fragen aufwirft. In den Gruppen Maulwurf und Giraffen konnten diese Praktiken jedoch etwas pointierter herausgearbeitet werden.

erkennen. Hier geraten kommunikative Wissensbestände des Sozialen Lernens (repräsentiert durch den Diskussionsleiter) sowie konjunktives, habitualisiertes Wissen der Kindergruppe in ein Spannungsverhältnis.

6.4.1 (Nicht-)Intentionale Orientierung am Sozialen Lernen (Zirkus, Hase und Fuchs, Maulwurf)

Orientierung an kommunikativen Wissensbeständen Sozialen Lernens in der Gruppe Zirkus
In der Gruppe Zirkus lassen sich Sprechakte rekonstruieren, in denen versucht wird, kommunikative Wissensbestände Sozialen Lernens in das Sprechen über Differenz zu integrieren. Die Rekonstruktionsbemühungen in dieser Gruppe beschränkten sich auf die zweite Diskussionseinheit. Die Kinder benennen auf eine Frage des Diskussionsleiters hin einige Unterschiede, die sie kennen; unter anderem proponieren sie mit dem von ihnen eingebrachtem Begriff ‚Hautfarbe‘ einen möglichen Orientierungsgehalt, der im Rahmen einer exmanenten Nachfrage mit propositionalem Gehalt des Diskussionsleiters weiter ausgearbeitet wird[30]:

Gruppe Zirkus; Schule 2. Zweite Diskussionseinheit, Passage „Lachen über Unterschiede"
I: habt ihr das schon mal erlebt dass äh (2) mal zum beispiel eine bestimmte hautfarbe haben oder eine bestimmte sprache sprechen oder all das was sie was ihr grad genannt habt ähm das sie deswegen irgendwie streit gibt? #00:08:09-1#
Pm: heute waren wir bei schwimmbad (I: mhm) und da haben schokolade schwimmen gesehen #00:08:14-3#
Lm: woow #00:08:14-6#
I: schokolade im schwimmbad? #00:08:15-9#
Am: Lein schokoladenmensch #00:08:15-5#
I: äh hat der zu eurer klasse gehört oder? ne äh schokolade wieso kommt ihr auf schokolade? #00:08:25-7#
Pm: @(2)@ #00:08:27-4#
Am: Lna weil der auch schwarz ist aber ich war da gar nicht dabei #00:08:29-6#
Pm: @(ja klar)@ #00:08:30-5#
I: und was habt ihr noch zu dem gesagt außer schokolade #00:08:33-6#
Pm: wir haben das nicht zu dem gesagt #00:08:35-7#

---

[30] Konkret antwortete Pm auf die Frage des Diskussionsleiters, wie sich Menschen „noch unterscheiden" (#00:06:38–4#), folgendermaßen: „mit der farbe" (#00:06:39–8#), gefolgt von Am, der ergänzt: „wenn sie schwarz sind" (#00:06:39–8#).

I: ne ihr habt über den-über ihn habt ihr geredet oder #00:08:40-1#
Pm: ne #00:08:40-3#
I: ne auch nicht #00:08:40-9#
Pm: (unv.) schokoladenmensch weil der (unv.) so braun war. deswegen haben wir schokolade gesagt #00:08:48-0#
I: äh #00:08:49-1#
Pm: nicht als beleidigung #00:08:50-5#

Diese ausgewählte Sequenz der Passage „Lachen über Unterschiede" beginnt damit, dass der Diskussionsleiter nun noch einmal Aspekte aufgreift, hinsichtlich derer sich Menschen unterscheiden können. Hierbei benennt er Hautfarbe und Sprache als explizite Beispiele und fasst weitere von den Kindern eingebrachte Unterschiede mit „all das was ihr grad genannt habt" (#00:08:09–1#) zusammen. Seine mit dieser Zusammenfassung verbundene Frage ist die, ob es bezüglich dieser Unterschiede manchmal „streit" (#00:08:09–1#) gebe. Dabei nutzt er den Begriff „erleben" (#00:08:09–1#), spricht also persönliche Erlebnisse der Kinder an. Pm schließt mit dem Versuch einer Ausarbeitung dieser Frage an. Er sagt sie (mutmaßlich die Klasse) seien heute im Schwimmbad gewesen und hätten dort „schokolade schwimmen gesehen" (#00:08:14–3#). Wie später deutlich wird, bezieht sich diese Antwort auf jenen Teil der Proposition des Diskussionsleiters, in welcher er von „hautfarbe" (#00:08:09–1#) spricht. Es werden damit Bezüge zur Farbe eines Lebensmittels gezogen, welches in unterschiedlichen schwarz-braun-Schattierungen erhältlich ist (aber auch in Weiß). Für den Diskussionsleiter ergibt sich ein ungewöhnliches Bild: Eine im Becken schwimmende Schokolade passt nicht zu den erwartbaren Erlebnissen während eines Besuchs im Schwimmbad. Der Diskussionsleiter nimmt daher die Formulierung der Kinder auf und versieht sie mit einer fragenden Intonation. Damit bittet er um eine weitere Ausarbeitung des aufgeworfenen Orientierungsgehaltes. Am antwortet, es handle sich um einen „schokoladenmensch" (#00:08:15–5#), womit zumindest hinsichtlich der Proposition des Diskussionsleiters, über Menschen zu sprechen, Genüge getan wird. An diese Elaboration schließen sich zwei Fragen des Diskussionsleiters an: Er fragt, ob besagter „schokoladenmensch" (#00:08:15–5#) zur Klasse gehört habe, ob sie also mit ihm persönlich bekannt seien. Weiterhin fragt er, wie die Kinder auf „schokolade" (#00:08:25–7#) kämen und bittet sie damit, den aufgeworfenen Orientierungsgehalt weiter in den Kontext des Gespräches einzuordnen. Am gibt an, sie würden diesen Begriff nutzen, weil der Betreffende schwarz gewesen sei. Er macht damit transparent, dass für die Kinder Schokolade in diesem Kontext eine Art Metapher für die Zuschreibung des ‚Schwarzseins' darstellt – und fügt hinzu, dass er nicht dabei gewesen sei. Sein Wissen über die gruppenspezifische Nutzung des Begriffs „schokolade" (#00:08:25–7#) setzt also keine persönliche Anwesenheit in Situationen voraus, in welchen dieses Wort zur Anwendung kommt. Pm schränkt diese Ergänzung jedoch ein, seine Antithese „ja klar" (#00:08:30–5#) liest sich oberflächlich als Ratifizierung, ist auf den ersten Blick eine Bestätigung des Gesagten. Da diese Aussage lachend getätigt wird, lässt sich annehmen, dass damit ironisierend darauf hingewiesen werden soll, dass Am in dieser Situation sehr wohl anwesend war. Interessant ist, dass die Kinder im Folgenden ein Missverständnis seitens des Diskussionsleiters aufklären wollen, welcher ihnen eine direkte Ansprache an die betreffende Person unterstellt. Die Kinder seien nicht aktiv auf die betroffene Person zugegangen und hätten sie mit dem Wort „schokolade" bezeichnet. Sie weisen diese Unterstellung einer aktiven Handlung also von sich. Daraufhin bringt der Diskussionsleiter eine neue Interpretation dieser Situation in das Gespräch ein. Nicht im aktiven Gespräch mit dieser Person hätte dieses Wort Anwendung gefunden, sondern vielmehr in einem gruppeninternen Austausch – die Kinder hätten über ihn geredet. Pm erklärt, der Begriff Schokoladenmensch sei entstanden, weil die Person „braun" (#00:08:48–0#) sei. Aufgrund dieser äußerlich wahrnehmbaren Eigenschaft der Haut eines Menschen würden sie das Wort „schokolade" (#00:08:25–7#) nutzen. Den Kindern der Gruppe scheint die Brisanz eines Vergleiches, der Menschen aufgrund eines physiologischen Merkmals in die Nähe von Lebensmitteln rückt, durchaus bewusst zu sein. Daher erscheint es für die Kinder inakzeptabel, mit diesem Vergleich eine betroffene Person direkt zu konfrontieren. Dies schließt es aber nicht aus, innerhalb der Gruppe einen solchen Vergleich zu ziehen und ihn gegenüber Dritten (in diesem Fall der Diskussionsleiter) kundzutun. Auch wenn die Kinder angeben, nicht innerhalb der Gruppe darüber gesprochen zu haben, so scheint zumindest der Vergleich mit dem Lebensmittel Schokolade mehreren Kindern präsent zu sein. Die Gruppe ergänzt weiterhin, dass besagte Zuschreibung nicht als Beleidigung gedacht gewesen sei. Die Notwendigkeit dieser Klarstellung deutet an, dass für die Kinder die Möglichkeit eines Missverständnisses, in welchem dieser Vergleich als kränkend wahrgenommen wird, durchaus besteht. An dieser Stelle dokumentiert sich ein Nachdenken über moralische Implikationen, die ein Sprechen über andere Personen potenziell mit sich bringt.

Auch an anderer Stelle des Gesprächs in der Gruppe Zirkus wird eine Orientierung an kommunikativen Wissensbeständen Sozialen Lernens sichtbar:

Gruppe Zirkus; Schule 2. Zweite Diskussionseinheit, Passage „Lachen über Unterschiede"
Mm: eigentlich geht es dann auch ein bisschen wenn du einen freund hast dann musst du geht auch dass man freu-freundlich sein muss. nicht immer man kann auch manchmal streiten und man kann-wenn man einen neuen freund bekommt man ein bisschen (1) freundlich sein #00:10:38-5#
I: mhm das ist auf jeden fall richtig freundlich sein #00:10:43-4#
Am: Mm wir haben grad nicht davon geredet #00:10:45-3#
I: wie ist das denn #00:10:46-5#
Lm: dann dauerts länger #00:10:47-9#

In Mms Wortbeitrag werden Rahmenbedingungen des gemeinsamen Kommunizierens verhandelt; er bezieht sich auf den Aufbau freundschaftlicher Beziehungen, welcher eine gewisse Freundschaftlichkeit voraussetze. Er räumt ein, dass auch Streit vorkommen könne, schließt also Meinungsverschiedenheiten nicht aus, es sei aber trotz allem notwendig, insbesondere bei „neuen" (#00:10:38–5#) Freundschaften, eine gewisse Freundlichkeit an den Tag zu legen. Dem stimmt der Diskussionsleiter zu. Am enthält sich, weist jedoch in einem Metakommentar darauf hin, dass dies gerade nicht das Thema gewesen sei, Mm demnach in seinen Augen den Orientierungsgehalt nicht adäquat weiterausarbeiten würde. Lm weist auf die Folgen hin, die nicht zum Thema passende Äußerungen hätten, nämlich, dass das Gespräch als Ganzes sich dann in die Länge ziehe.

In der zweiten Diskussionseinheit der Gruppe Hase und Fuchs wird ebenfalls, wie in der Gruppe Zirkus, versucht, eine gewisse Distanzierung gegenüber bestimmten Begrifflichkeiten zu verdeutlichen[31]:

---

[31] Die Aufzählung der Kategorien und die verwendete Terminologie in der Proposition des Diskussionsleiters schließt an die inhaltlichen Einlassungen der Kinder an. Auf die Frage, welche Unterschiede es „zwischen menschen" (#00:15:02–8#) geben könne, antwortet Ym: „dass die keine arme haben und dass manche menschen dass sie-schwarz gesicht ist und-dass manche nix haben die sind so ((klemmt sich hände unter die achseln)) und (1) so mit knien" (#00:15:15–7#). Die darauffolgende Frage des Diskussionsleiters ist als immanente Nachfrage zu dieser Aussage Yms zu verstehen.

Gruppe Hase und Fuchs; Schule 2. Zweite Diskussionseinheit, Passage „Fehlende Arme und Beine"

I: habt ihr das schon mal erlebt dass es irgendwie streit gab weil jemand eine andere hautfarbe hatte oder behindert war? #00:16:25-0#

Ym: ja #00:16:25-4#

I: inwiefern? #00:16:26-4#

Ym: ja #00:16:26-8#

I: kannst du da drüber reden ? #00:16:29-3#

Mm: ꜀(gestern) #00:16:29-3#

Ym: ich will jetzt die schwarzen jetzt nicht beleidigen aber die heißen (2) heißen die (nigger)? #00:16:36-6#

I: so sagt man ja wieso ist das eine beleidigung?

Ym: ꜀das ist so ein ausdruck weil die sagen dass die braun sind und so #00:16:45-1#

Der Diskussionsleiter fragt die Kinder in dieser Sequenz, ob sie von Konflikten wüssten, die aus der Unterschiedlichkeit von Menschen heraus resultieren. Als konkrete Beispiele benennt er die Kategorien der ‚Hautfarbe' bzw. ‚Behinderung' und greift damit zwei Differenzkategorien auf, die von den Kindern auf der Ebene des kommunikativen Handelns bereits in dieser Passage aufgeworfen bzw. verhandelt wurden. Ym bejaht, woraufhin der Diskussionsleiter erneut nachfragt. Als Ym ebenfalls lediglich bejaht, fragt der Diskussionsleiter, ob Ym darüber reden könne. Diese Art des Fragens, welche gewissermaßen der Versicherung dient, dass für die Kinder zu sensible (oder gar verbotene) Themen nicht verhandelt werden, lässt sich auch an anderer Stelle im Datenmaterial rekonstruieren. Zur Frage, in welchen Situationen die Kinder „streit" (#00:16:25–0#) bzw. Konflikte aufgrund der genannten Differenzkategorien erlebt haben, macht Mm die Zeitangabe gestern. Möglich ist, dass er von einem konkreten Erlebnis berichten und damit den durch den Diskussionsleiter aufgeworfenen Orientierungsgehalt elaborieren will, sicher kann dies jedoch nicht festgestellt werden. Stattdessen überlegt Ym, ob die „schwarzen" nicht auch „nigger" (#00:16:36–6#) hießen und betont davor, dass er nicht vorhabe, die Schwarzen zu beleidigen. Damit nimmt er eine Distanz zu diesem Begriff ein, gleichwohl stellt er die Aussage als solche, dass für einige Menschen diese Bezeichnung genutzt wird, nicht in Frage. Der Diskussionsleiter bestätigt dies grundsätzlich und formuliert eine Rückfrage, die gleichzeitig eine kritische Einordnung dieses Begriffes als „beleidigung" (#00:16:41–1#) impliziert, indem er wissen möchte, warum der Begriff eine Beleidigung sei. Ym wiederum sieht diesen Begriff als „ausdruck" (#00:16:45–1#) und führt die Ursache seiner Verwendung auf Zuschreibungsprozesse zurück. Er sagt, „die" (#00:16:45–1#) nutzten diese Zuschreibung und das Wort, um auszudrücken, wenn jemand „braun" (#00:16:45–1#) sei. Ob mit „die" (#00:16:45–1#) Betroffene selbst gemeint sind oder Außenstehende und ob die Zuschreibung aus seiner Perspektive im Modus einer Selbst- bzw. Fremdzuschreibung geschieht, kann nicht rekonstruiert werden.

Implizite Orientierung durch Rückzug auf Allgemeinplätze
In der Gruppe Maulwurf lässt sich in der Passage „Angst"[32] rekonstruieren, wie der Diskussionsleiter bereits getätigte Ausführungen zum Bilderbuch nutzt, um in einer Transposition auf die Situation zwischen Menschen überzuleiten und zu fragen, ob manchmal auch Menschen vor anderen Menschen Angst hätten.

Gruppe Maulwurf, Schule 1, Erste Diskussionseinheit, Passage „Angst"
I: aber es ist ja so dass die fische in dem fischschwarm angst vor den haien haben gibt's das denn manchmal unter menschen dass einige menschen vor anderen menschen angst /haben/? #00:11:11-9#
Am: klar #00:11:11-9#
Ew: Ꞁja vor banditen #00:11:13-8#
Tw: Ꞁpiraten #00:11:13-8#
I: vor banditen #00:11:15-0#
Am: vor nazis #00:11:16-2# #00:11:17-2#
Pw: ja ich bin ein bandit (unv) #00:11:17-7#
I: Ꞁvor nazis was ist denn ein nazi? #00:11:17-7#
Jam: ((hebt linken arm in die luft)) #00:11:20-6#
Am: (unv) #00:11:20-6#
Jam: also die mögen keine ausländer und die denken dass nur weiße also richtige menschen sind #00:11:26-6#
I: dass nur sie richtige menschen sind #00:11:30-6#
Jm: Ꞁ((hebt linken arm in die luft)) (oder braune::) #00:11:30-6#
I: hm der Jm ((linker zeigefinger zeigt richtung jm)) #00:11:31-2#
Jm: die hassen die braunen menschen #00:11:32-7#
I: die hassen braune menschen (Am: (unv)) warum gerade braune menschen? warum-warum gerade braune menschen? #00:11:38-4#
Pw: uäh:: weil sie ein schwarzes t-shirt anhaben @(1)@ #00:11:40-2#
I: die können doch sonst was für t-shirts anhaben #00:11:43-6#
Ew: weil die denken-weil die denken das sind aliens#00:11:45-9#
Jm: Ꞁ(unv)
#00:11:45-9#
I: sind wie aliens kommen einem wie aliens vor #00:11:49-9#
Jam: mohr #00:11:51-1#
I: Ꞁ((zu jm)): ja was wolltest du sagen? #00:11:51-1#
Am: Ꞁaus mohr kommen die #00:11:51-1#
Jm: naja wie jam schon gesagt hat dass die / nur helle menschen menschen sind

---

[32] Vgl. schwerpunktmäßig Abschnitt 6.2.2.2.

#00:11:57-0#
I: okay hm #00:11:57-7#
Jam: also die denken dass die nicht so gut sind (unv) #00:12:01-8#
I: ja ja #00:12:03-3#
Ew: dass-dass die was unbedeutendes sind #00:12:06-4#

Die Kinder entfalten daraufhin im Wesentlichen zwei Themen: Das erste Motiv
„banditen" (#00:11:13–8#) und „piraten" (#00:11:13–8#), eingebracht von Tw
und Ew, bleibt semantisch unbestimmt, weil nicht klar wird, welche gesellschaftliche Gruppe(-n) diese Bezeichnungen umreißen. Mit Banditen und Piraten kann
eine Vielzahl an delinquenten Personengruppen gemeint sein. Pws Beitrag, als
einzige dokumentierte Fortführung dieses Orientierungsgehalts, ist nicht als Ausarbeitung bzw. Beantwortung der eingangs gestellten Frage zu betrachten. Sie
ist vielmehr als Divergenz in loser Bezugnahme auf die Elaboration von Ew
und wahrscheinlich auch des Diskussionsleiters zu werten. Dieser räumt mit seiner Ratifikation der Antwort „bandit" eine gewisse prominente Stellung ein. Sie
bezeichnet sich nun selbst als Bandit und positioniert sich damit als eine Person,
vor der andere potenziell Angst haben könnten. Wesentlich durch das Zutun des
Diskussionsleiters setzt sich das Thema „Nazis" durch, das Am eingebracht hat.
Aufgegriffen wird es durch eine Aufforderung zur Elaboration des Beitrags von
Am. Auch wenn mit diesem Begriff konkret Anhänger der nationalsozialistischen
Ideologie gemeint sind, beschreiben die Kinder nun allgemein fremdenfeindliche
Einstellungen, die so auch anderen Gruppen inhärent sind. Für die Kinder ist
eine zentrale Eigenschaft die ablehnende Haltung eines Nazis gegenüber anderen
Gruppen. Sowohl die Art der Ablehnung als auch die Personen werden dabei
unterschiedlich bezeichnet. Jam beginnt, mit „mögen" (#00:11:26–6#) auf die
Frage zu antworten. Es geht ihm um individuelle Abneigungen gegen „ausländer" (#00:11:26–6#). Die zwei Differenzkategorien der Nationalität und Ethnizität
werden miteinander verknüpft und in einem Raster richtiger und möglicherweise
nicht richtiger Menschen eingeordnet. Weitere Elaborationen von Jm folgen. Er
ergänzt, dass auch „braune" (#00:11:38–4#) Menschen von Nazis möglicherweise
nicht gemocht werden und spricht in einer weiteren Einlassung nun nicht mehr
von mögen, sondern von „hassen", was die Extremität der Einstellung betont:
„die hassen die braunen menschen" (#00:11:32–7#). Der Interviewer greift diesen
Aspekt noch einmal mittels einer Ratifikation auf, verbunden mit einer Aufforderung zur Elaboration im Zusammenhang mit dem Terminus „braune Menschen"
(#00:11:32–7#): Es wird gefragt, warum die Kinder im Zusammenhang mit dem
gerade verhandelten Thema „gerade braune menschen" (#00:11:38–4#) nennen.
Pw antwortet mit einem Laut, der Ekel symbolisieren soll und führt weiter aus,

besagte Gruppe trage schwarze T-Shirts und sei deshalb Ziel von Ausgrenzungsprozessen. Dabei kann das schwarze T-Shirt, was von Pw genannt wurde, auf die Hautfarbe der genannten Gruppe rekurrieren, wobei sie sich hier der genannten Farbe „braun" (#00:11:32–7#) nicht anschließt, sondern mit schwarz eine Farbe nennt, die zur Farbe Weiß deutlicher in Opposition zu stehen scheint. Ob dies außerdem mit der Tatsache in Zusammenhang steht, dass sie selbst ein schwarzes T-Shirt trägt, kann nur vermutet werden. Es zeigen sich jedoch Parallelen zu einem ihrer früheren Sprechbeiträge, in dem sie sich mittels der Diskursstrategie der Elaboration durch Selbstbezeichnung bzw. Positionierung in die Nähe von Personen stellt, denen mit Ablehnung oder Angst begegnet wird. Für das vom Diskussionsleiter aufgebrachte Phänomen der Ausgrenzung sucht sie nun deutlich Ursachen bei der marginalisierten Gruppe – weniger bei den aktiv Ausgrenzenden. Diese von Pw möglicherweise ironische Einlassung wird jedoch durch die Kinder nicht weiterverfolgt. Die Behauptung wird vom Diskussionsleiter im Modus einer Opposition zurückgewiesen. Mit seiner Aussage macht er klar, dass in seiner Wahrnehmung Bekleidung nicht der Kern des Problems ist. Gewissermaßen wird die Aussage in einem negativen Gegenhorizont als Unsinn zurückgestellt und damit rituell konkludiert.

Stattdessen wird von Ew, Jam und Jm die Frage nach Ursachen für beschriebene Ausgrenzungsprozesse nun unterschiedlich akzentuiert weiter ausgearbeitet – ausschließlich über abstrahierende Sprechbeiträge. Mal werden Ursachen bei der ausgrenzenden Gruppe lokalisiert, mal bei Betroffenen von Ausgrenzungsprozessen. Ew sieht die Ursachen im Denken der ausgrenzenden Gruppe der Nazis. Das Wort „aliens" (#00:11:45–9#) hebt den vermuteten Status des Fremdseins in besonders akzentuierter Weise hervor. Insbesondere das Wort „denken" (#00:11:45–9#), welches von den Kindern benutzt wird, soll eventuell Distanz zu den antizipierten Haltungen und Einstellungen der Nazis herausstreichen. Im bereits bekannten Modus der Ratifizierung wiederholt der Diskussionsleiter das eben Gesagte und signalisiert damit, dass Ew verstanden wurde. Es zeigt sich jedoch auch eine Bedeutungsverschiebung. In seiner Zusammenfassung findet die im Fokus stehende Gruppe der „Nazis" dieses Unterthemas keine Erwähnung mehr, was eine Generalisierung diskriminierender Haltungen und Einstellungen auch auf andere Gruppen der Gesellschaft impliziert. Der Beitrag von Jam stellt eine leichte Bedeutungsverschiebung des Orientierungsgehalts des Unterthemas dar. Einstellungen der ausgrenzenden Gruppe sind nun nicht mehr Thema, wohl aber vermutete Eigenschaften der ausgegrenzten Gruppe, die vermutete ablehnende Einstellungen möglicherweise erklären. Inhaltlich stellt das von Jam eingebrachte Wort „mohr" (#00:11:51–1#) eine kolonial geprägte rassistische

Bezeichnung für People of Color dar, mit geschichtlichen, geografischen, literarischen und religiösen Bezügen. Jm schließt in seiner Elaboration wieder enger an das Ausgangsthema an. Er arbeitet die Vermutungen über ablehnende Haltungen und Einstellungen der ausgrenzenden Gruppe der „Nazis" weiter aus, aus deren Perspektive nur „helle menschen menschen" (#00:11:57–0#) seien. Es wird also vermutet, dass jene ablehnenden Einstellungen über ein Gefühl der Abneigung hinausgehen und sogar dazu führen, bestimmten Personengruppen das Mensch-Sein abzusprechen. Ew wiederum spricht von „unbedeutend" (#00:12:06–4#). Ihr Beitrag in Form eines Relativsatzes deutet erneut an, dass sie sich auf die Wiedergabe rechter Ideologie beschränkt.

Es zeigt sich: Die Kinder berichten in dieser Szene distanzierend, machen sich diese Abneigung selbst nicht zu eigen und denken zudem nicht, dass sie Ziel dieser Abneigung sind. Orientierungstheorien über die dritte Partei der Nazis finden keinen Eingang in die habitualisierte Praxis der Kinder. Dies dokumentiert sich auch bei der Gruppe Zirkus:

Gruppe Zirkus, Schule 2, zweite Diskussionseinheit, Passage „Lachen über Unterschiede"
Am: rotze rotze rotze rotze rotze rotze rotze #00:09:40-1#
I: └ ähm   können andere
auch noch von erlebnissen berichten o der haben das schon mal manche gehört,
dass (Lm: (unv.)) kinder oder/oder/oder menschen wegen einer anderen hautfarbe oder wegen einer anderen sprache in streit geraten? #00:09:51-6#
Am: ja wegen schwarz #00:09:52-8#
I: wegen schwarz? #00:09:53-6#
Pm: @(und ich bin weiß)@ #00:09:54-4#
Lm: wirklich? #00:09:55-8#
Am: und wegen weiß #00:09:56-3#
I:wieso-wieso was ist denn überhaupt/was ist denn bei schwarz überhaupt also/ist das ein problem wenn menschen schwarz sind oder? #00:10:02-7#
Mm: nein #00:10:02-9#
Lm: (unv.) #00:10:03-5#
Am: └(manche menschen finden das) #00:10:03-5#
I: manche menschen finden das warum finden das? #00:10:07-6#
Lm: (die stinken) #00:10:07-8#
Pm: └(unv.) weil das dann dann und es ist nacht dann kann die menschen nicht sehen die schwarz sind #00:10:14-1#
Am: und dann können die einbrechen #00:10:14-9#
Pm: @(2)@ #00:10:17-3#
Am: @(2)@ #00:10:17-3#
I: dann können die einbrechen ja #00:10:18-7#
Lm: (unv.) #00:10:21-8#

Wie bereits in Abschnitt 6.2.2.1 gezeigt, sind gesellschaftliche Differenzkategorien hinsichtlich der Frage nach Unterschieden zwischen den Menschen in der
Gruppe Zirkus evident und wurden von den Kindern selbst in das Gespräch eingebracht. Die aktuelle Sequenz setzt an, als der Diskussionsleiter fragt, ob auch
„andere" (#00:09:51–6#) von Situationen des Streits zu berichten wüssten – was
impliziert, dass es Kinder gibt, die sich bisher noch nicht ‚zufriedenstellend' auf
die Frage des Diskussionsleiters geäußert hätten. Als Aufhänger nennt er erneut
die Beispiele Hautfarbe und Sprache, denen er jeweils das Adjektiv „anders"
(#00:09:51–6#) voranstellt, und er nutzt erneut das Wort Streit. Am antwortet erneut „wegen schwarz" (#00:09:52–8#), ohne sich jedoch der Bezeichnung
„hautfarbe" (#00:09:51–6#) anzuschließen. Damit ist in der Gruppe ein Label
angesprochen, welches sich nicht nur im engeren Sinne auf den Teint einer
Person bezieht, sondern für diese auch mit weitreichenden sozialen, politischen
und wirtschaftlichen Folgen verbunden ist. Im weitesten Sinne sind damit rassistisch motivierte Praktiken angesprochen. Interessant ist, dass zunächst statt
einer weiteren Ausarbeitung des aufgeworfenen Orientierungsgehaltes im Sinne
abstrahierenden Sprechens über Differenz eine Positionierung seitens Pm stattfindet, welcher unter Lachen betont, er sei weiß. Er hebt damit eine privilegierte
Position hervor, welche sich im Kontext dieses Gesprächs vor allem dadurch
auszeichnet, in Konflikten aufbauend auf unterschiedlichen äußerlichen Markern
nicht beteiligt zu sein oder zumindest nicht der marginalisierten Gruppe zugerechnet zu werden. Lms „wirklich" (#00:09:55–8#) mit fragender Intonation kann
in diesem Kontext als Aufforderung zur inhaltlichen Validierung oder ironisch
bis zweifelnd verstanden werden, da die erste Silbe übermäßig betont wird.
Am jedoch erweitert sein ursprüngliches Argument und nimmt die in diesem
Gespräch als Eigenschaft verhandelte Hauttönung „weiß" in das Gespräch auf.
Diese sei demnach aus Konflikten keineswegs ausgenommen. Auch hier deutet
sich ein ironisierender Umgang mit dem Thema an. Durch die Nachfrage des
Diskussionsleiters nach den Ursachen des von den Kindern nicht näher beschriebenen Konfliktes nimmt das Gespräch wieder eine Wendung. Die Verneinung
von Mm kann an dieser Stelle nicht genau zugeordnet werden. Möglicherweise
sieht er keine Konfliktlinien bzgl. der Hautfarbe. Die weiteren Gesprächsbeiträge
der Kinder weisen zwei Argumentationslinien auf. Ams Ausarbeitung zufolge
seien Ursachen bzw. Einstellungen insbesondere bei „manche[n] menschen"
(#00:10:03–5#), also dem Umfeld der Betroffenengruppe zu finden. Dabei spricht
er in der dritten Person Plural, nimmt sich also selbst sprachlich aus der geschilderten Situation heraus. Der Diskussionsleiter nimmt diese Formulierung auf,
wiederholt sie und fragt nach den Ursachen für eine potenzielle negative Einstellung. Daraufhin arbeiten die Kinder den aufgeworfenen Orientierungsgehalt

weiter aus. Lm sagt „die stinken" (#00:10:07–8#), wobei hier nicht ersichtlich wird, welche Gruppe gemeint sein könnte. Möglich ist eine Interpretation, die diese Zuschreibung auf „manche menschen" (#00:10:03–5#) aus der Elaboration von Am bezieht und damit Missbilligung zum Ausdruck bringt. Andererseits könnte eben auch jener Personenkreis adressiert werden, der von den Kindern die Zuschreibung „schwarz" (#00:09:52–8#) erhalten würde. Im Folgenden werden nun aber Ursachen für die Ressentiments in der Betroffenengruppe selbst gesucht. Pm sagt, nachts sei es nicht möglich, jene Menschen zu identifizieren „die schwarz sind" (#00:10:14–1#). Es deutet sich also eine Unsichtbarkeit an, die auch ein gewisses Bedrohungspotenzial beinhalten könnte. Gleichzeitig werden Folgen diskutiert, die unmittelbar wahrnehmungsbezogene Zusammenhänge aufweisen und die soziale Implikationen gewissermaßen ausblenden. Der Beitrag von Pm wird von Am weiter ausgearbeitet, der ergänzt, dass diese dann einbrechen könnten. Er unterstellt damit besagter Gruppe von Menschen, dass sie die Unsichtbarkeit zu ihrem Vorteil nutzen würden. Dabei dokumentiert sich im gesamten Gespräch erneut eine heitere Stimmung.

6.4.2 Oppositionen zum Sozialen Lernen (Zwei Hälften, Hase und Fuchs, Maulwurf)

Eine dritte abschließende Orientierung lässt sich in jenen Passagen rekonstruieren, in welchen sich nach gesprächsstrukturierenden Nachfragen und Einlassungen des Diskussionsleiters in den Antworten der Kinder Rahmeninkongruenzen dokumentieren. Daher haben kommunikative Wissensbestände Sozialen Lernens in diesen Passagen keine vorstrukturierende Wirkung (beispielsweise im Sinne kultureller Repräsentationen, die keine Rahmeninkongruenzen mit Interventionen und Beiträgen des Diskussionsleiters erzeugen) wie in Passagen, die Typ II der sinngenetischen Typenbildung zugeordnet werden.

In der Gruppe Zwei Hälften dokumentieren sich solche Rahmeninkongruenzen in der diskursiven Bearbeitung des Konflikts der Gruppe mit Aw[33]:

---

[33] Vgl. Abschnitt 6.2.2.2.

Gruppe Zwei Hälften; Schule 2. **Zweite Diskussionseinheit, Passage „Aw und der Rest der Klasse"**
I: würdet ihr sagen-würdet ihr sagen das is so (2) ihr habt ja in der klasse eine so ähnliche situation wie hier #00:09:18-8#
Nw: ((zeigt auf stellen im buch)) das ist Aw und das sind wir alle   @(3) #00:09:21-9#
Gw: └@(3) #00:09:21-9#
Fw: /((steht auf dreht sich zu den anderen setzt sich wieder hin)) und eine familie ist es #00:09:23-6#
Gw: @(2)@ #00:09:24-2#
I: müssten/müssten #00:09:28-1#
Nw: └(unv) #00:09:28-1#
Gw: └@(2)@ #00:09:28-1#
Nw: ((zeigt auf stellen im buch)) die eine hälfte ist so zerschnitten und da ist da Aw und da ist Gw und die sagen kann ich mit euch spielen und wir sagen/die ganze klasse sagt **neel:::::n** #00:09:38-2#
Gw: @(2)@ (unv) #00:09:42-7#
Nw: └(unv) #00:09:42-7#

Der Diskussionsleiter bittet die Kinder, Verbindungen der geschilderten Situationen zur Handlung des Buches zu ziehen, in dem die Situation der Hauptfigur durchaus problematisiert wird und für eine kritische Auseinandersetzung mit dem Verhalten der Mehrheitsgruppe Anlass geben kann bzw. soll. Nw nutzt insbesondere die Abbildungen des Buches, um die antizipierten Mehrheitsverhältnisse in der Klasse grafisch zu veranschaulichen. Die Hauptfigur identifiziert sie als Aw, die ausgrenzende Mehrheitsgruppe seien sie alle, womit sie erneut ein unbestimmtes „wir" (#00:09:21–9#) benutzt, was die anwesenden Kinder einschließen kann, aber auch die ganze Klasse. Fw sagt, es handle sich um eine Familie, wobei nicht ganz klar ist, wer gemeint ist. Zu vermuten ist, dass diese Äußerung sich auf die ausgrenzenden Figuren des Buches bezieht. Ungeachtet der pädagogischen Narrative des Buches entwickelt Nw eine alternative Handlung mit einem Dialog zwischen der Hauptfigur und der Mehrheitsgruppe. Sie skizziert eine Grenze, wobei sie das Wort „zerschnitten" (#00:09:38–2#) nutzt, worin sich Differenzen innerhalb der Peergroup metaphorisch andeuten. Die Hauptfigur, respektive Aw, frage, ob sie am Spiel der anderen Kinder teilhaben könne, was die ganze Klasse mit einem lauten geschlossenen „nein" (#00:09:38–2#) energisch zurückweist. Hinsichtlich des wahrgenommenen Verhaltens von Aw scheinen Ausgrenzungsprozesse in der Gruppe legitim.

Im Folgenden entwickelt sich in der Gruppe ein Gespräch über Unterschiede zwischen Menschen. Sequenzen aus diesem Gespräch dienen den Kindern an späterer Stelle dazu, ihre Positionierung gegenüber Aw zu untermauern:

Gruppe Zwei Hälften; Schule 2. Zweite Diskussionseinheit, Passage „Behinderte Menschen"
Fw: manche haben einen arm ab #00:12:12-0#
Nw: ᴸbehindert das is so wie arm so ab oder sie schreien-sie schreien an oder so ich hab mal einen behinderten menschen gesehen der hat (unv) gemacht und der hat so gesagt ((steht auf und spannt beide arme im rechten winkel stark an)) ich (unv) bis ihr alle tot seid #00:12:26-3#
Hw: @(2)@ #00:12:27-0#
I: das hat er gesagt? #00:12:28-4#
Hw: @(3)@ #00:12:29-7#
Nw: (unv) #00:12:34-1#
Fw: ᴸoder ein betrunkener mensch ein betrunkener mensch hat mal gesagt (unv) #00:12:37-6#
Hw: @(1)@ und schonmal bei der mädchen-ag da war ich ((weibl vorname)) ((weibl vorname)) und ((weibl vorname)) da hat ein mann telefoniert @(und ganz doll geschrien)@ #00:12:49-2#
I: war/was/waren die gründe? #00:12:52-0#
Nw: und einmal da hab ich (unv) #00:12:54-4#
Fw: ᴸ(steht auf und hüpft im kreis mehrmals auf und ab)) (unv) #00:12:56-1#
Hw: na er hat telefoniert und richtig doll geschrien #00:12:58-2#
Nw: bei uns einmal bei uns einmal in-in der hausgebäude bei uns im gebäude da läuft ein junge so ((macht abgehakte laufbewegungen richtung tafel)) #00:13:06-4#

Nws Sprechbeitrag bewegt sich an der Grenze zwischen abstrahierendem und biografischem Sprechen über Differenz bzw. im konkreten Fall Behinderung. Eingangs schildert sie, eine Behinderung zeichne sich durch das Fehlen eines Armes oder durch Schreien der betreffenden Person aus. Zur Untermauerung ihrer Aussagen wechselt sie von einer abstrakten Beschreibung der Unterschiedlichkeit von Behinderung hin zum biografischen Sprechen über Differenz. Sie habe einmal einen „behinderten menschen" (#00:12:26–3#) gesehen, welcher ihr durch verbale und nonverbale Verhaltensweisen besonders aufgefallen sei. Das nonverbale Verhalten macht sie dem Diskussionsleiter und den anderen Kindern der Gruppe mit entsprechenden Körperbewegungen sichtbar. Ferner habe die Person auch Drohungen gegenüber anderen Menschen verbalisiert. Es zeigt sich, dass in der konkreten, geschilderten Situation Behinderung als Label bei Verhalten genutzt wird, welches für die Kinder irrational erscheint oder nicht erklärbar und daher potenziell belustigend ist. Die Schilderungen sorgen bei Hw für Erheiterung. Der Diskussionsleiter fragt mit Blick auf die gewalttätigen Drohungen nach, ob der „behinderte Mensch" (#00:12:26–3#) diese tatsächlich ausgesprochen habe. Mit einer Aufforderung zur Verifizierung des eben Geschilderten dokumentiert sich, dass auch für den Diskussionsleiter der Inhalt des Gesagten eher unvertraut zu sein scheint. Es zeigt sich erneut eine heitere Gesprächsatmosphäre. Fw schließt an den Orientierungsgehalt an und schildert, ein „betrunkener mensch" (#00:12:49–2#) habe einmal etwas gesagt. Auch wenn der zweite Teil der Äußerung nicht mehr verständlich ist, so deutet sich an, dass auch dieser etwas Irritierendes geäußert haben könnte. Im Gesprächsverlauf ist nicht erkennbar, dass Fws Beitrag als Opposition oder Konklusion zu werten ist – auch von den anderen Kindern gibt es keinen Widerspruch bzgl. einer potenziell fehlenden inhaltlichen Passungsfähigkeit zum Thema des Gesprächs. In ihrer Wahrnehmung und der der anderen Kinder schließt sie also inhaltlich an Schilderungen über Menschen mit Behinderung an, bringt dabei aber mit dem Begriff der Sucht streng genommen einen anderen Aspekt menschlicher Heterogenität zur Sprache. In diesen Orientierungsgehalt lässt sich auch Hws biografische Äußerung einordnen. Sie berichtet von einem Erlebnis in der „mädchen ag" (#00:12:49–2#). Ein Mann, dessen Identität oder potenzielle Zugehörigkeit zu dieser Arbeitsgemeinschaft nicht näher erläutert wird, habe recht laut telefoniert und geschrien. Der zweite Teil des Gesprächsbeitrags findet unter Lachen statt. Es lassen sich immer wieder nonverbale Gesprächsanteile seitens Fw rekonstruieren, die eher aufgeregt wirken. In Nws biografischer Äußerung dokumentiert sich eine weitere Begegnung. In ihrem Haus gebe es einen Jungen, der auf auffällige Art und Weise laufe. Um dies für den Diskussionsleiter und die anderen Kinder der Gruppe zugänglich zu machen, nutzt sie erneut körperbetonte Zugangsweisen und stellt die Art und Weise des Laufens nach. In dieser Erzählung geraten körperliche Auffälligkeiten erneut in den Mittelpunkt.

In der folgenden Sequenz versucht der Diskussionsleiter, das Gespräch auf das schulische Umfeld der Kinder zu lenken. Er beschreibt ein Szenario, in welchem ein Kind mit einem Laufstil, wie ihn Nw geschildert hat, die Schule der Gruppe besucht, und fragt die Kinder darauf aufbauend, wie sie sich verhalten würden.

**Gruppe Zwei Hälften; Schule 2. Zweite Diskussionseinheit, Passage „Hilfs-
bereitschaft"**
I: was würdet ihr denn mit einem kind machen das in eure klasse käme und genauso laufen würde (Hw: ähm) wie du das jetzt grad nachgemacht hast
#00:13:44-9#
Nw: ähm wl:r hätten ihn (2) wir wären höflich und #00:13:50-5#
Fw: ((steht auf und geht leicht mit ausgebreiteten armen nach vorn)) wir würden
ihm helfen komm komm ich helfe dir die treppen runter #00:13:54-7#
I: └ihr
würdet helfen? #00:13:55-0#
Nw: ja aber Aw helfen wir nicht weil sie kann schon laufen sie lauft so aber sie
kann laufen #00:14:00-5#
I: ähm (2) was ist- #00:14:02-4#
Hw: und sie macht immer so ((streckt nach kopf nach vorn drückt mit zunge wan-
gen nach vorn)) #00:14:03-9#
Nw: @(3)@ #00:14:06-7#
Hw: └@(3)@ #00:14:06-7#
Fw: └oder wenn sie immer (unv) weißt du was sie gemacht hat sie ist im-
mer gelaufen ((läuft nach vorn und simuliert ein fallen)) #00:14:14-4#
Hw: @(3)@ #00:14:15-0#
Nw: ne::in weißt du warum Aw immer (unv) so stand hat ein fuß so und ein fuß so
und wenn sie lauft dann stolpert sie ((läuft nach vorn und simuliert ein fallen))
#00:14:24-6#
I: aber dann kann man ihr doch auch aufhelfen oder? #00:14:26-3#
Hw: @(ne::in)@ #00:14:26-2#
Nw: nein #00:14:27-1#
I: warum denn nicht? dem jungen-dem-dem behinderten jungen den Nw wie das
grad gezeigt hat dem würdet ihr doch auch helfen #00:14:33-6#
Nw: ja aber das ist ein junge und ein Awe ist ein mädchen aber #00:14:37-2#
Fw: └sie geht immer so ((bewegt sich nach vorn mit kreisenden bewegun-
gen der füße)) #00:14:37-2#
Nw: das ist ja normale (aber das ist ja ein pss mädchen) ((zeigt mit beiden zeige-
fingern an die schläfe und führt sie mit einer ruckartigen bewegung weg))
#00:14:42-4#
I: das ist zwar ein (unv) mädchen (Fw: (unv)) was ist denn ein pss ((zeigt mit
zeigefinger und mittelfinger an die schläfe und führt sie mit einer ruckartigen be-
wegung weg)) mädchen? #00:14:45-4#
Nw: @(ein totes mädchen)@ #00:14:49-0#
I: was meinst-was meinst du damit? #00:14:50-3#
Fw: herr schrumpf herr schrumpf #00:14:50-3#
Nw: ein dummes mädchen #00:14:52-2#

Nw sagt, sie seien höflich (und spricht dabei nicht nur von sich, sondern in
der dritten Person Plural vermutlich auch von den anderen anwesenden Kindern oder auch über die gesamte Klasse). Fw äußert sich ähnlich und inszeniert

mittels sprachlicher Äußerungen und körperlicher Bewegungen ein recht konkretes Szenario, in welchem sie dem Jungen Hilfe beim Treppensteigen anbieten. Ihre Gestik deutet an, wie sie den Jungen unter den Arm nimmt. Die Gruppe differenziert aber auch, dass sie diese Hilfsbereitschaft nicht gegenüber allen Kindern zeigen würde. Nw schränkt ein, dass sie Aw nicht helfen würden. Sie laufe zwar „so" (#00:14:00–5#) – also auffällig bzw. nicht der Norm entsprechend –, aber sie könne laufen. Für Nw scheint es hier also einen Unterschied zu geben. Insbesondere Aws Art zu gehen erzeugt bei den Kindern Heiterkeit. Erneut nutzt Fw eine Mischung aus sprachlichen Erzählungen und körperbasierten Nachahmungen, um bestimmte Auffälligkeiten im Verhalten gegenüber dem Diskussionsleiter nachvollziehbar zu machen. Das häufige spontane Stolpern während des Gehens in Verbindung mit dem ungewöhnlichen Fortbewegungsmuster erregt dabei besondere Aufmerksamkeit der Kinder. Beide Aspekte werden durch die Kinder sprachlich und nicht-sprachlich inszeniert. Die Ausarbeitung dient dabei weniger einem Ausloten neuer Aspekte des Sachverhaltes, sondern vielmehr einer kommunikativen Verständigung gegenüber dem Diskussionsleiter sowie einem humorvollen Aufleben nach innen. Ein Orientierungsdilemma zu den ersten Elaborationen von Nw und Fw, in welchen festgestellt wurde, einem Kind wie dem aus der Erzählung von Nw würde in der Schule mit Hilfsbereitschaft begegnet werden, wird dabei nicht gesehen. Dies versucht der Diskussionsleiter zu verbalisieren, indem er etwas deutlicher auf das Orientierungsdilemma hinweist: Es erschließt sich in dieser Szene nicht, weshalb die Kinder dem imaginierten Jungen helfen würden, Aw jedoch diese Hilfe verweigern. Die Kinder können diesem Widerspruch argumentativ so begegnen, dass der gemeinsam geteilte Erfahrungshorizont aus ihrer Perspektive wiederhergestellt ist. Hilfe wird nämlich nicht jeder Person mit einer Gehbehinderung zugestanden. Gegenüber dem Diskussionsleiter machen sie deutlich, dass sich in beiden Fällen das Geschlecht nicht gleiche – das Kind aus der Narration von Nw ist ein Junge, Aw hingegen ein Mädchen. Hinzu kommt, dass es sich bei Aw nicht um ein normales Mädchen handle, sondern um ein „pss-mädchen" (#00:14:42–4#). Was an dieser Stelle gemeint ist, wird noch nicht ganz deutlich. Die Geste, die sie parallel zum Gesprochenen durchführt, erinnert entweder an Stromschläge oder an die Andeutung, dass am Verstand einer Person gezweifelt wird (mit dem Unterschied, dass die Geste ‚jemandem einen Vogel zeigen' normalerweise nicht beidseitig ausgeführt wird). Der Diskussionsleiter nimmt diesen Gesprächsbeitrag auf, wiederholt ihn und fragt, was ein „pss-mädchen" (#00:14:45–4#) sei. Bei seiner Wiederholung der Geste handelt es sich jedoch nicht um eine exakte Eins-zu-eins-Kopie. Er führt sie nur einseitig mit Zeigefinger und Mittelfinger durch, sodass es aussieht, als stelle er mit seiner Hand eine Schusswaffe nach, die er an seinen Kopf hält und mit der er ein Abdrücken simuliert. Eventuell bezieht sich darauf Nws lachende Reaktion, die als Antwort auf seine Frage Aw als „totes mädchen" (#00:14:49–0#) bezeichnet. Nw erkennt ihr Missverständnis und antwortet nun „ein dummes Mädchen" (#00:14:52–2#). Das Ausschlusskriterium, welches ein unsolidarisches und nicht normbasiertes Verhalten erlaubt, ist, dass sie zusätzlich zu ihrer Gehbehinderung durch weitere Eigenarten auffällt. Die wahrgenommenen Verhaltensweisen sind dabei nicht nur irritierend oder belustigend wie in der Passage „Behinderung". Die Kinder empfinden sie als Teil peerspezifischer Gruppendynamiken, wie sie dies in „Aw und der Rest der Klasse" artikulieren.

Auch in anderen Gruppen blitzen derartige Rahmeninkongruenzen, in welchen moralischen Implikationen des Diskussionsleiters oppositionell begegnet wird, immer wieder auf. In der Gruppe Hase und Fuchs[34] werden beispielsweise kulturelle Repräsentationen und darauf aufbauende Abgrenzungen von anderen Gruppen auch entgegen negativer Gegenhorizonte des Diskussionsleiters weiter durchgesetzt:

Gruppe Hase und Fuchs; Schule 2. Erste Diskussionseinheit, Passage „Araber"
Am: └und ich hab mal ein israeli gesehen der war so groß und der hat mit mein vater geredet und da hat mein vater gesagt: was willst du ich töte dich gleich #00:12:02-1#
Om: ((zu Am)) wallah? /(@ @)/ #00:12:05-6#
Mm: @(2)@ #00:12:12-5#
Am: und dann dieser israeli in den nachrichten er hat richtig angst vor meinem vater bekommen #00:14:46-9#
I: aber wie ist das denn wenn jemand ähm ein mensch zu einem anderen menschen sagt: 'was willst du ich töte dich gleich!?' #00:12:21-2#
Am: was denn? die israeli haben doch erst der angefangen und die haben ohne grund unser land zerstört #00:12:27-4#
Ym: meins auch #00:12:27-5#

Am berichtet in seiner Proposition von einem Israeli, den er „mal gesehen" (#00:12:02–1#) habe – ob persönlich oder in den Medien wird nicht deutlich. In dieser Sequenz werden abstrakte Beiträge gesellschaftspolitischer Konflikte durch biografische Schilderungen von Auseinandersetzungen zwischen Israelis und Arabern ergänzt. Am berichtet von einer Situation, in der ein Israelis ein Gespräch mit seinem Vater beginnt. Den Israeli beschreibt er näher als „groß"

---

[34] Vgl. schwerpunktmäßig Abschnitt 6.2.1.

(#00:12:02–1#), womöglich, um die Bedrohungslage zu unterstreichen, den Zuhörenden zu signalisieren, dass es sich in der Erzählung um einen erwachsenen Israeli handelt oder um die anschließende Reaktion des Vaters – er droht dem Israeli mit dem Tode – als besonders mutig darzustellen. Innerhalb ihres geteilten Erfahrungsraumes bedarf es keines Austausches über eventuelle moralische Implikationen dieser Situation. Ebenso berichtet Am, wie die anschließende Angst des Israelis medial inszeniert und einer Öffentlichkeit zugänglich wird. An dieser Stelle versucht der Diskussionsleiter die Gruppe dazu anzuregen, dass sie über die Handlungsweise des Vaters noch einmal ins Gespräch kommt. Moralische Implikationen von Todesdrohungen gegenüber Israelis werden durch die Gruppe nicht als gerechtfertigt angesehen – eine Rahmeninkongruenz dokumentiert sich damit auf kommunikativer Ebene. Am weist in einer Opposition einen Diskurs über Richtig und Falsch zurück. In diesem Falle seien Drohungen tendenziell gerechtfertigt, da Araber lediglich eine Verteidigungshaltung einnehmen, um auf die aus Sicht der Kinder ungerechtfertigte Wegnahme von Land bzw. eines Staates zu reagieren. Die Beschreibung offener ethnischer bzw. politisch-religiöser Konflikte (höchstwahrscheinlich des Nahost-Konflikts) als Hintergrund dieser scharfen Abgrenzung von Arabern zu Israelis geschieht ungeachtet der pädagogisch gefärbten Intervention des Diskussionsleiters. Sie erkennen dieses Wissen nicht als handlungsleitend für die Kommunikation innerhalb der Gruppendiskussion.

Im Kontext kommunikativen Austausches über Verwendung und Angemessenheit des Wortes „dumm" dokumentiert sich auf eine Intervention des Diskussionsleiters eine ähnliche Reaktion der Kinder:

Gruppe Maulwurf; Schule 1. Zweite Diskussionseinheit, Passage „Andere dumm nennen"
I: sch keine namen keine namen kein namen äh ist es okay zu jemand zu sagen du bist dumm? #00:08:55-7#
Jam: manchmal sollte man es (vorsichtig) sagen #00:08:56-9#
Pw: nein #00:08:58-9#
I: ((zu Jam)): bitte? #00:08:58-9#
Jam: manchmal muss man es sagen #00:08:59-4#
I: warum? (unv) #00:09:00-9#
Am: └weil es auch stimmt #00:09:01-2#
Pw: ich hab mal euro und cent verwechselt und da hat ähm (2) ((männl vorname)) gesagt dass gesagt (ich) dumm bin das kann man ja mal verwechseln #00:09:10-7#
I: weil äh was passiert denn wenn man sagt also (2) wie kommt das bei dem der das gesagt bekommt an? #00:09:17-2#
Am: wenn man das sagt dann gibt es ärger von der lehrerin #00:09:19-6#
Pw: naa #00:09:20-8#

Am: ((zu Pw und Jam)): stimmt doch #00:09:22-0#
I: ich mein wenn man mal einen fehler macht möchte man da gleich als dumm
bezeichnet werden? #00:09:27-0#
Pw: ja: #00:09:26-9#
Am: └ja: #00:09:26-9#
Jam: manchmal mag ich als dumm bezeichnet werden #00:09:29-2#
Am: ich auch #00:09:30-5#

Diese Sequenz leitet die Frage an die Kinder ein, ob es „okay" (#00:08:55–7#)
sei, jemandem zu sagen, er*sie sei dumm. Dies lässt sich aus Perspektive Sozialen
Lernens als Intervention rekonstruieren. In diesem Unterthema dokumentiert sich
ein divergierender Diskursverlauf, wobei Jam und Am tendenziell nicht gegen
die Verwendung dieses Wortes sind, Pw aber schon. Jam antwortet, dass man
es manchmal vorsichtig sagen solle. Es ist also tendenziell nicht unangebracht,
dieses Wort zu verwenden. Weiterhin scheint auch eine Rolle zu spielen, wie der
Einsatz – nämlich möglichst „vorsichtig" (#00:08:56–9#) – erfolgen sollte. Pw
beantwortet diese Frage konträr zu Jams Äußerung mit einem „nein" (#00:08:58–
9#), ohne dies zu begründen. In einem weiteren Wortbeitrag plädiert Jam für
eine Verwendung des Wortes. Insbesondere das Modalverb „muss" (#00:08:59–
4#) sticht hier hervor, welches an die Stelle von „sollte" (#00:08:56–9#) aus
Jams vorheriger Einlassung tritt. Die Nutzung des Wortes „dumm" ist demzufolge
keine Kann-Option, sondern ein Muss. Den negativen Gegenhorizont bildet Pw
mit einer biografischen Schilderung ab. Sie erzählt, einmal als dumm bezeichnet
worden zu sein – wahrscheinlich von einem*r Mitschüler*in –, nachdem sie Euro
und Cent verwechselt hatte. Sie selbst hält ihren Fehler für zu marginal, um sie als
„dumm" zu etikettieren; man könne dies ja mal „verwechseln" (#00:09:10–7#).
Der Diskussionsleiter wiederum knüpft eher an jene Gesprächsbeiträge an, die
seinen pädagogischen Einwänden entgegenstehen. In seinen Inputs dokumentiert
sich die Suche nach einem empathischen Zugang. Die Kinder sollen die Gefühle
einer als dumm adressierten Person antizipieren. Auch wenn somit Folgen für die
adressierte Person angesprochen werden, so sind aus Ams Perspektive die Folgen für die das Wort äußernde Person zentraler, denn ihm zufolge gäbe es beim
Gebrauch des Wortes Ärger von der Lehrerin. Damit werden keine moralischen
oder ethischen Folgen diskutiert, sondern drohende schulische Sanktionen[35]. Der
Diskussionsleiter gibt nun einen ähnlich gelagerten Impuls in die Diskussions-
runde. Dieser weist eine hohe inhaltliche Kongruenz zum Beitrag von Pw auf,
da er eine ähnliche Situation skizziert, wenn auch nicht ganz so spezifisch. Er

---

[35] Erneut sind es hierbei auch generationale Machtverhältnisse, die als besonders wirkmächtig erlebt werden (vgl. Abschnitt 6.2.3).

spricht von „einem fehler" (#00:09:27–0#), der es aber nicht rechtfertige, andere als dumm zu etikettieren. Pw und Am können dieser Elaboration jedoch nicht zustimmen. Ihrer Bejahung entsprechend würden Adressaten es durchaus begrüßen, im Szenario des Diskussionsleiters als „dumm" bezeichnet werden. Es ergibt sich also eine homologe Argumentationsstruktur, die mit der Elaboration des Diskussionsleiters eher oppositionell umgeht. Jam ergänzt, dass er es manchmal möge, als dumm bezeichnet zu werden. Am pflichtet ihm bei.

6.4.3 Sinngenetische Typen II und III: Zusammenfassende Bemerkungen

Eine Analysehaltung, in welcher die Aussagen des Diskussionsleiters und die von ihm mitgebrachten sprachlichen und visuellen Impulse als formbestimmend für die Kommunikation innerhalb der Gruppendiskussion angesehen werden (vgl. Neumann-Braun und Deppermann 1998), ermöglicht nicht nur Aussagen darüber, auf welcher Bühne des sozialen Miteinanders Kinder Differenz aushandeln. Es lässt sich auch herausarbeiten, inwieweit die Kinder mit der an sie gestellten Anforderung umgehen, bestimmte Haltungen zu schulischer und gesellschaftlicher Differenz einzunehmen. Neben spontanen immanenten und exmanenten Nachfragen sind dies Artefakte, wie die Abbildungen von Fischschwärmen oder das Buch, welches durch die potenziell mitleiderregende Darstellung der Situation der Hauptfigur deren deprivierte Lage unterstreicht. Wie bereits in Abschnitt 6.3 der Ergebnisdarstellung sowie den methodologischen Ausführungen in 5.3 dargelegt, kann von einer kausalen Perspektivübernahme von Kindern in entsprechenden Settings nicht ausgegangen werden. Obwohl die asymmetrische Beziehungsstruktur anwesende erwachsene Person in die Lage versetzt, durch Anweisungen und Fragen in einem didaktisch-methodisch vorstrukturierten Setting[36] Kommunikationsdynamiken unter Kindern bzw. Jugendlichen zu beeinflussen (vgl. Asbrand und Martens 2018, S. 94) so ist im alltäglichen Geschehen zwischen Kindern und Erwachsenen eher eine Gleichzeitigkeit der Erfahrungsräume zu konstatieren. Eine Verdichtung bzw. ein Einpendeln auf einen gemeinsam geteilten Erfahrungsraum (vgl. Bohnsack 2014b), welcher für die gesamte Gruppe gleichermaßen handlungsleitend ist, ist damit keine zwingende Voraussetzung mehr für eine rekonstruktive Analyse. Vor allem an

---

[36] Asbrand und Martens (vgl. 2018, S. 96) verweisen auf machtvolle Effekte der räumlichen Gestaltung. Der Sitzkreis kann hier als Versuch bezeichnet werden, durch eine räumliche Nicht-Hervorhebung einzelner Personen, wie dies z. B. im Frontalsetting der Fall ist, schulische und generationale Machtverhältnisse zu entdramatisieren.

Stellen, wo die Interventionen des Gruppendiskussionsleiters über erzählgenerierende Fragen hinausgehen und beispielsweise moralische Orientierungen bei Kindern ansprechen, kann von einer teilgruppenspezifischen Verdichtung dieser Erfahrungsräume gesprochen werden (vgl. Bonnet 2009, S. 225).

Diese Inkongruenzen in der Herstellung alltäglicher Praxis zwischen Kinder und Erwachsenen (aber auch innerhalb von Kindergruppen[37]) können eine potenziell inhaltliche Dimension annehmen, aber auch organisationstheoretisch gefärbt sein. Dies ist beispielsweise dann der Fall, wenn Kinder Aspekte der Unterrichtsorganisation und der Steuerung von Lernprozessen in Frage stellen, sich während Arbeitsphasen peerspezifischen Gruppendynamiken widmen und damit schulisches Lernen unterwandern (vgl. Heinzel 2009, S. 150). Die Komplexität des Geschehens verorten Asbrand und Martens auf der Ebene der Sach-, Sozial- und Zeitstruktur. Zentral für die Frage nach dem Sprechen über Differenz im Kontext von Situationen Sozialen Lernens ist die Sachebene. Hier werden Kinder und Jugendliche mit mannigfaltigen Erwartungen hinsichtlich des Umgangs mit dargebotenem Wissen konfrontiert. Diese beschränken sich nicht nur auf ihre größtmögliche Aneignung und Verinnerlichung, sondern implizieren darüber hinaus auch, dass Kinder und Jugendliche diesem Wissen mit Wertschätzung und Offenheit begegnen und sich einsichtig und aus intrinsischen Motiven heraus den durch Erwachsene gesetzten Themen widmen. Das komplexe Moment dieser Sachstruktur ist, dass weder Aneignung noch Wertschätzung häufig den Vorstellungen anwesender Erwachsener entsprechen (vgl. Asbrand und Martens 2018, S. 98).

Auch wenn Gruppendiskussionen in ihrer Gesamtstruktur im vorliegenden Forschungsvorhaben nicht mit der Komplexität eines reinen unterrichtlichen Geschehens zu vergleichen sind (beispielsweise fehlen leistungsbewertende Situationen oder wegen einer gewissen Gleichrangigkeit in der Kommunikation zwischen Kindern und Erwachsenen, wie sie zumindest anfangs durch den Diskussionsleiter betont wird), lassen sich doch hinsichtlich des Umgangs mit Inhalten des Sozialen Lernens auf der Sachebene des Geschehens zwei Typen formulieren, welche die sinngenetische Typenbildung abschließen:

Als *sinngenetischer Typ II* wird die (nicht-)intentionale Orientierung an Wertvorstellungen des Sozialen Lernens bezeichnet. Dieser Typus dokumentiert sich insbesondere in den Gruppen Maulwurf und Zirkus. Hierfür wurden solche Passsagen einer Rekonstruktion zugänglich gemacht, in denen sich das Sprechen über gesellschaftliche Differenzkategorien vollzieht. Insbesondere in den Gruppen

---

[37] Vgl. dazu Abschnitt 6.2.2.2.

Maulwurf sowie Zirkus werden mittels abstrahierender Äußerungen Orientierungstheorien potenziell menschenfeindlicher Handlungen einer dritten Partei,
der Nazis, verhandelt. Eine Perspektivübernahme, eine Bewertung dieser Haltungen oder eine Anreicherung/Differenzierung mit biografischen Äußerungen
findet in dieser Gruppe nicht statt. Dies ermöglichen abstrahierende Gesprächsbeiträge. Das heißt, die Passagen dokumentieren, dass die Kinder die Ebene der
Orientierungsschemata (vgl. Bohnsack 2010) nicht verlassen.

Durch diesen Rückzug auf Allgemeinplätze entfällt die Notwendigkeit einer
Suche nach habitueller Übereinstimmung zwischen den antizipierten menschenfeindlichen Einstellungen der beschriebenen Gruppe und den diesen Einstellungen zweifellos entgegenstehenden Wertvorstellungen des Sozialen Lernens,
die durch den Diskussionsleiter direkt und indirekt in die Gruppendiskussion hineingetragen werden. Dies lässt jedoch nur bedingt einen Rückschluss
auf die Internalisierung dieser Wertvorstellungen innerhalb der Gruppen zu.
Denn zumindest in der Gruppe Maulwurf kann die distanzierende Beschreibung
gesellschaftlicher Phänomene auch darauf hindeuten, dass die Kinder keine „exis-
tenziellen atheoretischen verinnerlichten Erfahrungen im Umgang" (Fischer und
Thormann 2015, S. 152) mit ihnen besitzen, wie dies bei bestimmten Themen
in politikdidaktischen Schüler*innendiskussionen beobachtet werden konnte (vgl.
Jahr und Nagel 2017, S. 199). Dies deckt sich mit dem Befund innerhalb der Basistypik, wonach für Zuschreibungen, die habitualisiert bzw. gewohnheitsmäßig
genutzt und angeeignet werden, kein Rückgriff auf das Wissen um soziale Identitäten und gesellschaftliche Differenzkategorien erfolgt. Es lässt sich jedoch nicht
ausschließen, dass sich in den abstrakt entfalteten Orientierungsschemata nicht
auch Wertvorstellungen und Urteile als „Selbstverortung auf einem reflexiven
Niveau" (Maxelon et al. 2017, S. 184) niederschlagen.

In der Gruppe Zirkus stellt sich dies etwas differenzierter dar. Das Gespräch
über Diskriminierung von Menschen mit ‚schwarzer' Hautfarbe, wie die Kinder selbst es beschreiben, findet zwar auf ähnlich distanzierte Weise wie in der
Gruppe Maulwurf statt, dennoch werden in einer kurzen Sequenz auch Wertvorstellungen eines gemeinschaftlichen Zusammenlebens sichtbar, auch wenn diese
nicht alle Kinder als essenziell bzw. relevant für das Gespräch erachten. Die Frage
nach der Intentionalität muss daher offenbleiben, weshalb die Bezeichnung dieses
Typs mit ‚(Nicht-)Intentionalität' markiert, dass eine ausbleibende Rahmeninkongruenz nicht unbedingt das Resultat eines aktiven Steuerungsprozesses seitens der
Kinder ist.

Im Unterschied dazu lassen sich in Passagen, die ich im Folgenden dem
sinngenetischen Typ III zuordne, durchaus solche Rahmeninkongruenzen finden.

Sie können daher als *Soziales Lernen und Rahmeninkongruenz* bezeichnet werden. Es gilt jedoch zu differenzieren: Denn im Gegensatz zum sinngenetischen Typ I, in dessen Sequenzen sich teilweise eine Abkehr des vom Diskussionsleiter induzierten Gesprächsverlaufes rekonstruieren lässt, ist beim sinngenetischen Typ III von einem zweifachen Passungsverhältnis zwischen Kindergruppe und Diskussionsleiter auszugehen. In Anlehnung an Asbrand und Martens' Unterscheidung zur Sach- und Sozialstruktur pädagogisch-didaktischer Settings (vgl. 2018, S. 92 ff.) kann davon ausgegangen werden, dass die bestehende Sozialstruktur nicht durch die der Peergroup inhärenten habituellen Bewegungen gebrochen wird. Gleichwohl lässt sich im Material aber auch eine „nicht geteilte Konjunktivität bezüglich des Gegenstandes" (Jahr und Nagel 2017, S. 198) rekonstruieren. Nentwig-Gesemann (vgl. 2012) rekonstruiert in einer ethnografischen Studie zum forschenden Lernen in der frühkindlichen Bildung verschiedene Arten der Auseinandersetzung mit einem naturbasierten Phänomen. Während einige Kinder einen Zugang wählen, der den formalen Rahmen von Arbeitsanweisungen weitestgehend einhält, lassen sich auch aktionistisch-explorative Praktiken dokumentieren, die eine „kreative und innovative Eigendynamik" entwickeln. Damit wird der didaktische Rahmen, in dem „schon vom Erwachsenen festgelegt ist, welches Wissen erworben werden soll" (ebd., S 45), erheblich verfremdet.

Bezogen auf das vorliegende Forschungsvorhaben kann festgestellt werden, dass die Intention des Diskussionsleiters, die Aushandlung über den Umgang mit Differenz anhand kommunikativer Wissensbestände Sozialen Lernens zu diskutieren, damit von peerspezifischen Gruppendynamiken und dem inhärenten habitualisierten Wissen überlagert wird. Gleichzeitig driften die Kinder nicht vollends in peerspezifische Verhaltensmuster ab[38] und die Vorderbühne des Gruppendiskussionsgeschehens wird niemals komplett verlassen. Stattdessen wird die Konfrontation mit dem Diskussionsleiter gesucht. Die Kinder lassen sich damit auf eine diskursive Bearbeitung der Rahmeninkongruenz ein.

In der Gruppe Zwei Hälften werden Wege gesucht, die vom Diskussionsleiter geforderte Bedingungslosigkeit solidarischen Handelns mittels abstrahierender Äußerungen zu relativieren. Sie räumen ein, der Hauptfigur des Buches sowie, in einem imaginierten Szenario, einem Jungen aus dem nahräumlichen Umfeld eines Kindes in der Gruppe solidarisch begegnen zu wollen. Anhand von Aw, einem Kind der Outgroup, das durch seine als belustigend empfundene Art der Fortbewegung in Kombination mit gegenüber der Ingroup (‚petzen') als illoyal empfundenem Verhalten Ablehnung erfährt, illustrieren sie, dass der Anspruch

---

[38] Vgl. hierzu die Darstellung des sinngenetischen Typ I in Abschnitt 6.3.

auf Hilfe und Einbindung in die Peergroup verwirkt werden kann. Die Rahmeninkongruenz dokumentiert sich damit in einem oppositionellen Modus zwischen Kindergruppe und Diskussionsleiter. Auch in der Gruppe Hase und Fuchs werden Rahmeninkongruenzen infolge der deutlichen Grenzziehung zwischen ‚Arabern' und ‚Israelis' und mit der Wiedergabe einer an die Israelis gerichteten Todesdrohung angesprochen. Moralische Einwände des Diskussionsleiters werden als negativer Gegenhorizont durch die Kinder scharf zurückgewiesen. Hierbei konstruieren die Kinder in einer Orientierungstheorie die imaginierte Gruppe imperialistischer Israeli, der sich die Kinder ausgesetzt sehen. Angesichts der feindlichen Übernahme ‚ihrer' Länder, die die Kinder beklagen, sehen sie artikulierte Todesdrohungen, anders als der Diskussionsleiter, als berechtigt an. Zuletzt sei an dieser Stelle noch die Rahmeninkongruenz in der Gruppe Maulwurf zusammengefasst. Hier wird der Frage hinsichtlich der Legitimität der Verwendung des Wortes ‚dumm' durch ironische Anspielungen begegnet sowie (ähnlich wie in der Gruppe Zwei Hälften) mit einem Verweis auf Situationen, in denen die Verwendung dieses Wortes durchaus zuträfe. Während in Sequenzen und Passagen, die dem sinngenetischen Typ II zugeordnet werden, abstrahierende Äußerungen mitunter die Funktion haben, den Anschluss an Wissensbestände Sozialen Lernens herzustellen, so haben sie hier die Funktion, sich kritisch von ihnen abzugrenzen. In den dargelegten Fällen bleibt die Rahmeninkongruenz bestehen und kann nicht im Sinne des pädagogischen Gehalts Sozialen Lernens aufgelöst werden.

Diskussion der Ergebnisse

7

Dieses Kapitel widmet sich in prägnanter Form noch einmal den Forschungsfragen und fasst zentrale Ergebnisse zusammen[1]. Zudem werden, aufbauend auf den empirischen Ergebnissen, didaktische Schlussfolgerungen für das Soziale Lernen im Sachunterricht gezogen, die in einer Konkretisierung der Arbeitsdefinition zum Sozialen Lernen münden. Abschließend erfolgen einige methodische Reflexionen.

7.1 Zusammenfassung der Forschungsfragen

– Wie konstruieren Kinder Differenz untereinander?

Die teilnehmenden Kinder der Gruppendiskussionen verhandeln gesellschaftliche Differenzkategorien, peerspezifische Gruppendynamiken und die ihnen zugrundeliegenden Zuschreibungen sowie generationale Machtverhältnisse in einem Wechsel aus biografischen und abstrahierenden Sprechakten. Sie tragen gleichermaßen zur Ausarbeitung der relevanten Orientierungsrahmen bei. So werden in biografischen Sprechakten, welche auf abstrahierende Äußerungen folgen, persönliche Berührungspunkte auf konjunktiver Ebene sichtbar. Gesellschaftspolitische Konflikte werden aufgegriffen und mittels biografischer Schilderungen familiengeschichtliche Bezüge hergestellt. Während der Bearbeitung peerspezifischer Gruppendynamiken dienen biografische Äußerungen einem kommunikativen Aufleben gemeinsamer Erlebnisse. Während der Thematisierung generationaler Machtverhältnisse sind in biografische Schilderungen Momente

---

[1] Hierbei handelt es sich um eine sehr knappe Zusammenfassung der Ergebnisse. Für ausführlichere Informationen vgl. die zusammenfassenden Abschnitte und theoretischen Einordnungen in Kapitel 6.

© Der/die Autor(en), exklusiv lizenziert an Springer Fachmedien Wiesbaden GmbH, ein Teil von Springer Nature 2022
F. Schrumpf, *Kinder thematisieren Differenzerfahrungen*, Sachlernen & kindliche Bildung – Bedingungen, Strukturen, Kontexte,
https://doi.org/10.1007/978-3-658-39651-0_7

und Erfahrungen der Ungleichbehandlung zwischen Kindern, Jugendlichen und Erwachsenen eingebettet. In einem Gespräch aus abstrahierenden Sprechakten wird die Legitimität dieser Beschränkungen durch die Kinder kritisch diskutiert. Die Aushandlungen sozialer Identitäten sowie peerbezogener Gruppendynamiken finden dabei mitunter im Grenzbereich zwischen proponierender und performativer Performanz statt, durch das Nachspielen gemeinsamer Erlebnisse oder aber durch die Verwendung sprachlicher Codes. Abstrahierende Sprechbeiträge wiederum präzisieren biografische Sprechbeiträge. Sie differenzieren oder revidieren Orientierungsgehalte in Erzählungen und Beschreibungen auf konjunktiver Ebene und schränken den Geltungsbereich für spezifische Ebenen sozialer Wirklichkeit ein, wie dies die Zusammenfassung zur zweiten Frage zeigt.

– **Inwieweit sind Heterogenitätsdimensionen für Kinder handlungsleitend?**

Die Beantwortung der Frage muss differenziert hinsichtlich der jeweils jeweils verhandelten Differenzkategorien erfolgen. Die Gruppe Hase und Fuchs beispielsweise bewegt sich auf der Ebene „kultureller Repräsentationen" (Nohl 2014, S. 144). Für die Kinder dieser Gruppe hat der Nahost-Konflikt und der darin innewohnende Disput zwischen Arabern und Israelis eine Art „Daseinsorientierung" (Musenberg und Pech 2011, S. 219) in familienbiografischer Hinsicht. Auch in anderen Gruppen werden Aspekte sozialer Identitäten und Milieus verhandelt – beispielsweise in der Gruppe Maulwurf oder Zirkus. In beiden Gruppen geschieht dies jedoch häufig von einem distanzierten Standpunkt aus ohne Bezüge zur konjunktiven Dimension impliziten Wissens. In der Gruppe Zirkus werden Stereotype über ‚Türken' nicht weiterverfolgt, als klar wird, dass sie auf ein anwesendes Kind der Gruppe nicht zutreffen. Abstrahierende Äußerungen zu generationalen Machtverhältnissen wirken eher abwägend: Während im Rahmen biografischer Sprechakte wahrgenommene Ungerechtigkeiten in den Interaktionen mit Erwachsenen beklagt werden, so reflektieren die Teilnehmer*innen der Gruppe Maulwurf in abstrahierenden Äußerungen über Ursachen des ungleichen Beziehungsverhältnisses zwischen Kindern und Erwachsenen. Häufig konstituieren eher situative Differenzkategorien die Grenze zwischen Kindern der In- und der Outgroup. Diese Differenzkategorien erwachsen aus der gemeinsamen sozialen Praxis der Kinder. Sie beziehen sich auf vermeintliche Handlungen außenstehender Kinder und Verhaltensweisen, die als Abweichung von gängigen Verhaltensnormen wahrgenommen werden. Sie leben innerhalb der Gruppe durch biografische Schilderungen wieder auf und sind Teil eines gemeinsamen Humorverständnisses unter den Kindern (Nohl 2014, S. 144). Während der Diskussionen begegnen die Kinder den Äußerungen des Diskussionsleiters und den

Eingangsimpulsen sehr unterschiedlich, wie abschließend die Ausführungen zur dritten Forschungsfrage zeigen.

– **Wie vollzieht sich das Sprechen über Differenz in Situationen des Sozialen Lernens?**

Aufschluss über diese Fragen geben vor allem die rekonstruktiven Analysen der zweiten Diskussionseinheit, welche mit dem Bilderbuch sowie zusätzlichen Fragen des Diskussionsleiters das Erhebungssetting stärker als üblich zu einem Ort pädagogischen Geschehens machen (vgl. Dietrich 2021). Mit den Kindern zusammen wurde das Buch „Irgendwie Anders" (vgl. Cave et al. 2016) gelesen; seinen Inhalten begegneten die Gruppen sehr unterschiedlich. In den Gruppen Maulwurf und Zirkus ist eine (nicht-)intentionale Orientierung an Inhalten Sozialen Lernens zu beobachten. Die Gruppe Maulwurf berichtet sehr distanziert von menschenfeindlichen Haltungen der ‚Nazis' gegenüber Menschen, die als nicht-weiß gelesen werden, und die Gruppe Zirkus distanziert sich vom öffentlichen Gebrauch potenziell diskriminierender Bezeichnungen gegenüber dieser Personengruppe. Es sind diese Momente des Distanzierens und des distanzierten abstrahierenden Erzählens, in denen durchaus Orientierungsrahmen aufgespannt werden, die zu den Inhalten des Sozialen Lernens kongruent sind – wenn auch möglicherweise aufgrund fehlender „atheoretische[r] verinnerlichte[r] Erfahrungen" (Fischer und Thormann 2015, S. 152) mit dem Thema der Diskussion. Sie sind von Situationen abzugrenzen, in welchen sich Rahmeninkongruenzen dokumentieren. In der Gruppe Zwei Hälften wird zwar die Situation der Hauptfigur als beklagenswert empfunden. Bezogen auf die Situation mit Aw, einem Kind der Outgroup, welches durch die anwesenden Kinder auf vielfältige Weise kritisiert wird, scheint die Geschichte des Buches keine Anregungen für einen Einbezug Aws in die Ingroup zu beinhalten. Aw habe den Anspruch auf Einbindung durch ihr Verhalten selbst verwirkt. Den gezielt gesetzten Interventionsversuchen zum Trotz kann die Rahmeninkongruenz nicht im Sinne der Ziele Sozialen Lernens aufgelöst werden.

Während die rekonstruierten habituellen Gruppendynamiken trotz der Rahmeninkongruenzen immer noch eine Auseinandersetzung mit inhaltlichen bzw. pädagogischen Interventionen und Impulsen erkennen lassen, so verlassen vor allem in der Gruppe Maulwurf die Kinder die inhaltliche Auseinandersetzung und wenden sich Themen zu, die durch den Diskussionsleiter nicht intendiert waren. Diese Interaktionen auf der Hinterbühne zweiten Grades ähneln einem „Unterleben" (Zinnecker 2001, S. 249) der Kinder, welches sich vom Geschehen der Vorderbühne und Hinterbühne ersten Grades substanziell ablöst. In der

Gruppe Maulwurf beginnt dies in Situationen, in denen Sm durch den Diskussionsleiter direkt angesprochen wird. Ihm soll die Möglichkeit des Sprechens durch den Diskussionsleiter eingeräumt werden. Die darauf folgenden habituellen Bewegungen innerhalb der Peergroup haben nicht mehr die Aushandlung des durch den Diskussionsleiter proponierten Orientierungsgehaltes zum Ziel, sondern vielmehr Sms Stellung im Klassenverband, der durch die rekonstruierten Zuschreibungen als Außenstehender adressiert wird. Eine ganz ähnliche Diskursbewegung lässt sich auch in der Gruppe Giraffen rekonstruieren. Dort zeigt sich im sozialen Feld der Hinterbühne zweiten Grades ein subversiver Umgang mit dem Diskussionssetting, der durch den Diskussionsleiter nicht mehr unterbunden werden kann.

7.2   Didaktische Konsequenzen

Die folgenden didaktischen Diskussionen orientieren sich erneut an den Bedeutungsdimensionen. Erneut soll hierzu die grafische Systematisierung der Bedeutungsdimensionen und ihrer bildungstheoretischen Konkretisierungen durch Konsequenzen ergänzt werden, die sich meines Erachtens nach aus den empirischen Erkenntnissen ergeben (Tabelle 7.1):

7.2.1   Zur deskriptiven Bedeutungsdimension

In Kapitel 2 wurde gezeigt, dass eine beschreibende Perspektive auf Heterogenität bzw. Differenz vor allem gesellschaftliche Pluralisierungsprozesse und ihre Folgen für das Bildungssystem in den Fokus rückt (vgl. z. B. Boller et al. 2007; Prengel 2005). Bildungstheoretisch gewendet, mit Blick auf Sachunterricht und Soziales Lernen, ergab sich die Anforderung eines kindheitssoziologischen Blickes auf Prozesse Sozialen Lernens, welcher sich sowohl schulischen als auch gesellschaftlichen Differenzkategorien unter Berücksichtigung kollektiv geteilter Wissensbestände, Biografien und relevanter gesellschaftspolitischer Konflikte (Petillon und Laux 2002; vgl. Schmitt 1976) zuwendet. Mittels der empirischen Erkenntnisse können Anforderungen an diesen diagnostischen Blick bei der Thematisierung schulischer und gesellschaftlicher Heterogenität im Rahmen Sozialen Lernens präzisiert werden.

Zunächst gilt es, Prozesse der *Dramatisierung und Entdramatisierung* zu analysieren. Momente der Dramatisierung von Differenz sind eng mit Praktiken des

Tabelle 7.1 Empirische Konkretisierungen der konzeptionellen Annahmen

	Deskriptiv	Ungleichheitskritisch	Evaluativ/Didaktisch
Inhaltliche Schwerpunkte der Bedeutungsdimensionen	Wahrnehmung von Heterogenität als relevantes Thema für Schule und Unterricht vor dem Hintergrund gesellschaftlicher Pluralisierungsprozesse (teilweise bereits erste Aufgabenformulierungen an Schule und Unterricht)	Heterogene Lebenslagen und soziale Ungleichheiten werden thematisiert, Diskriminierungslagen und soziale Ungleichheit werden von außen an Schule herangetragen und durch soziale Praktiken innerhalb der Schule reproduziert	Fokussierung von Heterogenität unter den Aspekten der Unterrichtsorganisation und Lernprozessgestaltung, dabei prinzipiell chancen- und ressourcenorientiert
Bildungstheoretische Konkretisierungen	Kindheitssoziologische Perspektive auf Prozesse Sozialen Lernens bzw. Aushandlung von Heterogenität unter Berücksichtigung konkreter Gruppenkonflikte und kollektiv geteilter Wissensbestände, Biografien sowie relevanter gesellschaftspolitischer Konflikte	Wertschätzung von Heterogenität, *aber* auch Wahrnehmung gesellschaftlicher Strukturen und sozialer Ungleichheiten durch Kinder als Baustein für Soziales Lernen	Problematisierung konkreter Gruppenkonflikte, kollektiv geteilter Wissensbestände, Biografien und gesellschaftspolitischer Konflikte in einem ergebnisoffenen Gespräch
Empirische Konkretisierungen	Diagnostischer Blick auf … → … Prozesse der Dramatisierung und Entdramatisierung → … die Ebenen sozialer Wirklichkeit → … Interaktionen auf der Hinterbühne zweiten Grades → … Hierarchien zwischen Teilnehmer*innen	Thematisierung von Ungleichheit durch abstrahierende und/oder biografische Sprechschemata Generationale Ordnungen als Querschnittsperspektive	Zwischenräume und Alternativen in den Positionierungen der Kinder als Ressource wahrnehmen Vorstellungen von Normalität thematisieren Schaffung von Räumen für das Aushandeln von Rahmeninkongruenzen

Otherings (vgl. Baar 2019) verbunden und konnten in vielen Passagen rekonstruiert werden. In der Gruppe Hase und Fuchs gibt es vielfältige Bezüge zu Religion, Geschichte der ‚Araber' und insbesondere zum Nahost-Konflikt. Dabei handelt es sich um eine hierarchische Positionierung, das heißt, die eigene Zugehörigkeit wird in einem positiven Licht beschrieben, während die Gruppe jenseits der eigenen Sphäre, hauptsächlich die Israelis, als ‚böse Gruppierung' eingeordnet wird, die eine aggressive Expansionspolitik zulasten der Araber betreibt. Kulturelle und ethnische „Konflikte um ökonomische und soziale Ressourcen" (Scherr 2001, S. 353) sollen Baar (2019, S. 49) zufolge dialogisch eingebettet werden, um eine Grundlage für die „Weiterentwicklung und gegebenenfalls Korrektur von Argumenten und kollektiven Schlüssen" zu legen. Scheer schlägt darüber hinaus vor, Möglichkeiten gemeinsamer Begegnung zu schaffen, damit „substanzielle Differenzerfahrungen (…) reflexiv verarbeitet" werden können. Dem schickt er die Aufgabe voraus, als beobachtende Person „bedeutsame Differenzen von Individuen und sozialen Gruppen" wahrzunehmen, die als „Grundlage der Zuschreibung irritierender Fremdheit" (Scherr 2001, S. 355) dienen. Der Rekurs auf Konzepte interkultureller Pädagogik und Friedenspädagogik mit Bezügen zur Begegnungspädagogik verwundert, denn diese Konzepte werden beispielsweise bei Mecheril (vgl. 2004) als Trivialisierung komplexer ethno-natio-kultureller Differenzreproduktionen im sozialen Feld verstanden. Gleichsam erscheint er angesichts der empirischen Ergebnisse als durchaus sinnvoll, denn wo Kinder die eigene soziale Praxis mit der Perspektive von Stereotypen bewerten, werden diese relativiert (z. B. in der Gruppe Hase und Fuchs) oder gar revidiert (vgl. in der Gruppe Zirkus)[2]. Dies bedeutet, hinsichtlich der Wahrnehmung von Differenzen nicht nur Interaktionen von Kindern zu betrachten, in welchen Differenzkategorien eine *Dramatisierung* erfahren, sondern auch Aspekte der *Entdramatisierung* als Teil eines diagnostischen differenzsensiblen Blickes einzubeziehen[3].

Konsequenzen für einen diagnostischen Blick auf Differenzkonstruktionen unter Kindern ergeben sich durch die Frage, in welche Ebene sozialer Wirklichkeit (vgl. Bohnsack 2017, S. 120) Differenzkategorien hineinwirken. Entscheidend ist, ob differenzbezogene Wissensbestände, die als Teil vorgestellter

---

[2] Vgl. schwerpunktmäßig Abschnitt 6.2.2.1.

[3] Dennoch sollte in diesem Kontext nicht unerwähnt bleiben, dass bei Scherr (2001, S. 350) „Konflikte zwischen Einheimischen und Migranten" interkulturelles Lernen notwendig machen. Die darin enthaltene implizite Annahme ist, dass fremdenfeindliche Tendenzen vor allem auf Seiten von Mitgliedern der Mehrheitsgesellschaft zu verorten sind. Diese Tendenzen sind auch heute noch ein gesellschaftspolitisch sehr relevantes Thema, gleichwohl können sie nicht nur auf ein bestimmtes nationalstaatliches bzw. kulturelles Milieu begrenzt werden.

Gemeinschaften oder kultureller Repräsentationen (vgl. Nohl 2014) vorwiegend (familien-)biografisch akzentuiert sind, auch Freundschaftsbeziehungen (vor-) strukturieren oder ob dies nicht der Fall ist. Dies hat schlussendlich auch Auswirkungen auf die fachwissenschaftliche Analyse als Teil sachunterrichtsdidaktischer Planung (vgl. Köhnlein 2015). Die Thematisierung kommunikativer Wissensbestände, die Differenzkonstruktionen zugrunde liegen, findet Anschluss an sozial- und gesellschaftswissenschaftliche Themenbereiche des Sachunterrichts. Diese Themenbereiche sind auch Bestandteil der didaktischen Netze von Kahlert (vgl. 2016, S. 201) oder des Kompetenzmodells der Gesellschaft für Didaktik des Sachunterrichts. Als Soziologe*Soziologin für die Praxis gilt es darüber hinaus, sich der Frage zu widmen, wie sich in Kinderkulturen Differenz angenähert wird, wie sie aktualisiert, aber auch verfremdet wird und vor allem: wie kinderkulturspezifische Aspekte wie Hobbys, gemeinsame Interessen, physische Aspekte und Loyalität gesellschaftliche Differenzkategorien überblenden können. Die situative Dynamik von Kinderkulturen sollte ein diagnostischer Blick auf Differenzkonstruktionen in den Fokus nehmen. Daher lässt sich das didaktische Vorgehen von Schmitt (vgl. 1976), der ausgehend von der Schulklasse und den sozialen Interaktionen in ihr Bezüge zu Ausgrenzungsprozessen von Gruppen auf gesellschaftlicher Ebene herstellt, nicht aufrechterhalten. In den empirischen Ergebnissen aktualisieren sich in habituellen Dynamiken Differenzkategorien, die ihr wirkmächtiges Potenzial in gewisser Wese autark von beispielsweise sozialen Identitäten entfalten[4].

Zudem gilt es, Zwischengespräche, scheinbar inhaltlich unpassende Bemerkungen und andere Äußerungen, die im unterrichtlichen Geschehen häufig als Störung abgetan werden, ebenfalls als Teil des diagnostischen Blickes zu begreifen. Diese Zwischengespräche, die sich im empirischen Material als Interaktionen auf der *Hinterbühne zweiten Grades* materialisierten, sollten nach Möglichkeit die Aufmerksamkeit beobachtender Personen erfahren. Sie enthalten ebenfalls hilfreiche Hinweise auf das Erleben von Differenz innerhalb einer Kindergruppe, auch wenn diese nicht gerade arm an diffamierenden Zuschreibungen sind.

An verschiedenen Stellen im Material dokumentiert sich, dass die Legitimität von Sprecher*innenpositionen unter Kindern in Frage gestellt wurden. So wurde in der Gruppe Hase und Fuchs häufig Yms (Passage „Reim") Identität als ‚Araber' in Frage gestellt und damit wurden auch seine Beiträge angezweifelt, die zur Stellung der Araber in der Welt Stellung beziehen oder sich performativer Rap-Reime bedienen. In der Gruppe Maulwurf (z. B. Passage „Elterliche Verbote") war es Sm, dessen Stellung im Klassenverband durch die Kinder thematisiert

---

[4] Vgl. auch Abschnitt 5.4 der methodologischen Ausführungen.

wurde, sobald er durch den Diskussionsleiter Aufmerksamkeit erhielt. Es handelt sich also um *Hierarchie zwischen den Teilnehmer*innen*, die in Gruppendiskussionen immer wieder zu beobachten ist und in der nicht jede Person gleichermaßen zu politischen Konflikten oder auch zu Konflikten innerhalb der Peergroup Stellung beziehen kann. Gleichzeitig erscheinen Konzepte wie das Philosophieren mit Kindern (vgl. 2004), kommunikativer Sachunterricht (Kaiser 2013, vgl.), Meiers Thematisierung von Werten (vgl. 2004) und schlussendlich auch Konzepte zum Sozialen Lernen (vgl. Petillon 2005; Schmitt 1976) als sehr voraussetzungsreich. Eine Symmetrie zwischen den teilnehmenden Kindern eines Gesprächs gilt für diese implizit als gesetzt. Hierarchische Sprecher*innenpositionen erfahren meist keine Reflexion. Mit Machold (2014, S. 120) sind hier Momente des „Wahr-Sprechens" gemeint. Es geht um die Frage, wer sich in einer Situation als intelligible Person ausweisen kann und die Deutungshoheit zu einem Thema besitzt, sodass Äußerungen zu einem gesellschaftspolitischen Konflikt, zu Erfahrungen mit Erwachsenen oder auch zu einem konkreten peerspezifischen Konflikt als ‚wahr' oder ‚authentisch' angesehen werden. Die hierarchischen Sprecher*innenpositionen sollten daher auch im Fokus des diagnostischen Blickes liegen. Gleichzeitig sollten die oben genannten Konzepte der Sachunterrichtsdidaktik und des Sozialen Lernens eine Weiterentwicklung erfahren. Sie sollten ihren didaktischen Vorschlägen Überlegungen voranstellen, inwieweit Hierarchien im Klassenverband so begegnet werden kann, dass sich nach Möglichkeit alle Kinder zu einer Sache äußern können.

7.2.2 Zur ungleichheitskritischen Dimension

Wie in Kapitel zwei gezeigt wurde, werden gesellschaftliche Zugehörigkeiten unter anderem auch in Bildungsinstitutionen zu sozialen Ungleichheiten (vgl. Breidenstein 2020). Dem folgend wurden in Kapitel 3 Studien vorgestellt, die zeigen, dass auch Kinder diese Ungleichheit wahrnehmen und mitunter als Hindernis für ihre eigene Bildungsbiografie begreifen (vgl. z. B. Andresen und Hurrelmann 2013; Andresen und Neumann 2018). Soziales Lernen in bildungstheoretischer Deutung sollte sich genau diesem Erleben von Ungleichheit widmen.

Nach der Auswertung der Daten kann festgestellt werden, dass sich Kinder vor allem hinsichtlich rassistischer Praktiken (häufig einhergehend mit einer nicht-intentionalen Orientierung an Narrativen Sozialen Lernens) abstrahierend und ohne Bezug zu (teil-)biografischen Aspekten oder konkreten Gruppenkonflikten äußern. Lediglich die Gruppe Hase und Fuchs stellt mit gesellschaftspolitischen und religiösen Einlassungen viele Bezüge zur eigenen Biografie her[5]. An dieser Stelle wird die Frage danach, ob sich Kinder einem Thema mittels *abstrahierender oder biografischer Sprechakte* nähern, nicht nur für eine forschende Person interessant, sondern gleichsam auch für Praktiker*innen, die sich dem Erleben von Heterogenität unter Kindern auf der in dieser Arbeit skizzierten Art und Weise nähern wollen. In beiden Fällen ist unter Umständen auch ein sachorientiertes Gespräch möglich. Die Involviertheit in peerspezifische Gruppendynamiken, Erfahrungen mit Marginalisierungen und verschiedene Sprecher*innenpositionen verweisen jedoch auf die besondere Notwendigkeit einer „schülerangemessenen" Problematisierung (Tänzer 2007, S. 394; vgl. auch Klafki 1996). An diesen Stellen sind atheoretische Bezüge erkennbar und kommunikative Wissensbestände entfalten eine Relevanz innerhalb der konjunktiven Dimension performativen Wissens. Konkret können sich in biografischen Äußerungen beispielsweise eigene Betroffenheiten von Schüler*innen artikulieren, denen didaktisch sensibel zu begegnen ist.

Besondere Aufmerksamkeit sollte im Rahmen dieser Bedeutungsdimension kindlichen Erfahrungen mit *generationalen Ordnungsverhältnissen* gewidmet werden. In den Gruppendiskussionen versprachlichen sie ihre Erfahrungen, die zumeist aus Handlungseinschränkungen bestehen, deren Intention Kinder nicht immer durchschauen. Kompetenzen, die sich Kinder selbst einräumen, beispielsweise hinsichtlich der Organisation von Lernzeiten oder der Freizeitgestaltung, werden von Erwachsenen laut den biografischen Sprechakten der Kinder nicht gewürdigt. Alexi (vgl. 2014) kann in ihrer Studie zur interaktionalen Entstehung generationaler Ordnungen herausarbeiten, dass vor allem Erwachsene auf die Lebensphase ,Kindheit' (die sie selbst schon durchlaufen haben) mit einem antizipierten ,Mehr' an Wissen über ,Kindsein' und ,Kindheit' blicken. Auch Soziales Lernen als pädagogisches Angebot stellt zwangsläufig ein Zusammentreffen zwischen Erwachsenen und Kindern dar, in welchem kommunikative Wissensbestände und erwachsene Deutungsmuster Kinderkulturen im Sinne einer entwicklungspsychologischen Ausrichtung Sozialen Lernens (vgl. Brohm 2009) überlagern können. Mit Bezug auf Hengst schlägt Alexi (2014, S. 239) den Begriff der „generationalen Zeitgenossenschaft" vor, der Dichotomien verschiedener Lebensphasen nicht auflösen, sondern sie transparent und einer Aushandlung zugänglich machen will: „So werden die aktuell herrschenden Lebensumstände oder Ereignisse von Kindern anders erlebt, erfahren, wahrgenommen und identitätsstiftend verarbeitet als es vonseiten der Erwachsenen geschieht" (ebd., S. 239).

---

[5] Auch wenn sich im Nahost-Konflikt, der sich als überaus komplex darstellt, Momente sozialer Ungleichheit und Diskriminierung nicht so ohne Weiteres ausmachen lassen.

Teil der rekonstruierten Passagen in der Gruppe Maulwurf war ein Gespräch über
‚Lernfilme', in denen Kindern den Mehrwert dieser Filme für die eigene Entwicklung betonen. Gleichsam scheinen sie mit dieser Haltung als Kinder eher allein
zu sein. Dies offenbart im Ansatz differierende generationenbezogene Umgangsweisen mit dem Thema Medien. Sie nicht zu thematisieren und das Feld der
Perspektive von Erwachsenen zu überlassen verdichtet generationale Ordnungen
zu neuen sozialen Ungleichheiten. Daher scheint die Idee der generationalen
Zeitgenossenschaft ein sinnvoller Ansatz zu sein, den es für einen didaktisch
gerahmten Austausch zwischen Erwachsenen und Kindern nutzbar zu machen
gilt. Er ermöglicht eine Thematisierung sozialer Rollen (Köhnlein 2012, S. 416)
aus der Logik des sozialen Geschehens heraus (vgl. Petillon 2010), wie es auch
im Rahmen dieser Arbeit konzeptionell umrissen wurde. Damit stellt das Konzept
der „generationalen Zeitgenossenschaft" in erster Linie ein Reflexionsinstrument
dar, welches Muster generationale Ordnung in diagnostischen und didaktischen
Planungsschritten des Sozialen Lernens aufdecken kann.

7.2.3 Zur evaluativen und didaktischen Bedeutungsdimension

Im Kern dieser beiden Bedeutungsdimensionen stand die Frage nach einer
pädagogischen Haltung sowie didaktischen Zugangsweisen zu Heterogenität
im Klassenzimmer. Vor dem Hintergrund gesellschaftlicher Pluralisierungsprozesse scheint der Einbezug heterogener Ausgangslagen nun nicht mehr nur
pädagogisch-normativ geboten, sondern gleichsam gesellschaftlich notwendig
(vgl. Trautmann und Wischer 2009). Sachunterricht als Fach allgemeiner Bildung
strebt eine explizite Thematisierung bzw. Problematisierung gesamtgesellschaftlicher Fragestellungen an und versucht der Pluralität, die Kinder selbst in den
Sachunterricht einbringen, gerecht zu werden (vgl. Klafki 2005). Präzisiert werden konnte dieser Anspruch mittels konzeptioneller Ausführungen zum Sozialen
Lernen, indem in einem offen gehaltenen Gespräch genau jene Pluralisierungsprozesse (z. B. mit Bezug auf konkrete Gruppenkonflikte, kollektiv geteilte
Wissensbestände, Biografien sowie gesellschaftspolitische Konflikte) problematisiert werden können. Inwieweit können diese konzeptionellen Leitlinien nun
mittels der rekonstruktiven Studie präzisiert werden?

In den Differenzkonstruktionen der Kinder lassen sich insbesondere hinsichtlich gesellschaftlicher Heterogenitätsdimensionen in den vordergründig verfestig-
ten Grenzziehungen auch immer wieder *Durchlässigkeiten* finden. In der Gruppe
Hase und Fuchs wird die Möglichkeit eines Zusammenkommens verschiedener

Religionen zumindest kurzzeitig eingeräumt, auch wenn es sich hier um nicht mehr als ein kurzes Aufblitzen von Alternativen handelt. In der Gruppe Zirkus halten eingangs geäußerte Stereotype einem Vergleich mit einem Mitglied der eigenen Freundesgruppe nicht stand. Die Rekonstruktion dieser Szenen zeigt damit ein großes Potenzial für die explizite Thematisierung von Heterogenität auf. Soziales Lernen sollte auf genau diese Vorerfahrungen zurückgreifen. Es sollte ein Setting schaffen, in dem die latenten Sinnstrukturen sozialer Praktiken, die auf Kategorienwissen in verfremdender Art und Weise zurückgreifen, versprachlicht werden können. Diese sozialen Praktiken wurden durch verschiedene ethnografische Studien zu verschiedenen Differenzkategorien herausgearbeitet (vgl. z. B. Breidenstein und Kelle 1998; Breitenbach 2000; Kalthoff 2006)[6]. Die Ergebnisse der vorliegenden Studie zeigen ansatzweise, dass diese verfremdenden Praktiken durch ein kritisches Gespräch aus dem Bereich habitualisierten konjunktiven Wissens in den Bereich bewussten kommunikativen Wissens gehoben werden können (vgl. Bohnsack 2017, S. 143). Die Thematisierung von Heterogenität sollte daher dekonstruierend vorgehen und Differenzkategorien hinsichtlich ihrer „symbolischen und semantischen Gehalte" (Borst 2018, S. 589) hinterfragen.

Dies schließt auch die Thematisierung der zugrundeliegenden *Vorstellungen von Normalität* mit ein. In der Studie ließ sich rekonstruieren, dass Kinder in der Thematisierung von Differenz auf schulisch und gesellschaftlich induzierte Normalitätsvorstellungen zurückgreifen. In den Gruppen Hase und Fuchs, Maulwurf und Zwei Hälften sind es Aspekte wie Leistungsfähigkeit, Aufgabenzuteilung sowie ein normgerechtes Verhalten gegenüber Peers und pädagogischem Personal, auf die Kinder aufbauen, wenn sie Andersartigkeit markieren. Dies geht weiterhin häufig mit Ausschlussprozessen einher. Aber auch darüber hinaus werden in der Gruppe Zwei Hälften mit der Differenzkategorie ‚Behinderung' vor allem Situationen assoziiert, in denen fremde Menschen mit einem irrationalen und bedrohlich wirkenden Verhalten auffallen. Zudem werden in dieser Gruppe und in Hase und Fuchs auch Süchte (konkret Alkoholsucht) als mutmaßlicher Auslöser aggressiven Verhaltens benannt. Die Unterscheidung dessen, was als normal bzw. sozial erwünscht gilt und was nicht, scheint ein zentraler Mechanismus von Differenzkonstruktionen zu sein. Soziales Lernen muss sich diesen vor allem verhaltensbezogenen Vorstellungen von Normalität widmen, sodass „Normalitäten sowie daran angeknüpfte Mechanismen und Prozesse gesellschaftlicher Normierungen sichtbar" (Degele 2008, S. 12) gemacht werden.

---

[6] Vgl. schwerpunktmäßig Abschnitt 3.1.

Abschließend soll der Einsatz des Bilderbuches „Irgendwie Anders" (vgl. Cave et al. 2016) als Eingangsimpuls für die zweite Gruppendiskussion diskutiert werden. Anhand der Frage, wie Kinder das kommunikativ vermittelte Wissen über solidarisches Verhalten in habitualisiertes konjunktives Wissen integrieren, ließ die Analyse die Bildung zweier sinngenetischer Typen zu. Auffallend ist, dass der Einsatz des Bilderbuches vor allem Rahmeninkongruenzen erzeugte zwischen dem, was der Diskussionsleiter als produktiven Umgang mit Differenz durch das Buch transportieren wollte und den habitualisierten Wissensformen der Kinder. Eine (nicht-)intentionale Orientierung geht häufig einher mit Praktiken der Entdramatisierung. Lediglich in den Gruppen Hellblau und Zirkus werden normativ wünschenswerte Umgangsweisen mit Differenz bzw. Heterogenität als Teil kommunikativen Wissens sichtbar. In den Gruppen Zwei Hälften und Affe wiederum werden in der direkten Bezugnahme auf das Buch eigene Umgangsweisen mit Differenz durchgesetzt. Hier dominieren weiterhin peerspezifische Gruppendynamiken mit den einhergehenden Konflikten und Zuschreibungen. Das Buch erwies sich im Laufe der Erhebung als sehr instruktiv hinsichtlich der moralischen Botschaft, die an seinem Ende steht. Gleichzeitig scheint es durch seine Darstellungen wenig Anknüpfungspunkte für eine Reflexion eigener Gruppenprozesse zu bieten. In der Gruppe Zwei Hälften wird die im Buch dargestellte Geschichte zwar als problematisch bewertet, gleichzeitig aber bleibt die Legitimität der Zuschreibungen gegenüber Aw und ihrer Ausgrenzung aus dem Klassenverband davon unberührt. Dies verweist auf problematische Aspekte hinsichtlich des Einsatzes von Bilderbüchern mit ‚fertigen' Botschaften für das Soziale Lernen:

> „Darstellungen setzen ein Ende. (…) [I]ndem Darstellungen das subjektive Verstehen nach außen geben, setzen sie zugleich einen Anfang. Außen treffen sie auf andere Wahrnehmungen, Empfindungen, Bewegungen, andere Erinnerungen und Erwartungen, andere Sprachen, andere Bedeutungen und Gewichtungen, andere Beziehungen und Ordnungen." (Fischer 2015, S. 471)

Diese Ausführungen von Fischer veranlassen dazu, die vorliegende Diskussion mit dem Argument zu schließen, dass Soziales Lernen Rahmeninkongruenzen zulassen muss oder anders gesagt: eine konstruktive Auseinandersetzung mit Wahrnehmungen, Empfindungen und Erinnerungen, die den Inhalten von Materialien zum Sozialen Lernen entgegenstehenden. Soziales Lernen, verstanden als Problematisierung von Differenzerfahrungen, sollte solche Gesprächsanlässe bereithalten, die Abstand zu den Botschaften erlauben, ohne im gemeinsamen Austausch an einen toten Punkt zu gelangen, so wie sich dies in der Gruppe

Zwei Hälften in der Passage „Hilfsbereitschaft" dokumentierte. Der instruktive Charakter des Buches provozierte einen Widerspruch ohne die Möglichkeit, diesen in das Narrativ des Buches integrieren zu können. Vielmehr wurde das Buch für gegenseitiges Amüsement (Gossip-Talk, vgl. Reinders 2015) gewissermaßen zweckentfremdet. Ähnliches konnte Aghamiri (vgl. 2015) in ihrer rekonstruktiven Studie zu Umgangsweisen von Kindern mit Trainingsprogrammen für soziale Kompetenzen nachweisen. Auch hier standen der Spaß und die Interaktion untereinander im Vordergrund, weniger eine Auseinandersetzung mit den Inhalten der Trainingsprogramme (vgl. Petermann 2007). Soziales Lernen sollte daher mit Blick auf die empirischen Ergebnisse dieser Arbeit Gesprächsimpulse bereithalten, die offener gehalten sind, weniger offensiv kommunikatives Wissen über Solidarität und Toleranz hinsichtlich Differenz zu vermitteln versuchen und vielfältige „Bedeutungen und Gewichtungen (...), Beziehungen und Ordnungen" (Fischer 2015, S. 471) zulassen.

7.2.4 Erweiterung der Arbeitsdefinition

Die diskutierten didaktischen Konsequenzen finden abschließend Eingang in eine erweiterte Form der Arbeitsdefinition zum Sozialen Lernen, wie sie am Ende des vierten Kapitels entstand (*Kursivierungen* stellen Ergänzungen dar):

Soziales Lernen vollzieht sich in sozialer Interaktion mit anderen Personen. Peergroups unter Kindern sind durch eine hohe soziale Komplexität gekennzeichnet. *Differenzkategorien werden auf unterschiedlichen Ebenen sozialer Wirklichkeit dramatisiert, aber auch entdramatisiert.* Weiterhin umfasst die hohe soziale Komplexität spezifische Momente der Beziehungen untereinander, aber auch das Gruppengeschehen übergreifende Faktoren (vgl. Glassner 1976; Grundmann et al. 2003, S. 39). Dazu zählen Vorerfahrungen und Biografien Einzelner, außerdem Identitäten und Zugehörigkeiten zu bestimmten Gruppen, die Kinder sich und anderen zuschreiben. *Die dadurch entstehenden Hierarchien zwischen den Kindern untereinander gilt es zu reflektieren. Differenzaushandlungen können sich mitunter auch vom Geschehen der Vorderbühne auf die Hinterbühne zweiten Grades verlagern.*

Im Rahmen des Sachunterrichts als allgemeinbildendes Fach kann der Begriff fruchtbar gemacht werden, indem er bei Kindern einerseits an konkreten Gruppenkonflikten und andererseits an kollektiv geteilten Wissensbeständen, Biografien und Vorerfahrungen ansetzt (vgl. Aghamiri 2012; Petillon und Laux 2002, S. 201) und diese gemeinsam mit den Kindern problematisiert (vgl. Tänzer 2007). *Dabei gilt es, Zwischenräume und Alternativen in den Positionierungen der Kinder als Ressource wahrzunehmen und insbesondere Vorstellungen von Normalität zu thematisieren.* Gesellschaftliche Problemstellungen werden weder ausgespart noch als fester Bestandteil von Impulsen deklariert. *Wichtig ist diesem Zusammenhang die Frage, ob Kinder soziale Ungleichheiten mittels abstrahierender oder biografischer Sprechschemata thematisieren.* Toleranz, Solidarität und ein kooperatives Miteinander werden dabei als Zielformeln Sozialen Lernens anerkannt (vgl. Petillon und Laux 2002; Petillon 2010, S. 10). Gewünschte Verhaltensweisen werden nicht lernpsychologisch ‚von oben herab' verordnet, sondern es wird gemeinsam mit den Kindern nach alternativen Handlungsstrategien gesucht (vgl. Schmitt 1976). *In diesem Zusammenhang gilt es, für die Wirkmächtigkeit generationaler Ordnungen besonders sensibel zu sein.*

7.3   Methodische Reflexionen

Abschließend werden nun das Gruppendiskussionsverfahren sowie die Anwendung der Dokumentarischen Methode im konkreten Forschungsvorhaben diskutiert.

Zunächst einige Bemerkungen zur sinngenetischen Typenbildung im Kontext fachdidaktischer Forschung: Bevor bei der sinngenetischen Typenbildung im Rahmen der komparativen Analyse insbesondere fallspezifische Besonderheiten herausgearbeitet werden, wird mit der Dokumentarischen Methode auch ein alle Fälle verbindendes Diskursmuster sichtbar gemacht. Dieser Schritt der Abstraktion des Materials ist zentral für die weitere Analyse, jedoch auch einer der anspruchsvollsten, wie Wäckerle (vgl. 2018, S. 330) bemerkt. Die Herausarbeitung eines Tertium Comparationis, das nicht auf „eigenen Selbstverständlichkeiten bzw. gegenstandstheoretischen Vorannahmen beruht" (ebd.), kann sich aufgrund der Fülle des Materials als durchaus anspruchsvoll erweisen. Auch im vorliegenden Forschungsvorhaben ließ sich das Abstraktionspotenzial des empirischen Materials anfangs nur schwer herausarbeiten. Die Identifizierung eines gemeinsamen Dritten wurde insbesondere durch die Vielfalt an Theorien auf der Ebene des kommunikativen Wissens erschwert, die die Befragten über sich und ihre Handlungspraxis entwerfen und explizieren. Nach wissenssoziologischer Klassifizierung der kommunikativen Dimension von Handlungen und Erfahrungen werden insbesondere Common-Sense-Theorien der Beteiligten am Forschungsprozess und die Wahrnehmung institutionalisierter Normen und Rollen ebenso wie die Wahrnehmung von (virtualen) sozialen Identitäten kommunikativ mit Begriffen versehen (vgl. Bohnsack 2017, S. 143). Die Herausarbeitung einer Basistypik mündet oft darin, dass Spannungsverhältnisse rekonstruiert werden, mit denen sich die Teilnehmer*innen konfrontiert sehen und im alltäglichen Leben bearbeiten. Je nach Schwerpunkt der Fragestellung handelt es sich dabei um Spannungsfelder zwischen Norm und Habitus oder um wahrgenommene Unvereinbarkeiten zwischen einer Innen- und einer Außensphäre oder auch zwischen verschiedenen Milieus, in welchen Akteur*innen sich bewegen[7]. Zumeist wird jedoch nur eine dieser Zugehörigkeiten durch die Teilnehmenden begrifflich expliziert und damit auf der kommunikativen Ebene sichtbar. Die Herausarbeitung handlungsleitenden Wissens hat aber auch – wie bereits mehrfach dargestellt – eine konjunktive Dimension, in der durch die Rekonstruktion von Diskurs- und Interaktionsorganisation weitere Sinn- und Erlebnisschichtungen überhaupt erst sichtbar werden. Diese können und werden in der Regel von den Teilnehmenden nicht explizit zur Sprache gebracht.

Das Datenmaterial der vorliegenden Studie zeichnet sich dadurch aus, dass die teilnehmenden Kinder der Studie eine Vielzahl an Themen zumindest auf der imaginativen bzw. imaginären Ebene verhandeln. Dies liegt im konkreten Forschungsvorhaben unter anderem daran, dass die Forschungsfrage nach handlungsleitenden Differenzkategorien eher offene Eingangs- und Frageimpulse benötigt. Weiterhin trug auch die heterogene Zusammensetzung der Teilnehmenden hinsichtlich Wohnort und pädagogischem Konzept der Schule etc. zum breiten inhaltlichen Spektrum der Gruppendiskussionen bei. Aufgrund der Tatsache, dass mit jeder Schüler*innengruppe nach Möglichkeit zwei Gruppendiskussionen an zwei unterschiedlichen Tagen durchgeführt wurden, waren diese für die Schüler*innen eine Gelegenheit, auch tagesaktuelle, peerspezifische Themen zu bearbeiten. Die Spannbreite an Themen und Theorien, welche die „Erforschten und die Stakeholder über die eigene und auch die fremde Handlungspraxis entwerfen" (Bohnsack 2017, S. 326), erscheint also in der Gesamtschau sehr vielfältig, sodass dieser übliche Arbeitsschritt der Dokumentarischen Methode so nicht angewendet werden konnte. Stattdessen wurde mit der Unterscheidung zwischen abstrahierenden und biografischen Sprechschemata eine etwas andere Herangehensweise an das empirische Material gewählt, die sich im Nachhinein als äußerst erkenntnisgewinnend für das empirische Forschungsvorhaben erwies. Die Rekonstruktion dieser beiden Textsorten und ihres Zusammenspiels macht es beispielsweise möglich, sich anzuschauen, wie abstrahierende Äußerungen, in denen Stereotypen über soziale Gruppen entworfen werden, mittels biografischer Schilderungen, die auf die konkrete soziale Praxis verweisen, wieder verworfen werden. Dieser intuitiv abgelaufene ‚Realitätscheck‘ in der Gruppe Zirkus ließ sich reflektierend interpretieren und nachvollziehen.

---

[7] Vgl. z. B. die Beiträge zu Forschungsprojekten mit methodischer Reflexion zur dokumentarischen Typenbildung in Bohnsack et al. 2017.

Zudem konnte in den Gesprächen über rassistisch motivierte Diskriminierungen in den Gruppen Zirkus und Maulwurf herausgearbeitet werden, dass diese auf atheoretischer Ebene noch keine Erfahrungen mit diesem Thema sammeln konnten und bei der Gesprächsführung vor allem auf kommunikativer Ebene im Bereich der Orientierungsschemata verblieben. Die Äußerungen waren daher zumeist abstrahierend. Dennoch ließen sich auch in abstrahierenden Äußerungen an verschiedenen Stellen Werthaltungen rekonstruieren, die vor allem hinsichtlich der Frage nach den Umgangsweisen der Kinder mit Inhalten Sozialen Lernens von großer Relevanz waren. Abstrahierende Sprechakte ließen (nicht-)intentionale Orientierungen an Inhalten Sozialen Lernens erkennen. Mittels abstrahierender Äußerungen konnten aber auch aktive Gegenargumentationen entwickelt werden, in denen sich handlungsleitende Orientierungen und Inhalte Sozialen Lernens entgegenstanden und in Rahmeninkongruenzen mündeten. Die an dieser Stelle kurz zusammengefassten Analyseschritte zeigen auf, wie durch eine Textsortentrennung, insbesondere durch den Einbezug des Erzählschemas Argumentieren, der „Modus Operandi des Theoretisierens als indirekter Zugangsweg zu einer spezifischen Erfahrungsebene genutzt werden" (Maxelon et al. 2017, S. 158) kann. Der Fokus auf Erzählschemata ist damit auch für eine fachdidaktische Forschung interessant, die sich Schüler*innenvorstellungen insbesondere zu gesellschafts- und sozialwissenschaftlichen Themenbereichen rekonstruktiv widmen möchte.

Eine weitere Bemerkung entfällt auf die soziogenetische Typenbildung als Arbeitsschritt der Dokumentarischen Methode. Sie stellt einen Analyseschritt dar, in dem es um die Frage geht, inwieweit bestimmte Orientierungen oder Sphärendifferenzen sozialräumlich bzw. milieubezogen geprägt sind. Dieser Analyseschritt erlaubt es also, nach den Ursprüngen bestimmter Orientierungen im sozialem Raum zu suchen, das heißt, ob die Genese von Orientierungsrahmen durch die Sozialisation in geschlechts-, migrations-, alters- oder generationenspezifischen Erfahrungsräumen beeinflusst wird. (vgl. Bohnsack 2013b, S. 248) Amling und Hoffmann (vgl. 2013) stellen fest, dass in vielen Forschungsvorhaben auf die soziogenetische Typenbildung verzichtet wird. Auch für das vorliegende Forschungsvorhaben und eine rekonstruktive fachdidaktische Forschung hält die soziogenetische Typenbildung einige problematische Aspekte bereit. Sich Differenzkonstruktionen oder Schüler*innenvorstellungen aus Perspektive unterschiedlicher Erfahrungsräume zu nähern, leistet möglicherweise „[o]ntologischen Zuschreibungen" (Sturm 2016, S. 75) Vorschub, wie sie Sturm in einer rekonstruktiven Studie zur Leistungsbeurteilung feststellen konnte. Eine solche Zuschreibung hätte sich als Folge der soziogenetischen Typenbildung in der Gruppe Hase und Fuchs ergeben. Dies ist die einzige Gruppe, in der sich antiisraelische Ressentiments auf deutliche Art und Weise artikulierten, also Prozesse des Otherings und der Abwertung, die auf gesellschaftlichen Differenzkategorien beruhen. Gleichzeitig ist sie die einzige Gruppe, deren Teilnehmer sich selbst in kritischer Abgrenzung zu Israelis und Deutschen als ,Araber' definieren. Ihre Selbstbeschreibungen weisen also darauf hin, dass sie sich selbst einem migrantischen Milieu zurechnen. Die soziogenetische Typenbildung hätte nun ergeben, dass im vorliegenden Material Ressentiments und abwertende Äußerungen vor allem migrationsspezifisch geprägt sind. Auch wenn den geäußerten Ansichten im Rahmen der Möglichkeiten pädagogisch/didaktisch entschieden begegnet werden muss, so lässt sich mit diesem Befund die Wirkmächtigkeit dieser Haltungen auf verschiedenen Ebenen sozialer Wirklichkeit nicht adäquat fassen. Zudem – und das erscheint als gewichtigerer Einwand – lässt er im Rahmen fachdidaktischer Forschung kaum Schlussfolgerungen für die Praxis zu. Denn wo Orientierungsrahmen erfahrungsraumspezifisch geprägt sind, lässt sich ihnen als Bestandteil der Sozialisationsgeschichte (vgl. Bohnsack 2013b, S. 263) zum Zwecke ihrer Veränderung kaum pädagogisch begegnen. Außer einer Reproduktion von stereotypen Einstellungen und Vorurteilen gegenüber Menschen mit Migrationserfahrungen durch die soziogenetische Typenbildung (vgl. Hoffmann und Keitel 2017, S. 220) wäre also nicht viel erreicht. Nötig sind an dieser Stelle weitere Überlegungen zur Notwendigkeit und Relevanz der soziogenetischen Typenbildung für eine rekonstruktive fachdidaktische Forschung.

Eine dritte und abschließende Bemerkung gilt dem Gruppendiskussionsverfahren und seiner Anwendung in der Kindheitsforschung. Auch wenn es zum jetzigen Zeitpunkt noch keine breite Rezeption in der Kindheitsforschung erfuhr, so erwies es sich für die Forschungsarbeit als geeignetes Setting, um mit Kindern über Differenzkonstruktionen ins Gespräch zu kommen. Dennoch erfordert die Anwendung des Verfahrens in der Kindheitsforschung einen flexiblen Umgang mit dem Prinzip der Selbstläufigkeit (vgl. Przyborski und Riegler 2010), welches es während der Gruppendiskussion aufrechtzuerhalten gilt. Die hohe situative Dynamik mit schnellen Sprecher*innenwechseln, Beiträgen nichtsprachlicher Form und dem Verlassens des Stuhlkreises durch einzelne Kinder machte Interventionen durch den Diskussionsleiter nötig. Nicht zuletzt musste gewährleistet werden, dass das Material für weitere Arbeitsschritte (Transkription und Auswertung) handhabbar bleibt. Weiterhin galt es aus ethischen Gründen, Beschämung und Bloßstellungen der Kinder untereinander nach Möglichkeit zu vermeiden. Ein flexibler Umgang mit dem Prinzip der Selbstläufigkeit hat jedoch unter Umständen auch einen erkenntnisgenerierenden Mehrwert, denn häufig widerspricht das kindliche Interaktionsverhalten Konventionen von Erwachsenen bezüglich der Ausgestaltung von Diskussionen. In der Gruppe Maulwurf stimulierte die Ansprache einzelner Teilnehmer*innen, die im Gruppendiskussionsverfahren eigentlich nicht vorgesehen ist, Reaktionen der nicht angesprochenen Kinder und deckte Gruppendynamiken und habitualisiertes konjunktives Wissen auf, welches vorher im Verborgenen geblieben war. Die an zwei verschiedenen Stellen an den eher zurückhaltenden Sm gerichtete Frage des Diskussionsleiters, ob er etwas zu den Themen der Kinder beizutragen habe, führte weniger zu einer weiteren Ausarbeitung des Orientierungsgehaltes, sondern vielmehr zum Austausch der anderen Kinder darüber, wie Sm und dessen Agieren im Klassenverband wahrgenommen wird. Die direkte Ansprache Sws in der Gruppe Giraffen führte zu einem Austausch der anderen Kinder über ihre kommunikativen Kompetenzen. Ohne diese direkte Ansprache wäre ein zentrales Moment des Differenzerlebens der Kindergruppe nicht aufgedeckt worden. Momente der Zurückhaltung oder auch eine überbordende Beteiligung einzelner Teilnehmer*innen, die im Kontrast zur Diskursorganisation der Gesamtgruppe stehen, können demnach Anlass für eine direktere Ansprache sein. Ein solches Vorgehen könnte Potenziale für weitere Forschungsarbeiten zu Differenzkonstruktionen, aber auch zu Schüler*innenvorstellungen bereithalten. Möglich wäre beispielsweise bei Realgruppen, dass einzelne Kinder von der Gesamtgruppe mit individuellen Orientierungen verbunden werden, die von der Gruppe nicht als Teil kollektiver Orientierungen gesehen werden. Aus Angst vor Zurückweisung könnten Sprechakte betroffener Kinder ausbleiben, damit aber auch Standpunkte und Positionen, die möglicherweise eine neue Facette auf ein sonst weithin inkludierend ausgehandeltes Thema werfen. Dies erfordert jedoch ein forschungsethisch sensibles Vorgehen sowie einen aufmerksamen ‚ethnografischen Blick‘ der forschenden Person während der Erhebung.

Fazit und Ausblick

8

Die vorliegende Arbeit versuchte zentrale Ideen des Sozialen Lernens vor dem Hintergrund zentraler Bedeutungsdimensionen von Heterogenität sowie bildungstheoretischen Grundannahmen der Sachunterrichtsdidaktik zusammenzudenken. Aufbauend auf zentralen Bedeutungsdimensionen des Heterogenitätsdiskurses wurden Anknüpfungspunkte der Kindheitswissenschaften aufgezeigt und Publikationen zum Sozialen Lernen systematisiert. Es wurde eine Arbeitsdefinition zum Sozialen Lernen entwickelt, die sich Konstruktionen von Differenz unter Kindern aus einer soziologisch-praxistheoretischen Perspektive heraus anschaut und den Anspruch erhebt, mit Kindern über ihre Differenzerfahrungen ins Gespräch zu kommen. Der empirische Teil der Arbeit schaute sich Differenzkonstruktionen von Kindern in Gruppendiskussionen an und rekonstruierte zugleich auch das Sprechen über Differenz in Konfrontation mit Inhalten zum Sozialen Lernen. Die Ergebnisse geben Einblick in die Wahrnehmungen und Positionierungen von Kindern hinsichtlich sozialer Kategorien, generationaler Ordnungen und peerspezifischer Gruppendynamiken. Zudem zeigte sich, dass sich im Sprechen der Kinder über Differenzen (nicht-)intentionale Orientierungen, aber auch Rahmeninkongruenzen in Bezug auf Inhalte Sozialen Lernens erkennen lassen. Aufbauend auf den empirischen Rekonstruktionen konnte die Arbeitsdefinition zum Sozialen Lernen in der Ergebnisdiskussion hinsichtlich diagnostischer und didaktischer Aspekte noch einmal erweitert werden. Folgende Thesen fassen die Ergebnisse der Arbeit bündig zusammen. An geeigneten Stellen blicken die Einschübe auf didaktisch-pädagogische Konsequenzen, die sich aus der Empirie ergeben und wie sie in der Diskussion entfaltet wurden.

1) In der Gruppe Hase und Fuchs sprachen die Kinder viel über ihre Selbstverortung als ‚Araber‘. Kern des imaginativen konjunktiven Wissens über

© Der/die Autor(en), exklusiv lizenziert an Springer Fachmedien Wiesbaden GmbH, ein Teil von Springer Nature 2022
F. Schrumpf, *Kinder thematisieren Differenzerfahrungen*, Sachlernen & kindliche Bildung – Bedingungen, Strukturen, Kontexte,
https://doi.org/10.1007/978-3-658-39651-0_8

diese soziale Identität sind Narrative zum gesellschaftspolitischen Nahost-Konflikt und Geschichten aus dem Koran über Allah und den Propheten. Sie grenzen sich deutlich von den ,Israeli' ab, denen sie eine feindselige und egoistische Haltung gegenüber den ,Arabern' unterstellen. Als Teil einer kulturellen Repräsentation (vgl. Nohl 2014) galt es, in weiteren Rekonstruktionen herauszufinden, inwieweit diese soziale Identität die Ausgestaltung von Freundschaftsbeziehungen beeinflusst.

2) Freundschaftsbeziehungen und Gruppenstrukturen werden in den Gruppen Hase und Fuchs und Zwei Hälften vor allem dann thematisiert, wenn es um Kinder geht, die nicht als Teil der eigenen Peergroup angesehen werden. Soziale Identitäten sind hier jedoch weniger handlungsleitend. Die Missliebigkeit gegenüber anderen Kindern scheint vielmehr enge Korrelationen mit schulischen und sozialen Maßstäben aufzuweisen. Somit erfahren soziale Identitäten in einem gewissen Sinne eine Entdramatisierung, schulische Differenzkategorien jedoch eine Dramatisierung.

→ Einer expliziten Thematisierung sollte daher ein diagnostischer Blick auf diese Prozesse der Dramatisierung und Entdramatisierung vorgeschaltet sein. Eng damit verknüpft ist die Frage, auf welcher Ebene sozialer Wirklichkeit schulische und gesellschaftliche Differenzkategorien ihre Wirkmächtigkeit entfalten.

3) Zudem thematisieren die Kinder auch generationale Ordnungen und Machtverhältnisse. Sie berichten über Abhängigkeiten von Erwachsenen und fehlende Mitspracherechte im familiären Alltag. Diese Abhängigkeiten bleiben nicht unhinterfragt. Die Kinder sehen eigene Kompetenzen zur Gestaltung ihres Alltags im Verhältnis zu den Erwachsenen nicht ausreichend gewürdigt.

→ Es gilt, generationale Ordnungen bzw. Machtverhältnisse und die unterschiedlichen Perspektiven von Erwachsenen und Kindern auf gesellschaftliche Zusammenhänge auch im Rahmen einer Thematisierung von schulischer und gesellschaftlicher Differenz zu reflektieren.

4) Die Aushandlung dieser schulischen und gesellschaftlichen Differenzkategorien findet mittels abstrahierender und biografischer Sprechakte statt. Diese erfüllen unterschiedliche Funktionen. In biografischen Sprechakten werden vor allem auf atheoretischer Ebene Erfahrungen mit Differenz deutlich. Abstrahierende Sprechakte wiederum werden durch die Kinder genutzt, um Zuschreibungen argumentativ zu unterlegen oder sie im Gegenteil theoretisch-reflexiv zu relativieren.

→ Mithilfe dieser Unterscheidung kann sich vor allem dem Erleben sozialer Ungleichheit diagnostisch genähert werden. Schildern Kinder beispielsweise in der Gruppe Zirkus oder Maulwurf rassistische Praktiken aus

einer abstrahierenden Perspektive, so scheinen sie für die eigene soziale Praxis
nur eine untergeordnete Rolle zu spielen.

5) Nicht immer herrscht eine statusbezogene Symmetrie unter den Kindern. In
den Gruppen Giraffen und Maulwurf werden die Kinder Sw und Sm nicht als
gleichberechtigte, legitime Sprecher*innen anerkannt.

→ An dieser Stelle gilt es, eine unausgesprochene Voraussetzung vieler
Ansätze zur Thematisierung von Differenz bzw. gesellschaftlichen Phä-
nomenen sichtbar zu machen und zu reflektieren. Eine gleichberechtigte
Atmosphäre während der Thematisierung schulischer und gesellschaftlicher
Heterogenität kann nicht im Vorfeld als gesetzt gelten.

6) Differenzbezogene Aushandlungen finden manchmal auch auf einer Hinterbühne zweiten Grades statt. In diesen Fällen (z. B. in der Gruppe Maulwurf)
besteht keine inhaltliche Verbindung mehr zu den Impulsen und Propositionen
des Diskussionsleiters. Vielmehr ist in diesen Sequenzen eher ein habituelles
Bewegen innerhalb der Peergroup ungeachtet des Gruppendiskussionssettings
zu beobachten.

→ Auch wenn diese Interaktionen an der Oberfläche als störend wahrgenommen werden könnten, so gilt ihnen ebenfalls der diagnostische Blick
auf Differenzkonstruktionen von Kindern, da sich in ihnen in besonders
prägnanter Art und Weise peerspezifische Gruppendynamiken wiederspiegeln.

7) Zudem können nur an wenigen Stellen im Material Momente rekonstruiert werden, in denen eine (nicht-)intentionale Orientierung an Inhalten zum
Sozialen Lernen zu beobachten ist. Es dominieren vielmehr Rahmeninkongruenzen, in denen die Kinder den normativ aufgeladenen Interventionen des
Diskussionsleiters und den Eingangsimpulsen widersprechen.

→ Die Thematisierung eines wünschenswerten Umgangs mit der Unterschiedlichkeit der Menschen ist wenig zielführend, wenn ‚fertige' Botschaften
an die Kinder herangetragen werden. Dies schließt insbesondere das verwendete Bilderbuch als Impuls der zweiten Diskussionseinheit ein. Vielmehr
gilt es, Zwischenräume und Alternativen in den Positionierungen der Kinder aufzugreifen und auf ihnen aufbauend gesellschaftliche und schulische
Vorstellungen von Normalität zu thematisieren.

Die Arbeit konnte das Potenzial einer rekonstruktiven Annäherung an Differenzkonstruktionen von Kindern mit der Methode der Gruppendiskussion aufzeigen.
Ein Aspekt, der in ethnografischen Studien beispielsweise eher selten herausgearbeitet wird, sind die Ebenen sozialer Wirklichkeit, in denen Differenzkategorien
ihre Wirkmächtigkeit erfahren. Soziale Kategorien wirkten im vorliegenden

Material vor allem auf biografischer Ebene und erfuhren auf Ebene der sozialen Praxis selbst häufig eine Entdramatisierung. Gleichzeitig ist dies auch ein Schwerpunkt, der in zukünftigen Forschungsarbeiten intensiver besprochen werden könnte. Es wäre zu fragen, ob sich bei anderen Heterogenitätsdimensionen, beispielsweise der Differenzkategorie Geschlecht als „individuell stabile Größe" (Breitenbach 2013, S. 182), ähnliche Tendenzen hinsichtlich ihrer Anwendung auf verschiedenen Ebenen Sozialer Wirklichkeit zeigen.

Ein weiterer Aspekt, der sich mit dem vorliegenden Datenmaterial nur unzureichend beleuchten ließ, war das konkrete Erleben sozialer Ungleichheit von Kindern. Hier ließen die Daten lediglich Schlussfolgerungen zum Erleben generationaler Ordnungen zu. Viele Studien konnten bereits herausarbeiten, dass Kinder Ungleichheit basierend auf Differenzkategorien in schulischen und außerschulischen Kontexten durchaus wahrnehmen und ihr kritisch gegenüberstehen. Sie arbeiten jedoch häufig quantitativ oder ethnografisch. Auch hier wären Erhebungen von Erzähl- und Orientierungstheorien und ihre Einbettung in der konjunktiven Dimension impliziten Wissens mittels Interviews und Gruppendiskussionen eine sinnvolle Ergänzung des methodischen Repertoires. Die so versprachlichten Erfahrungen können dann für didaktische Schlussfolgerungen aus der Perspektive des Sachunterrichts und des Sozialen Lernens nutzbar gemacht werden.

Die Abbildungen der Fischschwärme und die dazugehörigen Fragen waren im Nachhinein betrachtet geeignete Impulse, um über Positionierungen von Kindern ins Gespräch zu kommen. Der Einsatz des Bilderbuches „Irgendwie Anders" (vgl. Cave et al. 2016) konnte den konzeptionellen Ansprüchen Sozialen Lernens hinsichtlich der Thematisierung von Heterogenität wiederum nicht gerecht werden. Die wenig lebensnahe Gestaltung der Fabelwesen und die schablonenhafte Lösung des skizzierten Gruppenkonflikts erlaubten in den seltensten Fällen ein Gespräch über mögliche Wege zu einem wertschätzenden Umgang mit schulischer und gesellschaftlicher Heterogenität. Hier gilt es, in zukünftigen Erhebungen mit didaktischem Schwerpunkt andere Materialien anzuwenden oder aber anhand von Erkenntnissen kindheitswissenschaftlicher Forschungsprojekte neue Materialien zu entwickeln, die dem Heterogenitätserleben von Kindern stärker mit der notwendigen Offenheit begegnen.

Anhang

Erhebungsinstrument.

<u>Hinweis:</u> Das vorliegende Erhebungsinstrument unterscheidet sich in Teilen von der Durchführung im Feld. Es wurde sich kurz nach der Diskussion mit der ersten Gruppe entschieden, den narrativen Rahmen um Nemo den Fisch nicht weiter zu verwenden und stattdessen gleich mit den Bildern einzusteigen. Zudem ist hervorzuheben, dass es sich bei dem Erhebungsinstrument nur um eine grobe Orientierung handelt. In allen Gruppen wurde nach der Hinführung zu den Bildern und zum Buch nach einigen Minuten von der Vorlage abgewichen um den Themen der Kinder genügend Raum für individuelle Beiträge zu geben. Der Vollständigkeit halber wird das Erhebungsinstrument dennoch in seiner ursprünglichen Form in den Anhang aufgenommen.

1. Einheit: Thematisierung von Verschiedenheit I (implizit).

Phase	Handlungsstruktur	Fragestellung/Fokus
Einführungsphase	4–5 Kinder sitzen im Stuhlkreis mit mir. Kinder haben sich im Vorfeld selbstständig zu Gruppen zusammen gefunden Begrüßung der Kinder Ich: ich bin aber heute nicht alleine hier. Ich habe einen guten Freund mitgebracht. Vielleicht kennt ihr ihn auch schon. Nemo, den Regenbogenfisch. Er möchte uns von seinen Abenteuern erzählen. (Dialog zwischen mir und Nemo)	In welchen Konstellationen finden sich die Schüler*innen zusammen? Welche Gruppenbildungsprozesse sind zu beobachten? Wie reagieren die Kinder auf das Setting?
Gesprächsinitiierung	Ich und „Nemo" treten in einen fiktiven Dialog zueinander, in welchem Nemo davon erzählt, wie er neulich in einem Fischschwarm unterwegs war Frage an die Kinder: Wisst ihr, was ein Fischschwarm ist? (Beschreiben der Gleichförmigkeit und -schrittigkeit eines Fischschwarms), Auf einmal entdeckt er etwas Leuchtendes auf dem Meeresgrund und er möchte sich dies gern anschauen. Dafür müsste er aber aus dem Schwarm schwimmen und ihn in seiner Gleichmäßigkeit durcheinanderbringen, was die anderen Fische nicht so sehr mögen	Wie reagieren die Kinder auf den Impuls?

Phase	Handlungsstruktur	Fragestellung/Fokus
Gespräch	Frage an die Kinder von Nemo: Kennt ihr eine solche Situation auch, wo es euch genau wie mir ging? *(falls zu abstrakt, dann Frage genauer stellen:* Gibt es bei euch auch Momente wo ihr gern etwas machen wolltet, es aber aus bestimmten Gründen nicht machen konntet? *Oder noch genauer:* ...weil andere es euch verboten haben?)	Von welchen Situationen berichten die Kinder? Welche Gespräche führen die Kinder untereinander? Inwieweit können Rückschlüsse auf von Kinder als relevant erlebte DIfferenzkategorien gezogen werden? Welche Schwierigkeiten haben die Kinder mit dem Erzählimpuls?

2. *Einheit: „Irgendwie anders" (45 min): Thematisierung von Verschiedenheit II (explizit).*

Phase	Handlungsstruktur	Fragestellung/Fokus
Einführung	Ich erzähle von einer Geschichte, die mich sehr berührt hat und die ich den Kindern mit gebracht hat, um sie mit ihnen zu teilen	
Vorlesen der Geschichte bis Seite 9	Ich lese Geschichte vor und zeige parallel entsprechende Bilder	Wie reagieren die Kinder auf die Geschichte?
Zusammenfassung	Bitte an die Schüler*innen, den Inhalt des Bilderbuchs in der Gruppe nachzuerzählen	Welche Aspekte der Geschichte erscheinen den Schüler*innen als wesentlich?

Phase	Handlungsstruktur	Fragestellung/Fokus
Gemeinsames Gespräch	Ich versuche, mit Schüler*innen ins Gespräch über das eben Gehörte zu kommen. Folgende Fragen sind unter anderem möglich: → Warum könnte Irgendwie Anders von den anderen nicht gemocht werden? → Meint ihr, er kann immer an den Orten sein, wo er gern ist? Warum kann er es vielleicht nicht? → Kennt ihr das auch? Dass ihr vielleicht gern wo sein wolltet oder etwas gern tun wolltet, es aber nicht konntet, weil ihr anders wart? → Kennt ihr Situationen im Alltag in denen Menschen sich in Gruppen zusammenschließen um gemeinsam stärker zu sein? → Welche Unterschiede kennt ihr zwischen den Menschen? Was ist vielleicht ein Grund, warum einige Menschen mit einer bestimmten Person nicht spielen wollen? → Was kann man selbst und was können andere tun, damit man sich nicht mehr so fühlt?	Inwieweit gelingt den Schüler*innen im Gespräch ein Rückbezug auf ihre eigene Biografie? Inwieweit gelingt den Schüler*innen eine empathische Übernahme des Hauptcharakters? Welche Heterogenitätsdimensionen sind den Schüler*innen bewusst? Welche besitzen Relevanz für das eigene Leben? In welchen Situationen haben Schüler*innen die Wirkmächtigkeit von Differenzkonstrukten erfahren? Wo finden sich Anhaltspunkte, die einen Rückschluss auf das Erleben gesellschaftlicher Ungleichheit zulassen?
Verabschiedung		

Literaturverzeichnis

Adamina, M./Kübler, M./Kalcsics, K./Bietenhard, S./Engeli, E. (Hrsg.) (2018): „Wie ich mir das denke und vorstelle...". Vorstellungen von Schülerinnen und Schülern zu Lerngegenständen des Sachunterrichts und des Fachbereichs Natur, Mensch, Gesellschaft. Bad Heilbrunn: Verlag Julius Klinkhardt.

Aghamiri, K. (2015): Das Sozialpädagogische als Spektakel. Opladen, Berlin & Toronto: Verlag Barbara Budrich.

Agharmiri, K. (2012): „Wenn die Sozialpädagogen da sind, muss man nix lernen". Die Aneignung eines schulbezogenen Angebots der Jugendhilfe zum sozialen Lernen aus der Perspektive von Grundschulkindern. In: Braches-Chyrek, R./Lenz, G./Kammermeier, B. (Hrsg.): Soziale Arbeit und Schule. Im Spannungsfeld von Erziehung und Bildung. Opladen, Berlin & Toronto: Verlag Barbara Budrich, S. 157–174.

Agharmiri, K. (2018a): Soziales Lernen als sozialpädagogisches Spektakel in der Schule. In: Budde, J./Weuster, N. (Hrsg.): Erziehung in Schule. Persönlichkeitsbildung als Dispositiv. Wiesbaden: Springer VS, S. 201–220.

Agharmiri, K. (2018b): Stichwort: Soziales Lernen. In: Bassarak, H. (Hrsg.): Lexikon der Schulsozialarbeit. Baden-Baden: Nomos.

Akaba, Y. (2014): (Un-)Doing Ethnicity im Unterricht. Wie Schüler/innen Differenzen markieren und dekonstruieren. In: Miethe, I./Tervooren, A./Reh, S./Göhlich, M./Engel, N. (Hrsg.): Ethnographie und Differenz in pädagogischen Feldern. Internationale Entwicklungen erziehungswissenschaftlicher Forschung. Bielefeld: transcript, S. 275–290.

Alanen, L. (2005): Kindheit als generationales Konzept. In: Hengst, H./Zeiher, H. (Hrsg.): Kindheit soziologisch. ein internationaler Überblick. Wiesbaden: Springer VS, S. 65–82.

Albers, S. (2017): „Alter Wein in neuen Schläuchen". Wie viel Bildung steckt im Sachunterricht. In: Pädagogische Rundschau. Heft 71, S. 61–78.

Alexi, S. (2014): Kindheitsvorstellungen und Generationale Ordnung. Opladen, Berlin & Toronto: Verlag Barbara Budrich.

Alexi, S./Fürstenau, R. (2012): Dokumentarische Methode. In: Heinzel, F. (Hrsg.): Methoden der Kindheitsforschung. Ein Überblick über Forschungszugänge zur kindlichen Perspektive. 2. Auflage. Weinheim: Juventa, S. 205–221.

Alkemeyer, T./Buschmann, N./Michaeler, M. (2015): Kritik der Praxis. Plädoyer für eine subjektivierungstheoretische Erweiterung der Praxistheorien. In: Alkemeyer,

© Der/die Herausgeber bzw. der/die Autor(en), exklusiv lizenziert an Springer Fachmedien Wiesbaden GmbH, ein Teil von Springer Nature 2022
F. Schrumpf, *Kinder thematisieren Differenzerfahrungen*, Sachlernen & kindliche Bildung – Bedingungen, Strukturen, Kontexte,
https://doi.org/10.1007/978-3-658-39651-0

T./Schürmann, V./Volbers, J. (Hrsg.): Praxis denken. Konzepte und Kritik. Wiesbaden: Springer VS, S. 25–50.

Amling, S. (2015): Peergroups und Zugehörigkeit. Empirische Rekonstruktionen und ungleichheitstheoretische Reflexionen. Wiesbaden: Springer VS.

Amling, S./Hoffmann, N.F. (2013): Die soziogenetische Typenbildung in der Diskussion. Zur Rekonstruktion der sozialen Genese von Milieus in der Dokumentarischen Methode. In: Zeitschrift für Qualitative Forschung. 14. J./Heft 2, S. 179–198.

Andresen, S./Hurrelmann, K. (2013): Wie gerecht ist unsere Welt? Kinder in Deutschland 2013. 2. World-Vision-Studie Weinheim: Beltz Verlag.

Andresen, S./Neumann, S. (Hrsg.) (2018): Was ist los in unserer Welt? Kinder in Deutschland 2018. 4. World Vision Kinderstudie. Weinheim: Beltz Verlag.

ArchiveMC (2021 (1956)): 1956 High School Exchange Students in USA Debate on Prejudice (2): Philippines, Japan, UK, Indonesia. Youtube. URL: www.youtube.com/watch?v=TsL3HYz_TFw&t=423s [Zugriff: 22.10. 2021].

Arnold, S. (2011): „Die waren bestimmt schon früher Feinde mit den Muslimen…?". Antisemitismus unter Jugendlichen mit muslimischem Migrationshintergrund. In: Facebook, Fun und Ramadan. Lebenswelten muslimischer Jugendlicher. Düsseldorf: Informations- und Dokumentationszentrum für Antirassismusarbeit. .

Asbrand, B./Martens, M. (2018): Dokumentarische Unterrichtsforschung. Wiesbaden: Springer VS.

Asbrand, B./Nohl, A.-M. (2013): Lernen in der Kontagion: Interpretieren, konjunktives und aktionistisches Verstehen im Aufbau gegenstandbezogener Erfahrungsräume. In: Loos, P./Nohl, A.-M./Przyborski, A./Schäffer, B. (Hrsg.): Dokumentarische Methode. Grundlagen – Entwicklungen – Anwendungen. Opladen, Berlin & Toronto: Verlag Barbara Budrich, S. 155–169.

Auer, P./Dirim, Î. (2000): Das versteckte Prestige des Türkischen. Zur Verwendung des Türkischen in gemischtethnischen Jugendlichengruppen in Harnburg. In: Gogolin, I. (Hrsg.): Migration, gesellschaftliche Differenzierung und Bildung. Resultate des Forschungsschwerpunktprogramms FABER. Opladen: Leske + Budrich, S. 97–113.

Autorengruppe Bildungsberichterstattung (2014): Bildung in Deutschland 2014. Ein indikatorengestützter Bericht mit einer Analyse zur Bildung von Menschen mit Behinderungen. Bielefeld: W. Bertelsmann Verlag.

Baar, R. (2019): Differenz(de)konstruktionen von Kindern in Gesprächen über postmoderne Familienformen. In: Holzinger, A./Kopp-Sixt, S./Luttenberger, S./Wohlhart, D. (Hrsg.): Fokus Grundschule. Münster: Waxmann, S. 41–50.

Bartmann, S./Kunze, K. (2008): Biographisierungsleistungen in Form von Argumentationen als Zugang zur (Re-)Konstruktion von Erfahrung. In: Felden, H. von (Hrsg.): Perspektiven erziehungswissenschaftlicher Biographieforschung. Wiesbaden: Springer VS, S. 177–192.

Becher, A. (2009): Die Zeit des Holocaust in Vorstellungen von Grundschulkindern. Eine empirische Untersuchung im Kontext von Holocaust education. Oldenburg: Didaktisches Zentrum Carl-von-Ossietzky-Univ.

Beck, G./Rauterberg, M. (2005): Sachunterricht – eine Einführung. Geschichte, Probleme, Entwicklungen. Berlin: Cornelsen Scriptor.

Beck, U. (1983): Jenseits von Klasse und Stand? Soziale Ungleichheit, gesellschaftliche Individualisierungsprozesse und die Entstehung neuer sozialer Formationen und Identitäten. In: Kreckel, R. (Hrsg.): Soziale Ungleichheiten. Göttingen: Schwartz, S. 35–74.

Becker, G. (2008): Soziale, moralische und demokratische Kompetenzen fördern. Ein Überblick über schulische Förderkonzepte. Weinheim: Beltz Verlag.

Beltz, T. (2010): Die Kindergesellschaft. Wie Kindheit und Ungleichheit zusammenhängen. In: Sozial Extra. Heft 34, S. 37–41

Bengel, A. (2021): Schulentwicklung Inklusion. Empirische Einzelfallstudie eines Schulentwicklungsprozesses. Bad Heilbrunn: Verlag Julius Klinkhardt.

Bicer, E. (2014): Ethnische Komposition und interethnische Freundschaften in Schulklassen. Eine Untersuchung von Effekten der Opportunitätsstruktur auf Freundschaftsbindungen deutsch- und türkischstämmiger Schüler. In: Bicer, E./Windzio, M./Wingens, M. (Hrsg.): Soziale Netzwerke, Sozialkapital und ethnische Grenzziehungen im Schulkontext. Wiesbaden: Springer VS, S. 103–133.

Bildung in Deutschland 2016. Ein indikatorengestützter Bericht mit einer Analyse zu Bildung und Migration (2016). Bielefeld: wbv. URL: www.bildungsbericht.de/de/bildungsberichte-seit-2006/bildungsbericht-2016 [Zugriff: 03.10.2020].

Bildung in Deutschland 2018. Ein indikatorengestützter Bericht mit einer Analyse zu Wirkungen und Erträgen von Bildung (2018). Bielefeld: wbv Media. URL: https://www.bildungsbericht.de/de/bildungsberichte-seit-2006/bildungsbericht-2018/pdf-bildungsbericht-2018/bildungsbericht-2018.pdf [Zugriff: 07.10.2020].

Billmann-Macheda, E. (1994): Zur kommunikativen Kompetenz von Kindern in Gruppendiskussionen. In: Wessel, K.-F./Naumann, F. (Hrsg.): Kommunikation und Humanontogenese. Bielefeld: Kleine, S. 49–87.

Billmann-Macheda, E. (2001): Soziale Aushandlungsprozesse im Kindesalter. ein qualitativer Zugang über das Gruppendiskussionsverfahren. In: Mey, G. (Hrsg.): Qualitative Forschung in der Entwicklungspsychologie. Potentiale, Probleme, Perspektiven., S. 12–18.

Billmann-Macheda, E./Gebhard, U. (2014): Die Methode der Gruppendiskussion zur Erfassung von Schülerperspektiven. In: Krüger, D./Parchmann, I./Schecker, H. (Hrsg.): Methoden in der naturwissenschaftsdidaktischen Forschung. Berlin, Heidelberg: Springer Spektrum, S. 147–158.

Blaschke-Nacak, G./Stenger, U./Zirfas, J. (2018): Kinder und Kindheiten. Eine Einleitung. In: Blaschke-Nacak, G./Stenger, U./Zirfas, J. (Hrsg.): Pädagogische Anthropologie der Kinder. Geschichte, Kultur und Theorie. Weinheim: Beltz Verlag, S. 11–35.

Boban, I./Hinz, A. (2017): Inklusion zwischen Menschenrechten und Neoliberalismus. eine Problemskizze. In: Lütje-Klose, B./Boger, M.-A./Hopmann, B./Neumann, P. (Hrsg.): Leistung inklusive? Inklusion in der Leistungsgesellschaft. Menschenrechtliche, sozialtheoretische und professionsbezogene Perspektiven. Bad Heilbrunn: Verlag Julius Klinkhardt, S. 39–47.

Bock, K. (2010): Kinderalltag – Kinderwelten. Rekonstruktive Analysen von Gruppendiskussionen mit Kindern. Opladen, Berlin & Toronto: Verlag Barbara Budrich.

Boer, H. (2009): Peersein und Schülersein. Ein Prozess des Ausbalancierens. In: Boer, H./Deckert-Peaceman, H. (Hrsg.): Kinder in der Schule. Zwischen Gleichaltrigenkultur und schulischer Ordnung. Wiesbaden: Springer VS, S. 105–118.

Boer, H./Deckert-Peaceman, H. (2009): Kinder und Schule. Rekonstruktionen der kindlichen Perspektive und ihre Bedeutung für die schulische Ordnung. In: Boer, H./Deckert-Peaceman, H. (Hrsg.): Kinder in der Schule. Zwischen Gleichaltrigenkultur und schulischer Ordnung. Wiesbaden: Springer VS, S. 21–34.

Boer, H. de (2006): Klassenrat als interaktive Praxis. Auseinandersetzung-Kooperation-Imagepflege. Wiesbaden: Springer VS.

Bohnsack, R. (1995): Die Suche nach Gemeinsamkeit und die Gewalt der Gruppe. Hooligans, Musikgruppen und andere Jugendcliquen. Opladen: Leske + Budrich.

Bohnsack, R. (1997): Adoleszenz, Aktionismus und die Emergenz von Milieus. Eine Ethnographie von Hooligan-Gruppen und Rockbands. In: Zeitschrift für Sozialisationsforschung und Erziehungssoziologie. 17. J./Heft 1, S. 3–18.

Bohnsack, R. (2010): Rekonstruktive Sozialforschung. Einführung in qualitative Methoden. 8. Auflage. Opladen, Berlin & Toronto: Verlag Barbara Budrich.

Bohnsack, R. (2013a): Gruppendiskussionsverfahren und dokumentarische Methode. In: Friebertshäuser, B./Langer, A./Prengel, A. (Hrsg.): Handbuch qualitative Forschungsmethoden in der Erziehungswissenschaft. 4. Auflage. Weinheim: Beltz Verlag, S. 205–218.

Bohnsack, R. (2013b): Typenbildung, Generalisierung und komparative Analyse. Grundprinzipien der dokumentarischen Methode. In: Bohnsack, R./Nentwig-Gesemann, I./Nohl, A.-M. (Hrsg.): Die dokumentarische Methode und ihre Forschungspraxis. Grundlagen qualitativer Sozialforschung. Wiesbaden: Springer VS, 3. Auflage, S. 241–269.

Bohnsack, R. (2014a): Habitus; Norm und Identität. In: Kramer, R.-T./Thiersch, S./Helsper, W. (Hrsg.): Schülerhabitus. Theoretische und empirische Analysen zum Bourdieuschen Theorem der kulturellen Passung. Wiesbaden: Springer VS, S. 33–55.

Bohnsack, R. (2014b): Rekonstruktive Sozialforschung. Einführung in qualitative Methoden. 9.Auflage. Opladen, Berlin & Toronto: Verlag Barbara Budrich.

Bohnsack, R. (2017): Praxeologische Wissenssoziologie. Opladen, Berlin & Toronto: Verlag Barbara Budrich.

Bohnsack, R. (2018a): Die Mehrdimensionalität der Typenbildung und ihre Aspekthaftigkeit. In: Ecarius, J./Schäffer, B. (Hrsg.): Typenbildung und Theoriegenerierung. Methoden und Methodologien qualitativer Bildungs- und Biographieforschung. 2. Auflage. Opladen, Berlin & Toronto: Verlag Barbara Budrich, S. 21–48.

Bohnsack, R. (2018b): Rekonstruktion, Rationalismuskritik und Praxeologie. In: Heinrich, M./Wernet, A. (Hrsg.): Rekonstruktive Bildungsforschung. Zugänge und Methoden. Wiesbaden: Springer VS, S. 211–226.

Bohnsack, R./Hoffmann, N.F./Nentwig-Gesemann, I. (2018): Typenbildung und Dokumentarische Methode. In: Bohnsack, R./Hoffmann, N.F./Nentwig-Gesemann, I. (Hrsg.): Typenbildung und Dokumentarische Methode. Forschungspraxis und methodologische Grundlagen. Opladen, Berlin & Toronto: Verlag Barbara Budrich, S. 9–50.

Bohnsack, R./Nentwig-Gesemann, I./Nohl, A.-M. (Hrsg.) (2013a): Die dokumentarische Methode und ihre Forschungspraxis. Grundlagen qualitativer Sozialforschung. 3 Auflage. Wiesbaden: Springer VS.

Bohnsack, R./Nentwig-Gesemann, I./Nohl, A.-M. (2013b): Einleitung. In: Bohnsack, R./Nentwig-Gesemann, I./Nohl, A.-M. (Hrsg.): Die dokumentarische Methode und ihre Forschungspraxis. Grundlagen qualitativer Sozialforschung. 3. Auflage. Wiesbaden: Springer VS, S. 9–31.

Bohnsack, R./Przyborski, A. (2010): Diskursorganisation, Gesprächsanalyse und Methode der Gruppendiskussion. In: Bohnsack, R./Przyborski, A./Schäffer, B. (Hrsg.): Das Gruppendiskussionsverfahren in der Forschungspraxis. 2. Auflage. Opladen, Berlin & Toronto: Verlag Barbara Budrich, S. 233–248.

Bohnsack, R./Przyborski, A./Schäffer, B. (Hrsg.) (2010a): Das Gruppendiskussionsverfahren in der Forschungspraxis. 2. Auflage. Opladen, Berlin & Toronto: Verlag Barbara Budrich.

Bohnsack, R./Przyborski, A./Schäffer, B. (2010b): Einleitung. Gruppendiskussionen als Methode rekonstruktiver Sozialforschung. In: Bohnsack, R./Przyborski, A./Schäffer, B. (Hrsg.): Das Gruppendiskussionsverfahren in der Forschungspraxis. 2. Auflage. Opladen, Berlin & Toronto: Verlag Barbara Budrich, , S. 7–24.

Bohnsack, R./Schäffer, B. (2013): Exemplarische Textinterpretation. Diskursorganisation und dokumentarische Methode. In: Bohnsack, R./Nentwig-Gesemann, I./Nohl, A.-M. (Hrsg.): Die dokumentarische Methode und ihre Forschungspraxis. Grundlagen qualitativer Sozialforschung. 3. Auflage. Wiesbaden: Springer VS, S. 331–360.

Boldaz-Hahn, S. (2013): „Weil ich dunkle Haut habe". Rassismuserfahrungen im Kindergarten. In: Wagner, P. (Hrsg.): Handbuch Inklusion. Grundlagen vorurteilsbewusster Bildung und Erziehung. Freiburg im Breisgau: Herder, S. 193–194.

Boller, S./Rosowski, E./Stroot, T. (2007): Heterogenität in der Sekundarstufe II. Einleitende Bemerkungen zum Thema. In: Boller, S./Rosowski, E./Stroot, T. (Hrsg.): Heterogenität in Schule und Unterricht. Handlungsansätze zum pädagogischen Umgang mit Vielfalt. Weinheim: Beltz Verlag, S. 12–20.

Bonnet, A. (2009): Die Dokumentarische Methode in der Unterrichtsforschung. Ein integratives Forschungsinstrument für Strukturrekonstruktion und Kompetenzanalyse. In: Zeitschrift für Qualitative Forschung. 10. J./Heft 2, S. 219–240.

Booth, T./Ainscow, M. (2019): Index für Inklusion. Ein Leitfaden für Schulentwicklung. 2. Auflage. Weinheim: Beltz Verlag.

Borst, E. (2018): Pädagogik und Geschlechterverhältnisse. In: Bernhard, A./Rothermel, L./Rühle, M. (Hrsg.): Handbuch Kritische Pädagogik. Eine Einführung in die Erziehungs- und Bildungswissenschaft. Neuausgabe. Weinheim: Beltz Verlag, S. 582–599.

Braches-Chyrek, R. (2012): Kinder und Peerkulturen in schulischen und außerschulischen Kontexten. In: Braches-Chyrek, R./Lenz, G./Kammermeier, B. (Hrsg.): Soziale Arbeit und Schule. Im Spannungsfeld von Erziehung und Bildung. Opladen, Berlin & Toronto: Verlag Barbara Budrich, S. 191–204.

Braches-Chyrek, R./Bühler-Niederberger, D./Heinzel, F./Sünker, H./Thole, W. (2011): Deutungen und Bilder von Kindheiten. In: Promotionskolleg Kinder und Kindheiten im Spannungsfeld gesellschaftlicher Modernisierung (Hrsg.): Kindheitsbilder und die Akteure generationaler Arrangements. Wiesbaden: Springer VS, S. 9–18.

Breidenstein, G. (2006): Teilnahme am Unterricht. Ethnographische Studien zum Schülerjob. Wiesbaden: Springer VS.

Breidenstein, G. (2020): Ungleiche Grundschulen und die meritokratische Fiktion im deutschen Schulsystem. In: Zeitschrift für Grundschulforschung. 13. J./Heft 2, S. 295–307.

Breidenstein, G./Kelle, H. (1998): Geschlechteralltag in der Schulklasse. Ethnographische Studien zur Gleichaltrigenkultur. Weinheim: Juventa-Verl..

Breidenstein, G./Meier, M./Zaborowski, K.U. (2011): Das Projekt Leistungsbewertung in der Schulklasse. In: Zaborowski, K.U./Meier, M./Breidenstein, G. (Hrsg.): Leistungsbewertung und Unterricht. Ethnographische Studien zur Bewertungspraxis in Gymnasium und Sekundarschule. Wiesbaden: Springer VS, S. 15–38.

Breitenbach, E. (2000): Mädchenfreundschaften in der Adoleszenz. Eine fallrekonstruktive Untersuchung von Gleichaltrigengruppen. Opladen: Leske + Budrich.

Breitenbach, E. (2013): Empirischer Konstruktivismus und Dokumentarische Methode. In: Bohnsack, R./Nentwig-Gesemann, I./Nohl, A.-M. (Hrsg.): Die dokumentarische Methode und ihre Forschungspraxis. Grundlagen qualitativer Sozialforschung. 3. Auflage. Wiesbaden: Springer VS, S. 179–193.

Brenneke, B./Tervooren, A. (2019): Gruppendiskussionen mit Kindern am Übergang vom Elementar- zum Primarbereich. Methodologische Diskussionen und forschungspraktische Herausforderungen. In: Hartnack, F. (Hrsg.): Qualitative Forschung mit Kindern. Herausforderungen, Methoden und Konzepte. Wiesbaden: Springer VS, S. 193–236.

Brohm, M. (2009): Sozialkompetenz und Schule. Theoretische Grundlagen und empirische Befunde zu Gelingensbedingungen sozialbezogener Interventionen. Weinheim: Juventa-Verl.

Budde, J. (2009): Herstellung sozialer Positionierungen. Jungen zwischen Männlichkeit und Schule. In: Pech, D. (Hrsg.): Jungen und Jungenarbeit. Eine Bestandsaufnahme des Forschungs- und Diskussionsstandes. Baltmannsweiler: Schneider-Verl. Hohengehren, S. 155–170.

Budde, J. (2013a): Das Kategorienproblem. Intersektionalität und Heterogenität? In: Rendtorff, B./Kleinau, E. (Hrsg.): Differenz, Diversität und Heterogenität in erziehungswissenschaftlichen Diskursen. Opladen, Berlin & Toronto: Verlag Barbara Budrich, S. 27–46.

Budde, J. (2013b): Intersektionalität als Herausforderung für eine erziehungswissenschaftliche soziale Ungleichheitsforschung. In: Siebholz, S./Schneider, E./Busse, S./Sandring, S./Schippling, A. (Hrsg.): Prozesse sozialer Ungleichheit. Bildung im Diskurs. Wiesbaden: Springer VS, S. 245–258.

Budde, J. (2014): Differenz beobachten? In: Miethe, I./Tervooren, A./Reh, S./Göhlich, M./Engel, N. (Hrsg.): Ethnographie und Differenz in pädagogischen Feldern. Internationale Entwicklungen erziehungswissenschaftlicher Forschung. Bielefeld: transcript.

Budde, J./Mammes, I. (Hrsg.) (2009): Jungenforschung empirisch. Zwischen Schule, männlichem Habitus und Peerkultur. Wiesbaden: Springer VS.

Bühler-Niederberger, D. (2020): Lebensphase Kindheit. Theoretische Ansätze, Akteure und Handlungsräume. 2. Auflage. Weinheim: Beltz Verlag.

Bühler-Niederberger, D./Sünker, H. (2006): Der Blick auf das Kind. Sozialisationsforschung, Kindheitssoziologie und die Frage nach der gesellschaftlich-generationalen Ordnung. In: Andresen, S./Diehm, I. (Hrsg.): Kinder, Kindheiten, Konstruktionen. Erziehungswissenschaftliche Perspektiven und sozialpädagogische Verortungen. Wiesbaden: Springer VS, S. 25–51.

Burrichter, R. (2005): Religiöse Identität in der weltanschaulichen pluralen Gesellschaft. Zum Umgang mit Heterogenität im Religionsunterricht der öffentlichen Schule. In: Bräu, K. (Hrsg.): Heterogenität als Chance. Vom produktiven Umgang mit Gleichheit und Differenz in der Schule. Münster: LIT-Verl., S. 179–196.

Cave, K./Naoura, S./Riddell, C. (2016): Irgendwie Anders. Hamburg: Oetinger.

Coers, L. (2019): Geschlecht im Diskurs der Fachdidaktik Sachunterricht:. Eine explorative Studie. URL: voado.uni-vechta.de/handle/21.11106/239 [Zugriff: 28.02. 2021].

Cohen, E.G. (1993): Bedingungen für kooperative Kleingruppen. In: Huber, G.L. (Hrsg.): Neue Perspektiven der Kooperation. Ausgewählte Beiträge der Internationalen Konferenz 1992 über Kooperatives Lernen. Baltmannsweiler: Schneider-Verl. Hohengehren, S. 45–53.

Datenreport zum Berufsbildungsbericht 2018. Informationen und Analysen zur Entwicklung der beruflichen Bildung (2018). Bonn

Degele, N. (2008): Gender/Queer Studies. Eine Einführung. Opladen, Berlin & Toronto: Verlag Barbara Budrich.

Deppe, U. (2013): Familie, Peers und Bildungsungleichheit. Qualitative Befunde zur interdependenten Bildungsbedeutsamkeit außerschulischer Bildungsorte. In: Zeitschrift für Erziehungswissenschaften. 16. J., S. 533–552.

Deppe, U. (2020): Die Arbeit am Selbst. Eine systematische Betrachtung der theoretischen Positionen und empirischen Befunde zu Karrieren an herausgehobenen Bildungsorten und erwartungswidrigen Bildungsverläufen. In: Deppe, U. (Hrsg.): Die Arbeit am Selbst. Theorie und Empirie zu Bildungsaufstiegen und exklusiven Karrieren. Wiesbaden: Springer VS, S. 1–20.

Dettenborn, H./Schmidt-Denter, U. (1997): Soziales Lernen. In: Lompscher, J. (Hrsg.): Leben, Lernen und Lehren in der Grundschule. Neuwied: Luchterhand, S. 188–204.

Diehm, I. (2020): Differenz – die pädagogische Herausforderung in der Schule für alle Kinder. In: Skorsetz, N./Bonanati, M./Kucharz, D. (Hrsg.): Diversität und soziale Ungleichheit. Wiesbaden: Springer VS, S. 9–19.

Diehm, I./Kuhn, M./Machold, C./Mai, M. (2013): Ethnische Differenz und Ungleichheit. Eine ethnographische Studie in Bildungseinrichtungen der frühen Kindheit. In: Zeitschrift für Pädagogik. 59. J./Heft 5, S. 644–656.

Dietrich, C. (2021): Vorderbühne – Hinterbühne. Zur Interdependenz der Horizonte von Diversität und Gleichheit. In: Hedderich, I./Reppin, J./Butschi, C. (Hrsg.): Perspektiven auf Vielfalt in der frühen Kindheit. Mit Kindern Diversität erforschen. 2. Auflage. Bad Heilbrunn: Verlag Julius Klinkhardt, S. 60–75.

Dietrich, F. (2019): Inklusion und Leistung. Rekonstruktionen zum Verhältnis von Programmatik, gesellschaftlicher Bestimmtheit und Eigenlogik des Schulischen. In: Stechow, E. von/Hackstein, P./Müller, K./Esefeld, M./Klocke, B. (Hrsg.): Inklusion im Spannungsfeld von Normalität und Diversität. Band I: Grundfragen der Bildung und Erziehung. Bad Heilbrunn: Verlag Klinkhardt Julius, S. 195–205.

Dobusch, L. (2014a): Diversity Limited. Wiesbaden: Springer VS.

Dobusch, L. (2014b): Diversity-Diskurse in Organisationen. Behinderung als „Grenzfall". In: Zeitschrift für Soziale Probleme und Soziale Kontrolle. 25. J./Heft 2, S. 268–285.

Dommel, C. (2013): Religion. Diskriminierungsgrund oder kulturelle Ressource für Kinder. In: Wagner, P. (Hrsg.): Handbuch Inklusion. Grundlagen vorurteilsbewusster Bildung und Erziehung. Freiburg im Breisgau: Herder, S. 186–197.

Eckermann, T. (2017): Kinder und ihre Peers beim kooperativen Lernen. Wiesbaden: Springer VS.

Eckert, E. (2004): Maria Montessoris (1870–1952) Kosmische Erziehung. Eine Antwort auf die Weltneugier des Grundschulkindes. In: Kaiser, A./Pech, D. (Hrsg.): Neuere Konzeptionen und Zielsetzungen im Sachunterricht. 2. Auflage. Baltmannsweiler: Schneider Verl. Hohengehren.

Edelstein, W./Keller, M. (1982): Perspektivität und Interpretation. Zur Entwicklung des sozialen Verstehens. In: Edelstein, W./Keller, M. (Hrsg.): Perspektivität und Interpretation. Beiträge zur Entwicklung des sozialen Verstehens. Frankfurt am Main: Suhrkamp, 9–46.

Einsiedler, W. (2014): Grundlegende Bildung. In: Einsiedler, W./Götz, M./Hartinger, A./Heinzel, F./Kahlert, J./Sandfuchs, U. (Hrsg.): Handbuch Grundschulpädagogik und Grundschuldidaktik. 4. Auflage. Bad Heilbrunn: Verlag Julius Klinkhardt, S. 225–232.

Emmerich, M./Hormel, U. (2013): Heterogenität – Diversity – Intersektionalität. Zur Logik sozialer Unterscheidungen in pädagogischen Semantiken der Differenz. Wiesbaden: Springer VS.

Fahn, K. (1983): Kompendium Didaktik. Sachunterricht in der Grundschule ; Sozio- kultureller Lernbereich. München: Ehrenwirth.

Falkenberg, M. (2013): Stumme Praktiken. Die Schweigsamkeit des Schulischen. Berlin, Boston: De Gruyter Oldenbourg

Fauer, P./Schweitzer, F. (1985): Schule, gesellschaftliche Modernisierung und soziales Lernen – Schultheoretische Überlegungen. In: Zeitschrift für Pädagogik. 31. J./Heft 3, S. 339–363.

Faulstich-Wieland, H. (2008): Schule und Geschlecht. In: Helsper, W./Böhme, J. (Hrsg.): Handbuch der Schulforschung. 2. Auflage. Wiesbaden: Springer VS, S. 673–695.

Faulstich-Wieland, H. (2009): „Jungenverhalten" als interaktive Herstellungspraxis. In: Budde, J./Mammes, I. (Hrsg.): Jungenforschung empirisch. Zwischen Schule, männlichem Habitus und Peerkultur. Wiesbaden: Springer VS, S. 91–101.

Fischer, C./Thormann, S. (2015): Die Dokumentarische Methode in der politikdidaktischen Lehr-Lernforschung. und Herausforderungen. Grundlagen, Potenziale. In: Petrik, A. (Hrsg.): Formate fachdidaktischer Forschung in der politischen Bildung. Schwalbach/Ts.: Wochenschau Verlag, S. 149–157.

Fischer, H.-J. (2015): Die Sachen darstellen und reflektieren. In: Kahlert, J./Fölling-Albers, M./Götz, M./Hartinger, A./Miller, S./Wittkowske, S. (Hrsg.): Handbuch Didaktik des Sachunterrichts. 2. Auflage. Bad Heilbrunn: Verlag Julius Klinkhardt, S. 466–473.

Flick, U. (1987): Methodenangemessene Gütekriterien in der qualitativ-interpretativen Forschung. In: Bergold, J.B./Flick, U. (Hrsg.): Ein-Sichten. Zugänge zur Sicht des Subjekts mittels qualitativer Forschung. Tübingen: DGVT, S. 247–262.

Flick, U. (2017): Qualitative Sozialforschung. Eine Einführung. Reinbek bei Hamburg: Rowohlt Taschenbuch Verlag, Originalausgabe, 8. Auflage.

Flügel, A. (2017): „einfach mal sammeln, was ihr alles schon wisst" – Sachunterricht und Differenz. In: www.widerstreit-sachunterricht.de. Heft 23, 12 Seiten.

Fölling-Albers, M. (2010): Kinder und Kompetenzen Kinder und Kompetenzen. Zum Perspektivenwechsel in der Kindheitsforschung. In: Heinzel, F. (Hrsg.): Kinder in Gesellschaft. Was wissen wir über aktuelle Kindheiten? Frankfurt am Main: Grundschulverb, S. 10–20.

Fölling-Albers, M. (2014): Soziokulturelle Bedingungen der Kindheit. In: Einsiedler, W./Götz, M./Hartinger, A./Heinzel, F./Kahlert, J./Sandfuchs, U. (Hrsg.): Handbuch

Grundschulpädagogik und Grundschuldidaktik. 4. Auflage. Bad Heilbrunn: Verlag Julius Klinkhardt, S. 175–181.

Fréville, G./Harms, S./Karakayalt, S. (2010): „Antisemitismus – ein Problem unter vielen". Ergebnisse einer Befragung in Jugendclubs und Migrant/innen-Organisationen. In: Stender, W./Follert, G./Özdogan, M. (Hrsg.): Konstellationen des Antisemitismus. Antisemitismusforschung und sozialpädagogische Praxis. Wiesbaden: Springer VS.

Friebertshäuser, B./Krüger, H.-H./Bohnsack, R. (2002): Kinder- und Jugendkultur in ethnographischer Perspektive. Einführung in den Themenschwerpunkt. In: Zeitschrift für qualitative Bildungs-, beratungs- und Sozialforschung. Heft 1, S. 3–10.

Fritz, J. (1993): Methoden des sozialen Lernens. 3. Auflage. Weinheim und München: Juventa.

Fuchs, M. (2007): Diversity und Differenz. Konzeptionelle Überlegungen. In: Wulf, C./Krell, G./Riedmüller, B./Sieben, B./Vinz, D./Armbrüster, C./Bayreuther, F./Benz, W./Dören, M./Eisend, M./Fuchs, M./Kondratowitz, H.J. von/Luig, U./Prengel, A./Schönwälder, K./Schuchert-Güler, P./Widman, P. (Hrsg.): Diversity Studies. Grundlagen und disziplinäre Ansätze. Frankfurt und New York: Campus, S. 17–34.

Fuhs, B. (2014): Medien in der mittleren Kindheit. In: Tillmann, A./Fleischer, S./Hugger, K.-U. (Hrsg.): Handbuch Kinder und Medien. Wiesbaden: Springer VS, S. 259–272.

Fürstenau, S./Gomolla, M. (Hrsg.) (2012): Migration und schulischer Wandel: Leistungsbeurteilung. Wiesbaden: Springer VS

Gabbert, W. (2017): Tutorium Geschichte Lateinamerikas. Mestize. URL: www.historicumestudies.net/etutorials/tutorium-geschichte-lateinamerikas/lateinamerika-lexikon/mestize [Zugriff: 22.10. 2021].

Gastiger, S./Lachat, B. (2012): Schulsozialarbeit – Soziale Arbeit am Lebensort Schule. Methoden und Konzepte der Sozialen Arbeit in verschiedenen Arbeitsfeldern. Freiburg: Lambertus-Verlag.

Gebauer, M./Simon, T. (2012): Inklusiver Sachunterricht konkret: Chancen, Grenzen, Perspektiven. In: www.widerstreit-sachunterricht.de. Heft 18, 19 Seiten.

Gerspach, M. (2013): Kritische Anmerkungen zum Störungsbegriff. In: Schröder, A./Rademacher, H./Merkle, A. (Hrsg.): Handbuch Konflikt- und Gewaltpädagogik. Verfahren für Schule und Jugendhilfe. Schwalbach/Ts: Debus Pädagogik, S. 343–364.

Giel, K. (2000): Heimatkunde – heute. Versuch über die Topik des gelebten Lebens. In: Hinrichs, W./Bauer, H. (Hrsg.): Zur Konzeption des Sachunterrichts. Mit einem systematischen Exkurs zur Lehrgangs- und Unterrichtsmethodik. Donauwörth: Auer, S. 95–124.

Gläser, E. (2002): Arbeitslosigkeit aus der Perspektive von Kindern. Eine Studie zur didaktischen Relevanz ihrer Alltagstheorien. Bad Heilbrunn: Verlag Julius Klinkhardt.

Gläser, E./Richter, D. (Hrsg.) (2015): Die sozialwissenschaftliche Perspektive konkret. Begleitband 1 zum Perspektivrahmen Sachunterricht. Bad Heilbrunn: Verlag Julius Klinkhardt.

Glassner, B. (1976): Kid Society. In: Urban Dictionary. 11. J./Heft 1, S. 5–22.

Gomolla, M. (2009): Heterogenität, Unterrichtsqualität und Inklusion. In: Fürstenau, S./Gomolla, M. (Hrsg.): Migration und schulischer Wandel: Unterricht. Wiesbaden: Springer VS, S. 21–43.

Gomolla, M. (2012): Leistungsbeurteilung in der Schule:. Zwischen Selektion und Förderung, Gerechtigkeitsanspruch und Diskriminierung. In: Fürstenau, S./Gomolla, M.

(Hrsg.): Migration und schulischer Wandel: Leistungsbeurteilung. Wiesbaden: Springer VS, S. 25–50.

Gomolla, M./Radtke, F.-O. (2009): Institutionelle Diskriminierung. Die Herstellung ethnischer Differenz in der Schule. 3. Auflage. Wiesbaden: Springer VS.

Göppel, R. (2007): Aufwachsen heute. Veränderungen der Kindheit – Probleme des Jugendalters. Stuttgart: Kohlhammer Verlag.

Götz, M./Jung, J. (2001): Die Heimatkunde als Vorläuferfach des Sachunterrichts. In: Köhnlein, W./Schreier, H. (Hrsg.): Innovation Sachunterricht. Befragung der Anfänge nach zukunftsfähigen Beständen. Bad Heilbrunn: Verlag Julius Klinkhardt, S. 21–42.

Großkurth, H./Reißig, B. (2009): Geschlechterdimensionen im Übergang von der Schule in den Beruf. In: Budde, J./Mammes, I. (Hrsg.): Jungenforschung empirisch. Zwischen Schule, männlichem Habitus und Peerkultur. Wiesbaden: Springer VS, S. 115–128.

Grundmann, M./Groh-Samberg, O./Bittlingmayer, U.H./Bauer, U. (2003): Milieuspezifische Bildungsstrategien in Familie und Gleichaltrigengruppe. In: Zeitschrift für Erziehungswissenschaften. 6. J./Heft 1, S. 25–45.

Grunert, C. (2010): Methoden und Ergebnisse der qualitativen Kindheits- und Jugendforschung. In: Krüger, H.-H./Grunert, C. (Hrsg.): Handbuch Kindheits- und Jugendforschung. 2. Auflage. Wiesbaden: Springer VS, S. 245–272

Gürtler, C. (2005): Soziale Ungleichheit unter Kindern. Über die Rolle von Kind- und Elternhausmerkmalen für die Akzeptanz und den Einfluss eines Kindes in seiner Schulklasse. Potsdam: Universitätsverlag.

Hagemann-White, C. (2010): Geschlechtertheoretische Ansätze. In: Krüger, H.-H./Grunert, C. (Hrsg.): Handbuch Kindheits- und Jugendforschung. 2. Auflage. Wiesbaden: Springer VS, S. 153–174.

Hasse, J. (2007): Heimat – von der Kunde des Regionalen zur Erkundung von Beziehungen. In: Richter, D. (Hrsg.): Politische Bildung von Anfang an. Demokratie-Lernen in der Grundschule. Schwalbach/Ts.: Wochenschau-Verlag, S. 140–155.

Hedderich, I./Reppin, J./Butschi, C. (Hrsg.) (2021): Perspektiven auf Vielfalt in der frühen Kindheit. Mit Kindern Diversität erforschen. 2. Auflage. Bad Heilbrunn: Verlag Julius Klinkhardt.

Heinzel, F. (2003): Zwischen Kindheit und Schule. Kreisgespräche als Zwischenraum. In: Zeitschrift für qualitative Bildungs-, beratungs- und Sozialforschung. Heft 1, S. 105–122.

Heinzel, F. (2009): Methoden der Erforschung schulischer Mikroprozesse (mit Schwerpunkt Ethnografie). In: Blömeke, S./Bohl, T./Haag, L./Lang-Wojtasik, G./Sacher, W. (Hrsg.): Handbuch Schule. Theorie – Organisation – Entwicklung. Bad Heilbrunn: Verlag Julius Klinkhardt, S. 149–152.

Heinzel, F. (2012a): Einleitung. In: Heinzel, F. (Hrsg.): Methoden der Kindheitsforschung. Ein Überblick über Forschungszugänge zur kindlichen Perspektive. 2. Auflage. Weinheim, Bergstr: Juventa, S. 9–12.

Heinzel, F. (2012b): Gruppendiskussion und Kreisgespräch. In: Heinzel, F. (Hrsg.): Methoden der Kindheitsforschung. Ein Überblick über Forschungszugänge zur kindlichen Perspektive. 2. Auflage. Weinheim, Bergstr: Juventa, S. 104–115.

Heinzel, F. (2013): Zugänge zur kindlichen Perspektive. Methoden der Kindheitsforschung. In: Friebertshäuser, B./Langer, A./Prengel, A. (Hrsg.): Handbuch qualitative Forschungsmethoden in der Erziehungswissenschaft. 4. Auflage. Weinheim: Beltz Verlag, S. 707–721.

Heinzel, F./Kränzl-Nagel, R./Mierendorff, J. (2012): Sozialwissenschaftliche Kindheitsforschung. Annäherungen an einen komplexen Forschungsbereich. In: heo-Web. Zeitschrift für Religionspädagogik. 11. J./Heft 1, S. 9–37.

Helsper, W. (2000): Soziale Welten von Schülern und Schülerinnen. Einleitung in den Thementeil. In: Zeitschrift für Pädagogik. 46. J./Heft 5, S. 663–666.

Helsper, W./Kramer, R.-T./Thiersch, S. (2014): Habitus – Schule – Schüler. Eine Einleitung. In: Kramer, R.-T./Thiersch, S./Helsper, W. (Hrsg.): Schülerhabitus. Theoretische und empirische Analysen zum Bourdieuschen Theorem der kulturellen Passung. Wiesbaden: Springer VS, S. 7–29.

Hengst, H. (2008): Kindheit. In: Willems, H. (Hrsg.): Lehr(er)buch Soziologie. Für die pädagogischen und soziologischen Studiengänge Band 2. Wiesbaden: Springer VS, S. 551–582.

Hengst, H. (2009): Generationale Ordnungen sind nicht alles. Identität und Erfahrungskonstitution heute. In: Honig, M.-S. (Hrsg.): Ordnungen der Kindheit. Problemstellungen und Perspektiven der Kindheitsforschung. Weinheim und München: Juventa, S. 53–78.

Hengst, H. (2014): Kinderwelten im Wandel. In: Tillmann, A./Fleischer, S./Hugger, K.-U. (Hrsg.): Handbuch Kinder und Medien. Wiesbaden: Springer VS, S. 17–30.

Hengst, H./Zeiher, H. (2005): Von Kinderwissenschaften zu generationalen Analysen. Einleitung. In: Hengst, H./Zeiher, H. (Hrsg.): Kindheit soziologisch. ein internationaler Überblick. Wiesbaden: Springer VS, S. 9–23.

Hillebrandt, F. (2009): Praxistheorie. In: Kneer, G./Schroer, M. (Hrsg.): Handbuch soziologische Theorien. Wiesbaden: Springer VS, S. 369–394.

Hilscher, A./Springsgut, K./Theuerl, M. (2020): Die Dokumentarische Methode im Rahmen einer intersektionalen Forschungsperspektive. In: Amling, S./Geimer, A./Stefan, R./Thomsen, S. (Hrsg.): Jahrbuch Dokumentarische Methode. 2–3/2020). Berlin: centrum für qualitative evaluations- und sozialforschung e.V. (ces), S. 71–96.

Himmelmann, G. (2004): John Dewey (1859–1952). Begründer der amerikanischen Reformpädagogik. In: Kaiser, A. (Hrsg.): Geschichte und historische Konzeptionen des Sachunterrichts. 2. Auflage. Baltmannsweiler: Schneider Verl. Hohengehren.

Hinrichs, W. (2011): Pro und Contra Heimatkunde – Wissenschafts-Theorie oder -Beflissenheit? Ein(ig)e (unendliche?) Geschichte(n) deutschen Wissenschafts-Intellekts – Dirk Schwedt zum 70. Geburtstag. In: Hempel, M./Wittkowske, S. (Hrsg.): Entwicklungslinien Sachunterricht. Einblicke in die Geschichte einer Fachdidaktik. Bad Heilbrunn: Verlag Julius Klinkhardt, S. 29–48.

Hinz, A. (1993): Heterogenität in der Schule. Integration – interkulturelle Erziehung – Koedukation. Hamburg: Curio-Verl. Erziehung und Wiss.

Hinz, A. (2011): Inklusiver Sachunterricht – Vision und konkretes Handlungsprogramm für den Sachunterricht. In: Giest, H./Kaiser, A./Schomaker, C. (Hrsg.): Sachunterricht – auf dem Weg zur Inklusion. Bad Heilbrunn: Verlag Julius Klinkhardt, S. 23–38.

Hirschauer, S. (1994): Die Soziale Fortpflanzung der Zweigeschlechtlichkeit. In: Kölner Zeitschrift für Soziologie und Sozialpsychologie. 46. J./Heft 4, S. 668–692.

Hirschauer, S. (2014): Un/Doig Differences. Die Kontingenz sozialer Zugehörigkeiten. In: Zeitschrift für Soziologie. 43. J./Heft 3, S. 170–191.

Hirschauer, S. (2017): Humandifferenzierung. Modi und Grade sozialer Zugehörigkeiten. In: Hirschauer, S. (Hrsg.): Un/doing differences. Praktiken der Humandifferenzierung. Weilerswist: Velbrück Wissenschaft, S. 29–54.

Hoffmann, N.F./Keitel, J. (2017): Soziogenetische Typenbildung der Dokumentarischen Methode. Möglichkeit en und Begründungen von Entscheidungen im Forschungsverlauf. In: Maier, M.S./Keßler, C.I./Deppe, U./Leuthold-Wergin, A./Sandring, S. (Hrsg.): Qualitative Bildungsforschung. Methodische und Methodologische Herausforderungen in der Forschungspraxis. Wiesbaden: Springer VS, S. 211–227.

Honig, M.-S. (1999): Entwurf einer Theorie der Kindheit. Frankfurt am Main: Suhrkamp.

Honig, M.-S. (2009): Die Kinder der Kindheitsforschung. Gegenstandskonstitution in den childhood studies. In: Honig, M.-S. (Hrsg.): Ordnungen der Kindheit. Problemstellungen und Perspektiven der Kindheitsforschung. Weinheim und München: Juventa, S. 25–52.

Hormann, O. (2012): Heterogenität als Lernressource – jahrgangsgemischtes Lernen als Chance und Herausforderung. In: Erziehung und Unterricht. 3/4/Heft 162, S. 272–280.

Hörning, K.H./Reuter, J. (2004): Doing Culture:. Kultur als Praxis. In: Reuter, J./Hörning, K.H. (Hrsg.): Doing Culture. Neue Positionen zum Verhältnis von Kultur und sozialer Praxis. Bielefeld: transcript, S. 9–18.

Hummerlich, M./Budde, J. (2015): Intersektionalität und reflexive Inklusion. In: Sonderpädagogische Förderung heute. 60. J./Heft 2, S. 165–175.

Hurrelmann, K./Quenzel, G./Schneekloth, U./Leven, I./Albert, M./Utzmann, H./Wolfert, S. (2019): Jugend 2019 – 18. Shell Jugendstudie. Weinheim: Beltz Verlag.

Inckemann, E. (1997): Die Rolle der Schule im sozialen Wandel. Bestimmung in Vergangenheit, Gegenwart und Zukunft am Beispiel der Grundschule. Bad Heilbrunn: Verlag Julius Klinkhardt.

Jäger, M. (2019): „Ruhigsein ist das Allerwichtigste". Die Herstellung einer schulischen Ordnung (Regeln im Schulalltag I). In: Sieber Egger, A./Unterweger, G./Jäger, M./Kuhn, M./Hangartner, J. (Hrsg.): Kindheit(en) in formalen, nonformalen und informellen Bildungskontexten. Ethnografische Beiträge aus der Schweiz. Wiesbaden: Springer VS, S. 45–66.

Jahr, D./Nagel, F. (2017): Politikdidaktische Forschung mit der Dokumentarischen Methode. Zum Spannungsverhältnis different er Perspektiven und zu ihren forschungspraktischen Herausforderungen. In: Maier, M.S./Keßler, C.I./Deppe, U./Leuthold-Wergin, A./Sandring, S. (Hrsg.): Qualitative Bildungsforschung. Methodische und Methodologische Herausforderungen in der Forschungspraxis. Wiesbaden: Springer VS, S. 191–210.

Jergus, K. (2014): Die Analyse diskursiver Artikulationen. Perspektiven einer poststrukturalistischen (Interview-)Forschung. In: Thompson, C./Jergus, K./Breidenstein, G. (Hrsg.): Interferenzen. Perspektiven kulturwissenschaftlicher Bildungsforschung. Weilerswist: Velbrück Wissenschaft, S. 51–70.

Kahlert, J. (2016): Der Sachunterricht und seine Didaktik. 4. Auflage. Bad Heilbrunn: Verlag Julius Klinkhardt.

Kahlert, J./Heimlich, U. (2014): Inklusionsdidaktische Netze. Konturen eines Unterrichts für alle (dargestellt am Beispiel des Sach- unterrichts). In: Heimlich, U./Kahlert, J. (Hrsg.): Inklusion in Schule und Unterricht. Wege zur Bildung für alle. 2. Auflage. Stuttgart: Kohlhammer Verlag, S. 153–190.

Kaiser, A. (2013): Kommunikativer Sachunterricht. In: Becher, A./Miller, S./Oldenburg, I./Pech, D./Schomaker, C. (Hrsg.): Kommunikativer Sachunterricht. Facetten der Entwicklung : Festschrift für Astrid Kaiser. Baltmannsweiler: Schneider Verlag Hohengehren, S. 13–26.

Kaiser, A./Lüschen, I. (2014): Das Miteinander lernen. Frühe politisch-soziale Bildungspro-zesse ; eine empirische Untersuchung zum Sachlernen im Rahmen von Peer-Education zwischen Grundschule und Kindergarten. Baltmannsweiler: Schneider-Verl. Hohengeh-ren.

Kaiser, A./Pech, D. (2004): Die widersprüchliche historische Herausbildung des Sachun-terricht. In: Kaiser, A./Pech, D. (Hrsg.): Neuere Konzeptionen und Zielsetzungen im Sachunterricht. 2. Auflage. Baltmannsweiler: Schneider Verl. Hohengehren.

Kallmeyer, W. (Hrsg.) (1986): Kommunikationstypologie. Handlungsmuster, Textsorten, Situationstypen. Düsseldorf: Schwann

Kallweit, N. (2019): Kindliches Erleben von Krieg und Frieden. Eine phänomenografische Untersuchung im politischen Lernen des Sachunterrichts. Wiesbaden: Springer VS.

Kallweit, N. (2021): Inklusive politische Bildung im Primarbereich. Eine Annäherung. In: Pädagogische Horizonte. 5. J./Heft 1, S. 11–25.

Kalthoff, H. (2006): Doing/undoing class in exklusiven Internatsschulen. Ein Beitrag zur empirischen Bildungssoziologie. In: Georg, W. (Hrsg.): Soziale Ungleichheit im Bil-dungssystem. Eine empirisch-theoretische Bestandsaufnahme. Konstanz: UVK-Verl.-Ges, S. 93–122.

Kassis, M. (2019): „Schon wieder Zara!". Differenzkonstruktionen im Alltag. In: Sieber Egger, A./Unterweger, G./Jäger, M./Kuhn, M./Hangartner, J. (Hrsg.): Kindheit(en) in for-malen, nonformalen und informellen Bildungskontexten. Ethnografische Beiträge aus der Schweiz. Wiesbaden: Springer VS, S. 91–108.

Keupp, H. (2020): Individualisierte Identitätsarbeit in spätmodernen Gesellschaften. Ris-kante Chancen zwischen Selbstsorge und Zonen der Verwundbarkeit. In: Deppe, U. (Hrsg.): Die Arbeit am Selbst. Theorie und Empirie zu Bildungsaufstiegen und exklusi-ven Karrieren. Wiesbaden: Springer VS, S. 41–65.

Kiper, H. (2008): Zur Diskussion um Heterogenität in Gesellschaft, Pädagogik und Unter-richtstheorie. In: Kiper, H./Miller, S./Palentien, C./Rohlfs, C. (Hrsg.): Lernarrangements für heterogene Gruppen. Lernprozesse professionell gestalten. Bad Heilbrunn: Verlag Julius Klinkhardt, S. 78–105.

Kiper, H./Miller, S./Palentien, C./Rohlfs, C. (Hrsg.) (2008a): Lernarrangements für hetero-gene Gruppen. Lernprozesse professionell gestalten. Bad Heilbrunn: Verlag Julius Klink-hardt.

Kiper, H./Miller, S./Palentien, C./Rohlfs, C. (2008b): Lernprozesse professionell gestalten. Lernprozesse professionell gestalten – Einführung in die Thematik. In: Kiper, H./Miller, S./Palentien, C./Rohlfs, C. (Hrsg.): Lernarrangements für heterogene Gruppen. Lernpro-zesse professionell gestalten. Bad Heilbrunn: Verlag Julius Klinkhardt, S. 7–17.

Klaas, M./Flügel, A./Hoffmann, R./Bernasconi, B. (2011): Kinderkultur oder der Versuch einer Annäherung. In: Klaas, M./Flügel, A./Hoffmann, R./Bernasconi, B. (Hrsg.): Kin-derkultur(en). Kinderkultur im Spannungsverhältnis zwischen Sinnkonstruktionen, päd-agogischer Aufgabe und gesellschaftlichen Machtverhältnissen. Wiesbaden: Springer VS, S. 9–26.

Klafki, W. (1996): Neue Studien zur Bildungstheorie und Didaktik. Zeitgemäße Allgemein-bildung und kritisch-konstruktive Didaktik. 5. Auflage. Weinheim: Beltz Verlag.

Klafki, W. (2005): Allgemeinbildung in der Grundschule und der Bildungsauftrag des Sach-unterrichts. In: widerstreit Sachunterricht. Heft 4, 10 Seiten.

Kleiner, B./Rose, N. (2014): Suspekte Subjekte? Jugendliche Schulerfahrungen unter den Bedingungen von Heteronormativität und Rassismus. In: Kleiner, B./Rose, N. (Hrsg.): (Re-)Produktion Von Ungleichheiten Im Schulalltag. Judith Butlers Konzept der Subjektivation in der Erziehungswissenschaftlichen Forschung. Opladen, Berlin & Toronto: Verlag Barbara Budrich, S. 75–96.

Klewitz, E. (2011): Sachunterricht zwischen Kind und Wissenschaft. In: Hempel, M./Wittkowske, S. (Hrsg.): Entwicklungslinien Sachunterricht. Einblicke in die Geschichte einer Fachdidaktik. Bad Heilbrunn: Verlag Julius Klinkhardt, S. 89–100.

Klieme, E./Artelt, C./Stanat, P. (2002): Fächerübergreifende Kompetenzen. Konzepte und Indikatoren. In: Weinert, F.E. (Hrsg.): Leistungsmessungen in Schulen. 2. Auflage. Weinheim: Beltz Verlag, S. 203–218.

Klinger, C./Knapp, G.-A. (2007): Achsen der Ungleichheit – Achsen der Differenz: Verhältnisbestimmungen von Klasse, Geschlecht,»Rasse«/Ethnizität. In: Klinger, C./Knapp, G.-A./Sauer, B. (Hrsg.): Achsen der Ungleichheit. Zum Verhältnis von Klasse, Geschlecht und Ethnizität. Frankfurt und New York: Campus, S. 19–41.

Klinger, C./Knapp, G.-A./Sauer, B. (Hrsg.) (2007): Achsen der Ungleichheit. Zum Verhältnis von Klasse, Geschlecht und Ethnizität. Frankfurt und New York: Campus.

Koch, C. (2017): Wissen von Kindern über den Nationalsozialismus. Eine quantitativ-empirische Studie im vierten Grundschuljahr. Wiesbaden: Springer VS.

Köhnlein, W. (1998): Grundlegende Bildung. Gestaltung und Ertrag des Sachunterrichts. In: Marquardt-Mau, B./Schreier, H. (Hrsg.): Grundlegende Bildung im Sachunterricht. Bad Heilbrunn: Verlag Julius Klinkhardt, S. 27–46.

Köhnlein, W. (2006): Thesen und Beispiele zum Bildungswert des Sachunterrichts. In: Cech, D. (Hrsg.): Bildungswert des Sachunterrichts. Bad Heilbrunn: Verlag Julius Klinkhardt, S. 17–38.

Köhnlein, W. (2012): Sachunterricht und Bildung. Bad Heilbrunn: Verlag Julius Klinkhardt.

Köhnlein, W. (2014): Zum Selbstverständnis und zur Aufgabenstellung der GDSU. In: Gesellschaft für Didaktik des Sachunterrichts (Hrsg.): Die Didaktik des Sachunterrichts und ihre Fachgesellschaft GDSU e.V. Bad Heilbrunn: Verlag Julius Klinkhardt, S. 113–124.

Köhnlein, W. (2015): Sache als didaktische Kategorie. In: Kahlert, J./Fölling-Albers, M./Götz, M./Hartinger, A./Miller, S./Wittkowske, S. (Hrsg.): Handbuch Didaktik des Sachunterrichts. 2. Auflage. Bad Heilbrunn: Verlag Julius Klinkhardt, S. 36–40.

Koller, H.-C. (2014a): Einleitung. Heterogenität – Zur Konjunktur eines pädagogischen Konzepts. In: Koller, H.-C./Casale, R./Ricken, N. (Hrsg.): Heterogenität. Zur Konjunktur eines pädagogischen Konzepts. Paderborn: Ferdinand Schöningh, S. 9–18.

Koller, H.-C. (2014b): Grundbegriffe, Theorien und Methoden der Erziehungswissenschaft. Eine Einführung. 7. Auflage. Stuttgart: Kohlhammer Verlag.

Kränzl-Nagel, R./Mierendorff, J. (2008): Kindheit im Wandel. Annäherungen an ein komplexes Phänomen. In: SWS-Rundschau. 47. J./Heft 1, S. 3–25.

Krappmann, L. (2002): Untersuchungen zum sozialen Lernen. In: Petillon, H. (Hrsg.): Individuelles und soziales Lernen in der Grundschule. Kinderperspektive und pädagogische Konzepte. Opladen: Leske + Budrich, S. 89–102.

Krause, A. (2013): „Woher kommst du?". Wie junge Kinder Herkunftsfragen begreifen. In: Wagner, P. (Hrsg.): Handbuch Inklusion. Grundlagen vorurteilsbewusster Bildung und Erziehung. Freiburg im Breisgau: Herder, S. 129–138.

Krebs, A. (2009): „Wir Jungs sind halt nicht so eine Gemeinschaft". Personzentrierte Jungenforschung als Zugang zum psychosozialen Erfahrungswissen jugendlicher Schüler. In: Budde, J./Mammes, I. (Hrsg.): Jungenforschung empirisch. Zwischen Schule, männlichem Habitus und Peerkultur. Wiesbaden: Springer VS, S. 103–114.

Krüger, D.C. (2011): Drei Jahrzehnte Forschung zu „Geschlecht und Schule". Eine Einleitung. In: Krüger, D.C. (Hrsg.): Genderkompetenz und Schulwelten. Alte Ungleichheiten – neue Hemmnisse. Wiesbaden: Springer VS, S. 21–40.

Krüger, H.-H. (2006): Forschungsmethoden in der Kindheitsforschung. In: Diskurs Kindheits- und Jugendforschung. Heft 1, S. 91–115.

Krüger, H.-H./Deinert, A./Zschach, M. (2011): Jüngere Jugendliche und ihre Peers: Ergebnisse einer Längsschnittstudie zum Verhältnis von Bildungsverläufen, Peerorientierungen und sozialer Ungleichheit. In: Diskurs Kindheits- und Jugendforschung. 6. J./Heft 2, S. 139–150.

Krüger, H.-H./Grunert, C. (2008): Peergroups. In: Coelen, T. (Hrsg.): Grundbegriffe Ganztagsbildung. Das Handbuch. Wiesbaden: Springer VS, S. 382–391.

Krüger, H.-H./Köhler, S./Zschach, M./Pfaff, N. (Hrsg.) (2008): Kinder und ihre Peers. Freundschaftsbeziehungen und schulische Bildungsbiographien. Opladen, Berlin & Toronto: Verlag Barbara Budrich.

Krüger, T. (2010): Gegenwärtige Herausforderungen politischer Bildung. Rede von Thomas Krüger im Rahmen der Fachtagung „Gesellschaftlicher Zusammenhalt im Fokus von Politik und politischer Bildung" am 6. Juli 2010 in Berlin. URL: www.bpb.de/presse/51101/gegenwaertige-herausforderungen-politischer-bildung, [Zugriff: 06.02.2018]

Kutscher, N. (2008): Heterogenität. In: Coelen, T. (Hrsg.): Grundbegriffe Ganztagsbildung. Das Handbuch. Wiesbaden: Springer VS, S. 61–70.

Lamnek, S. (2008): Qualitative Sozialforschung. Lehrbuch. 4. Auflage. Weinheim: Beltz Verlag.

Lange, A./Mierendorff, J. (2009): Methoden der Kindheitsforschung. Überlegungen zur kindheitssoziologischen Perspektive. In: Honig, M.-S. (Hrsg.): Ordnungen der Kindheit. Problemstellungen und Perspektiven der Kindheitsforschung. Weinheim und München: Juventa, S. 183–210.

Lemberg, E./Bauer, A./Klaus-Roeder, R. (1971): Schule und Gesellschaft. Forschungsprobleme und Forschungsergebnisse zur Soziologie des Bildungswesens. München: Nymphenburger.

Liebig, B./Nentwig-Gesemann, I. (2009): Gruppendiskussionen. In: Kühl, S./Strodtholz, P./Taffertshofer, A. (Hrsg.): Handbuch Methoden der Organisationsforschung. Quantitative und qualitative Methoden. Wiesbaden: Springer VS, S. 102–123.

Loos, P./Schäffer, B. (2001): Das Gruppendiskussionsverfahren. Theoretische Grundlagen und empirische Anwendung. Wiesbaden: Springer VS.

Lüschen, I. (2015): Der Klimawandel in den Vorstellungen von Grundschulkindern. Wahrnehmung und Bewertung des globalen Umweltproblems. Baltmannsweiler: Schneider Verl. Hohengehren.

Machold, C. (2014): Rassismusrelevante Differenzpraxen. im elementarpädagogischen Kontext. Eine empirische Annäherung. In: Broden, A./Mecheril, P. (Hrsg.): Rassismus bildet. Bildungswissenschaftliche Beiträge zu Normalisierung und Subjektivierung in der Migrationsgesellschaft. Bielefeld: transcript, S. 163–182.

Machold, C. (2015): Kinder und Differenz. Eine ethnografische Studie im elementarpädagogischen Kontext. Wiesbaden: Springer VS.

Mannheim, K./Kettler, D./Meja, V./Stehr, N. (Hrsg.) (2003): Strukturen des Denkens. Frankfurt am Main: Suhrkamp.

Massing, P. (2007): Politische Bildung in der Grundschule. Überblick, Kritik, Perspektiven. In: Richter, D. (Hrsg.): Politische Bildung von Anfang an. Demokratie-Lernen in der Grundschule. Schwalbach/Ts.: Wochenschau-Verlag, S. 18–35.

Maxelon, L./Piva, F./Jörke, D./Nagel, F. (2017): Argumentation als Teil sozialer Praxis. Zur Rehabilitierung einer unterschätzten Textsorte. In: Maier, M.S./Keßler, C.I./Deppe, U./Leuthold-Wergin, A./Sandring, S. (Hrsg.): Qualitative Bildungsforschung. Methodische und Methodologische Herausforderungen in der Forschungspraxis. Wiesbaden: Springer VS, S. 169–189.

Mecheril, P. (2004): Einführung in die Migrationspädagogik. Weinheim und Basel: Beltz Verlag.

Mecheril, P./Plößer (2018): Diversity. In: Otto, H.-U./Thiersch, H./Treptow, R./Ziegler, H. (Hrsg.): Handbuch Soziale Arbeit. Grundlagen der Sozialarbeit und Sozialpädagogik. 6. Auflage. München: Ernst Reinhardt Verlag.

Mehringer, V. (2013): Weichenstellungen in der Grundschule. Sozial-Integration von Kindern mit Migrationshintergrund. Münster: Waxmann.

Meier, R. (2004): In Schule und Unterricht Werte erleben, Werte gestalten. In: Richter, D. (Hrsg.): Gesellschaftliches und politisches Lernen im Sachunterricht. Bad Heilbrunn: Verlag Julius Klinkhardt, S. 23–36.

Meiers, K. (2011): Anschauungsunterricht und Heimatkunde. Die Vorläufer des Sachunterrichts (SU) in den 50er Jahren des vorigen Jahrhunderts. In: Hempel, M./Wittkowske, S. (Hrsg.): Entwicklungslinien Sachunterricht. Einblicke in die Geschichte einer Fachdidaktik. Bad Heilbrunn: Verlag Julius Klinkhardt, S. 65–89

Mey, G. (2003): Zugänge zur kindlichen Perspektive. Methoden der Kindheitsforschung. Technische Universität Berlin. Berlin (Forschungsbericht aus der Abteilung Psychologie im Institut für Sozialwissenschaften der Technischen Universität).

Meyer, M./Jessen, S. (2000): Schülerinnen und Schüler als Konstrukteure ihres Unterrichts. In: Zeitschrift für Pädagogik. 46. J./Heft 5, S. 711–730.

Meyer-Drawe, K. (2002): Leibhaftige Vernunft. Skizze einer Phänomenologie der Wahrnehmung. In: Beck, G. (Hrsg.): Sache(n) des Sachunterrichts. Dokumentation einer Tagungsreihe 1997 – 2000. Frankfurt am Main: Fachbereich Erziehungswiss. der Johann-Wolfgang-Goethe-Univ, S. 13–25.

Michalek, R. (2004): Pluralismus als Botschaft und Ziel des Philosophierens mit Kindern. In: Richter, D. (Hrsg.): Gesellschaftliches und politisches Lernen im Sachunterricht. Bad Heilbrunn: Verlag Julius Klinkhardt, S. 73–84.

Michalek, R. (2006): „Also, wir Jungs sind …". Geschlechtervorstellungen von Grundschülern. Münster: Waxmann.

Michalek, R. (2009): Gruppendiskussionen mit Grundschülern. In: Budde, J./Mammes, I. (Hrsg.): Jungenforschung empirisch. Zwischen Schule, männlichem Habitus und Peerkultur. Wiesbaden: Springer VS, S. 47–71.

Michel, B. (2010): Das Gruppendiskussionsverfahren in der (Bild-)Rezeptionsforschung. In: Bohnsack, R./Przyborski, A./Schäffer, B. (Hrsg.): Das Gruppendiskussionsverfahren in der Forschungspraxis. 2. Auflage. Opladen, Berlin & Toronto: Verlag Barbara Budrich, S. 219–232.

Miller, S./Toppe, S. (2009): Pluralisierung von Familienformen und sozialen Aufwachsensbedingungen. In: Hinz, R./Walthes, R. (Hrsg.): Heterogenität in der Grundschule. Den pädagogischen Alltag erfolgreich bewältigen. Weinheim: Beltz Verlag, S. 50–61.

Mitzlaff, H. (2004a): Andreas Reyer (1601–1673) oder: der historische Drehpunkt auf dem Weg zu einem realistischen Sachunterricht und zum pädagogischen und didaktischen Realismus. In: Kaiser, A./Pech, D. (Hrsg.): Neuere Konzeptionen und Zielsetzungen im Sachunterricht. 2. Auflage. Baltmannsweiler: Schneider Verl. Hohengehren.

Mitzlaff, H. (2004b): Johann Amos Comenius (1592–1670) pansophischer Sachen-Unterricht. In: Kaiser, A. (Hrsg.): Geschichte und historische Konzeptionen des Sachunterrichts. 2. Auflage. Baltmannsweiler: Schneider Verl. Hohengehren.

Moser, F./Hannnover, B./Becker, J. (2013): Subtile und direkte Mechanismen der sozialen Konstruktion von Geschlecht in Schulbüchern. Vorstellung eines Kategoriensystems zur Analyse der Geschlechter(un)gerechtigkeit von Texten und Bildern. In: GENDER – Zeitschrift für Geschlecht, Kultur und Gesellschaft. 3. J./Heft 5, S. 77–93.

Muchow, M./Muchow, H.H./Behnken, I./Honig, M.-S. (Hrsg.) (2012): Der Lebensraum des Großstadtkindes. Weinheim: Beltz Verlag.

Müller, H. (1971): Affirmative Erziehung. Heimat- und Sachkunde. In: Beck, J. (Hrsg.): Erziehung in der Klassengesellschaft. Einführung in die Soziologie der Erziehung. 48. Auflage. München: List, S. 202–223.

Müller-Wolf, H.-M. (1980): Soziales und affektives Lernen als Grundkomponenten des Curriculums ‚Internationale Erziehung'. In: Kron, F.W. (Hrsg.): Persönlichkeitsbildung und soziales Lernen. Bad Heilbrunn: Verlag Julius Klinkhardt, S. 109–121.

Murmann, L. (2004): Phänomene erschließen kann Physiklernen bedeuten. Perspektiven einer wissenschaftlichen Sachunterrichtsdidaktik am Beispiel der Lernforschung zu Phänomenen der unbelebten Natur. In: www.widerstreit-sachunterricht.de. Heft 19, 14 Seiten.

Musenberg, O./Pech, D. (2011): Geschichte thematisieren – historisch lernen. In: Ratz, C. (Hrsg.): Unterricht im Förderschwerpunkt geistige Entwicklung. Fachorientierung und Inklusion als didaktische Herausforderungen. Oberhausen: Athena, S. 217–240.

Nentwig-Gesemann, I. (2002): Gruppendiskussionen mit Kindern: die dokumentarische Interpretation von Spielpraxis und Diskursorganisation. In: Zeitschrift für qualitative Bildungs-, beratungs- und Sozialforschung. 3. J./Heft 1, S. 41–63.

Nentwig-Gesemann, I. (2010): Regelgeleitete, habituelle und aktionistische Spielpraxis. Die Analyse von Kinderspielkultur mit Hilfe videogestützter Gruppendiskussionen. In: Bohnsack, R./Przyborski, A./Schäffer, B. (Hrsg.): Das Gruppendiskussionsverfahren in der Forschungspraxis. 2. Auflage. Opladen, Berlin & Toronto: Verlag Barbara Budrich, S. 25–44.

Nentwig-Gesemann, I. (2013): Die Typenbildung der dokumentarischen Methode. In: Bohnsack, R./Nentwig-Gesemann, I./Nohl, A.-M. (Hrsg.): Die dokumentarische Methode und ihre Forschungspraxis. Grundlagen qualitativer Sozialforschung. 3. Auflage. Wiesbaden: Springer VS, S. 295–322.

Nentwig-Gesemann, I./Gerstenberg, F. (2014): Gruppeninterviews. In: Tillmann, A./Fleischer, S./Hugger, K.-U. (Hrsg.): Handbuch Kinder und Medien. Wiesbaden: Springer VS, S. 273–288.

Nentwig-Gesemann, I./Wedekind, H./Gerstenberg, F./Tengler, M. (2012): Die vielen Facetten des ‚Forschens'. Eine ethnografische Studie zu Praktiken von Kindern und PädagogInnen im Rahmen eines naturwissenschaftlichen Bildungsangebots. In: Fröhlich-Gildhoff, K. (Hrsg.): Forschung in der Frühpädagogik. Freiburg, i. Br.: FEL Verl. Forschung Entwicklung Lehre, S. 33–64.

Neumann, S. (2013): Kindheit und soziale Ungleichheit. Perspektiven einer erziehungswissenschaftlichen Kindheitsforschung. In: Siebholz, S./Schneider, E./Busse, S./Sandring, S./Schippling, A. (Hrsg.): Prozesse sozialer Ungleichheit. Bildung im Diskurs. Wiesbaden: Springer VS, S. 141–152.

Neumann-Braun, K./Deppermann, A. (1998): Ethnographie der Kommunikationskulturen Jugendlicher. Zur Gegenstandskonzeption und Methodik der Untersuchung von Peer-Groups. In: Zeitschrift für Soziologie. 27. J./Heft 4, S. 239–255.

Neuß, N. (2003): Humor von Kindern. Empirische Befunde zum Humorverständnis von Grundschulkindern. In: Televizion. 16. J./Heft 1, S. 12–17.

Nießeler, A. (2015): Lebenswelt/Heimat als didaktische Kategorie. In: Kahlert, J./Fölling-Albers, M./Götz, M./Hartinger, A./Miller, S./Wittkowske, S. (Hrsg.): Handbuch Didaktik des Sachunterrichts. 2. Auflage. Bad Heilbrunn: Verlag Julius Klinkhardt, S. 27–30.

Nohl, A.-M. (2010): Interkulturelle Kommunikation in Gruppendiskussionen. Propositionalität und Performanz in dokumentarischer Interpretation. In: Bohnsack, R./Przyborski, A./Schäffer, B. (Hrsg.): Das Gruppendiskussionsverfahren in der Forschungspraxis. 2. Auflage. Opladen, Berlin & Toronto: Verlag Barbara Budrich, S. 249–266.

Nohl, A.-M. (2014): Konzepte interkultureller Pädagogik. Eine systematische Einführung. 3. Auflage. Bad Heilbrunn: Verlag Julius Klinkhardt.

Nohl, A.-M. (2017): Interview und Dokumentarische Methode. Anleitungen für die Forschungspraxis. 5. Auflage. Wiesbaden: Springer VS.

Ohlmeier, B. (2007): Politische Sozialisation von Kindern im Grundschulalter. In: Richter, D. (Hrsg.): Politische Bildung von Anfang an. Demokratie-Lernen in der Grundschule. Schwalbach/Ts.: Wochenschau-Verlag, S. 54–72.

Oswald, H. (2008): Sozialisation in Netzwerken Gleichaltriger. In: Hurrelmann, K./Grundmann, M./Walper, S. (Hrsg.): Handbuch Sozialisationsforschung. Weinheim: Beltz Verlag, S. 321–332

Oswald, H./Krappmann, L. (2004): Soziale Ungleichheit in der Schulklasse und Schulerfolg. Eine Untersuchung in dritten und fünften Klassen Berliner Grundschulen. In: Zeitschrift für Erziehungswissenschaft. 7. J./Heft 4, S. 479–496.

Otto, A. (2015): Positive Peerkultur aus Schülersicht. Herausforderungen (sonder-) pädagogischer Praxis. Wiesbaden: Springer VS

Pech, D. (2009): Sachunterricht – Didaktik und Disziplin. Annäherung an ein Sachlernverständnis im Kontext der Fachentwicklung des Sachunterrichts und seiner Didaktik. In: www.widerstreit-sachunterricht.de. Heft 13, 10 Seiten.

Pech, D. (2013): Gesellschaftliche Bildung im Sachunterricht. Eben nicht (nur) Soziales Lernen. In: Grundschulzeitschrift. 27. J./Heft 264, S. 16–19.

Pech, D./Rauterberg, M. (Hrsg.) (2008): Auf den Umgang kommt es an. „Umgangsweisen" als Ausgangspunkt einer Strukturierung des Sachunterrichts.

Petermann, F. (2007): Verhaltenstraining in der Grundschule. Göttingen u. a.: Hogrefe.

Petermann, F./Natzke, H./Gerken, N./Walter, H.J. (2006): Verhaltenstraining für Schulanfänger. Ein Programm zur Förderung sozialer und emotionaler Kompetenzen. 2. Auflage. Göttingen u. a.: Hogrefe.

Petillon, H. (1993): Soziales Lernen in der Grundschule. Anspruch und Wirklichkeit. Frankfurt a.M.: Diesterweg.

Petillon, H. (2005): Interkulturelles meets soziales Lernen. Die Schülergruppe als zentraler Ort nachhaltiger interkultureller und sozialer Bildung in der Grundschule. In: Gogolin, I./Reich, H.H. (Hrsg.): Migration und sprachliche Bildung. Wissenschaftliches Kolloquium im Juni 2005. Münster: Waxmann, S. 151–168.

Petillon, H. (2010): Editorial: Soziales Lernen im Primarbereich. In: Zeitschrift für Grundschulforschung. 3. J./Heft 2, S. 7–20..

Petillon, H. (2017a): Soziales Lernen. Ziele und Methoden. In: Sachunterricht Weltwissen. Heft 4, S. 6–10.

Petillon, H. (2017b): Soziales Lernen in der Grundschule – das Praxisbuch. Weinheim: Beltz Verlag.

Petillon, H./Laux, H. (2002): Soziale Beziehungen zwischen Grundschulkindern. Empirische Befunde zu einem wichtigen Thema des Sachunterrichts. In: Spreckelsen, K./Möller, K./Hartinger, A. (Hrsg.): Ansätze und Methoden empirischer Forschung zum Sachunterricht. Bad Heilbrunn: Verlag Julius Klinkhardt, S. 185–204.

Pfaff, N./Krüger, H.-H. (2006): Jugendkulturen, Cliquen und rechte politische Orientierungen. Interdependenzen und Einflussfaktoren. In: Helsper, W./Krüger, H.-H./Fritzsche, S./Sandring, S./Wiezorek, C./Böhm-Kasper, O./Pfaff, N. (Hrsg.): Unpolitische Jugend? Eine Studie zum Verhältnis von Schule, Anerkennung und Politik. Wiesbaden: Springer VS, S. 123–144.

Pfaff, N./Zschach, M./Zitzke, C. (2008): Peergrouppraxen und Umgang mit Schule – eine Sache des Geschlechts? In: Krüger, H.-H./Köhler, S./Zschach, M./Pfaff, N. (Hrsg.): Kinder und ihre Peers. Freundschaftsbeziehungen und schulische Bildungsbiographien. Opladen, Berlin & Toronto: Verlag Barbara Budrich, S. 219–236.

Plöger, W./Renner, E. (Hrsg.) (1996): Wurzeln des Sachunterrichts. Genese eines Lernbereichs in der Grundschule. Weinheim: Beltz Verlag.

Pollock, F. (1955): Gruppenexperiment. Ein Studienbericht. Europäische Verlagsanstalt.

Prengel, A. (2005): Heterogenität in der Bildung. Rückblick und Ausblick. In: Bräu, K. (Hrsg.): Heterogenität als Chance. Vom produktiven Umgang mit Gleichheit und Differenz in der Schule. Münster: LIT-Verl., S. 19–36.

Prengel, A. (2019): Pädagogik der Vielfalt. Verschiedenheit und Gleichberechtigung in Interkultureller, Feministischer und Integrativer Pädagogik. 4. Auflage. Wiesbaden: Springer VS.

Prote, I. (1996): Soziales Lernen in der Grundschule. wichtiger denn je. In: George, S./Behrmann, G. (Hrsg.): Handbuch zur politischen Bildung in der Grundschule. Schwalbach/Ts.: Wochenschau-Verlag, S. 76–98.

Przyborski, A. (2004): Gesprächsanalyse und dokumentarische Methode. Qualitative Auswertung von Gesprächen, Gruppendiskussionen und anderen Diskursen. Wiesbaden: Springer VS.

Przyborski, A./Riegler, J. (2010): Gruppendiskussion und Fokusgruppe. In: Mey, G./Mruck, K. (Hrsg.): Handbuch qualitative Forschung in der Psychologie. Wiesbaden: Springer VS, S. 436–448.

Przyborski, A./Wohlrab-Sahr, M. (2008): Qualitative Sozialforschung. Ein Arbeitsbuch. München: Oldenbourg.

Rabenstein, K./Reh, S. (2007a): Einleitung. In: Rabenstein, K./Reh, S. (Hrsg.): Kooperatives und selbstständiges Arbeiten von Schülern. Zur Qualitätsentwicklung von Unterricht. Wiesbaden: Springer VS, S. 9–22.

Rabenstein, K./Reh, S. (Hrsg.) (2007b): Kooperatives und selbstständiges Arbeiten von Schülern. Zur Qualitätsentwicklung von Unterricht. Wiesbaden: Springer VS.

Rabenstein, R. (1985): Aspekte grundlegenden Lernens im Sachunterricht. In: Einsiedler, W./Rabenstein, R. (Hrsg.): Grundlegendes Lernen im Sachunterricht. Bad Heilbrunn: Verlag Julius Klinkhardt.

Rauterberg, M. (2004): Die Sache als Ausgangspunkt des Sachunterrichts. In: Kaiser, A./Pech, D. (Hrsg.): Neuere Konzeptionen und Zielsetzungen im Sachunterricht. 2. Auflage. Baltmannsweiler: Schneider Verl. Hohengehren.

Rebel, K. (2011): Heterogenität als Chance nutzen lernen. Bad Heilbrunn: Verlag Julius Klinkhardt.

Reeken, D. von (2012): Politisches Lernen im Sachunterricht. Didaktische Grundlegungen und unterrichtspraktische Hinweise. 2. Auflage. Baltmannsweiler: Schneider-Verl. Hohengehren.

Reh, S./Fritzsche, B./Idel, T.-S./Rabenstein, K. (Hrsg.) (2015): Lernkulturen. Rekonstruktion Pädagogischer Praktiken an Ganztagsschulen. Wiesbaden: Springer VS.

Reimer, K. (2011): Kritische politische Bildung gegen Rechtsextremismus und die Bedeutung unterschiedlicher Konzepte zu Rassismus und Diversity. Ein subjektwissenschaftlicher Orientierungsversuch in Theorie- und Praxiswidersprüchen. Berlin: Freie Universität Berlin, Fachbereich Erziehungswissenschaft und Psychologie.

Reinders, H. (2015): Sozialisation in der Gleichaltrigengruppe. In: Hurrelmann, K./Bauer, U./Grundmann, M./Walper, S. (Hrsg.): Handbuch Sozialisationsforschung. 8. Auflage. Weinheim und Basel: Beltz Verlag, S. 393–413.

Reinders, H./Greb, K./Grimm, C. (2006): Entstehung, Gestalt und Auswirkungen interethnischer Freundschaften im Jugendalter. Eine Längsschnittstudie. In: Diskurs Kindheits- und Jugendforschung. 1. J./Heft 1, S. 39–57.

Richter, D. (1996): Didaktikkonzepte von der Heimatkunde zum Sachunterricht. und die stets ungenügend berücksichtigte politische Bildung. In: George, S./Behrmann, G. (Hrsg.): Handbuch zur politischen Bildung in der Grundschule. Schwalbach/Ts.: Wochenschau-Verlag, S. 261–284.

Richter, R. (1997): Qualitative Methoden in der Kindheitsforschung. In: Österreichische Zeitschrift für Soziologie. 22. J./Heft 4, S. 74–98.

Ridge, T. (2010): Kinderarmut und soziale Ausgrenzung in Großbritannien. In: Zander, M. (Hrsg.): Kinderarmut. Einführendes Handbuch für Forschung und soziale Praxis. Wiesbaden: Springer VS, S. 14–33.

Rohrmann, T. (2007): Brauchen Jungen eine geschlechtsbewusste Pädagogik? In: PÄD Forum. 26. J./Heft 3, S. 145–149.

Rolff, H.-G./Zimmermann, P. (2008): Kindheit im Wandel. Eine Einführung in die Sozialisation im Kindesalter. 2. Auflage. Weinheim: Beltz Verlag.

Rosenberg, F. von (2018): Habitus und Feld. Überlegungen zu zwei unterschiedlichen Formen der komparativen Analyse. In: Ecarius, J./Schäffer, B. (Hrsg.): Typenbildung und

Theoriegenerierung. Methoden und Methodologien qualitativer Bildungs- und Biographieforschung. 2. Auflage. Opladen, Berlin & Toronto: Verlag Barbara Budrich, S. 353–364.

Roth, H. (1980): Soziale Lernprozesse als schulische Voraussetzung für spätere gesellschaftliche und gesellschaftspolitische Lernprozesse. In: Kron, F.W. (Hrsg.): Persönlichkeitsbildung und soziales Lernen. Bad Heilbrunn: Verlag Julius Klinkhardt, S. 38–43.

Sader, M. (1979): Psychologie der Gruppe. 2. Auflage. Weinheim und München: Juventa.

Sander, W./Reinhardt, S./Petrik, A./Lange, D./Henkenborg, P./Hedtke, R./Grammes, T./Besand, A. (2016): Was ist gute politische Bildung? Leitfaden für den sozialwissenschaftlichen Unterricht. Schwalbach/Ts.: Wochenschau Verlag.

Scherr, A. (2001): Interkulturelle Bildung als Befähigung zu einem reflexiven Umgang mit kulturellen Einbettungen. In: Neue Praxis. 31. J./Heft 4, S. 347–357.

Scherr, A. (2010): Cliquen/informelle Gruppen. Strukturmerkmale, Funktionen und Potentiale. In: Harring, M./Böhm-Kasper, O./Rohlfs, C./Palentien, C. (Hrsg.): Freundschaften, Cliquen und Jugendkulturen. Peers als Bildungs- und Sozialisationsinstanzen. Wiesbaden: Springer VS, S. 73–90.

Schmitt, R. (1976): Soziale Erziehung in der Grundschule. Toleranz – Kooperation – Solidarität. Frankfurt am Main [u.a.]: Arbeitskreis Grundschule.

Schmitz, L./Simon, T./Pand, H.A. (2020): Heterogenitätssensibilität angehender Lehrkräfte: empirische Ergebnisse. In: Brodesser, E./Frohn, J./Welskop, N./Liebsch, A.-C./Moser, V./Pech, D. (Hrsg.): Inklusionsorientierte Lehr-Lern-Bausteine für die Hochschullehre. Ein Konzept zur Professionalisierung zukünftiger Lehrkräfte. Bad Heilbrunn: Verlag Julius Klinkhardt, S. 113–123

Scholz, G. (1996): Kinder lernen von Kindern. Baltmannsweiler: Schneider-Verl. Hohengehren.

Scholz, G. (2001): Zur Konstruktion des Kindes. In: Scholz, G./Ruhl, A. (Hrsg.): Perspektiven auf Kindheit und Kinder. Wiesbaden: Springer VS, S. 17–30.

Scholz, G. (2009): Woher weiß das Kind, was es sagen soll? Über die Beziehung zwischen Generation und Institution. In: Boer, H./Deckert-Peaceman, H. (Hrsg.): Kinder in der Schule. Zwischen Gleichaltrigenkultur und schulischer Ordnung. Wiesbaden: Springer VS, S. 229–244.

Schomaker, C./Gläser, E. (2014): Forschung im Kontext der Fachdidaktik Sachunterricht – publiziert, gewürdigt und initiiert durch die GDSU. In: Gesellschaft für Didaktik des Sachunterrichts (Hrsg.): Die Didaktik des Sachunterrichts und ihre Fachgesellschaft GDSU e.V. Bad Heilbrunn: Verlag Julius Klinkhardt, S. 77–90.

Schröder, A. (2013): Geschlechtsspezifische Aspekte von Gewalt und pädagogischer Gewaltprävention. In: Schröder, A./Rademacher, H./Merkle, A. (Hrsg.): Handbuch Konflikt- und Gewaltpädagogik. Verfahren für Schule und Jugendhilfe. Schwalbach/Ts: Debus Pädagogik, S. 365–380.

Schrumpf, F. (2014): Geschlechterdiskurs und Sachunterricht. Theoretische und didaktische Ausführungen unter poststrukturalistischer Perspektive. In: www.widerstreit-sachunterricht.de. Heft 20, 19 Seiten.

Schrumpf, F. (2017): Inklusion Interdisziplinär: Potenziale und Fallstricke eines „komplexen Konzepts". In: www.widerstreit-sachunterricht.de. Heft 23, 10 Seiten.

Schründer-Lenzen, A. (2009): Multikulturalität und ethnische Herkunft. In: Hinz,
    R./Walthes, R. (Hrsg.): Heterogenität in der Grundschule. Den pädagogischen Alltag
    erfolgreich bewältigen. Weinheim: Beltz Verlag, S. 71–82.
Schubert, U./Heiland, H. (1987): Das Schulfach Heimatkunde im Spiegel von Lehrerhand-
    büchern der 20er Jahre. Hildesheim: Olms.
Schulze, H. (1924): Von der Schulstube in den Heimatort. Langensalsa: Beltz.
Schütte, F. (2017): Freies Explorieren zum Thema elektrischer Stromkreis. Wiesbaden:
    Springer VS.
Schütze, F. (1984): Kognitive Figuren des autobiografischen Stegreiferzählens. In: Kohli, M.
    (Hrsg.): Biographie und soziale Wirklichkeit. Neue Beiträge und Forschungsperspekti-
    ven. Stuttgart: Metzler, S. 78–117.
Schütze, F. (2005): Eine sehr persönlich generalisierte Sicht auf qualitative Sozialforschung.
    In: Zeitschrift für qualitative Bildungs-, beratungs- und Sozialforschung. 6. J./Heft 2, S.
    211–248.
Schwarz, B. (1990): Soziales Lernen und Verhalten von Schülern. Ein Beitrag zur Analyse
    situationsspezifischer sozialer Verhaltensweisen. Frankfurt am Main [u.a.]: Lang.
Siepmann, C. (2019): Die Entwicklung der Laborschule zu einer inklusiven Schule. In: Bier-
    mann, C./Geist, S./Kullmann, H./Textor, A. (Hrsg.): Inklusion im schulischen Alltag.
    Praxiskonzepte und Forschungsergebnisse aus der Laborschule Bielefeld. Bad Heilbrunn:
    Verlag Julius Klinkhardt, S. 15–28.
Spranger, E. (1996): Lebenstotalität im Heimaterlebnis. Der Bildungswert der Heimatkunde.
    In: Plöger, W./Renner, E. (Hrsg.): Wurzeln des Sachunterrichts. Genese eines Lernbe-
    reichs in der Grundschule. Weinheim: Beltz Verlag.
Spreckelsen, K. (2001): SCIS und das Konzept eines strukturbezogenen naturwissenschaft-
    lichen Unterrichts in der Grundschule. In: Köhnlein, W./Schreier, H. (Hrsg.): Innovation
    Sachunterricht. Befragung der Anfänge nach zukunftsfähigen Beständen. Bad Heilbrunn:
    Verlag Julius Klinkhardt, S. 85–102.
Springsgut, K. (2021): Zwischen Zugehörigkeit und Missachtung. Empirische Rekonstruk-
    tionen zu studentischen Diskriminierungserfahrungen. Weinheim: Beltz Verlag.
Stichweh, R. (2013): Inklusion und Exklusion in der Weltgesellschaft – am Beispiel der
    Schule und des Erziehungssystems. In: Zeitschrift für Inklusion. 7. J./Heft 3.
Stoklas, K./Hoppe, O./Marquardt-Mau, B./Murmann, L./Pech, D./Rauterberg, M./Scholz, G.
    (Hrsg.) (2004): Interkulturelles Lernen im Sachunterricht. Historie und Perspektiven.
Strasser, J. (2016): Pädagogische Professionalität im Zeichen kultureller Vielfalt. In: Schurt,
    V./Waburg, W./Mehringer, V./Strasser, J. (Hrsg.): Heterogenität in Bildung und Soziali-
    sation. Opladen, Berlin & Toronto: Verlag Barbara Budrich, S. 27–52.
Strobel-Eisele, G./Noack, M. (2006): Jungen und Regeln. Anomie als jungenspezifische
    Thematik in der Geschlechterdiskussion. In: Schultheis, K./Strobel-Eisele, G./Fuhr, T.
    (Hrsg.): Kinder: Geschlecht männlich. Pädagogische Jungenforschung. Stuttgart: Kohl-
    hammer Verlag, S. 99–128.
Stroot, T. (2007): Vom Diversity-Management zu „Learning Diversity". Vielfalt in der Orga-
    nisation Schule. In: Boller, S./Rosowski, E./Stroot, T. (Hrsg.): Heterogenität in Schule
    und Unterricht. Handlungsansätze zum pädagogischen Umgang mit Vielfalt. Weinheim:
    Beltz Verlag, S. 52–65.

Strübing, J.: Qualitative Sozialforschung. Eine komprimierte Einführung. In: : EBOOK PACKAGE Social Sciences 2018 : EBOOK PACKAGE COMPLETE 2018. München und Wien: De Gruyter Oldenbourg.

Sturm, T. (2016): Konstruktion von Leistung und Ergebnissen im Deutschunterricht einer inklusiven Sekundarschulklasse. In: Zeitschrift für interpretative Schul- und Unterrichtsforschung. 5. J./Heft 1, S. 63–76.

Tänzer, S. (2007): Die Thematisierung im Sachunterricht der Grundschule. Wie notwendige Bildungsinhalte zu Unterrichtsthemen einer Schulklasse werden. Leipzig: Leipziger Univ.-Verl.

Tervooren, A. (2006): Im Spielraum von Geschlecht und Begehren. Ethnographie der ausgehenden Kindheit. Weinheim und München: Juventa.

Textor, A. (2015): Einführung in die Inklusionspädagogik. Bad Heilbrunn: Verlag Julius Klinkhardt.

Thomas, B. (2018): Der Sachunterricht und seine Konzeptionen. Historische und aktuelle Entwicklungen. 5. Auflage. Bad Heilbrunn: Verlag Julius Klinkhardt.

Tosch, F. (2004): Friedrich Eberhard von Rochow (1734–1805) als Agrarreformer und die „Märkischen Bauern-Gespräche". In: Kaiser, A./Pech, D. (Hrsg.): Neuere Konzeptionen und Zielsetzungen im Sachunterricht. 2. Auflage. Baltmannsweiler: Schneider Verl. Hohengehren.

Trautmann, M./Wischer, B. (2009): Das Konzept der Inneren Differenzierung – eine vergleichende Analyse der Diskussion der 1970er Jahre mit dem aktuellen Heterogenitätsdiskurs. In: Meyer, M.A./Hellekamps, S./Prenzel, M. (Hrsg.): Perspektiven der Didaktik. Wiesbaden: Springer VS.

Tuider, E. (2013): Geschlecht und/oder Diversität? Das Paradox der Intersektionalitätsdebatten. In: Rendtorff, B./Kleinau, E. (Hrsg.): Differenz, Diversität und Heterogenität in erziehungswissenschaftlichen Diskursen. Opladen, Berlin & Toronto: Verlag Barbara Budrich, S. 79–102.

Vennemeyer, K. (2019): Inklusion im Politikunterricht. Impulse durch Intersektionalität, Partizipation und Lebensweltbezug. In: Hölzel, T./Jahr, D. (Hrsg.): Konturen einer inklusiven politischen Bildung. Konzeptionelle und empirische Zugänge. Wiesbaden: Springer VS, S. 35–52.

Viertel, M. (2015): Zum Problem der Herstellung von Selbstläufigkeit in Gruppendiskussionen mit Kindern. Erfahrungen einer empirischen Erfassung kollektiver Orientierungen von Grundschulkindern auf das Medienhandeln am Beispiel von Hörbüchern und Hörspielen. In: Hugger, K.-U./Tillmann, A./Iske, S./Fromme, J./Grell, P./Hug, T. (Hrsg.): Jahrbuch Medienpädagogik. 12: Kinder und Kindheit in der digitalen Kultur. Wiesbaden: Springer VS, S. 99–118.

Villa, P.-I./Butler, J. (2012): Judith Butler. Eine Einführung. 2. Auflage. Frankfurt am Main: Campus-Verl.

Vock, M./Gronostaj, A. (2017): Umgang mit Heterogenität in Schule und Unterricht. Berlin: Friedrich-Ebert-Stiftung Abt. Studienförderung.

Vogl, S. (2005): Gruppendiskussionen mit Kindern. Methodische und methodologische Besonderheiten. In: Zentralarchiv für empirische Sozialforschung. Heft 57, S. 28–60.

Vogl, S. (2012): Alter und Methode. Ein Vergleich telefonischer und persönlicher Leitfadeninterviews mit Kindern. Wiesbaden: Springer VS.

Wäckerle, M. (2018): Auf der Suche nach dem Tertium Comparationis. Eine praxeologische Typisierung habitueller Praktiken des Fremdverstehens. In: Bohnsack, R./Hoffmann, N.F./Nentwig-Gesemann, I. (Hrsg.): Typenbildung und Dokumentarische Methode. Forschungspraxis und methodologische Grundlagen. Opladen, Berlin & Toronto: Verlag Barbara Budrich, S. 329–344.

Wagner, P. (Hrsg.) (2013): Handbuch Inklusion. Grundlagen vorurteilsbewusster Bildung und Erziehung. Freiburg im Breisgau: Herder.

Wagner-Willi, M. (2005): Kinder-Rituale zwischen Vorder- und Hinterbühne. Der Übergang von der Pause zum Unterricht. Wiesbaden: Springer VS.

Wagner-Willi, M. (2010): Rituelle Praxis im Spannungsfeld zwischen schulischer Institution und peer-Group. Gruppendiskussionen mit Schülern. In: Bohnsack, R./Przyborski, A./Schäffer, B. (Hrsg.): Das Gruppendiskussionsverfahren in der Forschungspraxis. 2. Auflage. Opladen, Berlin & Toronto: Verlag Barbara Budrich, S. 45–58.

Walgenbach, K. (2007): Gender als interdependente Kategorie. In: Walgenbach, K./Dietze, G./Hornscheidt, A./Palm, K. (Hrsg.): Gender als interdependente Kategorie. Neue Perspektiven auf Intersektionalität, Diversität und Heterogenität. Opladen, Berlin & Toronto: Verlag Barbara Budrich, S. 23–64.

Walgenbach, K. (2017): Heterogenität – Intersektionalität – Diversity in der Erziehungswissenschaft. 2. Auflage. Opladen, Berlin & Toronto: Verlag Barbara Budrich.

Walgenbach, K. (2021): Erziehungswissenschaftliche Perspektiven auf Vielfalt, Heterogenität, Diversity/Diversität, Intersektionalität. In: Hedderich, I./Reppin, J./Butschi, C. (Hrsg.): Perspektiven auf Vielfalt in der frühen Kindheit. Mit Kindern Diversität erforschen. 2. Auflage. Bad Heilbrunn: Verlag Julius Klinkhardt, S. 41–59.

Wegener-Spähring, G. (2011): Kinderkultur – Spielkultur: Beobachtung und Interpretation von sommerlichen Spielszenen im Schwimmbad. In: Klaas, M./Flügel, A./Hoffmann, R./Bernasconi, B. (Hrsg.): Kinderkultur(en). Kinderkultur im Spannungsverhältnis zwischen Sinnkonstruktionen, pädagogischer Aufgabe und gesellschaftlichen Machtverhältnissen. Wiesbaden: Springer VS, S. 27–33.

Weißeno, G. (2003): Lebensweltorientierung – ein geeignetes Konzept für die politische Bildung in der Grundschule? In: Kuhn, H.-W. (Hrsg.): Sozialwissenschaftlicher Sachunterricht. Konzepte, Forschungsfelder, Methoden ; ein Reader. Herbolzheim: Centaurus-Verl., S. 91–98.

Weißeno, G. (2004): Lernen über politische Institutionen. Kritik und Alternativen dargestellt an Beispielen in Schulbüchern. In: Richter, D. (Hrsg.): Gesellschaftliches und politisches Lernen im Sachunterricht. Bad Heilbrunn: Verlag Julius Klinkhardt, S. 211–228.

Weißköppel, C. (2003): Doing Ethnicity? Die situative Verwendung von ethnischen Schimpfwörtern unter Schülern. In: Hengst, H./Kelle, H. (Hrsg.): Kinder – Körper – Identitäten. Theoretische und empirische Annäherungen an kulturelle Praxis und sozialen Wandel. Weinheim und München: Juventa, S. 225–244.

Weller, W./Pfaff, N. (2013): Milieus als kollektive Erfahrungsräume und Kontexte der Habitualisierung. Systematische Bestimmungen und exemplarische Rekonstruktionen. In: Loos, P./Nohl, A.-M./Przyborski, A./Schäffer, B. (Hrsg.): Dokumentarische Methode. Grundlagen – Entwicklungen – Anwendungen. Opladen, Berlin & Toronto: Verlag Barbara Budrich, S. 56–74.

Wenning, N. (2007): Heterogenität als Dilemma für Bildungseinrichtungen. In: Boller, S./Rosowski, E./Stroot, T. (Hrsg.): Heterogenität in Schule und Unterricht. Handlungsansätze zum pädagogischen Umgang mit Vielfalt. Weinheim: Beltz Verlag, S. 21–31.

Wenning, N. (2010): Umgang mit Verschiedenheit – Forschungsergebnisse und Forschungsperspektiven. In: Schildmann, U. (Hrsg.): Umgang mit Verschiedenheit in der Lebensspanne. Behinderung – Geschlecht – kultureller Hintergrund – Alter/Lebensphasen. Bad Heilbrunn: Verlag Julius Klinkhardt, S. 23–35.

Winker, G./Degele, N. (2010): Intersektionalität. Zur Analyse sozialer Ungleichheiten. 2. Auflage. Bielefeld: transcript.

Wirtz, K. (2020): Qualitätsbausteine schulischer Inklusion. Organisations-, Personal- und Unterrichtsentwicklung an inklusiven Schulen aus der Sicht unterschiedlicher Beteiligter. Bad Heilbrunn: Verlag Julius Klinkhardt.

Wohnig, A. (2016): Zum Verhältnis von sozialem und politischem Lernen. Eine Analyse von Praxisbeispielen politischer Bildung. Wiesbaden: Springer VS.

Wrana, D. (2014): Praktiken des Differenzierens. Zu einem Instrumentarium der poststrukturalistischen Analyse von Praktiken der Differenzsetzung. In: Miethe, I./Tervooren, A./Reh, S./Göhlich, M./Engel, N. (Hrsg.): Ethnographie und Differenz in pädagogischen Feldern. Internationale Entwicklungen erziehungswissenschaftlicher Forschung. Bielefeld: transcript, S. 79–96.

Wulf, C. (2007): Der andere Unterricht. Kunst. Mimesis Poiesis und Alterität als Merkmale performativer Lernkultur. In: Wulf, C./Tervooren, A./Wagner-Willi, M./Zirfas, J./Althans, B./Blaschke, G./Ferrin, N./Göhlich, M./Jörissen, B./Mattig, R./Nentwig-Gesemann, I./Schinkel, S. (Hrsg.): Lernkulturen im Umbruch. Rituelle Praktiken in Schule, Medien, Familie und Jugend. Wiesbaden: Springer VS, S. 91–120.

Youniss, J. (1982): DIe Entwicklung und Funktion von Freundschaftsbeziehungen. In: Edelstein, W./Keller, M. (Hrsg.): Perspektivität und Interpretation. Beiträge zur Entwicklung des sozialen Verstehens. Frankfurt am Main: Suhrkamp, S. 78–109.

Zeiher, H. (2005): Der Machtgewinn der Arbeitswelt über die Zeit der Kinder. In: Hengst, H./Zeiher, H. (Hrsg.): Kindheit soziologisch. ein internationaler Überblick. Wiesbaden: Springer VS, S. 201–226.

Zeiher, H.J. (1996): Konkretes Leben, Raum-Zeit und Gesellschaft. Ein handlungsorientierter Ansatz ur Kindheitsforschung. In: Honig, M.-S. (Hrsg.): Kinder und Kindheit. Soziokulturelle Muster – sozialisationstheoretische Perspektiven. Weinheim und München: Juventa, S. 157–173

Zierer, K. (2008): Bildung im Medium des Allgemeinen. In: Kaiser, A./Pech, D. (Hrsg.): Die Welt als Ausgangspunkt des Sachunterrichts. Baltmannsweiler: Schneider-Verl. Hohengehren, S. 34–40.

Zinnecker, J. (2001): Stadtkids. Kinderleben zwischen Straße und Schule. Weinheim und München: Juventa.

Zschach, M./Köhler, S. (2018): Kinder und ihre Freunde. Mehrdimensionale Mehrdimensionale Typenbildung zum Verhältnis von Bildungsbiographien und Peergroup-Einbindung. In: Ecarius, J./Schäffer, B. (Hrsg.): Typenbildung und Theoriegenerierung. Methoden und Methodologien qualitativer Bildungs- und Biographieforschung. 2. Auflage. Opladen, Berlin & Toronto: Verlag Barbara Budrich, S. 365–383.

Printed in the United States
by Baker & Taylor Publisher Services